Raspberry Pi 实战入门

彩色图解版

140个核心操作技巧分步精讲

Teach Yourself VISUALLY™ Raspberry Pi®

[美]Richard Wentk 著 / 李明 译

人 民 邮 电 出 版 社

北 京

图书在版编目（CIP）数据

Raspberry Pi实战入门 : 彩色图解版 : 140个核心操作技巧分步精讲 / (美) 温特 (Wentk,R.) 著 ; 李明译. -- 北京 : 人民邮电出版社, 2015.12
(i创客)
ISBN 978-7-115-40612-5

Ⅰ. ①R… Ⅱ. ①温… ②李… Ⅲ. ①Linux操作系统
Ⅳ. ①TP316.89

中国版本图书馆CIP数据核字(2015)第253716号

版权声明

内 容 提 要

本书通过大量彩图和详细的步骤，讲解了有关树莓派各方面的基础知识，并且提供了手把手的入门指导。不仅如此，本书还涵盖了树莓派与Linux、网络、影音、Scratch、Python等相关的各类实际应用内容。全书采用四色大图展示，每个步骤都在图上标识出顺序，并在图片旁加上了详细的讲解说明。使得完全零基础的读者也可以跟着一步一步去做，从而轻松上手入门。

◆ 著　　[美] Richard Wentk
译　　李　明
责任编辑　李　健
执行编辑　马　涵
责任印制　周昇亮

◆ 人民邮电出版社出版发行　北京市丰台区成寿寺路 11 号
邮编 100164　电子邮件 315@ptpress.com.cn
网址 http://www.ptpress.com.cn
北京精彩雅恒印刷有限公司印刷

◆ 开本：800×1000　1/16
印张：18　　2015 年 12 月第 1 版
字数：389 千字　　2015 年 12 月北京第 1 次印刷

著作权合同登记号　图字：01-2015-2158 号

定价：79.00 元

读者服务热线：(010)81055339　印装质量热线：(010)81055316
反盗版热线：(010)81055315
广告经营许可证：京崇工商广字第 0021 号

如何阅读本书

本书面向的读者

本书主要面向之前没有接触过树莓派这类硬件平台以及软件编程方面的入门读者，当然，还有任何希望拓展这方面知识的其他读者。

本书的书写格式

❶ 步骤

本书采用一步一步手把手的形式，来指导读者完成各种实验项目，希望这样做可以帮助到相对缺乏基础的入门读者。

❷ 注意

“注意”部分提供了一些重要的额外信息，例如对重要操作的具体解释、需要避免的危险操作以及关于从哪里可以获得更详细的技术解释等。

❸ 按键和图表

这些会提示你应该按下键盘上的哪些键，尽管这样做有些啰唆，但我希望这能帮助到所有的入门用读者。

❹ 建议

“建议”部分往往是对本节内容的额外补充，我希望在这里可以回答一些读者关心的其他问题。

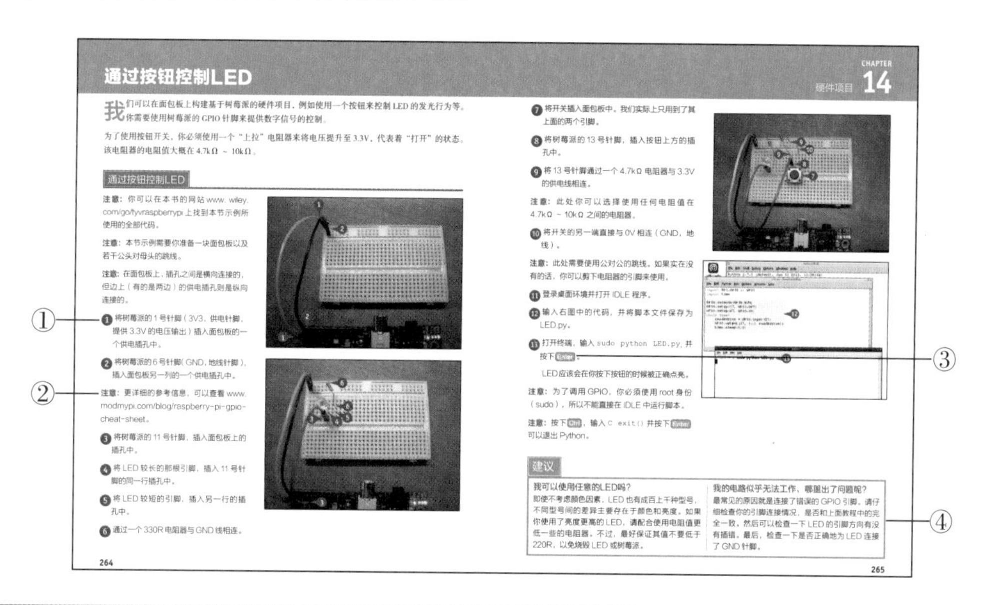

通过按钮控制LED

CHAPTER 14 硬件项目

我们可以在面包板上构建基于树莓派的硬件项目，例如使用一个按钮来控制 LED 的发光行为等。你需要使用树莓派的 GPIO 针脚来提供数字信号的控制。

为了使用按钮开关，你必须使用一个“上拉”电阻器来将电压提升至 3.3V，代表着“打开”的状态。该电阻器的电阻值大概在 4.7kΩ ~ 10kΩ。

通过按钮控制LED

注意：你可以在本书的网站 www. wiley.com/go/tyvraspberrypi 上找到本节示例所使用的全部代码。

注意：本节示例需要你准备一块面包板以及若干公头对母头的跳线。

注意：在面包板上，插孔之间是横向连接的，但边上（有的是两边）的供电插孔则是纵向连接的。

① ❶ 将树莓派的 1 号针脚（3V3，供电针脚，提供 3.3V 的电压输出）插入面包板的一个供电插孔中。

❷ 将树莓派的 6 号针脚（GND，地线针脚），插入面包板另一列的一个供电插孔中。

② 注意：更详细的参考信息，可以查看 www.modmypi.com/blog/raspberry-pi-gpio-cheat-sheet。

❸ 将树莓派的 11 号针脚，插入面包板上的插孔中。

❹ 将 LED 较长的那根引脚，插入 11 号针脚的同一行插孔中。

❺ 将 LED 较短的引脚，插入另一行的插孔中。

❻ 通过一个 330R 电阻器与 GND 线相连。

264

❼ 将开关插入面包板中。我们实际上只用到了其上面的两个引脚。

❽ 将树莓派的 13 号针脚，插入按钮上方的插孔中。

❾ 将 13 号针脚通过一个 4.7kΩ 电阻器与 3.3V 的供电线相连。

注意：此处你可以选择使用任何电阻值在 4.7kΩ ~ 10kΩ 之间的电阻器。

❿ 将开关的另一端直接与 0V 相连（GND，地线）。

注意：此处需要使用公对公的跳线。如果实在没有的话，你可以剪下电阻器的引脚来使用。

⓫ 登录桌面环境并打开 IDLE 程序。

⓬ 输入右图中的代码，并将脚本文件保存为 LED.py。

⓭ 打开终端，输入 `sudo python LED.py`，并按下 Enter。 ③

LED应该会在你按下按钮的时候被正确点亮。

注意：为了调用 GPIO，你必须使用 root 身份（sudo），所以不能直接在 IDLE 中运行脚本。

注意：按下 Ctrl，输入 C `exit()` 并按下 Enter 可以退出 Python。

建议

我可以使用任意的LED吗？
即使不考虑颜色因素，LED 也有成百上千种型号，不同型号间的差异主要存在于颜色和亮度。如果你使用了亮度更高的 LED，请配合使用电阻值更低一些的电阻器。不过，最好保证其值不要低于 220R，以免烧毁 LED 或树莓派。

我的电路似乎无法工作，哪里出了问题呢？
最常见的原因就是连接了错误的 GPIO 引脚。请仔细检查你的引脚连接情况，是否和上面教程中的完全一致。然后可以检查一下 LED 的引脚方向有没有插错。最后，检查一下是否正确地为 LED 连接了 GND 针脚。 ④

265

作者致谢

任何一本书籍的完成，都不是仅靠个人力量就能做到的，所以本书也不例外，我要在这里感谢 Aaron Black 提出的各种建议，以及 Paul Hallet 对书中代码的认真检查，还有 Sarah Hellert 在本书编辑、印刷过程中完成的细致工作。

哦，对了，还要感谢 Annette Saunders 在写作时为我提供的美味蛋糕！

目录

第1章 初识树莓派

第2章 树莓派操作系统的选择

第3章 正确配置 Raspbian

第4章 应用程序

第5章 使用命令行

第6章 进阶命令行技巧

第 7 章 网络

第 8 章 影音类应用

第 9 章 Scratch编程

第 10 章 Python入门

第 11 章 用Python管理数据

第12章 初识Pygame

第13章 使用Pygame绘制图像

第14章 硬件项目

第1章

初识树莓派

为了正确启动你的树莓派，首先需要准备一些必要的外设，并将它们正确地进行连接。然后就可以接通电源，开启你的树莓派之旅了。

树莓派简介

树莓派是一款在英国设计并在全世界范围内销售的廉价迷你计算机。你拿到手的树莓派看起来只是一块小巧的线路板，需要自己去准备电源、键盘、鼠标以及显示器等外设，并进行正确的连接。为了降低项目成本，树莓派选择使用 SD 卡作为其存储设备。

树莓派还包括一些其他的硬件接口，可以用于你自己的项目创意中，同时其系统还集成了 Python 语言环境和 Scratch 程序，用于进行面向教育的编程学习。

树莓派与PC/Mac

树莓派在性能上要比常见的 PC 或 Mac 主机弱得多，你也无法在它上面运行 Microsoft Office 等大型商业程序。不过，你却可以用它来制作迷你但功能强大的媒体中心，或者进行有趣的游戏编程。你还可以用它来完成一些网络相关的硬件项目，例如制作 Web 服务器、文件服务器甚至是智能家居管理系统。

关于 Linux 操作系统

2013 年夏天，树莓派基金会推出了名为 NOOBS（New Out of the Box Operating System）的工具套件，它为入门用户提供了简洁、便利的操作系统选择。本书主要介绍其中最流行且官方支持最完善的 Raspbian Wheezy，一个免费的 Linux 发行版（Linux 的著名吉祥物就是那只名叫 Tux 的企鹅）。相比于 Windows 和 OS X，使用 Linux 要更加充满挑战性，但正是其背后的巨大潜力，使之更适于用来构建各种硬件 / 软件项目。关于 NOOBS 更详细的介绍请参见第 2 章，你可以在正确安装过 Raspbian 之后，再返回本章继续学习。

树莓派A型与B型主板间的区别

你可以在两个版本的树莓派之间进行选择。A 型的内存大小只有 B 型的一半（两者分别为 256MB 与 512MB），缺少 B 型所具有的以太网接口，并且只有一个 USB 接口（B 型及 B+ 型拥有两个 USB 接口，而再之后推出的第二代 B 型树莓派则增加到了 4 个——译者注）。但与此同时，A 型树莓派在运行时能够节约三分之一的能耗。因此许多用户会使用 B 型树莓派进行项目的开发测试，然后使用 A 型树莓派来运行项目的最终完成版。

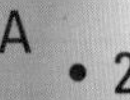

A
- 256MB
- 0 x Ethernet
- 1 x USB

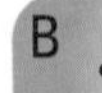

B
- 512MB
- 1 x Ethernet
- 2 x USB

树莓派总览

接下来，让我们一起看一看一块 B 型树莓派主板是由哪些部分组成的。

A Micro USB供电接口

使用 5V 电源来为你的树莓派提供电力。

B 模拟视频输出接口

用来将树莓派与老式电视机进行连接。

C HDMI接口

用来与更新型的显示器、电视相连。

D 3.5mm 音频输出接口

用来连接耳机和有源音箱。

E 以太网接口

显而易见，用来连接网线。

F 双USB 接口

用来连接鼠标、键盘等多种 USB 外设。

G LED状态灯

用来显示树莓派当前的电源、网络和存储状态。

H GPIO针脚

通用型输入输出（General Purpose I/O），可以连接你自己的电子元器件并对其进行控制。

I 摄像头接口

用来连接可选的摄像头模块。

J 显示接口

用来与可选的屏幕模块进行连接。

K SD卡插槽

用来插入 SD 存储卡，需要将主板翻过来才能看见。

外设的选择

你必须自己为树莓派准备电源适配器、键盘和显示器等外设。除此之外，还可以根据项目的实际需求来选择添加鼠标、摄像头、外壳、无线网卡、蓝牙适配器或者 USB Hub。根据不同的外设组合，一套树莓派系统的总价格可能在 50 ~ 105 美元（对于国内用户来说情况有所不同，伟大的淘宝你懂的——译者注），当然这其中不包含显示器的预算。你可以使用手头现成的 USB 键盘、鼠标，但并非所有 USB 外设都保证与树莓派兼容，关于这可以参考其他用户的试用报告：http://elinux.org/RPi_VerifiedPeripherals。

电源适配器的选择

通常你需要两个 5V 电源：一个用于树莓派本身，另一个用于外接的 USB Hub。树莓派通过 micro USB 接口进行供电，实际上很多手机充电器都可以使用，但其中有些可能无法提供足够的电流输出。另外，基于同样的原因，不要尝试用电脑的 USB 接口来为树莓派进行供电。

使用USB Hub

包括键盘、鼠标以及无线网卡在内的大多数外设，都可以直接与树莓派进行连接。但有些外设因为需要更大的供电电流，可能会影响到树莓派本身的正常工作。因此，一个具有独立供电功能的 USB Hub 就显得非常必要了，它们通常能够提供 2A 甚至更高的稳定电流输出。

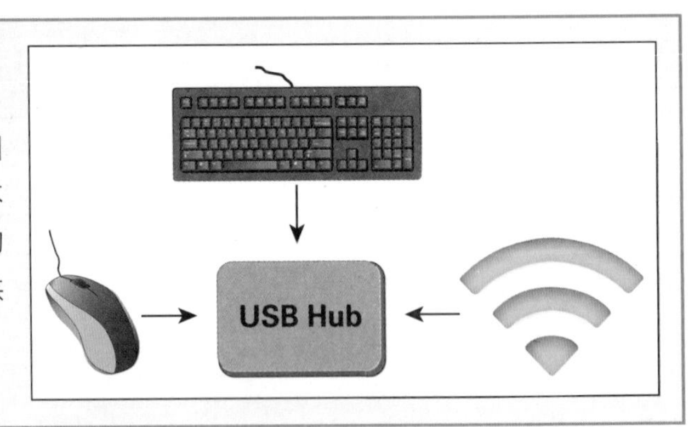

鼠标、键盘的选择

树莓派兼容绝大多数 USB 鼠标、键盘，包括“罗技”等品牌在内的无线鼠标、键盘通常也可以使用。你还可以使用蓝牙鼠标、键盘，只需添加蓝牙适配器即可，但注意没有键盘的话是无法完成蓝牙配置的。

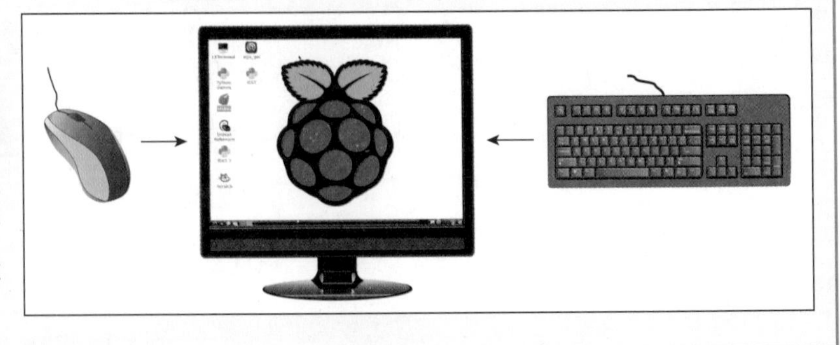

显示器的选择

虽然通过模拟视频接口，可以将树莓派与老式电视机相连，但 HDMI 接口却能提供更加清晰稳定的数字信号输出。为了获得良好的显示效果，请尽量选择拥有 HDMI 或 DVI（需要 HDMI-DVI 转接头）输入的电视或显示器。更老式的 VGA 接口也可使用，但它可能会带来供电方面的问题。

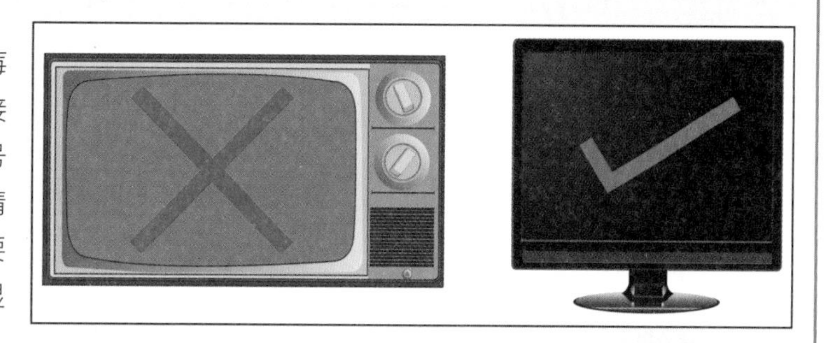

SD卡的选购

树莓派被设计为使用 SD 卡作为其主存储设备（第二代使用了更加小巧的 TF 卡——译者注），而非常见的硬盘驱动器。树莓派的操作系统和软件默认会安装到存储卡上。初学者也许应该考虑选购预装操作系统的存储卡；而对有经验的用户来说，完全可以选择自己在空白存储卡上进行系统烧录，相信我，这并不复杂。

套件的选购

为了节约时间和精力，你也可以购买一些树莓派的入门套件。例如在美国的话，Newark（www.newark.com）提供了售价分别为 45 美元和 105 美元的树莓派 A/B 型套件。而在英国 Maplin（www.maplin.co.uk）也提供了售价为 79.99 英镑的入门套件（嗯，对于国内用户来说，伟大的淘宝同样可以提供丰富的选择，并且往往更加廉价——译者注）。

谨慎选择基础电子元器件

一些树莓派套件中包含了很多基础的电子元器件，例如面包板、电阻、跳线、开关以及 LED 等。不过依我个人建议的话，你完全可以等到拥有更加丰富的经验之后，再根据实际的项目需求来单独购买它们。嗯，请切记理性消费。

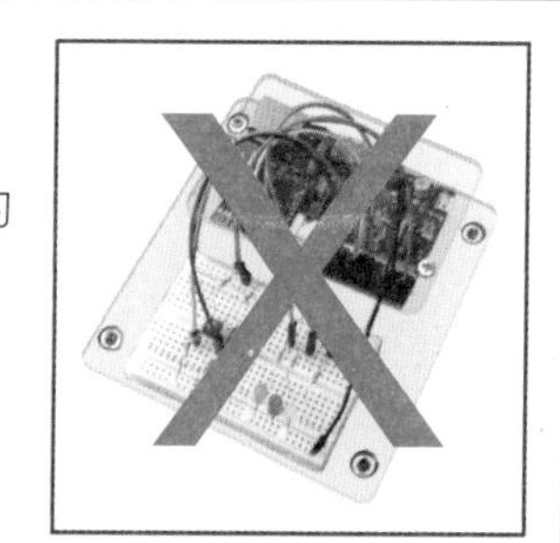

树莓派的外壳选择

你也可以为自己的树莓派安装专门的外壳，这能避免一些意外带来的危害，也许还能得到更酷的外观。当然，外壳对树莓派本身来说并不是必不可少的，所以请根据自己的实际需求来进行取舍。外壳型号可以根据颜色和样式来进行挑选，但还需要注意的一点是外壳的扩展性，例如其固定螺丝的选位以及位置适当的开口（最典型的情况就是用于 GPIO 引脚）。除了简陋的亚克力材质盒子，树莓派外壳还包括可以用螺丝固定在电视或监视器背面（符合 VESA 标准的螺孔）等在内的多种样式。

树莓派的外壳选择

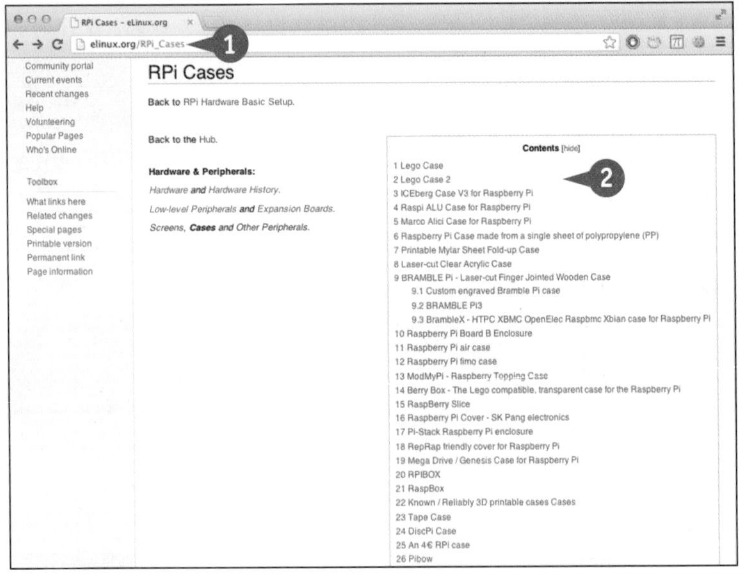

1 打开你的浏览器并访问 http://elinux.org/RPi_Cases，这里提供了超过 50 种树莓派的方案可供参考。

2 浏览、挑选外壳的样式。其中一些方案提供了关于如何自制的详细指导，而有些则提供了相关购买渠道。

（对于国内用户来说，淘宝可以提供更经济的选择，但一些小众而有趣的个性化方案，可能就不太容易找到了——译者注）

3 拿取树莓派时尽量不要用手接触线路板的表面。

注意：为了避免触碰到线路板，你可以如右图所示，捏住其 USB 接口和以太网口，或者捏住板子的边缘。另外，在拿取树莓派时不要过于用力。

4 将你的树莓派仔细地安装到外壳中。

Ⓐ 如果外壳的螺孔定位不符合 VESA 标准，请确认其可用之后，再尝试拧紧螺丝。

注意：有些外壳采用多层叠加的塑料板组成，它们往往不需要螺丝就可以完成安装。

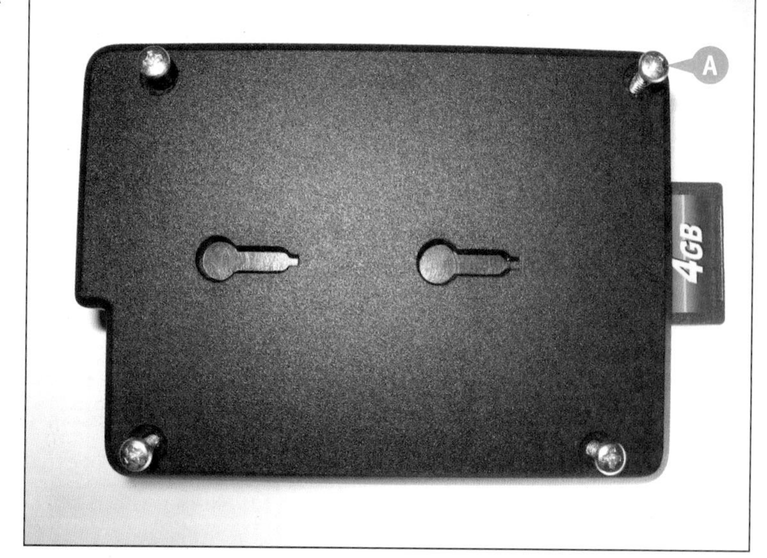

5 如果你拥有一个符合 VESA 标准的外壳，那么可以用螺丝来轻易地固定它们。

注意：螺丝的头部在本图的另一面，它们被固定在显示器上的螺孔中。

6 拧紧 4 颗螺丝，就可以将你的树莓派完美安装到显示器背面了。

注意：通过适当的开孔，你也可以将这类外壳安装到墙壁或家具的表面上。

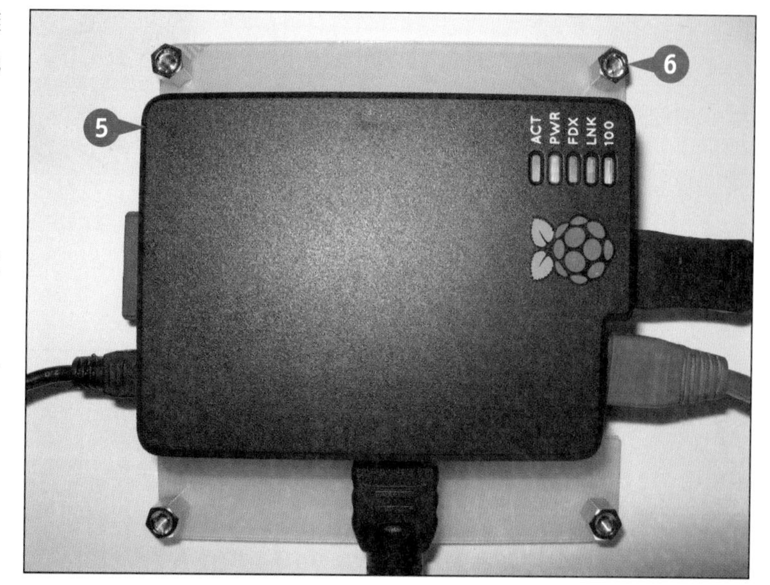

建议

我是否需要一个外壳？

电子元器件可能比你想象的要脆弱，当你在地毯上走动，积累的静电可能就足以在触摸时对你的树莓派造成伤害。外壳可以帮助你避免包括静电在内的各类伤害。当然，我前面也提到过，外壳并不是必不可少的。

对于外壳我应该关注什么？

有些外壳有更酷的外观，有些则更侧重实用性，如果你准备将树莓派用于电子项目，那么请选择留有合适 GPIO 开口的外壳，免得之后不便扩展。至于摄像头模块插口和 LED 窗口等功能，也并非所有型号的外壳都会提供。

连接显示器

虽然可以将树莓派用模拟接口与老式的电视机进行连接，但这多少是一种比较落后的选择，并且这样做的话显示质量实在难以令人满意。为了达到最佳显示效果，请尽量使用 HDMI 接口的新型显示器或电视。任何支持 1080p 以上信号或尺寸大于 19 英寸（约 48cm）的显示器都可以成为很好的选择。

你也可以尝试用DVI接口来进行数字输出，但这需要准备额外的转接头或专用线缆（通常都很便宜），两者都可以很容易地在亚马逊或易趣等电商网站上，通过“HDMI 转 DVI”关键词来搜索到（再一次，伟大的淘宝——译者注）。

连接显示器

❶ 如果你使用的是 HDMI-HDMI 连接线，将一头插入树莓派的 HDMI 接口中。

❷ 将另一端插入你的显示器或电视的 HDMI 接口中。

注意：为了保证正确地显示，你可能需要对显示器或电视的信号输入源进行设置。这通常并不困难，具体步骤可以参考显示器或电视的说明书。

❸ 如果你使用的是 HDMI-DVI 连接线，将 HDMI 端插入树莓派的 HDMI 接口中。

❹ 将 DVI 端插入显示器的 DVI 插槽中。

❺ 确认正确插入后，拧紧两旁的固定螺丝。

现在你的树莓派已经正确连接显示器，但还没有通电开机。

注意：当树莓派开机后，你可能还需要手动设置显示器的信号输入源，具体操作可以参考说明书。

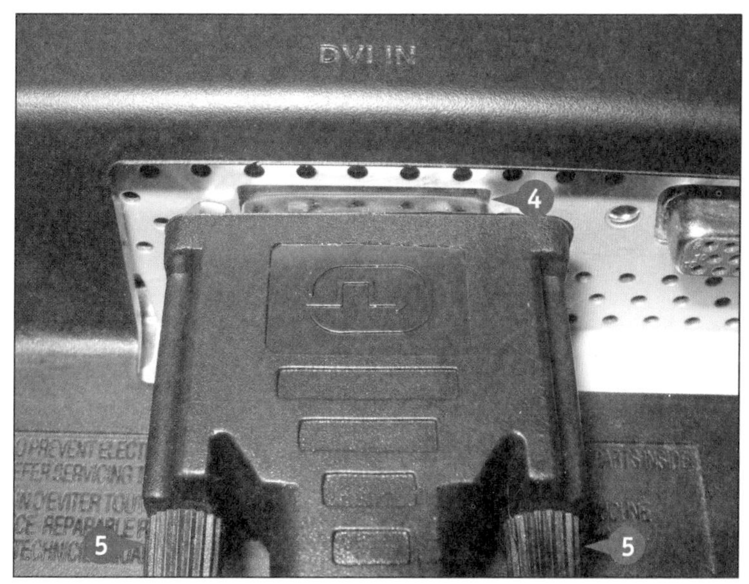

建议

我可以使用VGA接口的显示器吗？

HDMI 接口与VGA并不兼容，你必须使用专门的转换器。我个人强烈建议使用HDMI或DVI接口，因为它们能提供更好的视频质量，并且相对于VGA转换器来说要便宜得多。

我可以使用模拟接口连接电视吗？

你当然可以这么做，但在所有选项中这是画面质量最差的，请根据自己所面对的实际情况来进行取舍。

连接USB外设

你可以使用两种方式来连接 USB 外设。对于 B 型树莓派，你可以直接将鼠标和键盘分别接入其自带的两个 USB 接口中，当然这样做的话你就无法再连接其他外设了（对于自带 4 个 USB 接口的第二代 B 型树莓派来说情况会乐观很多）。

所以我还是建议你尽量使用独立供电的 USB Hub，并尽量将所有外设与其相连。这样无论是 A 型还是 B 型树莓派，都可以获得数量充足的 USB 接口。注意，树莓派自身的 micro USB 接口只能用来进行供电，所以不要尝试将 USB Hub 连接到它上面。

连接USB外设

1. 将 USB Hub 自身的电源适配器插入插座。

注意：选择质量可靠的插线板可以显著提高安全性。

注意：先不要将电源适配器与 USB Hub 相连。

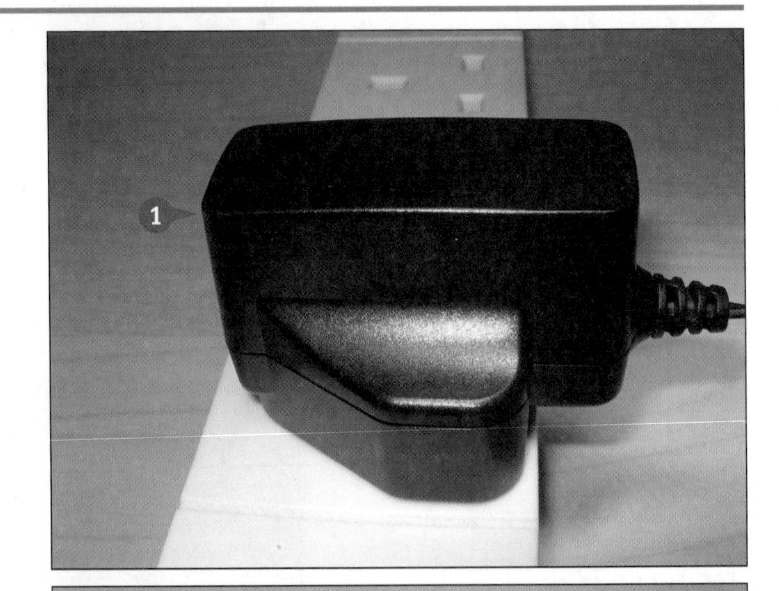

2. 将键盘连接到 Hub。
3. 将鼠标连接到 Hub。
4. 如果你有无线网卡的话，也将其连接到 Hub。

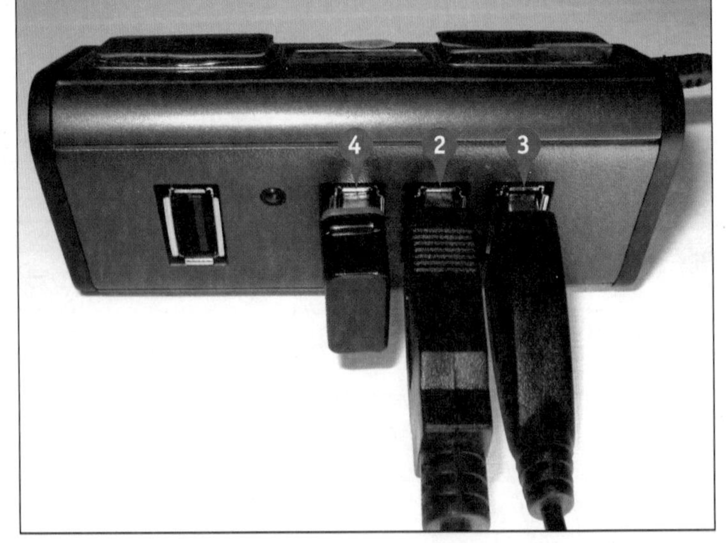

5 将 USB Hub 与树莓派的自带 USB 接口相连。

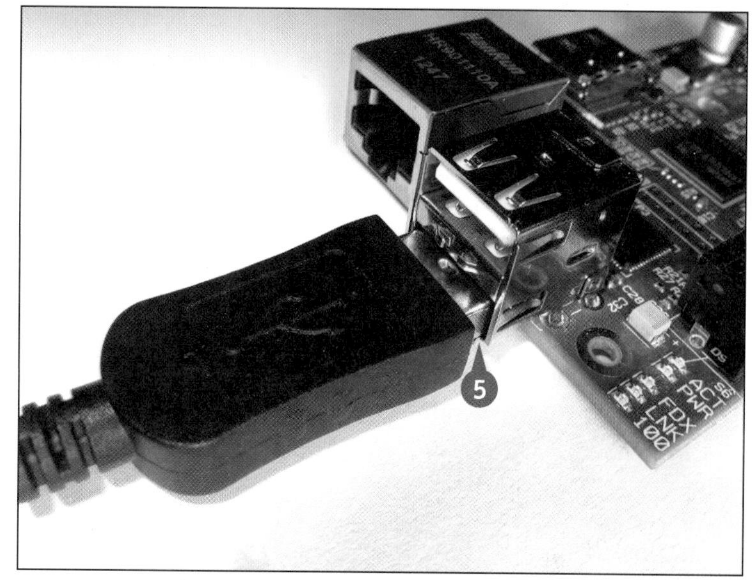

6 将 Hub 的电源适配器与其相连。

注意：你的 Hub 电源适配器的外观和插头可能与本图所示的不同。

现在你的USB Hub已经通电了，但树莓派本身还没有正式开机。

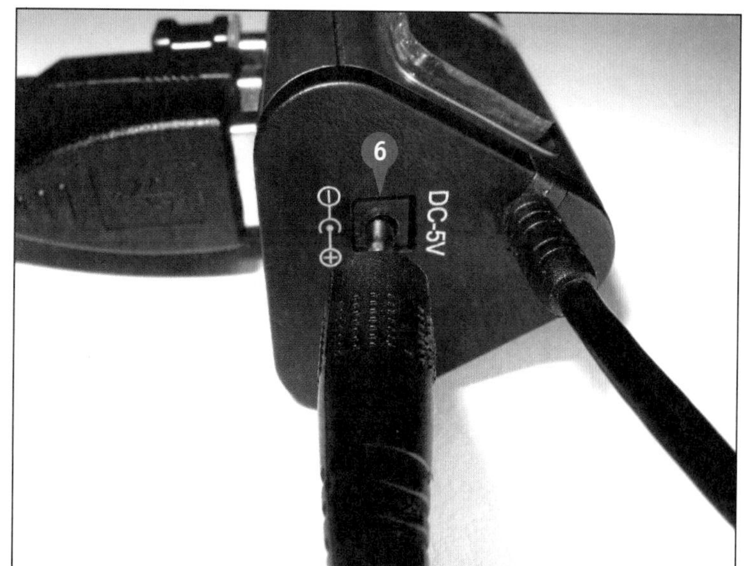

建议

我可以同时使用两个USB Hub吗？

可以，如果你真的需要连接非常多USB外设的话，那么使用两个USB　Hub是完全可行的。当然，这样做的话你需要额外的插座来为两者供电，然后只需将它们与树莓派的自带USB接口相连接就可以了。注意，这种方案并不适用于A型树莓派（因为其自身只有一个USB接口）。不过，更实用的解决方案也许是直接购买一个带有更多接口的USB Hub。

连接电源并开机

树莓派本身并没有专门的电源开关，所以一旦接通电源就会开机启动了。

开机过程一般需要花费 30 秒左右的时间，这期间会在屏幕上滚动显示文本，代表系统的启动进度，你可以从中获知当前的运行步骤与状态。

连接电源并开机

1. 将树莓派的电源适配器插入插座或插线板中。

注意：有些插线板会自带指示灯以提示你供电状态。

2. 将另一端插入树莓派的 micro USB 供电接口中。

注意：这个接口很小，并且比较脆弱，所以插入时请小心谨慎一些。

注意：树莓派本身没有电源开关，所以长期依靠插拔电源线来开关机的话，可能会造成接口的损坏，所以你也可以尝试使用电源适配器或插线板上的开关键来进行开关机控制。

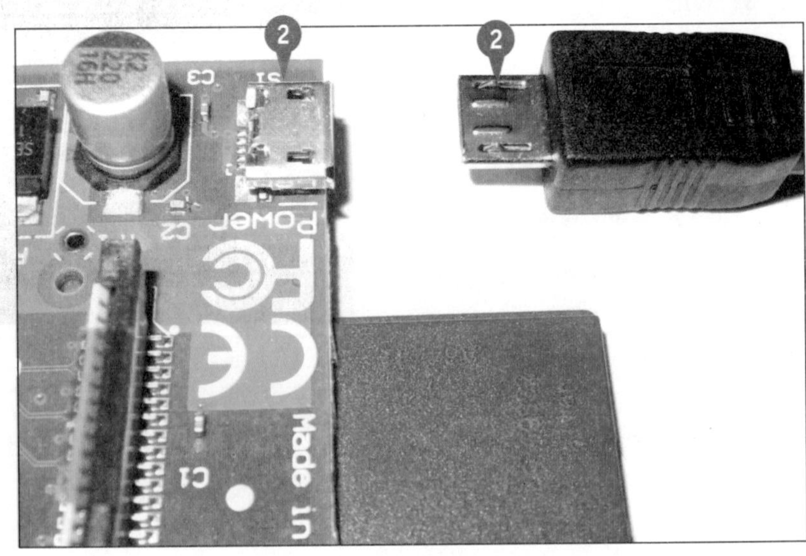

Ⓐ 树莓派的电源指示 LED 会亮起，其他 LED 也会开始闪烁。

注意： 关于这些 LED 更详细的说明，请在浏览器中访问文档：www.raspberrypi.org/ phpBB3/ viewtopic. php?f=24&t=6952。

Ⓑ 如果你连接了显示器，那么就能看到类似图中所示的开机信息。这些信息反映了启动的进度和系统的当前状态。

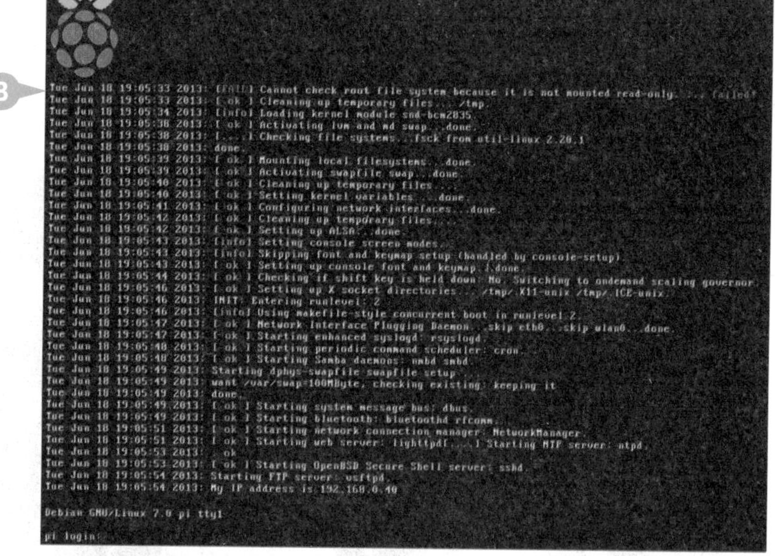

建议

我如何知道什么时候才算启动完成？

如果是第一次开机，系统启动成功后会进入初次配置页面；如果不是的话，启动成功后会提示你输入用户名与登录密码，一旦登录成功，则会显示主机名和用户名组成的系统提示符，这代表你的树莓派已经一切准备就绪，等待你从键盘输入指令来对其进行操作了。

我可以直接拔出电源线来关机吗？

有时候直接拔掉电源线来关机的话，可能会对存储卡上的数据造成损害，这可能导致之后无法正确开机。为了确保正确、安全地关闭树莓派，请参考第3章的具体步骤。

第2章

树莓派操作系统的选择

与大多数PC与Mac主机不同，树莓派可以运行多种不同的操作系统。 本书主要基于其中普及程度最高的Raspbian Wheezy，当然，你也可以自行尝试安装其他版本的操作系统，只需将它们烧录到存储卡上就搞定了。

操作系统的选择

在使用树莓派之前，你首先需要在 SD 卡上为其安装一个操作系统。如果你购买的是全新的树莓派，那么可以考虑使用 NOOBS 程序，整个安装过程会变得非常简洁，你所需要做的几乎只是在系统列表中，选择希望安装的系统版本就可以了。相比过去自己在 SD 卡中直接烧录 Raspbian Wheezy 镜像的安装流程，现在已经有越来越多的用户会选择直接将 NOOBS 预装到SD 卡中的方案了，因为这么做的话往往可以节省很多的时间、精力。

关于NOOBS

因为之前很多入门用户在空白 SD 卡中进行系统烧录时，碰到了各种各样的困难，所以树莓派基金会官方推出了名为 NOOBS 的工具来简化这一过程。 使用 NOOBS 的整个流程分为四步：首先，准备一张 SD 卡；其次，下载 NOOBS 程序包，并将其解压到你的 SD 卡中；再次，将 SD 卡正确插入树莓派，并且通电开机；最后，等待 NOOBS 的主界面显示出来，从列表中选择一个操作系统，从而将其安装到你的 SD 卡上。当安装过程完成之后，NOOBS 会自动地重启你的树莓派，然后你就可以顺利地进入到刚才所选择的操作系统中了。接下来，就可以开始享受你的树莓派之旅啦。

关于不同的Linux系统版本

目前，你还不能在树莓派上安装 Windows 或 OS X（树莓派第二代的推出已经在某种程度上改变了这一点——译者注）。事实上，树莓派主要工作在 Linux 的基础上，Linux 是免费且具有高度可定制化的强大操作系统，并且其家族涵盖了大量各不相同的发行版。NOOBS 程序中包含了适合于树莓派的三个 Linux 版本：Raspbian Wheezy、Archilinux 以及 Pidora。本书主要专注于 Raspbian Wheezy，因为 Archilinux 和 Pidora 带有更高的实验性质，稳定性上难以得到保障，相对来说并不是太适合初学者。

关于不同的媒体中心系统版本

大多数 的 Linux 发行版都属于通用型操作系统，但其中也有一些面向特定领域任务的定制化版本。例如 XBMC 可以使任何与其兼容的计算机变身为媒体中心，并且集成了用于播放、下载、传输影音资源文件的很多实用软件。NOOBS 中包含了两个专门面向树莓派的 XBMC 子版本：RaspBMC 和 OpenELEC。两者都可以让你的树莓派成为强大的媒体播放器，不过本书的关注点并不侧重于 XBMC，你可以从 XBMC 官方处获取更加详细的信息：http://xbmc.org/about。

关于其他操作系统的选择

目前，NOOBS 中还包括了一个并不基于 Linux 的选项。RiscOS 是一个 20 世纪 80 ~ 90 年代在英国流行的桌面操作系统（并且还提供了售价 35 英镑的软件包 NutPi）。当然，RiscOS 也不在本书的关注范围之内，如果希望获取有关它的更多信息，请访问 www.riscosopen.org/content。

关于系统恢复

因为树莓派本身的定位就面向教育目的，所以鼓励用户亲自动手来进行实验和改进，但由此带来的问题就是，你可能由于各种未知原因造成树莓派无法正常工作甚至无法开机，NOOBS 为此专门提供了系统恢复机制。为了使用这个功能，你需要在开机时按住 Shift，进入 NOOBS，从而格式化你的 SD 卡并重新安装系统。但需要注意的是，这么做的话会清空 SD 卡上的所有数据。

关于更换不同SD卡

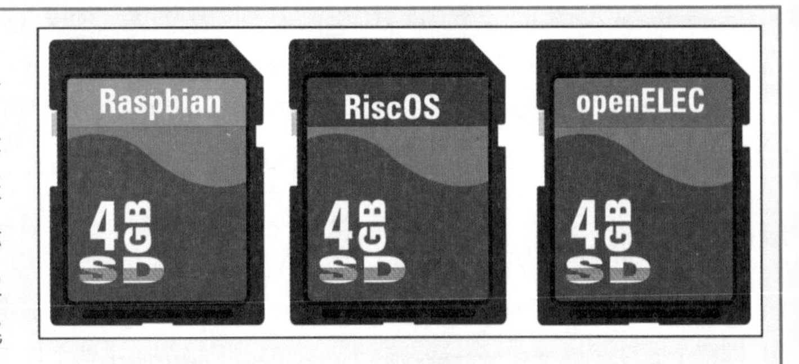

理论上，借助 NOOBS 的帮助，你可以方便地体验各种操作系统。只需要更换一张 SD 卡并重新通电开机，就能让你的树莓派变身为一台完全不同的计算机。然而实际情况是，树莓派的 SD 卡槽并没有你想象的那么耐用，频繁地插拔 SD 卡显然会挑战其使用寿命。当然，多动手、多尝试肯定是值得鼓励的。不过，我个人还是建议在没有必要的情况下，不要过于频繁地进行 SD 卡的插拔。

关于BerryBoot

BerryBoot 程序可以认为是 NOOBS 的进阶版本，专为经验更丰富的用户所准备。通过 BerryBoot，你可以在一张 SD 上安装多个操作系统，然后在每次开机时选择启动哪一个，这显然避免了插拔 SD 卡对卡槽造成的伤害。你甚至还可以通过 BerryBoot，将操作系统安装到更可靠、耐用的存储设备上，例如硬盘和 U 盘等。当你积累了有关 Linux 的更丰富经验之后，我建议你一定要亲自尝试一下 BerryBoot，它真的很酷。

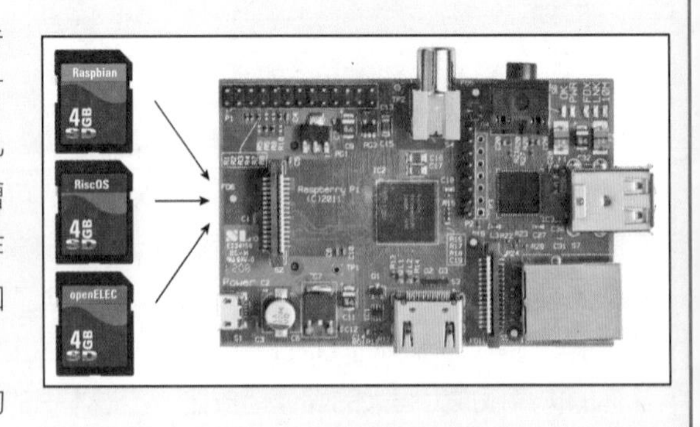

准备SD 卡

当拿到用于安装 NOOBS 的 SD 卡之后，你就可以动手对其进行处理了。无论是使用 PC 还是 Mac，这个过程总体上是大同小异的。

首先你需要对 SD 卡进行格式化，这往往会花费几分钟的时间，并且会顺带清除卡上的所有数据（如果存在的话）。你可以多次对 SD 卡进行格式化，但随着这个次数的增加，这张 SD 卡的稳定性可能会有所降低。

准备SD卡

使用Mac

1. 连接读卡器并将 SD 卡正确插入。
2. 打开浏览器并访问 www.sdcard. org/downloads/formatter_4/eula_mac。

注意：如果你无法找到第 4 版的格式化程序（本书写作时的最新版），那么请访问 www.sdcard.org/downloads 来获得最新版的程序。

3. 单击**同意**。

   浏览器会完成文件的下载。

4. 找到下载得到的 PKG 文件，双击以打开它，并按照提示的步骤，完成程序的整个安装过程。
5. 打开程序的安装目录，双击 **SDFormatter.app**。
6. 如果你同时插入了一张以上的 SD 卡或 U 盘，单击 **Select Card** 菜单来选择你的目标 SD 卡。
7. 单击 **Option**。
8. 在 Logical Address Adjustment 对话框中选择 **Yes**（○会变为◉）
9. 单击 **OK** 按钮。
10. 单击 **Format**。

    程序会花费几秒的时间来完成对 SD 卡的格式化。

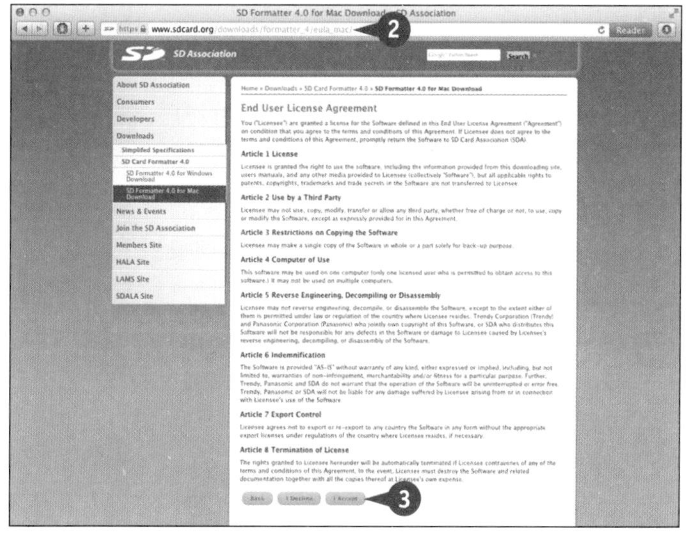

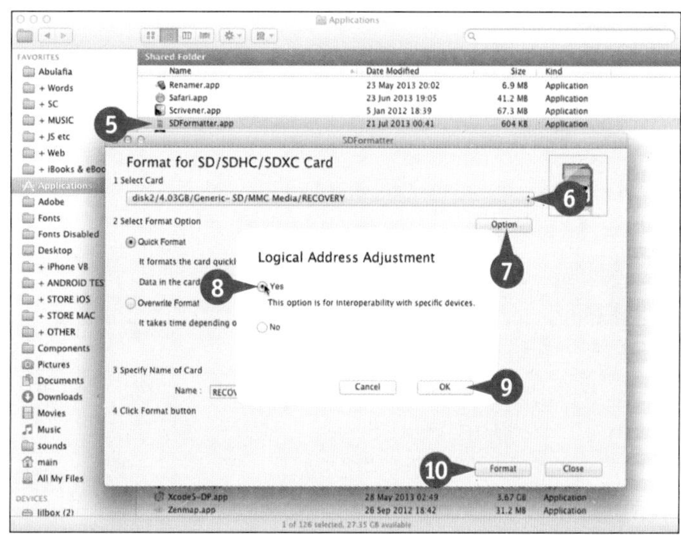

使用PC

❶ 连接读卡器并正确插入 SD 卡。

❷ 打开浏览器并访问 www. sdcard.org/downloads/formatter_4/ eula_windows。

注意：如果你无法找到第 4 版的格式化程序（本书写作时的最新版），那么请访问 www. sdcard.org/downloads 来获得最新版的程序。

❸ 单击**同意**。

浏览器会完成文件的下载。

❹ 找到下载的文件，右键单击在菜单中选择文件解压。

❺ 打开解压得到的文件夹，双击其中的 **setup. exe**，跟随提示的步骤来完成安装过程。

❻ 打开程序目录，并双击 **SDFormatter. exe**。

❼ 如果你同时插入了多张 SD 卡或 U 盘，单击 **Drive** 并选择目标 SD 卡所对应的盘符。

❽ 单击 **Option**。

❾ 选择 **ON**。

❿ 单击 **OK** 以确定。

⓫ 单击 **Format**。

程序会花费几秒的时间来完成对 SD 卡的格式化。

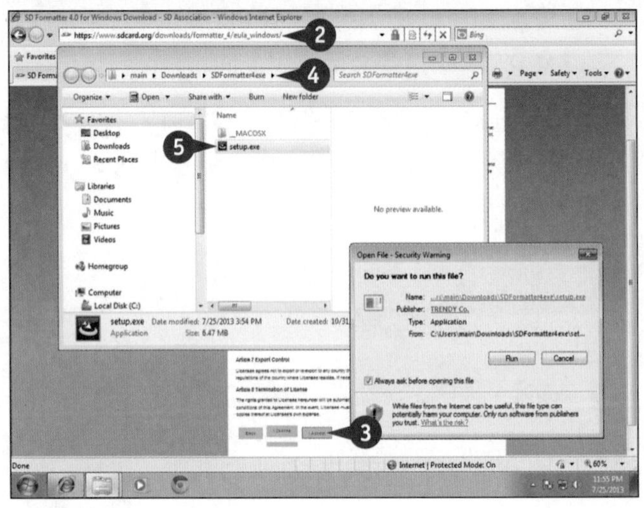

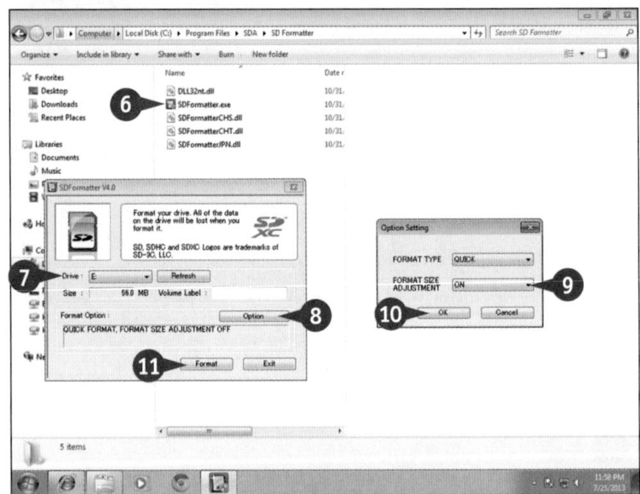

建议

SD卡上标注的速度参数重要吗?

SD 卡根据读写速度的不同，会标注有 2、4、6、10 或 UHS (Ultra High Speed)，更快的速度意味着更高的价格。以上所有类型的 SD 卡都可以于树莓派，在我看来，目前 Class 6 的卡也许是性价比最高的选择。由于硬件方面的限制，树莓派的卡槽并不能发挥高速卡的全部潜力，一些用户总是推荐使用 Class 10 的 SD 卡，但我觉得这反而可能带来稳定性方面的隐患。

我需要为卡起名字吗？

不，你不需要这么做，NOOBS 并不需要你为 SD 卡进行命名。

将NOOBS复制到SD卡上 树莓派操作系统的选择 CHAPTER 2

你可以从树莓派的官网免费下载到 NOOBS 程序包。将程序包解压后，使用文件管理器来将文件复制到你的 SD 卡中。

Mac 上的 Finder 或 PC 上的一些解压缩程序会在解压 NOOBS 时，专门为其创建一个新文件夹。需要注意的是，不要把这个文件夹直接复制到 SD 卡中，而是应该复制该文件夹中的所有文件内容。

将NOOBS复制到SD卡上

1. 根据上一节的步骤完成 SD 卡的格式化，然后不要将其从电脑中拔出。
2. 打开你的浏览器并访问 http://downloads.raspberrypi.org/noobs。

注意： 如果看到 File Not Found 信息，可能是网络问题造成的，请刷新以重复第 2 步。

NOOBS 会自动开始进行下载。

Ⓐ 如果什么也没有发生，那么右键单击链接，并选择将链接保存为文件。

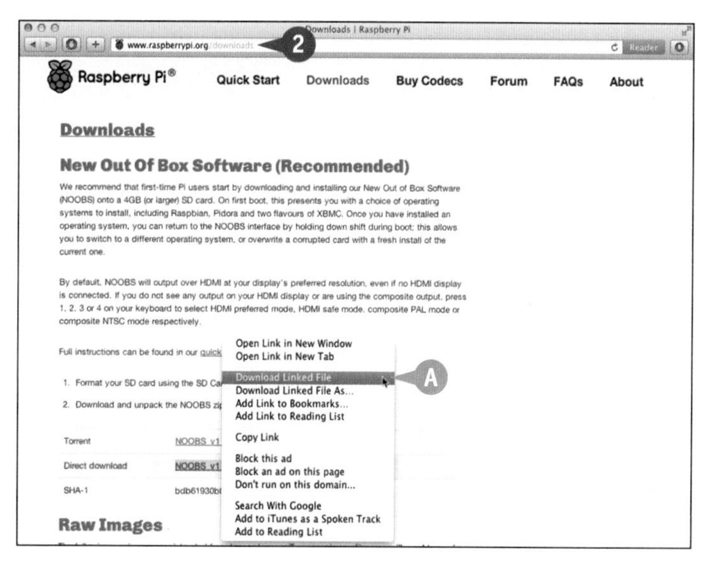

3. 如果你使用的是 Mac，打开 Finder。

注意： 如果你使用的是 Windows，请直接跳至第 6 步。

4. 找到下载得到的 NOOBS Zip 文件。

注意： 通常下载文件会被保存在 Downloads 文件夹中（如果你没有自行对其进行过改动的话）。

注意： NOOBS 文件的名字会包含版本号，例如 NOOBS_v1_2_1.zip。

5. 双击以进行解压缩。

Ⓑ Finder 会将其内容解压到一个新文件夹中。

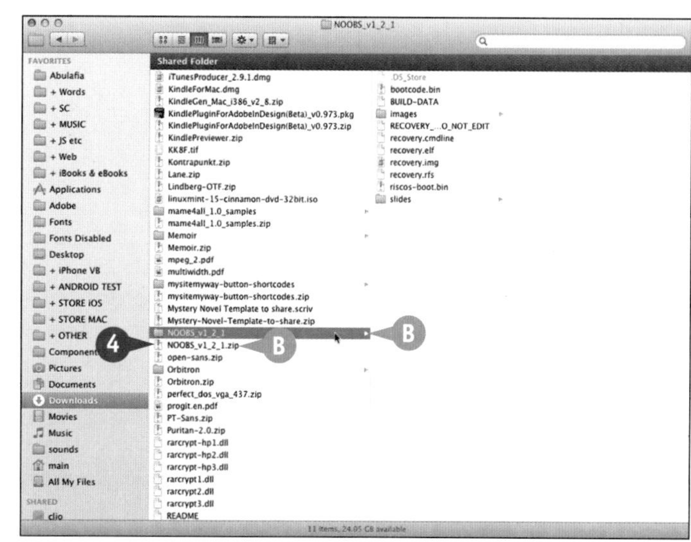

注意： 如果你使用的是 Mac，则跳过第 6 至第 8 步。

❻ 使用 PC 的话，打开文件管理器，找到下载的文件路径。

❼ 右键单击 NOOBS 文件，并选择解压文件。

你可以改变解压的目标路径。

❽ 单击解压。

❾ 在 Finder 或文件管理器中打开一个新窗口。

注意： 图片中是 Mac 下的 Finder。

❿ 找到 SD 卡的路径。

注意： 如果你没有为卡进行过命名，那么它的名字应该是 NO NAME。

⓫ 选择 NOOBS 目录下解压得到的全部文件，并将它们一起拖入到 SD 目录中。

注意： 选中并复制目录下的全部文件，而不是文件夹本身。

⓬ 拔出 SD 卡。

注意： 在 Mac 上，单击 NO NAME 旁的三角图标后取出 SD 卡；在 PC 上，从“我的电脑”里在 SD 卡的光标上右键选择移除 SD 卡。

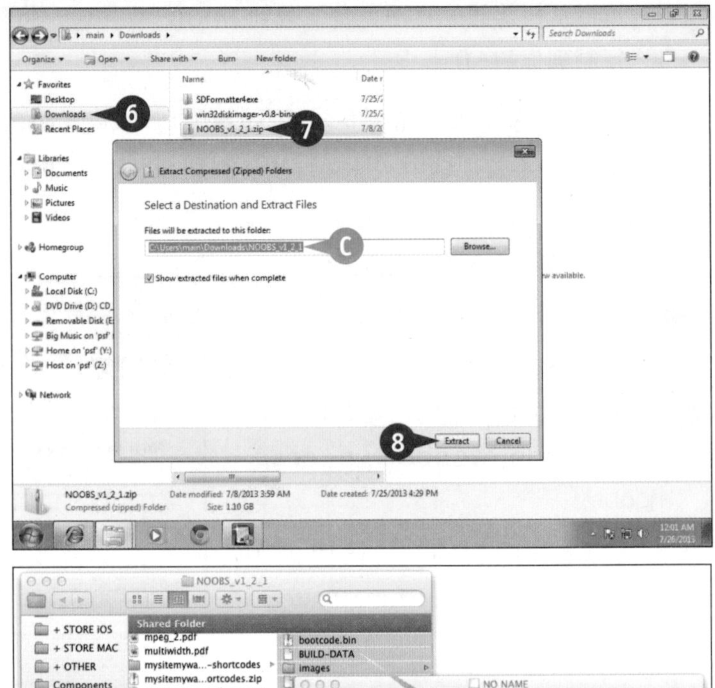

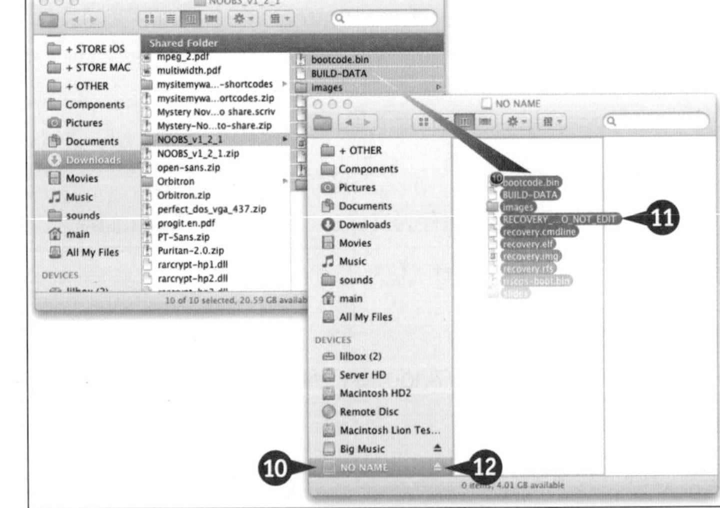

建议

对于PC和Mac来说复制NOOBS有什么区别吗？

实际上两者并没有什么区别。

如果已经有一张预装Raspbian Wheezy的SD卡，我该怎么办？

那么请忽略本节中的内容，只要把卡插入到你的树莓派中并且通电开机就可以了。当成功进入 Raspbian 之后，按照第 3 章来完成对系统的配置。你可以在另一张 SD 卡上安装 NOOBS 并去尝试其他版本的操作系统，但本书之后的内容只会关注于 Raspbian 系统。

选择并安装

你可以使用 NOOBS 程序，来选择操作系统并将其安装到 SD 卡中。如果已经按照前面章节的步骤准备好了 SD 卡，那么树莓派在第一次启动时，就会自动进入 NOOBS 的主界面。接下来你就可以在列表里，选择要安装哪个版本的操作系统到 SD 卡中了。

以后树莓派开机便会进入所安装的操作系统中（而不再是 NOOBS）。如果你希望进入 NOOBS，请在开机同时按住 Shift，这将引导树莓派进入 NOOBS 的 recovery 模式。你可以在这个模式中，重置 SD 卡并选择安装新的操作系统。

选择并安装Raspbian Wheezy

注意：为了使用 NOOBS 程序，你需要一个 USB Hub、一个鼠标以及一个电源适配器，请按第 1 章的说明来安装它们。

❶ 将按上一节步骤准备好的 SD 卡插入树莓派的卡槽中。

注意：如图所示，卡槽位于树莓派背面，安装好后的 SD 卡在树莓派正面应该只能看到露出的一小截。

❷ 连接树莓派的电源适配器，并通电开机。

NOOBS会自动启动并进入主界面。

注意：NOOBS 使用的默认语言是英语，你可以在下面的菜单中选择不同的语言支持。

Ⓐ 作为官方推荐的系统，Raspbian 已经被默认选中了。

❸ 单击 install OS（安装操作系统）。

注意：如果希望使用其他的操作系统，请在单击安装前，确保已经正确地选中了该系统的图标。

❹ 在弹出的对话框中选择 Yes 以确定。

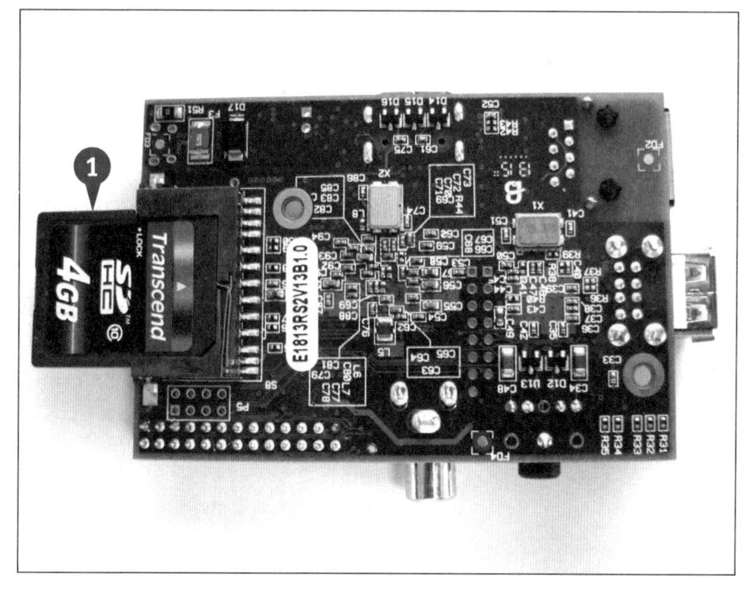

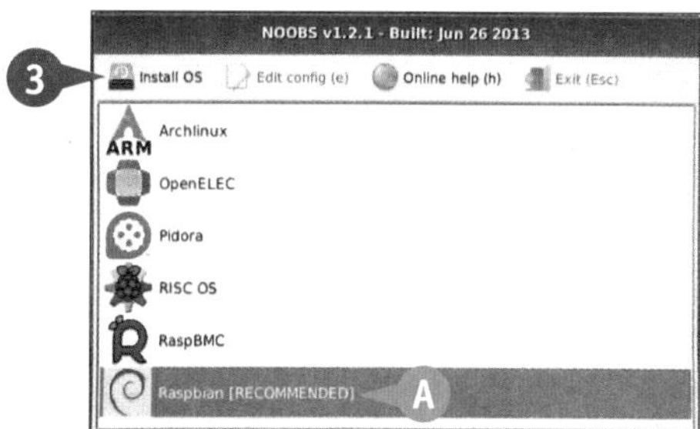

B NOOBS 会开始向 SD 卡中复制操作系统安装所必需的文件。

注意： NOOBS 会通过进度条和提示信息来显示当前的安装进度。

当 NOOBS 完成安装后，它会自动重启你的树莓派。当很多行滚动的文本提示信息显示完毕之后，你就会来到 Raspbian 的配置选项界面。关于如何适当配置你的 Raspbian 系统，请参考第 3 章的内容。

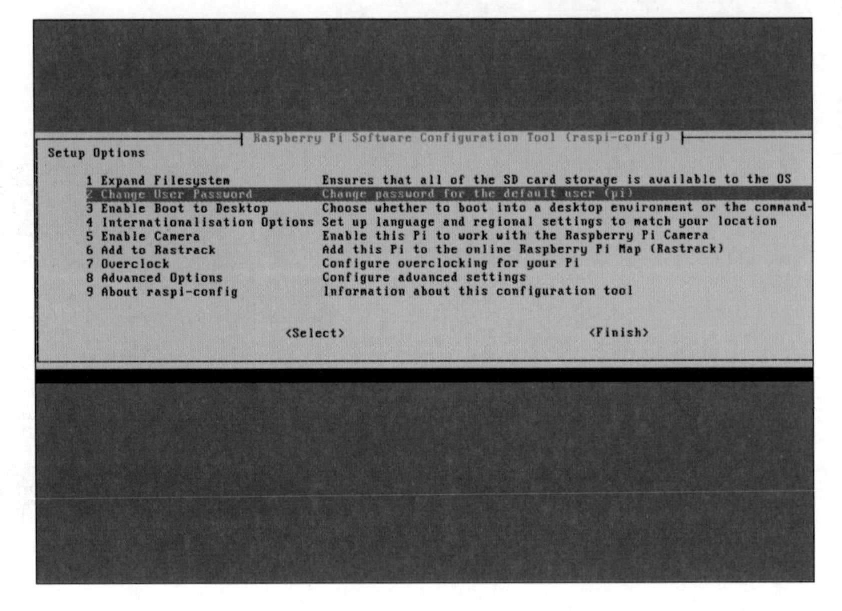

建议

如果我安装了不同的操作系统会怎么样呢？

每个操作系统都有各自不同的启动过程，虽然最初的文本提示信息对所有 Linux 系统来说大同小异，但每个发行版在之后的界面上会有些差异。如果你安装的不是 Raspbian，那么第 3 章的配置教程可能并不适用你所面对的情况。

我可以直接拔下树莓派的电源线来关机吗？

不要这样做！请确保在拔出电线前树莓派已为关机做好准备，否则可能会伤害到 SD 卡上的数据。关于如何进行安全的关机操作，请参考第 3 章中的详细介绍。

备份SD 卡

无论是使用 PC 还是 Mac，你都可以对 SD 卡的内容进行备份，这可以在特殊情况下为你节省很多时间（例如配置和软件的安装等）。为了提高工作效率，你还可以考虑同时使用多个备份。备份适用于包括 Raspbian Wheezy 在内每一个版本的树莓派操作系统。

注意，仅仅进行文件复制是无法真正对 SD 卡进行备份的。在 Mac 上，请使用 Disk Utility 程序来完成备份；而对于 PC 用户来说，免费的 Win32DiskImager 是个很好的选择。

备份SD卡

首先正确关闭树莓派

1. 按照第 3 章的流程来关闭你的树莓派。

注意：尽量不要通过直接拔出电源线的方式来关机。

使用Mac

1. 将 SD 卡从树莓派中取出，并插入 Mac 的读卡器中。
2. 在应用目录下找到 **Disk Utility** 程序并双击它。
3. 选择你希望备份的目标 SD 卡。

注意：选择设备本身（名称中包含 Generic 和 SD 字样）而不是其下一级选项。

4. 单击 **New Image**。

Ⓐ 你可以手动改变备份的文件名以及保存的路径。

5. 单击 **Save** 保存。

程序会创建一个 DMG 文件用来保存 SD 卡的内容，并且会将其加入到程序左侧的镜像列表中。

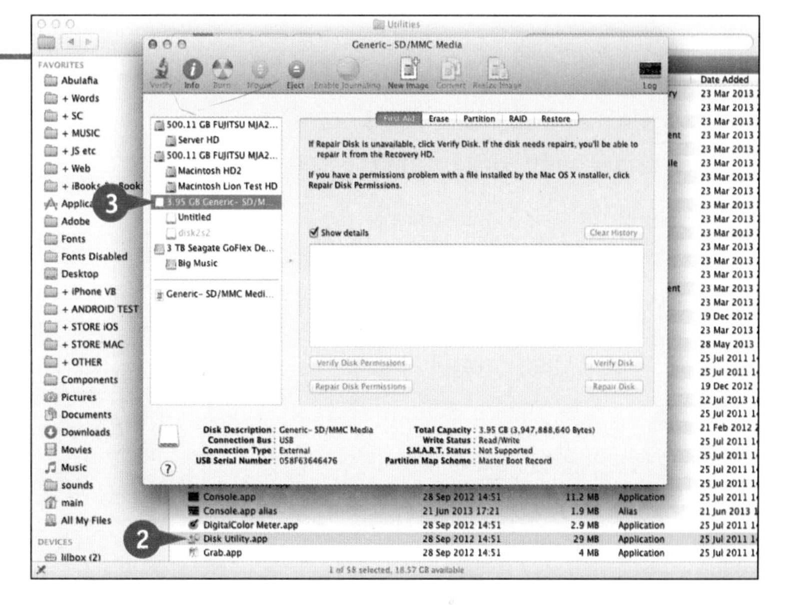

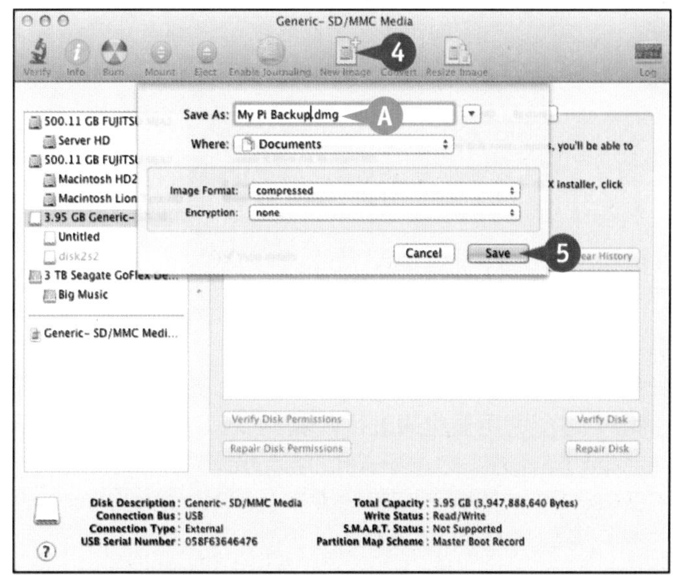

使用PC

1. 打开浏览器并访问 http:// sourceforge.net/projects/ win32diskimager，选择下载。
2. 双击 Win32DiskImager-v0.8-binary.zip 并将其解压到一个文件夹中。

注意：你下载的版本，可能会新于本书写作时所使用的 0.8 版。

3. 新建一个文件，并修改其拓展名以得到镜像文件。例如右键单击，选择“新建→文本文档”，修改其文件名并将后缀修改为 .img。

注意：0.8 版的 Win32DiskImage 有一个 bug，在 Win32DiskImager 进行 SD 卡的备份之前，你必须先手动为其创建一个 IMG 文件。

4. 双击 **Win32DiskImager.exe** 并进入程序。
5. 单击文件夹的图标（ ）。
6. 在其中找到你在步骤 1 中创建的文件并点击它。
7. 单击 **Open**。
8. 单击 **Read**。

   Win32DiskImager 会将你 SD 卡中的内容复制，并写入到 IMG 文件中。这个过程可能会花费 20 分钟。

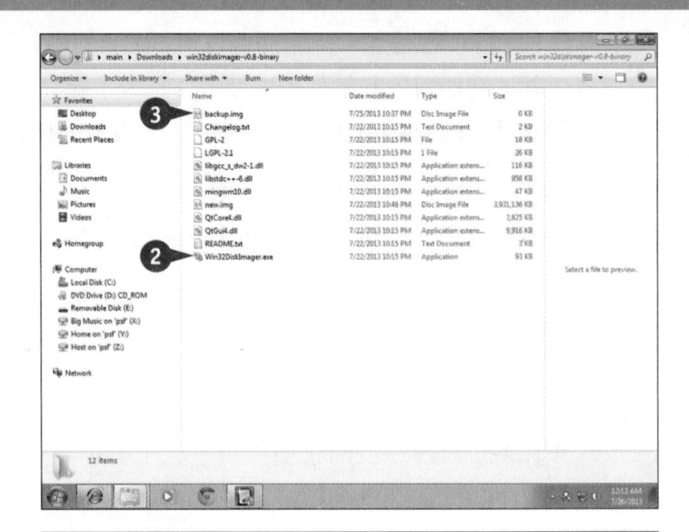

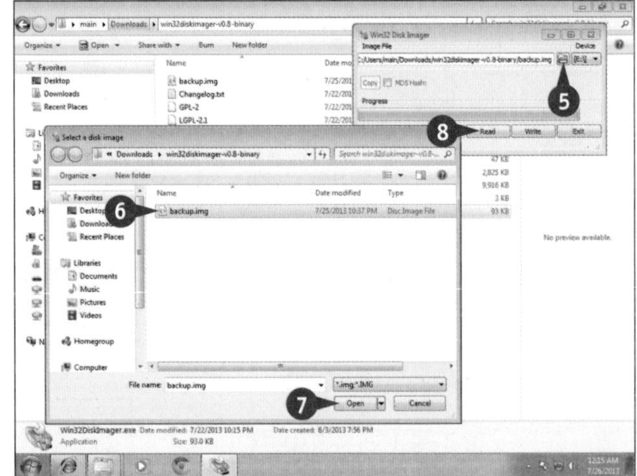

建议

我怎么才能利用备份来进行恢复？

在 Mac 上，插入 SD 卡，运行 DiskUtility，单击 **Restore**，将左侧的备份文件拖入到下面的列表中你的 SD 卡所对应的图标上即可。在 PC 上，运行 Win32DiskImager，选择备份文件，并选择对应的 SD 卡，之后只需单击 **Write** 写入即可。

BerryBoot使用入门

你可以通过免费的 BerryBoot 工具，在 SD 卡上同时安装多操作系统。借助它的帮助，你可以让树莓派在每次开机时，任意切换希望进入的操作系统。你还能将操作系统安装到其他更可靠的存储设备上，例如 U 盘和硬盘。对于一张 4GB 的 SD 卡来说，其存储空间可能只够同时安装一到两个操作系统，所以对于多系统的需求来说，使用一块 16GB 或 32GB 的 U 盘，可能会是更好的选择。

BerryBoot 的使用非常容易。不过需要注意的是，当你安装新的操作系统时，BerryBoot 可能会需要从网上下载所需文件，有时候这甚至会花费超过一小时的时间，所以请确保你拥有足够的网络带宽。

BerryBoot使用入门

1 根据第一节的流程，将 SD 卡事先准备好。

2 打开你的浏览器，并访问 www.berryterminal.com/doku.php/berryboot。

3 下载最新版本的 berryboot.zip 文件。

4 将 BerryBoot 复制到 SD 卡中（具体操作与步骤 3 中将 NOOBS 复制到 SD 卡的步骤完全相同）。

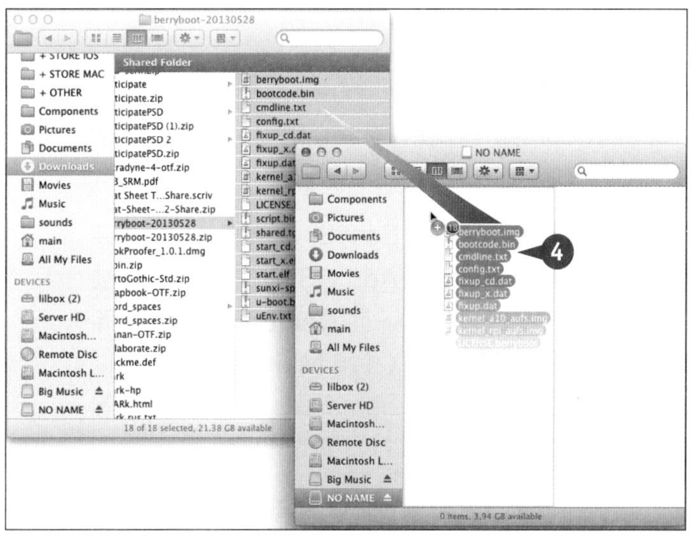

5 将SD卡正确插入树莓派，并通电开机。

BerryBoot 会显示一个欢迎界面。

6 单击 Yes(◯会变为◉)。

7 选择有线网络或Wi-Fi (◯会变为◉)。

注意： 为了使用 BerryBoot，你必须保证树莓派可以正确地连接到网络。

8 选择时区和键盘布局。

注意： 如果你不希望 BerryBoot 改变其默认设置，那么可以跳过步骤 8。

9 单击 **OK** 以确认。

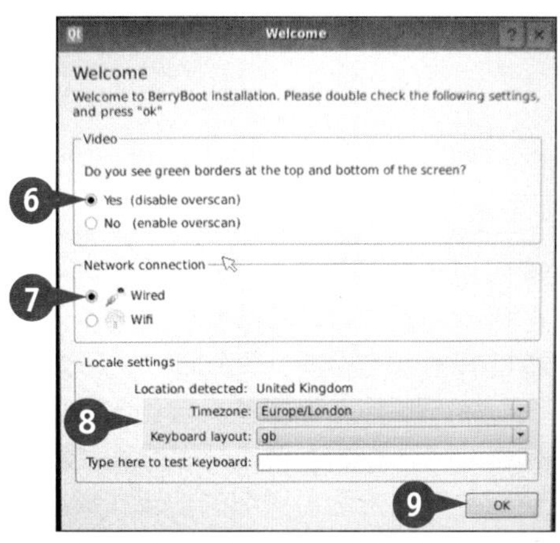

10 为你的操作系统选择一个存储设备。

注意：SD 卡会显示为“device mmcblk0”。如果你为树莓派连接了其他存储设备，它们也会出现在这里的选项列表中。

11 单击 **Format** 进行格式化。

BerryBoot 会自动完成所选存储设备的格式化。

注意：这会清除你存储设备上的所有数据，所以在操作前一定要非常谨慎，确保不会造成重要数据的丢失。

12 从列表中选择希望安装的操作系统。

13 单击 **OK** 以确认。

BerryBoot 会下载该操作系统的文件，并且安装到你在步骤 10 中所选择的存储设备上。

注意：当你重启树莓派时，BerryBoot 会显示已经安装的操作系统列表。此时单击 **Add OS** 的话，就可以安装新的操作系统到这个列表中，而 **Delete** 则可用于移除已经安装的操作系统。另外，使用 **Make Default** 可以选择启动的默认操作系统，BerryBoot 会在列表界面等待一会之后，让树莓派启动进入在这个系统中。

注意：有经验的用户可以自行修改 BerryBoot 的启动选项，详细信息可以参考 BerryBoot 项目的官方主页。

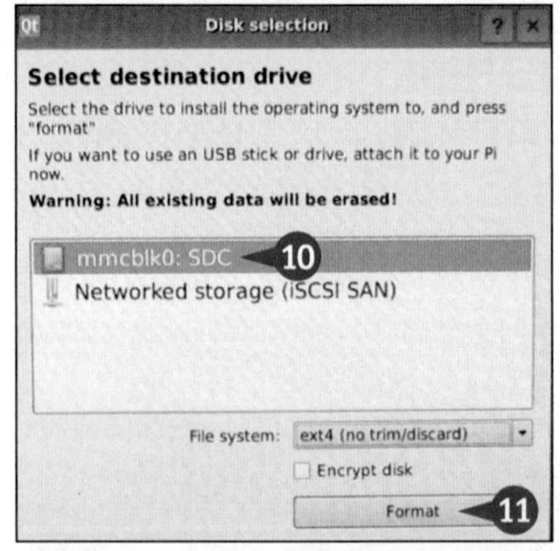

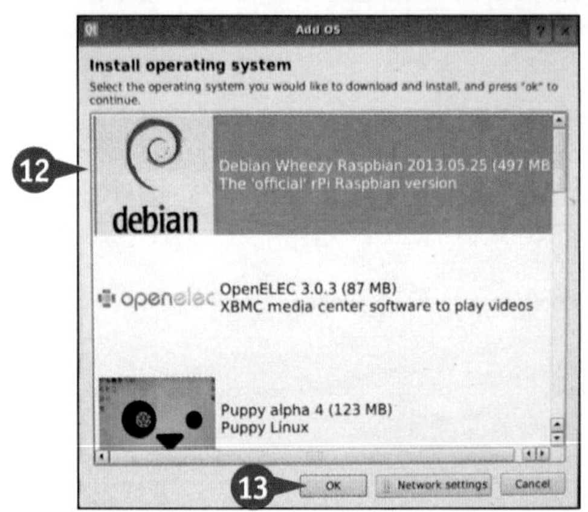

建议

我可以扩展操作系统列表吗？

可以，但这么做并不容易。树莓派支持很多版本的操作系统，但 BerryBoot 只支持其中符合 SquashFS 标准的那些，自己改动 BerryBoot 的操作系统列表需要比较高阶的知识技能。如果希望获取关于这方面更详细的信息，请参考线上文档 www.berryterminal.com/doku.php/berryboot/adding_custom_distributions。

我可以不借助BerryBoot和NOOBS来安装操作系统到SD卡吗？

当然可以，BerryBoot 和 NOOBS 只是将安装的过程简化了，你可以自行完成安装，关于其细节请参考 http://elinux.org/RPi_Easy_SD_Card_guide to manual installation, seehttp://elinux.org/RPi_Easy_SD_Card_ Setup。

第3章

正确配置 Raspbian

在正式使用树莓派之前，你必须先对其进行正确的配置，你可以修改系统的登录密码，选择适当的键盘布局和时区，对存储卡进行配置等。通过适当的设置，你甚至可以显著提高树莓派的运行速度。

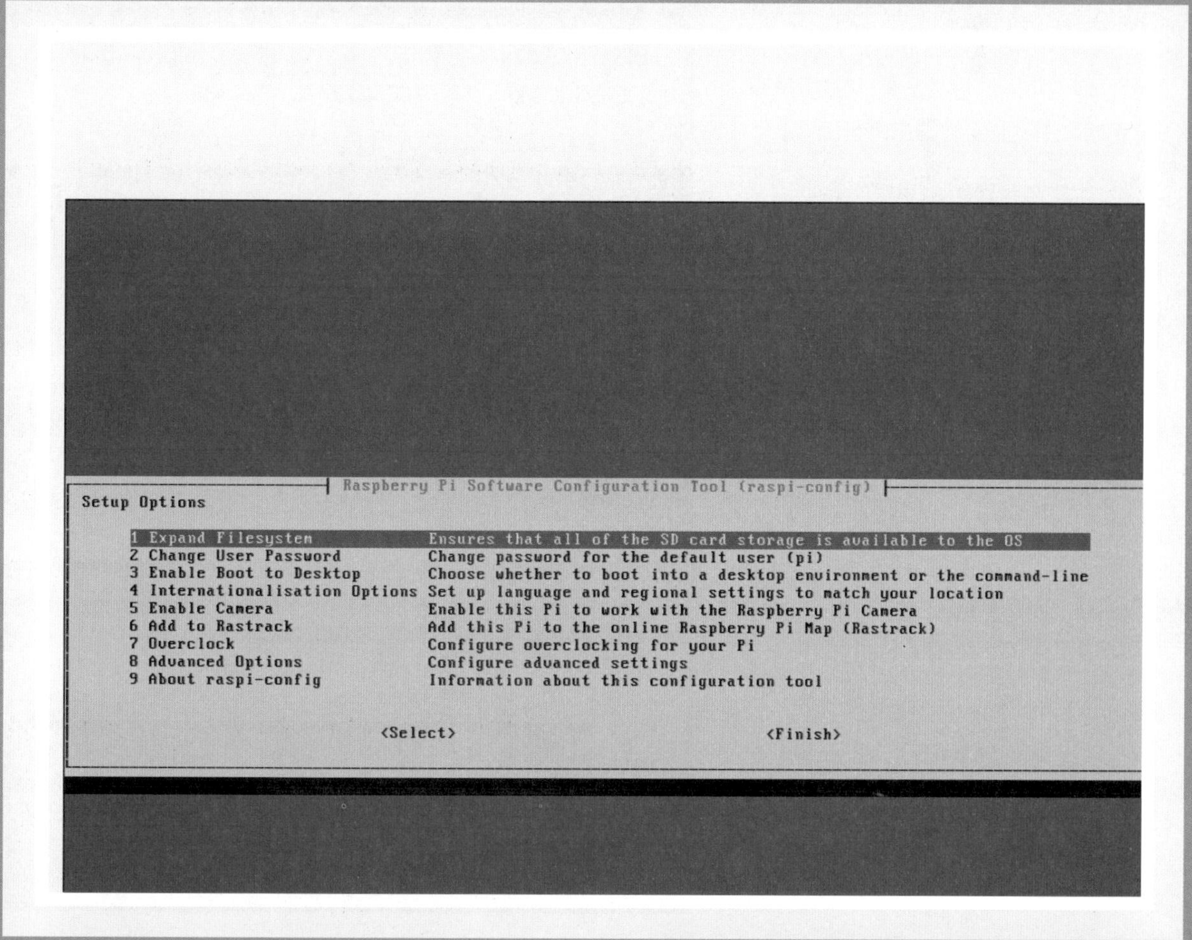

```
Raspberry Pi Software Configuration Tool (raspi-config)
Setup Options

    1 Expand Filesystem              Ensures that all of the SD card storage is available to the OS
    2 Change User Password           Change password for the default user (pi)
    3 Enable Boot to Desktop         Choose whether to boot into a desktop environment or the command-line
    4 Internationalisation Options   Set up language and regional settings to match your location
    5 Enable Camera                  Enable this Pi to work with the Raspberry Pi Camera
    6 Add to Rastrack                Add this Pi to the online Raspberry Pi Map (Rastrack)
    7 Overclock                      Configure overclocking for your Pi
    8 Advanced Options               Configure advanced settings
    9 About raspi-config             Information about this configuration tool

                  <Select>                                  <Finish>
```

设置密码

在为树莓派正确安装操作系统之后，首次开机时我们会进入到其配置选项界面中。在这个界面中，你可以修改包括登录密码在内的很多基础设置。Raspbian 初始的默认用户名是 pi，初始的默认密码是 raspberry。

为了方便，你可以将密码改成只有一个字母，也可以采用安全性更高的复杂长密码（当你的树莓派能够连接外网的时候，这就显得非常重要了），但是你并不能将密码设置为空值。

设置密码

1 通电开机，并等待进入主配置界面。

2 按下↓可以向下移动代表选中的红色光标，找到 User Password 选项并按下 Enter。

注意：你也可以通过按下→来改变光标的位置，并通过 Enter 来进行确认。

注意：由于树莓派的所有软件都还处于不断的完善升级中，所以在配置界面上，有些选项可能会随版本升级而发生改变。

3 按下 Enter。

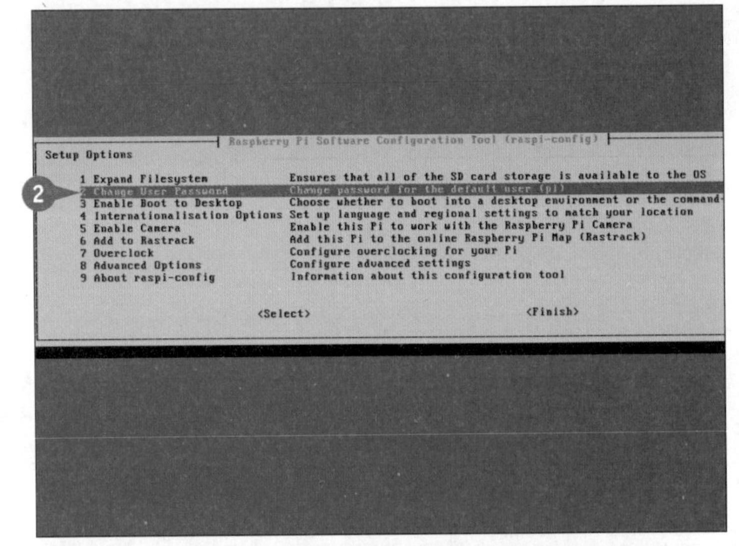

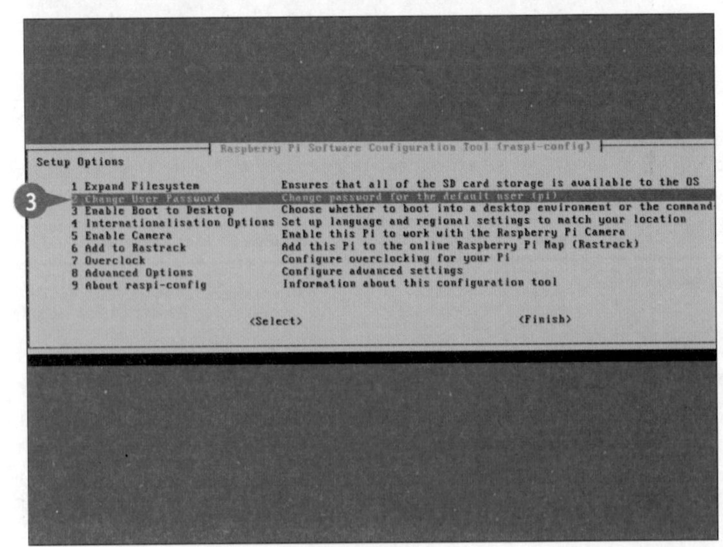

Ⓐ 这会在屏幕下方显示出用于输入的提示。

❹ 在提示处输入你的密码并按下 Enter 来确认。

注意： 由于密码文本的特殊性，此处你所输入的字符并不会显示在屏幕上。

系统会要求你再次输入这个密码，以确认没有输入错误。

❺ 根据提示再次输入密码，并且按下 Enter 。

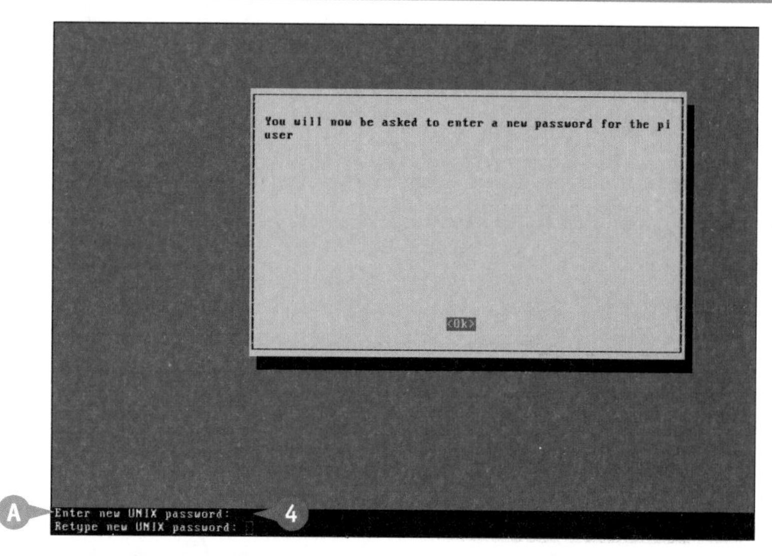

系统给出密码修改已经成功的提示信息。

❻ 按下 Enter 可以回到主配置界面中。

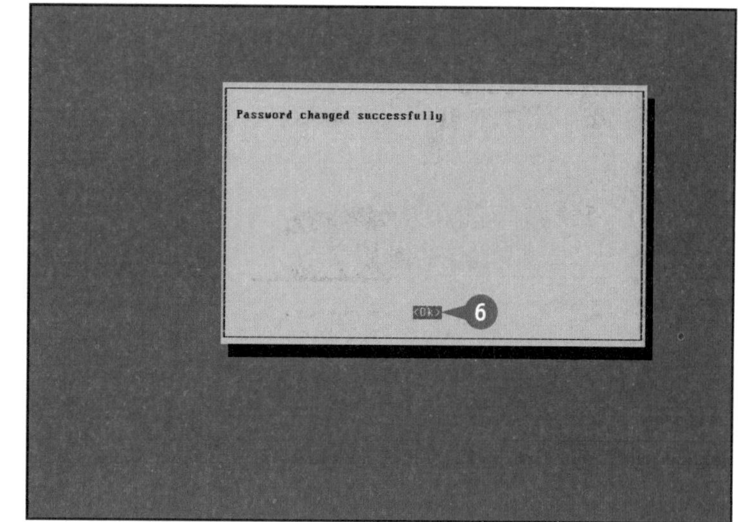

建议

如何退出配置界面?

为了退出配置，你可以在主界面通过 ➡ 将光标移至 <Finish>，并按下 Enter 即可。随后系统就会进入命令行终端，等待你输入新的指令了。

如果我忘记了密码该怎么办？

如果忘记了自己的密码，你可以重新格式化 SD 卡并安装系统，或者使用系统备份来进行重置（参见第 2 章），然后你就可以重新设置密码了。经验丰富的用户可以尝试对系统进行 hack 操作以重置密码，详细信息可以参考 www.raspberrypi.org/phpBB3/ viewtopic.php?f=28&t=44114。

选择键盘布局

你可以在配置中为树莓派选择特定的键盘布局，这会影响到系统在你使用键盘输入时所表现的行为。如果一开始你并不清楚这项设置的意义，那么可以先跳过它。而如果在使用中发现键盘输出的表现与你的预期不同时，可以随时再次运行配置程序（具体操作步骤可以在本章之后的内容中看到）。你可以从网上获取更多关于硬件和本地语言配置的帮助信息，在找到一个最合适的配置前，你可能需要进行几次尝试。

选择键盘布局

1. 在配置主界面上，通过方向键↑和↓将光标移到 Internationalisation 选项并按下 Enter。

2. 通过↑和↓将光标移至 Change Keyboard Layout，并按 Enter 进行确认。

3. 等待树莓派加载完成键盘布局的配置界面。

注意：进入这个界面可能需要等待约 15 秒的时间，这期间树莓派的表现看起来会像卡住了一样。

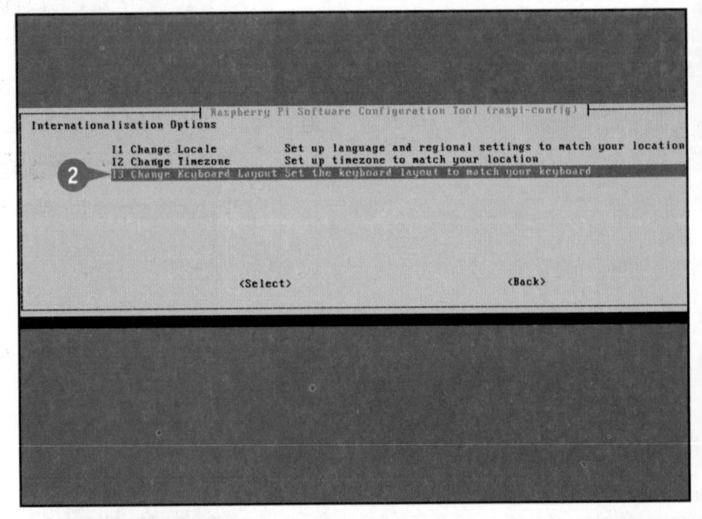

A 系统会列出所有可用的键盘类型选项。

4. 通过↑和↓来选择你的键盘类型，并通过按下 Enter 来进行确认。

注意：如果你不知道该为自己的键盘选择哪一项，那么请选择键数相符的 **Generic Keyboard** 选项。

然后我们会进入键盘布局的选择界面中。

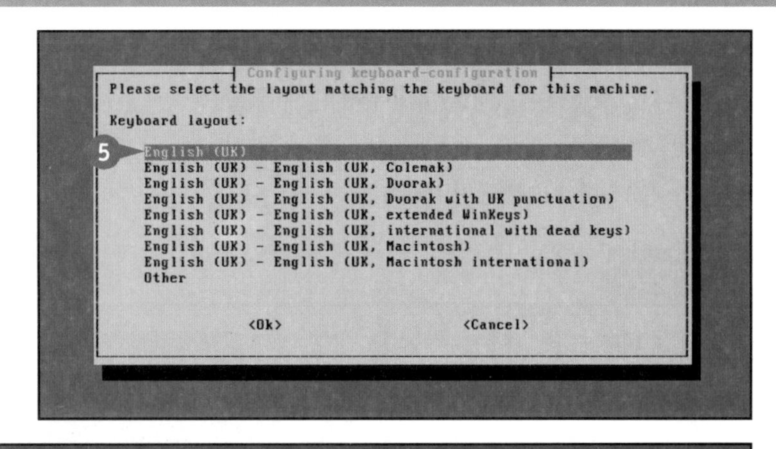

5 通过↑和↓来将光标移至相应的键盘布局选项上，并按下 Enter 来确认。

注意：一般来说，这里使用默认的选项即可。但如果你使用的是 Apple 键盘，请自行选择 Macintosh 布局方案。

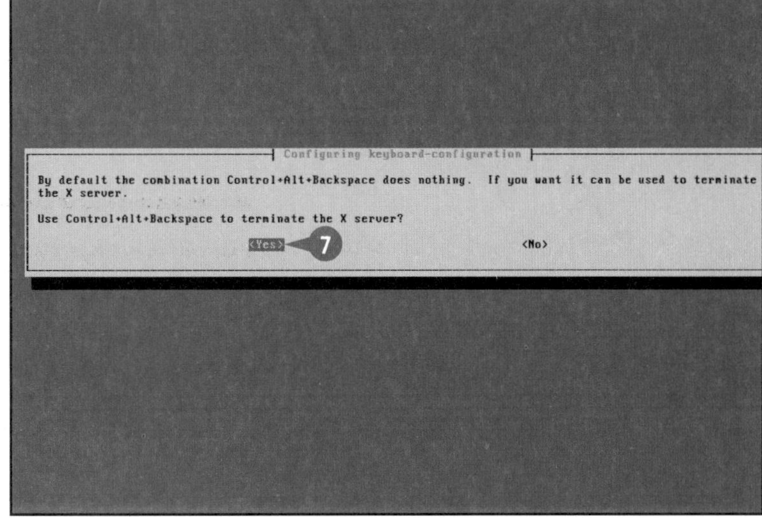

6 通过→和 Enter，从而跳过组合键设置界面。

7 按下 Enter 来确定，采用 Control+Alt+Backspace 的组合键，来退出树莓派的图形桌面。

大约 10 秒后你会返回到主配置界面，说明关于键盘布局的设置已经顺利完成了。

建议

如何在开机时将numlock默认设置为打开？

如果你的键盘拥有小键盘区，你可能希望树莓派在开机时默认打开 numlock（从而可以直接用其输入数字）。不幸的是，这个选项并没有包括在键盘的布局配置里。像大多数的 Linux 系统选项一样，numlock 的行为被定义在特定配置文件中，第 4 章和第 6 章会讲解如何对文本文件进行编辑和保存。如果你已经知道如何去做，请执行如下步骤：在命令行输入 `sudo nano /etc/kbd/config`，删除 LEDS=+num 行开头的“#”，保存文件，然后退出并重启树莓派即可。

选择时区

你可以用 Time Zone 选项，来控制树莓派如何显示时间和日期，以及如何处理夏令时等情况。

注意，树莓派自身并没有完备的内置时钟，它会从互联网获取时间并“假装”成自己的时钟值。所以如果没有正确连接到网络，那么在树莓派上自然就会出现错误的时间值，你无法使用 Time Zone 选项来设置特别精确的时间。

选择时区

1. 在主配置界面上，通过方向键↑和↓来选择 Internationalisation 选项并按下Enter。

2. 通过↑和↓选择 Change Timezone 选项并按Enter确认。

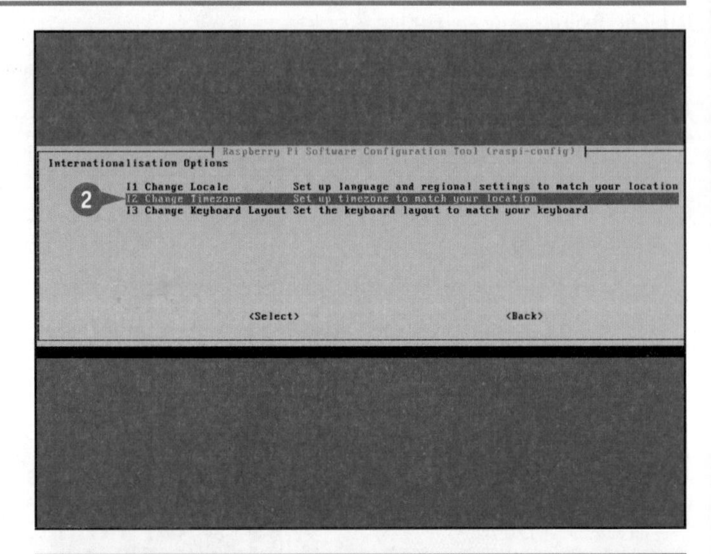

几秒后，树莓派会进入地理位置分区选择列表。

3. 通过↑和↓来选择你所处的地区，并按下Enter。

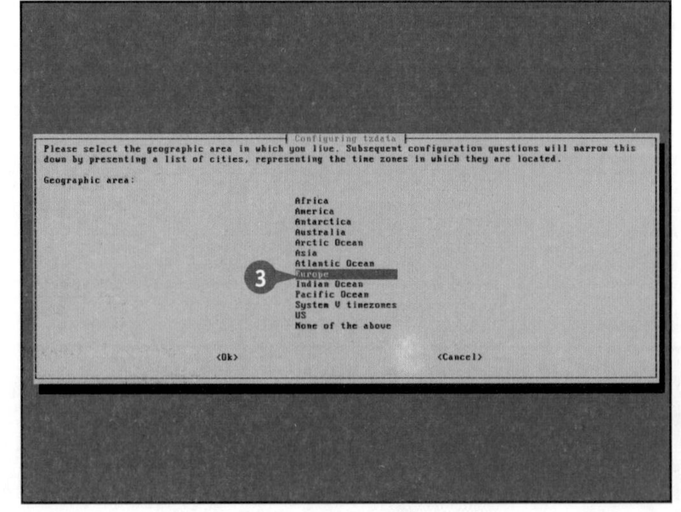

随后会进入时区选择列表。

4 通过↑和↓选择距离你最近的城市或地区，并按下Enter来确认。

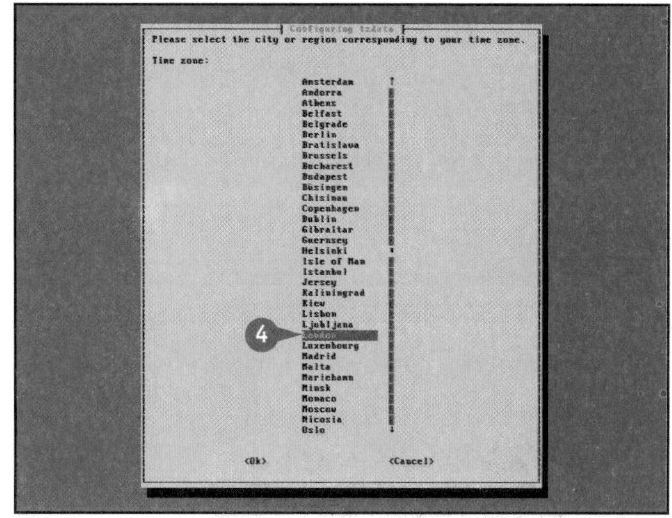

A 树莓派会提示时区已经设置完毕，并会返回到主配置界面中。

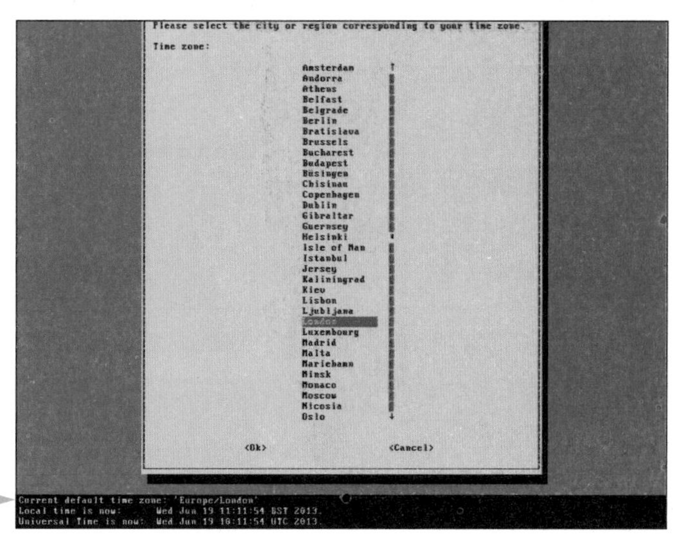

建议

树莓派会在每次关机时忘记时间吗？

因为没有独立的时钟模块，树莓派无法对时间进行记录，如果你希望树莓派在关机时（不连接互联网的前提下）依然能够记录时间，那么就需要使用额外的时钟模块。在电商平台上搜索“树莓派时钟”关键词通常就可以了，或者直接参考本书第 14 章。不过，这些都需要你对 Linux 命令行具有一定的使用经验。

不正确的时间会带来什么影响吗？

如果你创建或编辑了文件，树莓派会使用当前时间对它们进行标记，如果当前时间是不正确的，那么在按时间进行搜索时，你可能就无法正确地找到文件了。基于你如何使用树莓派，这可能会也可能不会造成影响，但该情况还是应该避免的。

内存和SD卡选项

树莓派的内存资源是有限的，你可以通过设置来最大化它们的潜能。

Expand Filesystem（扩展文件系统）选项能让 SD 卡的全部容量都用于存储，而默认的这个上限值是 2GB（即使对于容量更大的 SD 卡来说也是如此）。而高级选项中的 Memory Split（内存分割）选项则可以调整 GPU 和系统之间的内存占用比例。

内存和SD卡选项

1 在主配置界面中，使用方向键 ↑ 和 ↓ 将光标移至 Expand Filesystem 选项并按下 Enter。

屏幕上会快速滚动输出很多文本信息，不用在意它们，随后系统会给出提示，扩展得到的 SD 卡存储空间将会在树莓派下次重启的时候生效。

2 按下 Enter 确定并返回主配置界面。

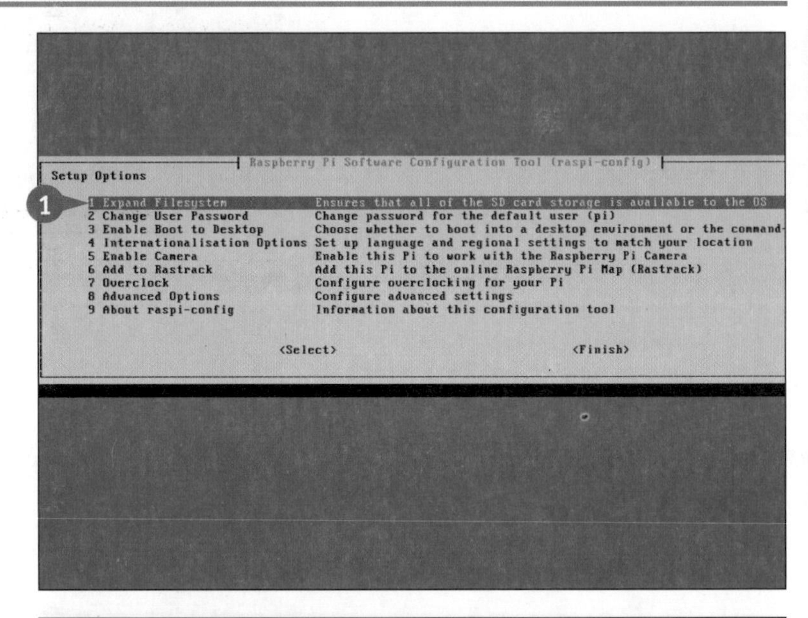

3 通过 ↑ 和 ↓ 将光标移至 Advanced Options（高级选项）选项并按下 Enter。

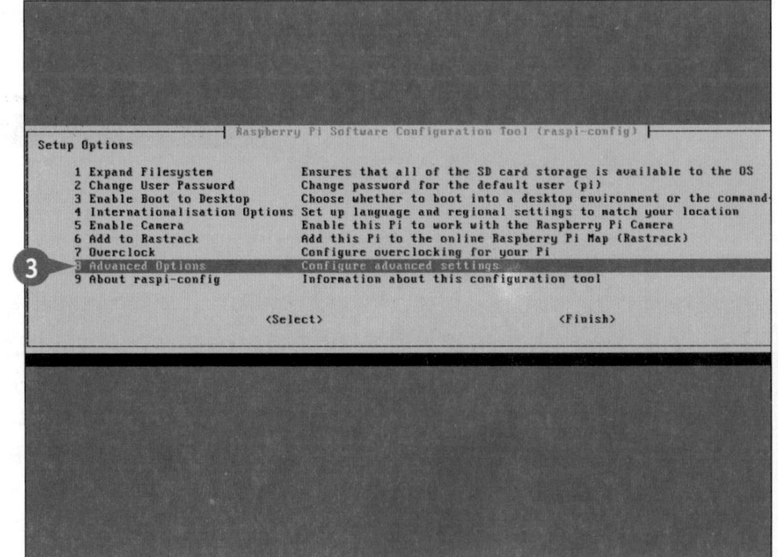

4 通过↑和↓选择 Memory Split 并按下Enter。

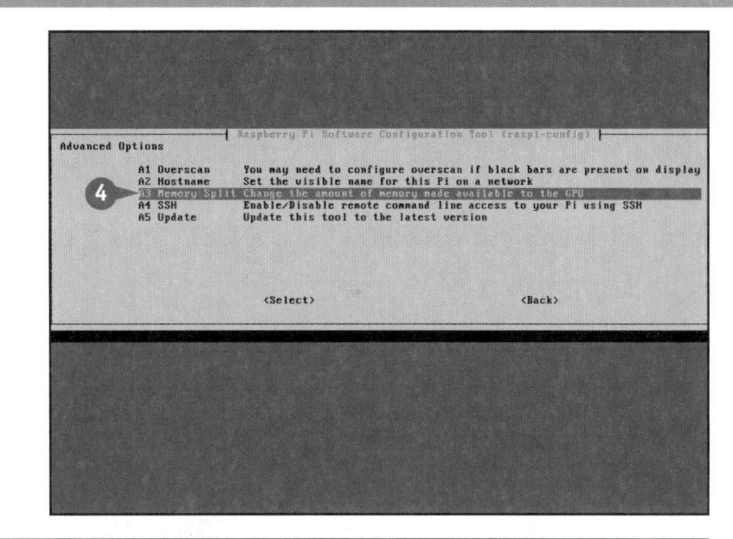

5 从顶部的备选数值中选择一个，并且输入它。

6 按下Enter确定并返回到主配置界面中。

树莓派会根据你的选择，对内存的分配方案重新进行调整。

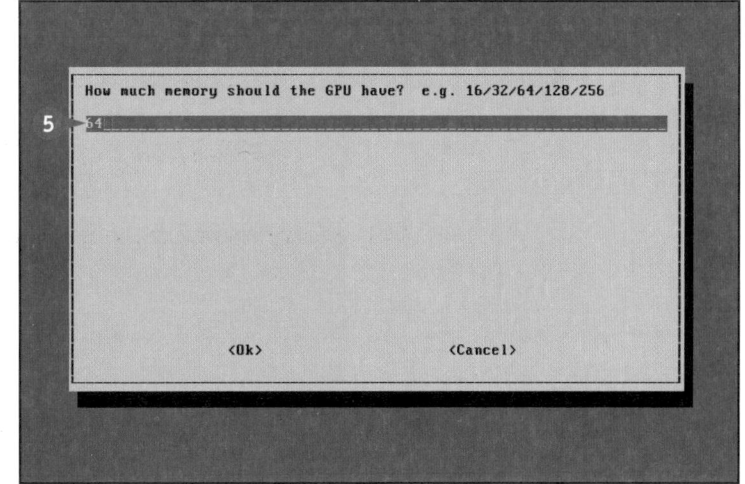

建议

在分割内存时，我该如何在备选数值中做出选择？

对于 B 型树莓派来说，将其设为 64MB 是个折中的方案，这足以在不浪费内存的前提下完成图形界面的显示；如果你希望运行比较重度的游戏或高清视频播放，那么请分配 128MB 甚至 256MB 的内存给 GPU；而如果只运行命令行终端的话，16MB 的 GPU 内存分配就完全足够了。而对于 A 型树莓派，除非进行高清视频播放，否则不建议将多于 64MB 的内存分配给 GPU。

拓展SD卡文件系统会对卡内已有的数据造成影响吗？

不会的，该选项足够智能，不会对卡内已有数据造成任何影响。

超频设置

你可以通过超频让树莓派运行得更快，但有一点需要首先明确的是，超频实际上是一把双刃剑，虽然它可以大大提升树莓派的运算性能，但也会显著提高其发热量，因此可能会降低整个系统的稳定性，甚至会对树莓派的使用寿命造成不良的影响。

为了对树莓派进行超频设置，请使用配置工具中的 Overclock 选项，你可以在 5 种运行频率中做出选择，频率越高，则运算速度越快，同时发热量也越大，并且系统稳定性也会越低。请注意，如果使用了外壳的话，发热情况可能还会变得更加严重。

超频设置

1 在配置界面中，通过方向键↑和↓来选中 Overclock 选项并按下Enter。

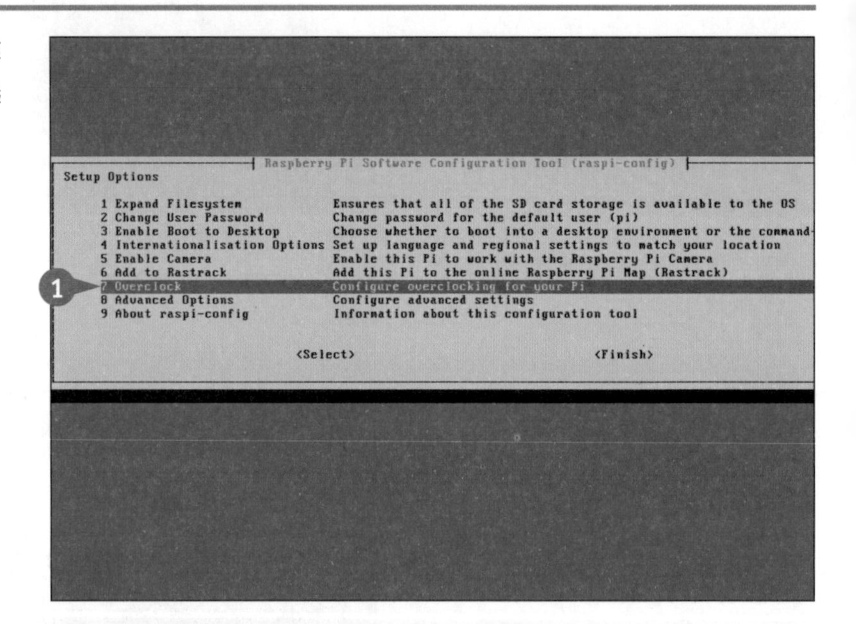

一个带有警告信息的对话框会出现在屏幕上。

2 按下Enter以跳过这条警告信息。

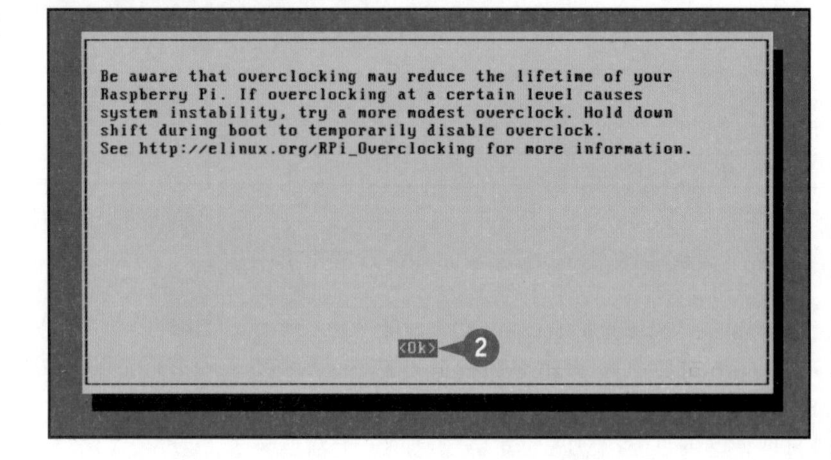

3 通过↑和↓在 5 种运行频率中选择一个，并按下 Enter 。

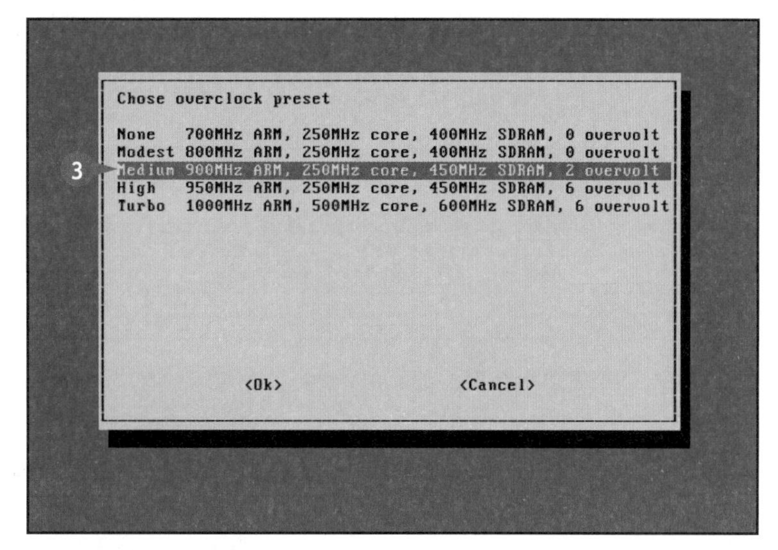

4 再次按下 Enter 以确认并返回主配置界面。

超频设置会即刻生效， 无需重启你的树莓派。

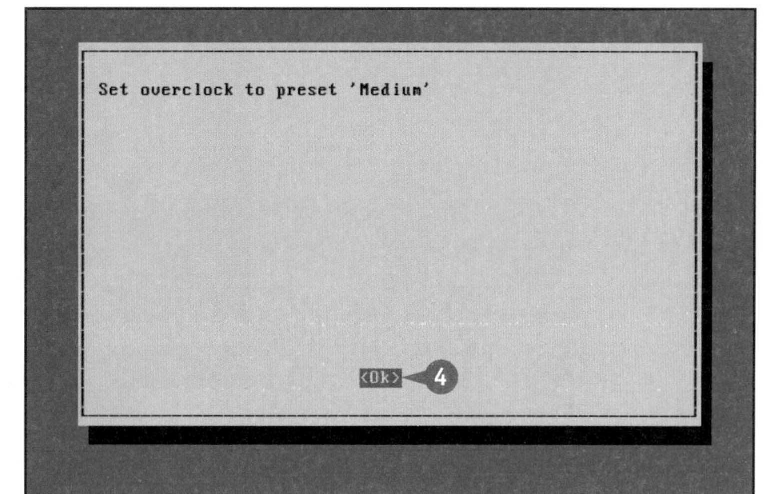

建议

我的树莓派可以运行得多快？

最高的 Turbo 选项，可将树莓派运算速度提高约 20%，此时浏览网页或运行游戏的话可感受到明显的性能提升。其他超频选项的效果依次减弱，Medium 可以在性能和稳定性间取得较好的折中。不过对许多应用程序来说，超频根本就是不必要的。

超频后我如何改善树莓派的散热情况？

一些高端玩家为此专门制造了复杂的散热系统，他们甚至用上了水冷和液氮。当然对于一般用户来说，尺寸合适的金属散热片是更实际的选择，只需将其贴在树莓派的几个主要芯片上就可以了。你可以购买专门的散热片，而 PC 上的一些现成散热部件也可以成为 DIY 散热片的材料。

连接到网络

为了使树莓派能够连接到网络，你可以使用标准网线，将树莓派与路由器或调制解调器相连接。如果你家的路由器具有自动分配局域网地址的功能，那么连线以后就可以直接在局域网中看到你的树莓派了。

随后你就可以像第 4 章演示的那样进行网页浏览了。你还可以将树莓派打造成 Web 服务器、文件服务器或家庭媒体中心，这些高阶应用都会在后面的章节中讲到。

连接到网络

1. 将网线的一头插入路由器的局域网网口中。

2. 将网线的另一头插入到树莓派的自带网口中。

   稍等片刻，你的路由器就会完成树莓派的识别及联网了。

注意： 如果有合适型号的无线网卡，你也可以通过 Wi-Fi 来连接树莓派，具体请参考本书的第 4 章。

注意： 有些应用程序需要使用静态 IP 地址，具体内容请参考本书第 7 章。

关于在树莓派上使用浏览器的相关内容，请参考本书第 4 章。

重新进行配置

正确配置 Raspbian

当第一次启动树莓派并完成其配置之后，你的所有设置都会被保存在 SD 卡中，以后再次开机的时候，便无需重复这一过程了。

之后每次打开树莓派，系统默认都不会再进入配置界面了，但你可以随时手动引导它来到这里，并对已有的配置进行修改。例如，你想尝试一下超频的话，只需输入一条简单的命令就可以重新配置界面了。

重新进行配置

1 对树莓派通电开机并登录，等待一会直到命令行提示符（$）出现。

2 输入 sudo raspi- config 并按下 Enter 。

```
Wed Jun 19 12:06:16 2013: [info] Setting console screen modes.
Wed Jun 19 12:06:16 2013: [info] Skipping font and keymap setup (handled by co
Wed Jun 19 12:06:17 2013: [ ok ] Setting up console font and keymap...done.
Wed Jun 19 12:06:31 2013: [ ok ] Checking if shift key is held down: No. Switcnsole-setup).
Wed Jun 19 12:06:32 2013: [ ok ] Setting up X socket directories... /tmp/.X11-
Wed Jun 19 12:06:33 2013: INIT: Entering runlevel: 2                hing to ondemand scaling
Wed Jun 19 12:06:33 2013: [info] Using makefile-style concurrent boot in runleunix /tmp/.ICE-unix.
Wed Jun 19 12:06:33 2013: [ ok ] Network Interface Plugging Daemon...skip eth0
Wed Jun 19 12:06:33 2013: [ ok ] Starting enhanced syslogd: rsyslogd.        vel 2.
Wed Jun 19 12:06:34 2013: [ ok ] Starting periodic command scheduler: cron.   ...skip wlan0...done.
Wed Jun 19 12:06:34 2013: [ ok ] Starting Samba daemons: nmbd smbd.
Wed Jun 19 12:06:35 2013: [ ok ] Starting system message bus: dbus.
Wed Jun 19 12:06:35 2013: [....] Starting bluetooth: bluetoothd rfcommCan't op
mily not supported by protocol
Wed Jun 19 12:06:36 2013: Starting dphys-swapfile swapfile setup ...
Wed Jun 19 12:06:36 2013: want /var/swap=100MByte, checking existing: keeping it
Wed Jun 19 12:06:36 2013: done.
Wed Jun 19 12:06:36 2013: . ok
Wed Jun 19 12:06:37 2013: [ ok ] Starting network connection manager: NetworkManager.
Wed Jun 19 12:06:38 2013: [ ok ] Starting web server: lighttpd[....] Starting
Wed Jun 19 12:06:39 2013: . ok
Wed Jun 19 12:06:40 2013: [ ok ] Starting OpenBSD Secure Shell server: sshd.

Debian GNU/Linux 7.0 pi tty1

pi login: pi
Password:

Linux pi 3.6.11+ #456 PREEMPT Mon May 20 17:42:15 BST 2013 armv6l

The programs included with the Debian GNU/Linux system are free software;
the exact distribution terms for each program are described in the
individual files in /usr/share/doc/*/copyright.

Debian GNU/Linux comes with ABSOLUTELY NO WARRANTY, to the extent
permitted by applicable law.
Last login: Wed Jun 19 04:01:39 2013
Wed Jun 19 12:06:40 BST 2013
pi@pi ~ $ sudo raspi-config
```

Ⓐ 配置界面会再次出现，现在你可以重设新的配置选项了。

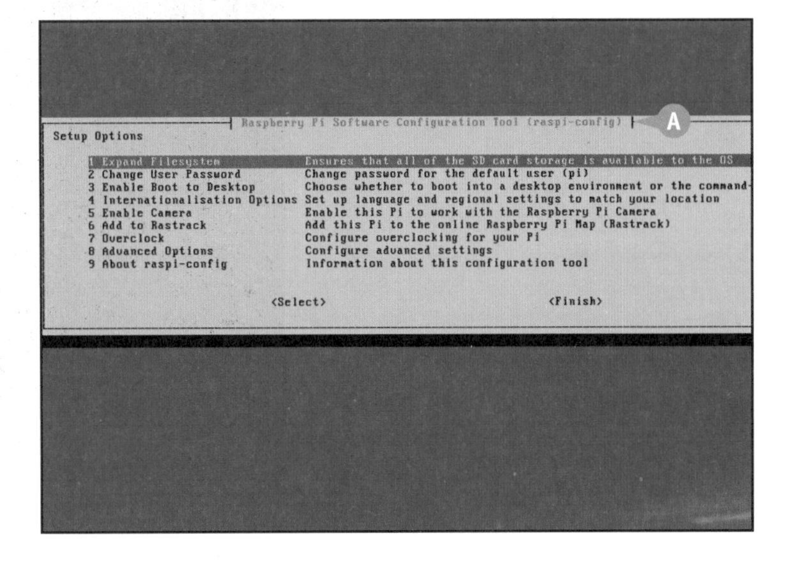

升级操作系统

如果你使用的是预装过操作系统的 SD 卡，那么操作系统本身及其所包含的软件版本可能都已经比较旧了。而这时，只需要输入两条简单的命令，就可以将它们方便地升级到当前的最新版本。一次完整的大规模升级可能会花费几小时的时间，其间你需要保证树莓派可以正确连接到互联网。

升级操作系统

1. 如果你正处于配置界面中，为了退回到主界面，请使用方向键 ➡ 将光标移动至 Finish 并按下 Enter 。

2. 弹出的对话框会询问你是否希望现在重启系统，按下 Enter 以确认。

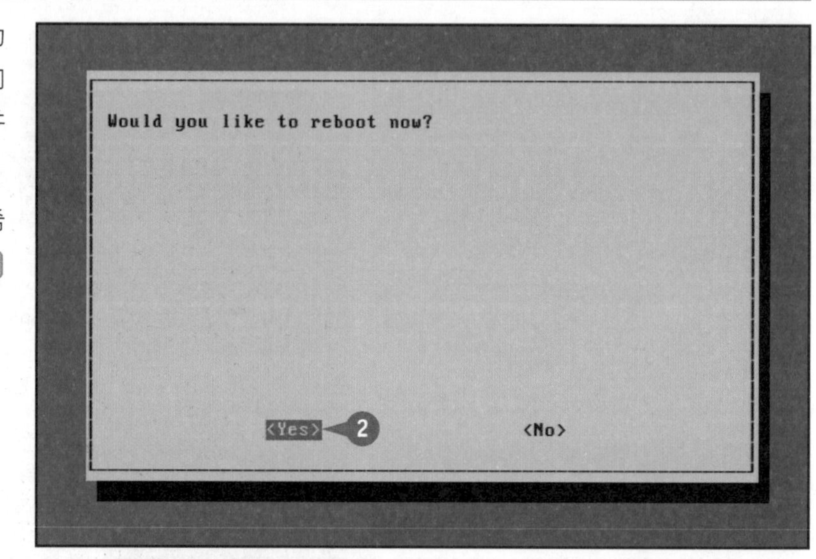

3. 如果你已经进入系统，请输入用户名 pi 来进行登录，并按 Enter 确认。

4. 输入你的密码并再次按下 Enter 。

注意： 如果你在配置中修改过密码，记得这里输入新密码。

5. 当命令行提示符（$）出现后，输入命令 sudo apt-get update，并按下 Enter 以确认。

注意： 请保证命令拼写正确，不要漏掉其中的空格与横线（减号键）。

```
Mon Jun 17 11:57:58 2013: [ ok ] Cleaning up temporary files....
Mon Jun 17 11:57:58 2013: [ ok ] Setting up ALSA...done.
Mon Jun 17 11:57:59 2013: [info] Setting console screen modes.
Mon Jun 17 11:57:59 2013: [info] Skipping font and keymap setup (handled by console-setup).
Mon Jun 17 11:57:59 2013: [ ok ] Setting up console font and keymap...done.
Mon Jun 17 11:58:00 2013: [ ok ] Checking if shift key is held down: No. Switching to ondemand sca
Mon Jun 17 11:58:01 2013: [ ok ] Setting up X socket directories... /tmp/.X11-unix /tmp/.ICE-unix.
Mon Jun 17 11:58:02 2013: INIT: Entering runlevel: 2
Mon Jun 17 11:58:02 2013: [info] Using makefile-style concurrent boot in runlevel 2.
Mon Jun 17 11:58:03 2013: [ ok ] Network Interface Plugging Daemon...skip eth0...skip wlan0...done
Mon Jun 17 11:58:03 2013: [ ok ] Starting enhanced syslogd: rsyslogd.
Mon Jun 17 11:58:03 2013: [ ok ] Starting periodic command scheduler: cron.
Mon Jun 17 11:58:03 2013: [ ok ] Starting Samba daemons: nmbd smbd.
Mon Jun 17 11:58:04 2013: [ ok ] Starting system message bus: dbus.
Mon Jun 17 11:58:05 2013: Starting dphys-swapfile swapfile setup ...
Mon Jun 17 11:58:05 2013: want /var/swap=100MByte, checking existing: keeping it
Mon Jun 17 11:58:05 2013: done.
Mon Jun 17 11:58:05 2013: [ ok ] Starting bluetooth: bluetoothd rfcomm.
Mon Jun 17 11:58:06 2013: [ ok ] Starting network connection manager: NetworkManager.
Mon Jun 17 11:58:08 2013: [ ok ] Starting NTP server: ntpd.
Mon Jun 17 11:58:08 2013: [ ok ] Starting web server: lighttpd.
Mon Jun 17 11:58:09 2013: [ ok ] Starting OpenBSD Secure Shell server: sshd.

Debian GNU/Linux 7.0 pi tty1

pi login: pi        ◀ 3
Password:           ◀ 4

Last login: Mon Jun 17 11:52:33 BST 2013 on tty1
LINUX PI 3.6.11+ #456 PREEMPT Mon May 20 17:42:15 BST 2013 armv61

The programs include with the Debian GNU/Linux system are free software:
the exact distribution terms for each program are described in the
individual files in /usr/share/doc//*/copyright

Debian GNU/Linux comes with ABSOLUTELY NO WARRANTY, to the extent
permitted by applicable law.
Mon Jun 17 12:24:04 BST 2013
pi@pi ~ $ sudo apt-get update   ◀ 5
```

A 屏幕上会不断显示各种文件的下载进度。

6 升级过程中请耐心等待，直到出现完成的提示信息（“Done”），紧接着命令行提示符应该会再次出现在屏幕上。

```
Debian GNU/Linux 7.0 pi tty1

pi login: pi
Password:

Last login: Mon Jun 17 11:52:33 BST 2013 on tty1
LINUX PI 3.6.11+ #456 PREEMPT Mon May 20 17:42:15 BST 2013 armv6l

The programs include with the Debian GNU/Linux system are free software:
the exact distribution terms for each program are described in the
individual files in /usr/share/doc/*/copyright

Debian GNU/Linux comes with ABSOLUTELY NO WARRANTY, to the extent
permitted by applicable law.
Mon Jun 17 12:24:04 BST 2013
pi@pi ~ $ sudo apt-get update
Get:1 http://archive.raspberrypi.org wheezy Release.gpg [490 B]
Get:2 http://mirrordirector.raspbian.org wheezy Release.gpg [490 B]
Get:3 http://archive.raspberrypi.org wheezy Release [7,200 B]
Get:4 http://mirrordirector.raspbian.org wheezy Release [14.4 kB]
Get:5 http://archive.raspberrypi.org wheezy/main armhf Packages [6,260 B]
Get:6 http://mirrordirector.raspbian.org wheezy/main armhf Packages [7,413 kB]
Ign http://archive.raspberrypi.org wheezy/main Translation-en_GB
Ign http://archive.raspberrypi.org wheezy/main Translation-en
Get:7 http://mirrordirector.raspbian.org wheezy/contrib armhf Packages [23.2 kB]
Get:8 http://mirrordirector.raspbian.org wheezy/non-free armhf Packages [48.0 kB]
Get:9 http://mirrordirector.raspbian.org wheezy/rpi armhf Packages [569 B]
Ign http://mirrordirector.raspbian.org wheezy/contrib Translation-en_GB
Ign http://mirrordirector.raspbian.org wheezy/contrib Translation-en
Ign http://mirrordirector.raspbian.org wheezy/main Translation-en_GB
Ign http://mirrordirector.raspbian.org wheezy/main Translation-en
Ign http://mirrordirector.raspbian.org wheezy/non-free Translation-en_GB
Ign http://mirrordirector.raspbian.org wheezy/non-free Translation-en
Ign http://mirrordirector.raspbian.org wheezy/rpi Translation-en_GB
Ign http://mirrordirector.raspbian.org wheezy/rpi Translation-en
Fetched 7,513 kB in 50s (148 kB/s)
Reading package lists... Done
pi@pi ~ $
```

7 当命令行提示符（$）出现后，输入命令 `sudo apt-get upgrade` 并按下 Enter。

8 按下 Y 告知树莓派你希望继续进行本次升级。

B 升级完成之后，命令行提示符（$）会再次出现。

注意：根据实际情况不同，这个过程可能会花费几分钟到几小时不等的时间。

注意：Linux 不会提示你什么时候可以升级，但你可以随时进行这项操作。

```
Setting up libsasl2-modules:armhf (2.1.25.dfsg1-6+deb7u1) ...
Setting up alsa-base (1.0.25+3~deb7u1) ...
Setting up libpcsclite1:armhf (1.8.4-1+deb7u1) ...
Setting up php5-common (5.4.4-14+deb7u2) ...
Setting up php5-cgi (5.4.4-14+deb7u2) ...
Setting up libreadline5:armhf (5.2+dfsg-2~deb7u1) ...
Setting up isc-dhcp-common (4.2.2.dfsg.1-5+deb70u6) ...
Setting up isc-dhcp-client (4.2.2.dfsg.1-5+deb70u6) ...
Setting up nfs-common (1:1.2.6-4) ...
insserv: warning: current start runlevel(s) (empty) of script `nfs-common' overrides LSB defaults (
insserv: warning: current stop runlevel(s) (0 1 2 3 4 5 6 S) of script `nfs-common' overrides LSB d
.
Setting up liblapack3 (3.4.1+dfsg-1+deb70u1) ...
Setting up x11-common (1:7.7+3~deb7u1) ...
[ ok ] Setting up X socket directories... /tmp/.X11-unix /tmp/.ICE-unix.
Setting up xserver-xorg-input-all (1:7.7+3~deb7u1) ...
Setting up xserver-xorg (1:7.7+3~deb7u1) ...
Setting up raspberrypi-bootloader (1.20130617-1) ...
Memory split is now set in /boot/config.txt.
You may want to use raspi-config to set it
Removing 'diversion of /boot/bootcode.bin to /usr/share/rpikernelhack/bootcode.bin by rpikernelhack
Removing 'diversion of /boot/fixup.dat to /usr/share/rpikernelhack/fixup.dat by rpikernelhack'
Removing 'diversion of /boot/fixup_cd.dat to /usr/share/rpikernelhack/fixup_cd.dat by rpikernelhack
Removing 'diversion of /boot/fixup_x.dat to /usr/share/rpikernelhack/fixup_x.dat by rpikernelhack'
Removing 'diversion of /boot/kernel.img to /usr/share/rpikernelhack/kernel.img by rpikernelhack'
Removing 'diversion of /boot/kernel_cutdown.img to /usr/share/rpikernelhack/kernel_cutdown.img by r
Removing 'diversion of /boot/kernel_emergency.img to /usr/share/rpikernelhack/kernel_emergency.img
k'
Removing 'diversion of /boot/start.elf to /usr/share/rpikernelhack/start.elf by rpikernelhack'
Removing 'diversion of /boot/start_cd.elf to /usr/share/rpikernelhack/start_cd.elf by rpikernelhack
Removing 'diversion of /boot/start_x.elf to /usr/share/rpikernelhack/start_x.elf by rpikernelhack'
Setting up libraspberrypi0 (1.20130617-1) ...
Setting up libraspberrypi-dev (1.20130617-1) ...
Setting up libraspberrypi-doc (1.20130617-1) ...
Setting up libraspberrypi-bin (1.20130617-1) ...
Setting up tasksel-data (3.14.1) ...
Setting up tasksel (3.14.1) ...
Processing triggers for menu ...
pi@pi ~ $
```

建议

当升级完成之后，我需要重新对树莓派进行配置吗？

不，系统升级会保留你的登录密码、键盘布局以及其他配置信息，并不需要你重新进行配置。需要注意的是，配置选项本身可能会随着系统升级而发生改变，所以升级后你可能会发现新的选项。

如果使用自己烧录的SD卡，还需要升级吗？

如果你按照第 2 章的流程，自己制作了系统 SD 卡，那么可以从 www.raspberry.org/downloads 获取 Raspbian 的最新版本信息。如果发现有更新的版本可用，你可以使用上面的步骤对系统进行升级，而无需更换新的 SD 卡。

启动桌面

你可以通过在命令行下输入 startx 来启动树莓派的图形桌面环境。在其加载过程中，树莓派会清空屏幕，只需耐心等待即可，几秒钟后桌面环境就会呈现在你的眼前，背景是官方提供的 LOGO。除此之外，你还可以看到任务栏和各种程序图标这些比较熟悉的东西。

尽管其中一些图标看起来可能比较陌生，但树莓派桌面的可单击的图标、开始菜单和任务栏等基本组成元素，对于 Windows 用户来说应该并不陌生，而 Mac 用户则可能需要多一些时间来适应这套环境。

启动桌面

❶ 在命令行提示符后输入命令 startx 并按下 Enter 。

```
Mon Jun 17 11:57:58 2013: [ ok ] Cleaning up temporary files....
Mon Jun 17 11:57:58 2013: [ ok ] Setting up ALSA...done.
Mon Jun 17 11:57:59 2013: [info] Setting console screen modes.
Mon Jun 17 11:57:59 2013: [info] Skipping font and keymap setup (handled by console-setup).
Mon Jun 17 11:57:59 2013: [ ok ] Setting up console font and keymap...done.
Mon Jun 17 11:58:00 2013: [ ok ] Checking if shift key is held down: No. Switching to ondemand scaling governor.
Mon Jun 17 11:58:01 2013: [ ok ] Setting up X socket directories... /tmp/.X11-unix /tmp/.ICE-unix.
Mon Jun 17 11:58:02 2013: INIT: Entering runlevel: 2
Mon Jun 17 11:58:02 2013: [info] Using makefile-style concurrent boot in runlevel 2.
Mon Jun 17 11:58:03 2013: [ ok ] Network Interface Plugging Daemon...skip eth0...skip wlan0...done.
Mon Jun 17 11:58:03 2013: [ ok ] Starting enhanced syslogd: rsyslogd.
Mon Jun 17 11:58:03 2013: [ ok ] Starting periodic command scheduler: cron.
Mon Jun 17 11:58:03 2013: [ ok ] Starting Samba daemons: nmbd smbd.
Mon Jun 17 11:58:04 2013: [ ok ] Starting system message bus: dbus.
Mon Jun 17 11:58:05 2013: Starting dphys-swapfile swapfile setup ...
Mon Jun 17 11:58:05 2013: want /var/swap=100MByte, checking existing: keeping it
Mon Jun 17 11:58:05 2013: done.
Mon Jun 17 11:58:05 2013: [ ok ] Starting bluetooth: bluetoothd rfcomm.
Mon Jun 17 11:58:06 2013: [ ok ] Starting network connection manager: NetworkManager.
Mon Jun 17 11:58:08 2013: [ ok ] Starting NTP server: ntpd.
Mon Jun 17 11:58:08 2013: [ ok ] Starting web server: lighttpd.
Mon Jun 17 11:58:09 2013: [ ok ] Starting OpenBSD Secure Shell server: sshd.

Debian GNU/Linux 7.0 pi tty1

pi login: pi
Password:

Last login: Mon Jun 17 11:52:33 BST 2013 on tty1
LINUX PI 3.6.11+ #456 PREEMPT Mon May 20 17:42:15 BST 2013 armv6l

The programs include with the Debian GNU/Linux system are free software:
the exact distribution terms for each program are described in the
individual files in /usr/share/doc//*/copyright

Debian GNU/Linux comes with ABSOLUTELY NO WARRANTY, to the extent
permitted by applicab
Mon Jun 17 12:24:04
pi@pi ~ $ startx
```

Ⓐ 树莓派会加载并显示基于 LXDE 的桌面环境。

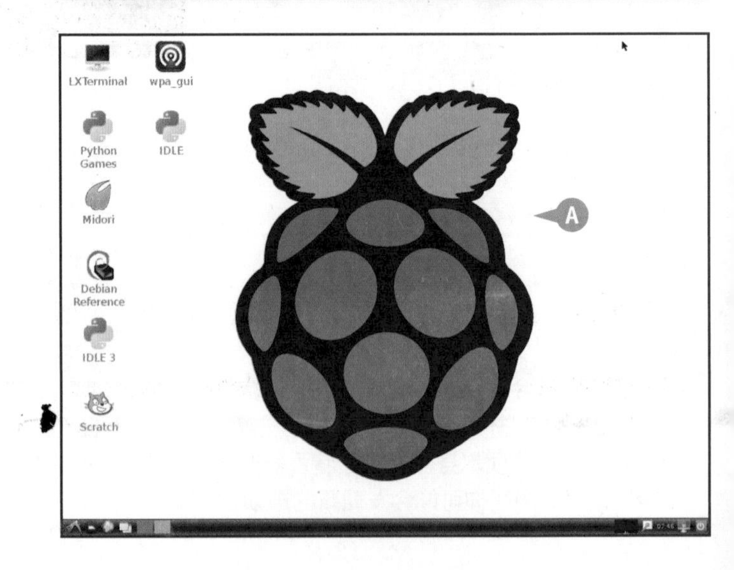

在前面我们已经提到过，尽量不要通过直接拔掉电源线的方式来进行关机，这样做有可能会影响到 SD 卡上的数据，造成文件的损坏，甚至使得操作系统无法再次正确启动。

你可以从命令行安全地关闭树莓派，这需要你首先退出桌面环境。除此之外，通过命令 sudo reboot，你还可以安全地对系统进行重启。

安全关机

❶ 单击右下角的电源图标。

❷ 在弹出的对话框中单击 **Logout** 选项。

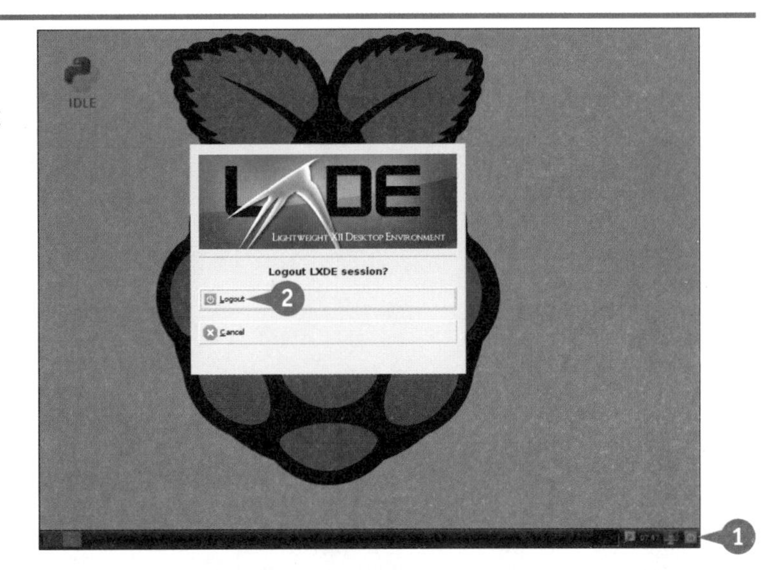

Ⓐ 你的树莓派会从桌面环境中退出，并返回到命令行界面。

❸ 输入 sudo poweroff 并按下 Enter 以确认。

系统会执行一系列必要的关机操作。

注意：当屏幕清空之后，请等到主板上的 ACT 不继续闪烁时，再拔出电源来关机。

注意：如果你使用超级用户（即 root 用户）来登录系统的话（参见第 5 章），第 2 步的对话框中将会出现额外的关机 / 重启选项。

第4章

应用程序

树莓派自带了一些预装的桌面程序，在进一步深入学习Linux操作系统之前，你可以先尝试一下，使用它们来完成各种任务。

树莓派应用程序简介

树莓派上的绝大多数操作系统都基于 Linux，而后者在软件开发者中具有非常高的流行程度。Linux 包括种类繁多的发行版，树莓派官方推荐的发行版称为 Raspbian Wheezy，一个针对树莓派定制过的 Debian 版本，而后者一直以其可靠性著称(树莓派桌面上自带了 Debian 参考手册程序，但技术性比较强，并不太适合入门用户阅读)。Raspbian 提供了很多方便的功能，让你既可以用键盘操作命令行，也可以用鼠标、键盘以及图标、菜单等图形元素来操作桌面环境。

关于Linux桌面

对于 Linux 系统来说，桌面环境只不过是又一个程序而已。你既可以在命令行下运行 `startx` 命令，也可以通过设定启动选项在开机时直接进入桌面环境。对于 Linux 来说，有许多种不同桌面环境方案可供选择，作为一台内存并不充裕的迷你计算机，树莓派选择了相对轻量级的 LXDE 桌面。

浏览网页

树莓派桌面默认包含了名为 Midori 的浏览器程序，Midori 专门针对低性能计算机而设计，但依然提供了比较丰富的功能，比如多标签页浏览、页面脚本运行等，并且还支持兼容 Mozilla 的各种插件。当然，相比你在自己计算机上运行的浏览器，树莓派上运行的 Midori 速度会相对慢一些。

使用命令行

由于在 Linux 系统下文本命令的使用如此广泛，并且其功能非常强大，LXDE 也提供了名叫 LXTerminal 的终端程序。终端的来源是个非常古老的计算机术语，在那个年代，这个词原本指的是那些可以输入文本命令，并将主机处理后的输出显示到屏幕上的专用设备。

编辑文本文件

Raspbian 自带的文本编辑器称为 Leafpad，它和 Windows 上的记事本以及 Mac 上的 TextEdit 程序非常相似。不过，Leafpad 并不允许你对很多重要的系统文件进行编辑。为了理解并绕过这一限制，你必须先对 Linux 的安全机制有更深入的了解，更多信息可以参考第 5 章中关于超级用户的相关内容。

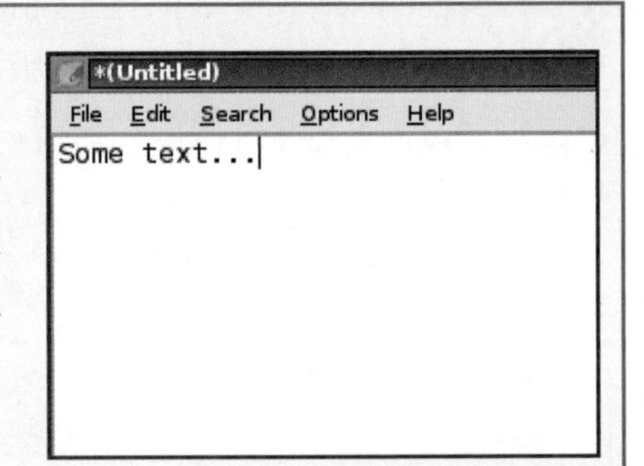

游戏和其他教育程序

由于树莓派最初被设计为面向教育需求，它包含了面向小朋友的"玩具"程序 Scratch，还集成了 Python 编程语言以及其扩展库 Pygame，后者可以让你比较容易地创造自己的视频游戏项目。 不要着急，Scratch、Python 以及 Pygame 都会在后面的章节中进行更加详细的介绍。

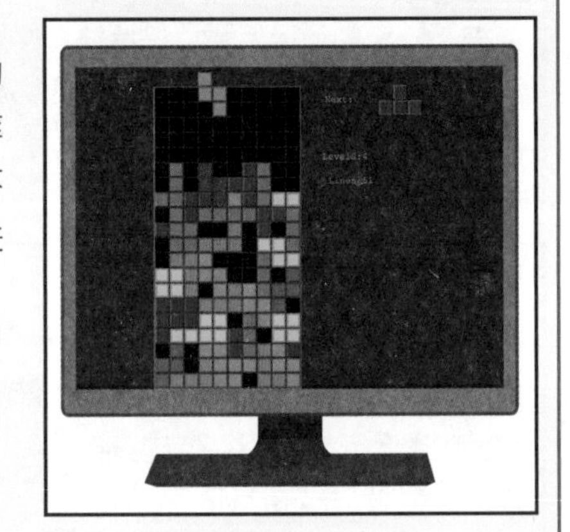

查看你的系统性能

由于树莓派的性能相对较低，因此应用程序运行往往会花费比预期更长的时间。LXDE 没有像 Windows 那样的沙漏光标，用来提示你系统当前正忙，但是它在任务栏上提供了一个小图标，用来显示系统当前的运行状态，当其被绿色充满时，就证明系统正在繁忙中，此时其响应速度可能会变得缓慢。

使用Wi-Fi

你可以让树莓派通过 Wi-Fi 来连接到网络。为了使用 Wi-Fi，请将型号兼容的无线网卡（其中很多体积非常袖珍）插入树莓派的 USB 接口中，之后你可以使用桌面上的图形化 wpa 程序来对无线网络进行相应的配置。

尽管树莓派在理论上支持外部设备的热插拔，但请尽量在关机状态时插入无线网卡，否则其插入时导致的电压变化有可能造成树莓派的死机和重启。

使用Wi-Fi

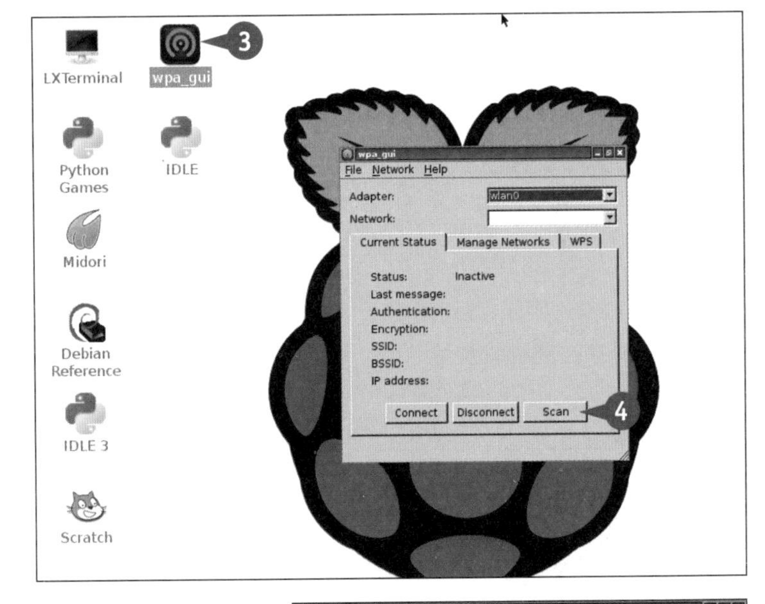

1. 将无线网卡插入到树莓派的其中一个 USB 接口中（或者 USB Hub 上的接口中）。
2. 用命令 `startx` 进入到桌面环境中。
3. 双击 wpa_gui 的图标，随后 wpa_gui 程序的界面就会显示出来。
4. 单击 Scan 进行扫描。

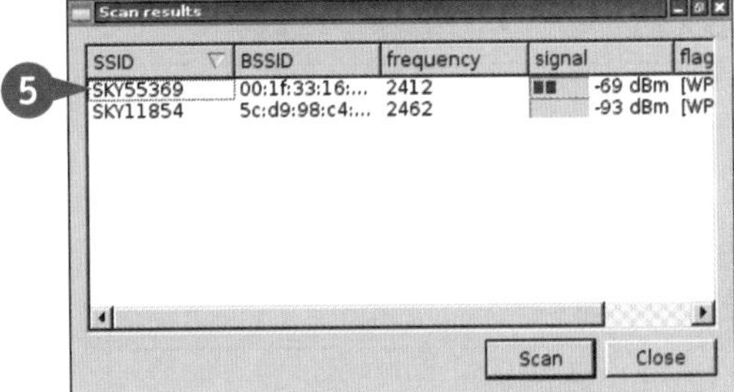

一个对话框会弹出，随后树莓派会开始扫描当前可用的无线网络。

5. 双击可用的网络，并为其设置密码。

注意： `signal` 一列的进度条代表了各个无线网络的实时信号强度。

❻ 如果该无线网络采用了 WPA 安全标准，请在 PSK 框中输入其密码。

注意：如果无线网络采用了更古老且不安全的 WEP 安全标准，请在 Encryption 菜单中选择 **Static WEP**，并在 WEP Keys 框中输入密钥。

❼ 单击 **Add** 来添加无线网络。

树莓派会尝试连接到你刚才所选择的无线网络。

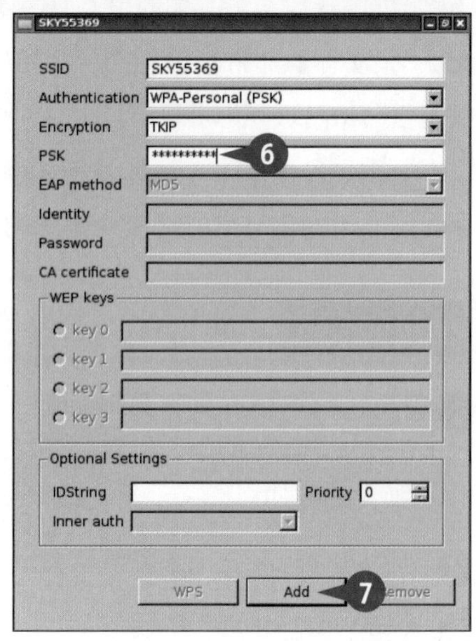

Ⓐ 如果 wap_gui 程序没有自动进行连接，你也可以通过单击 **Connect** 来尝试手动连接到无线网络。

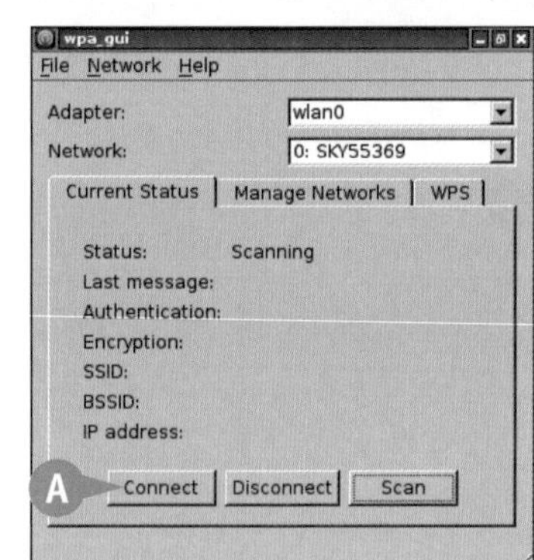

建议

为什么我的Wi-Fi无法正常工作？

Wi-Fi 功能对于树莓派来说，还具有一定的实验性质。如果连接失败的话，你可以尝试让树莓派更加靠近路由器，以获得更好的信号强度。对于某些型号路由器来说，你还需要手动按下特定的按钮，以确认将尝试对其进行连接。另外，一些型号无线网卡并不能很好地兼容树莓派，有些则存在偶尔会断开连接的稳定性问题。你可能需要经过几次反复的开关机，来尝试获得比较稳定的网络连接，或者你也可以在命令行下输入 `sudo rm /etc/wpa_supplicant/wpa_supplicant.conf` 命令，从而删除当前的网络信息，并再次重复之前的无线网络配置过程。

网页浏览

你可以使用 Midori 浏览器来进行网页浏览，双击桌面上的图标就可以打开它了。Midori 不但支持多标签页浏览等功能，并且还可以兼容符合 Mozilla 标准的外部插件。

树莓派上的 Midori 并不是一款速度很快的浏览器，页面的加载可能会花费几秒的时间（总之很可能明显慢过你在 PC 或 MAC 上所使用的浏览器）。

网页浏览

1 进入到桌面环境。

2 双击 Midori 的图标。

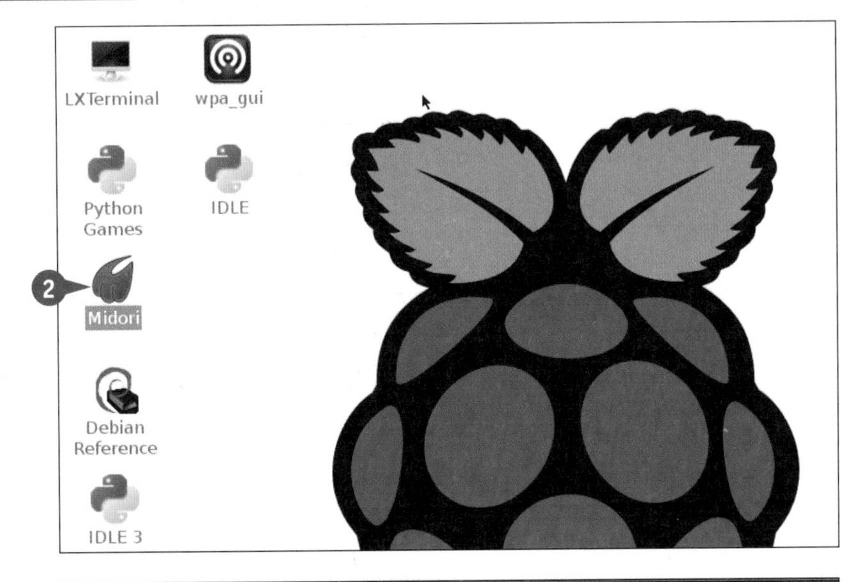

A Midori 会加载用于显示帮助信息的默认主页。

3 如果希望访问其他页面，请在地址栏中输入网站的 URL 并回车，就像你在其他平台上的主流浏览器中所做的那样。

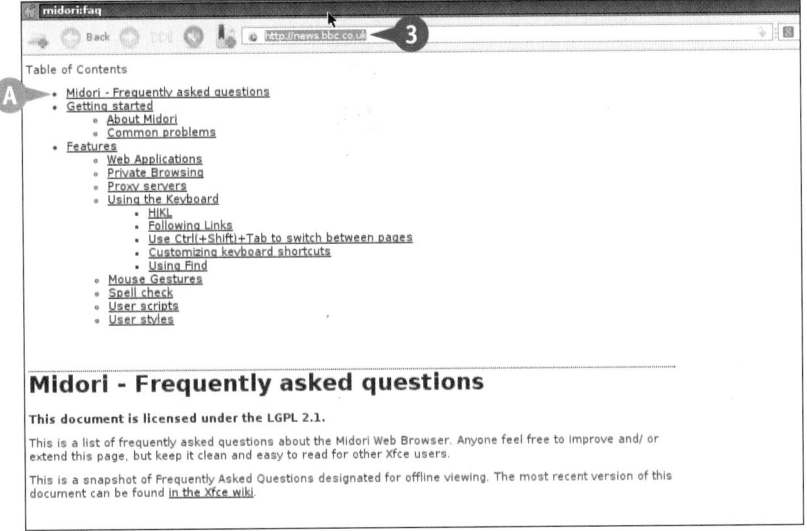

Midori 会加载并显示新的页面。

4 为了在网络上进行搜索，你可以借助窗口右上方搜索栏的帮助。

5 如果希望使用不同的搜索引擎，你可以单击搜索栏左侧的图标进行切换。

注意： Midori 默认使用的是 Duck Duck Go 搜索引擎。

6 要打开新的标签页，可以单击 **New Tab** 图标（ ）。

7 单击齿轮形图标（ ）来查看更多的设置选项。

8 单击 **Preferences**，打开偏好设置。

9 你可以在此对浏览器的各种行为进行设置，例如默认主页、显示的字体等。

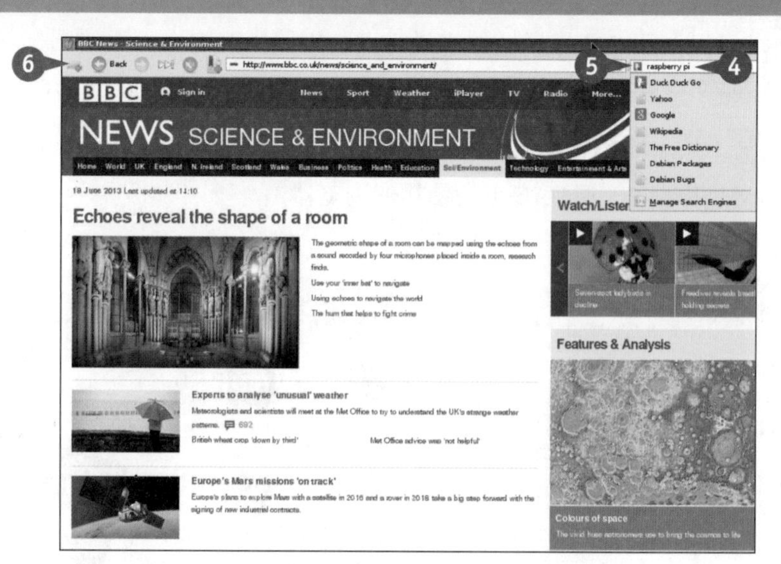

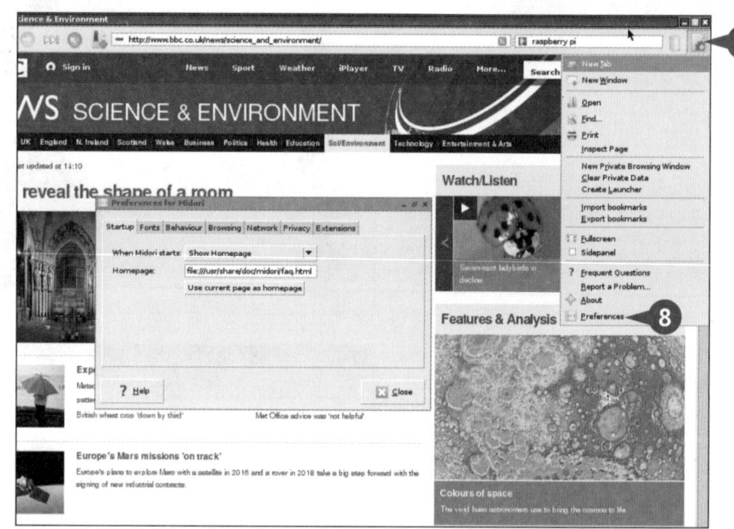

建议

为什么有时候系统会打开一个叫 Dillo的浏览器？

Dillo 是一款非常轻量级的浏览器，适合于浏览简单的 HTML 格式帮助文档，但对于网页浏览来说它的功能就太弱了。Dillo 会被设为左下角启动栏的默认浏览器，为了改变这一设置，请参考后面章节中有关自定义开始菜单的相关内容。

当使用Midori播放视频时我可以使用Flash吗？

Linux 官方并不支持 Flash，但是如果你对于安装浏览器插件及其配置有一定经验的话，那么还是可以使用 Flash 的。为了获得这方面的信息，你可以使用关键词“Flash on Midori”进行搜索。

用File Manager进行文件管理

你可以使用树莓派桌面上的 File Manager 程序来进行文件管理，单击其位于任务栏上的图标就可以打开并使用它了。

通过 Forward（前进）、Back（后退）和 Home（家目录）键，你可以在文件目录的树结构中进行导航。File Manager 默认会打开 /home/pi（家目录）文件夹，为了浏览全部的系统文件，请在其地址栏中输入“/”，通过双击你可以打开任意一个文件夹。

用File Manager进行文件管理

1. 首先进入到桌面环境中。
2. 单击 **File Manager** 的图标（■，位于任务栏上）。

A. 或者也可以单击 **LXDE** 图标（■），在 **Accessories** 分类中找到 **File Manager**。

B. LXDE 会打开 File Manager 的界面窗口。

注意：就算你使用 root 用户登录，File Manager 依然默认会打开 /home/pi 文件。

3. 为了浏览系统文件，用鼠标光标选中 home/pi，并按下 Delete 或 Backspace，然后按下 Enter。

C. File Manager 会来到“/”（根目录），也就是系统文件所处的目录。

4. 为了打开一个文件夹，请双击其图标。

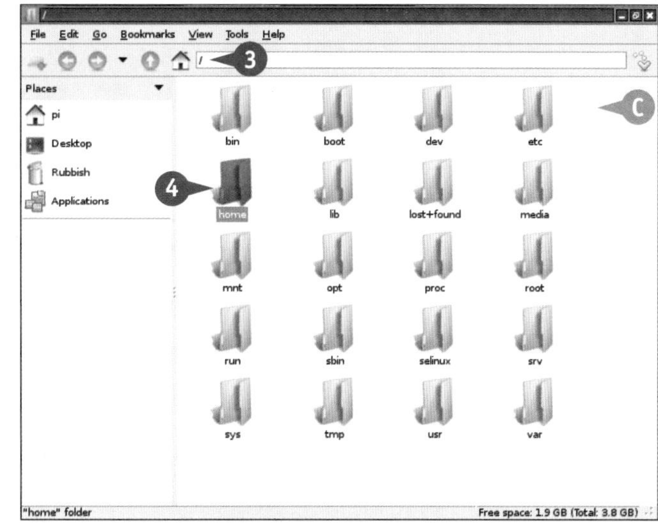

❺ 你可以通过不断双击文件夹，从而在文件系统树中不断地深入。

注意： 右侧示例通过逐一单击 **home**、**Pi** 和 **Desktop** 文件夹，来到了 /home/pi/Desktop，也就是桌面所处的目录。

❻ 双击 **IDLE** 图标来打开 Python 编辑器程序。

Ⓓ 程序会在新窗口中打开。

注意： 你可以通过双击图标来打开任何程序。

注意： 如果是文本或图片文件，你可以通过右键单击来查看更多选项，例如使用 Leafpad 来编辑文本文件。

建议

我如何才能创建一个文件夹呢？

如果使用普通用户身份访问桌面，出于安全考虑，很多重要的文件夹都会被系统锁定。此时你可以退出到命令行界面，并使用 sudo su 来切换为超级用户，然后再启动桌面环境即可。或者，你也可以在 Files Manager 的 **Tools** 选项中，通过选择 **Open Current Folder as Root** 来暂时获得 root 权限，此时你就以通过右键单击菜单中的选项来新建文件夹了。

我可以从哪里获得各个系统文件夹内容的详细介绍？

你可以从 www.debianadmin.com/linux-directory-structure-overview.html 获取文档，也可以接使用搜索引擎，对文件夹名进行检索。

使用Leafpad编辑文本

你可以使用 Leafpad 来对文本文件进行编辑。Leafpad 是一个简洁但涵盖基本功能的 WYSIWYG（What You See Is What You Get，“所见即所得”）文本编辑器，你可以用它对树莓派的配置文件进行修改。

需要注意的是，除非登录为超级用户（root），否则你是没有权限来对一些重要系统文件进行编辑的。关于如何将自己切换为 root 用户，请参看上一节“用 File Manager 进行文件管理”中的相关内容。

使用Leafpad编辑文本

1 单击 LXDE 图标（ ）。

2 单击 Accessories。

3 单击 Leafpad。

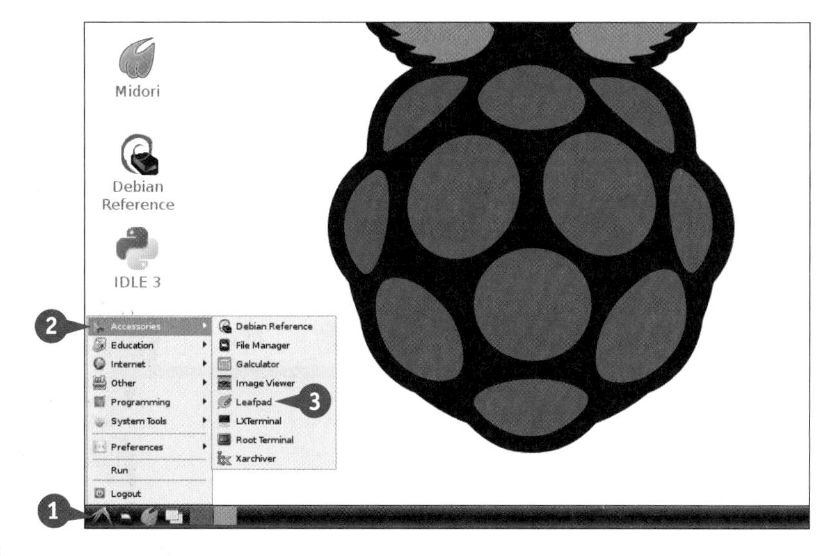

A Leafpad 会打开一个新的空白窗口。

4 任意输入一些文本内容。

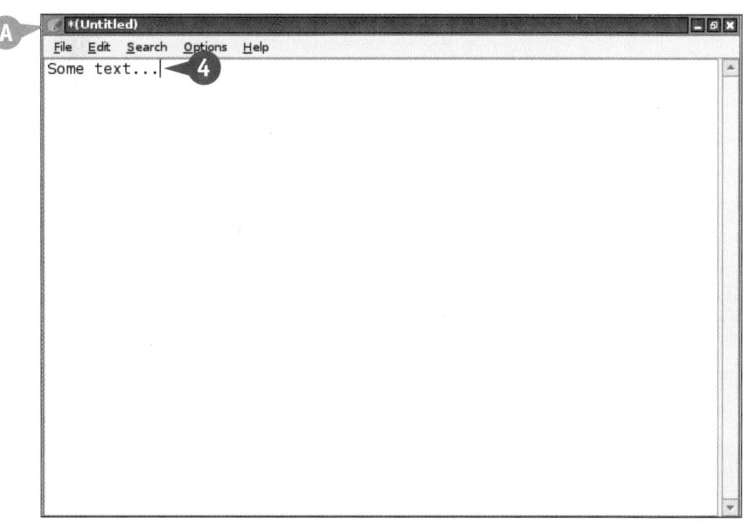

5 单击 File。

6 单击 Save As。

7 单击 pi 图标来将文件另存到 /home/pi 目录下。

8 为文件输入一个名字。

9 单击 Save，Leafpad 就会将你的文件保存到家目录下了。

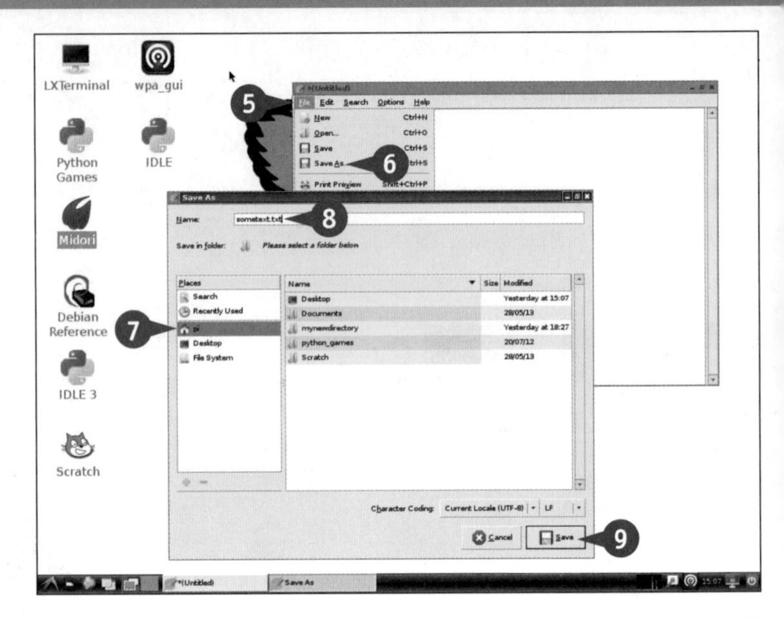

10 单击 File Manager 图标（ ）。

File Manager 将会打开新的窗口。

11 双击你刚才保存的文本文件。

B Leafpad 会打开一个新窗口，并将文件的内容加载进来。

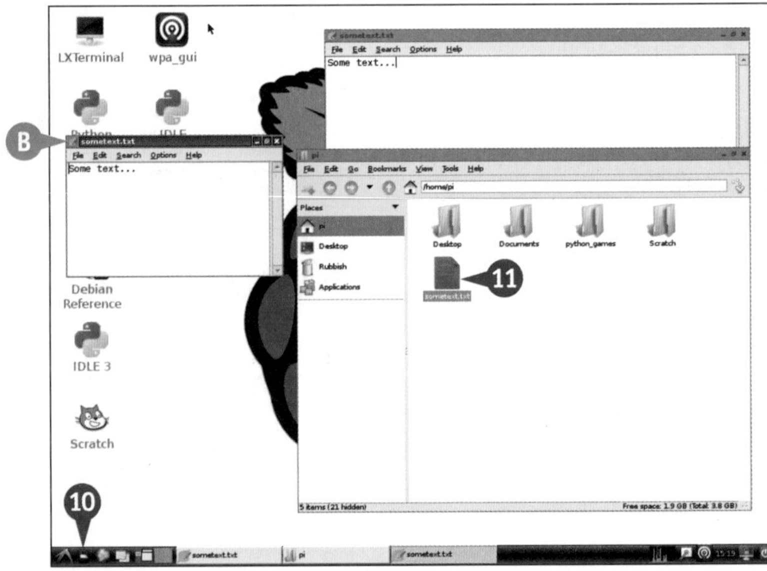

建议

我可以在树莓派上安装完整的Word程序吗？

你无法安装微软的 Word 程序，但可以从树莓派的 App 商店下载 Libre Office 程序，这是一套免费的类 Office 软件。由于 Raspbian 还在不断改进中，所以 Libre Office 并不一定能确保工作的稳定性，但你依然可以尝试一下它。关于树莓派 App 商店的内容，请参考本书第 13 章。

配置桌面环境

如果你自行浏览过树莓派的桌面菜单，会发现其中包含了大量的配置选项。你可以更换桌面的背景壁纸，也可以对桌面上的程序图标进行编辑，但在拥有足够丰富的经验之前，请忽略其他选项，随意更改它们的话，可能会造成桌面环境的崩溃。

请注意，Raspbian 默认包含了两个桌面，尽管上面的图标完全相同，但你可以在它们之上分别打开不同的窗口。为了在两个桌面之间进行切换，请单击屏幕下方任务栏中的蓝 / 白方框。

配置桌面环境

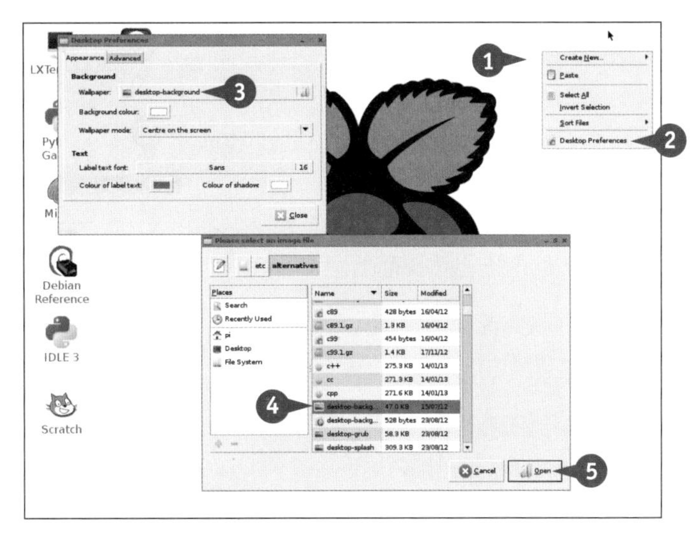

1. 在桌面上单击鼠标右键。
2. 选择 **Desktop Preferences**。
3. 在 Desktop Preferences（桌面偏好设置）中，单击 **Wallpaper**（壁纸）框。
4. 从文件夹中选择一个新的壁纸图片。
5. 单击 **Open** 打开。

   新的壁纸图片就会被加载了。

注意： Raspbian 并不自带其他的壁纸文件，如果希望使用其他的图片，可以使用 Midori 浏览器进行搜索并下载。

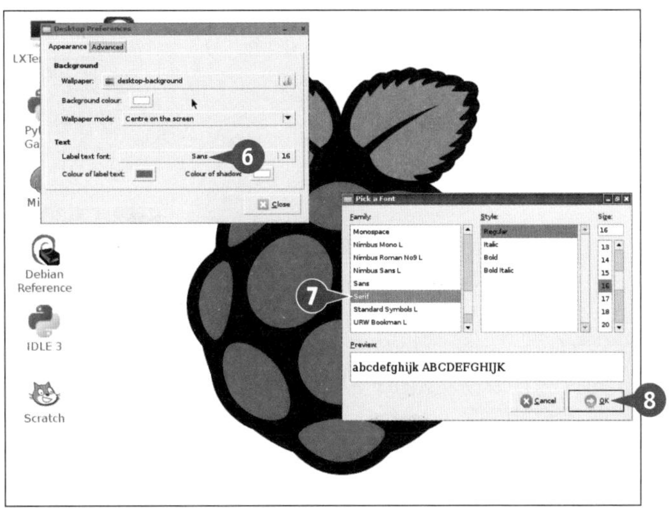

6. 为了修改桌面图标的字体，在 Desktop Preferences 中选择 **Label text font**（标题字体）框。
7. 从中选择一种合适的字体选项。

注意： 你可以在预览框中看到字体的效果。

8. 单击 **OK** 确认。

注意： 不要选择 Advanced（高级）标签页，其中的有些设置非常危险，甚至可能造成无法打开右键菜单之类的可怕后果。

9 单击 **File Manager** 的图标（ ）打开文件管理器。

10 在地址栏中输入 **/usr/share/application** 并按下 Enter 。

注意： 你也可以输入“/”来到根目录，然后依次通过双击 **usr**、**share** 和 **applications** 来进入该文件夹。

A File Manager 会列出已安装应用程序的列表。

11 在这里按住 Ctrl 并用鼠标拖动，就可以将图标放到桌面上。

注意： 在将桌面摆满之前，你可以一直通过这种方法来添加桌面图标。

12 如果希望删除桌面图标，只需在其上单击鼠标右键。

13 选择 **Delete** 进行删除。

注意： 这只会将程序的图标从桌面上删除，并不会真正地卸载该程序。

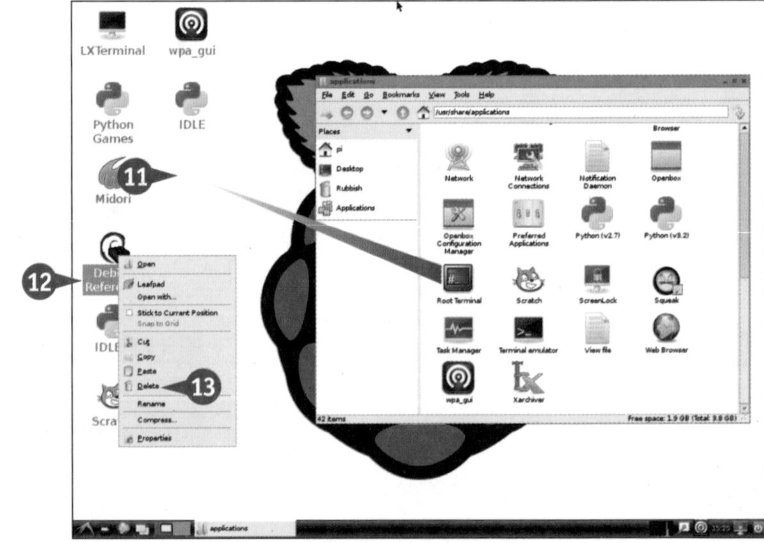

建议

为什么File Manager中的程序图标与桌面上并不完全相同？

/usr/share/applications 中包含了你在 Raspbian 中安装的全部应用程序，而你可以只在桌面上放放置其中的一小部分。

我可以自定义开始菜单中的应用程序图标吗？

就像将图标拖至桌面一样，打开两个 File Manager 窗口，并将图标从 /usr/share/applications 拖曳到 Applications 目录中，这样你就可以在开始菜单中看到自己所希望的应用程序图标了。

自定义任务栏

快速启动栏是 LXDE 任务栏上的重要特性，使用方法类似于 Windows XP 上对应的相同功能。尽管看起来只是一个单独的条形组件，但其实它包含了开始菜单按钮、File Manager 程序、浏览器的快捷方式、CPU 的性能示意图等多个子功能控件。

你可以对快速启动栏中的程序图标进行自定义设置，也可以控制它们在快速启动栏中的显示方式。

自定义任务栏

1. 在快速启动栏的程序图标上单击鼠标右键。
2. 从弹出的菜单中选择 Application Launch Bar（应用启动栏）选项。

   启动栏的偏好设置窗口会被打开。
3. 单击 Web Browser。
4. 单击 Remove。

注意：这会移除快速启动栏中默认安装的 Dillo 浏览器图标。

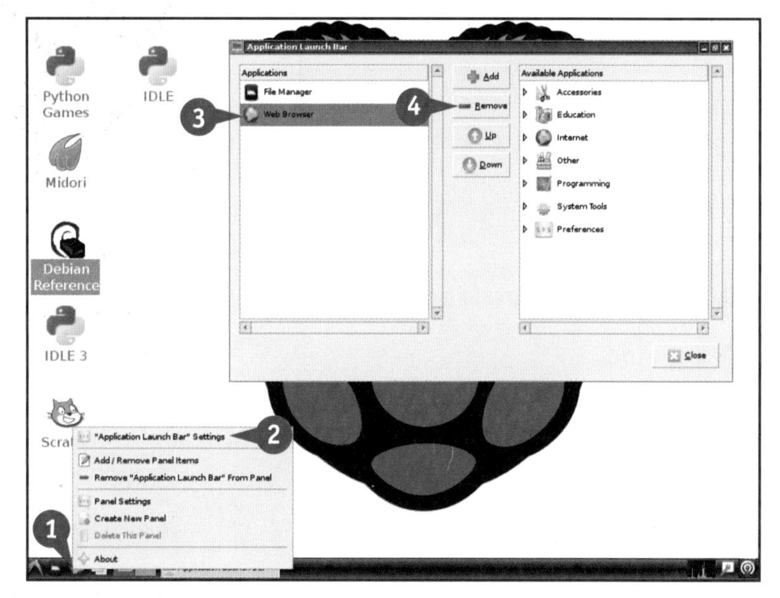

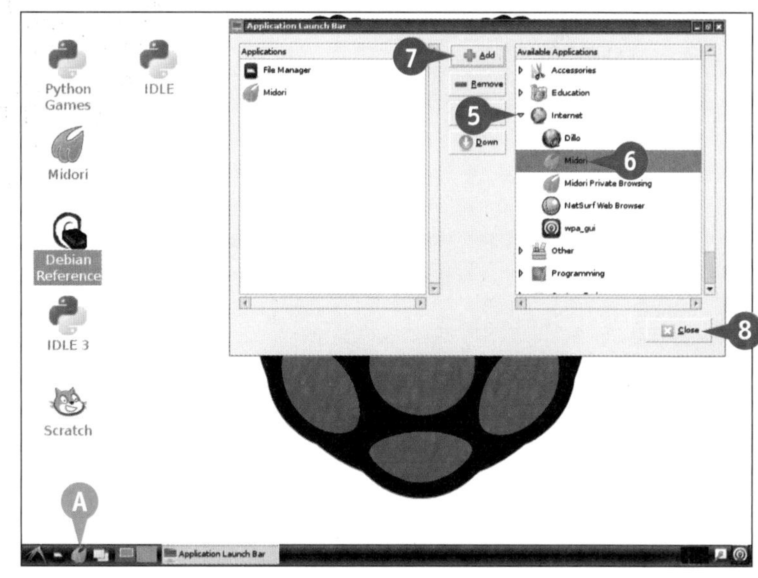

5. 单击 Internet 项左侧的三角图标以展开子选项。
6. 选择 Midori。
7. 单击 Add。
8. 单击 Close。

Ⓐ 现在启动栏中的默认浏览器已经变更为 Midori 了。

9 在任务栏上单击鼠标右键。

10 选择 Panel Settings，

打开任务栏偏好设置。

11 选择 Panel Applets 标签页。

12 单击 Add 进行添加。

13 单击 Temperature Monitor。

14 单击 Add。

B 这样就可以在任务栏右侧添加温度监控器了。

15 通过单击 Up 和 Down 来调整图标的排列顺序。

注意：你也可以通过单击 Remove 来将图标从任务栏中移除。

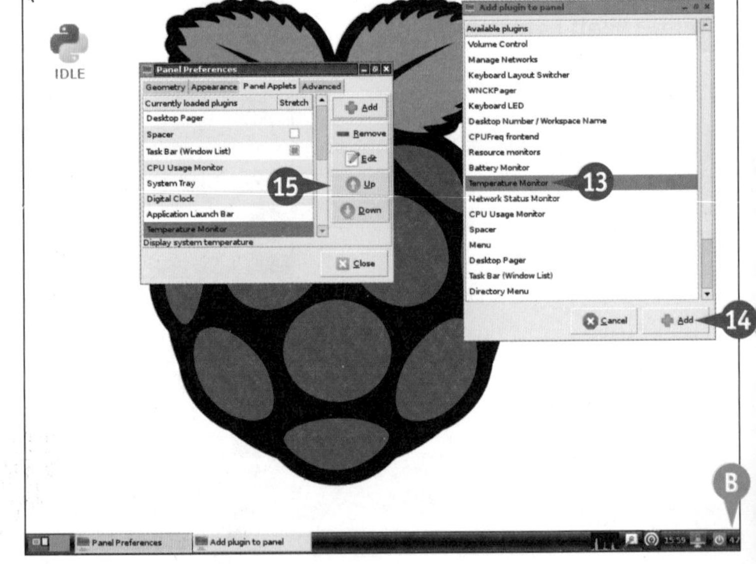

建议

为什么单击不同位置弹出的菜单内容不同？

因为任务栏是由多个不同子控件所组成的，当你单击 LXDE 图标时会打开开始菜单，而其右侧则是快速启动栏等。你可以向这些子功能区中添加或移除特定图标，当然也可以添加或移除某个特定的子功能控件。

可以向不同子功能区任意添加程序图标吗？

不，各个子功能区具有各自不同的功能定位，所以只有符合其要求的图标才能添加进来。

第5章

使用命令行

如果希望真正激发树莓派的全部潜能，你必须对Linux操作系统有更深入的了解，Linux具有非常强大的能力，为了实现这些能力，就需要你具有足够的知识积累以及技能训练。

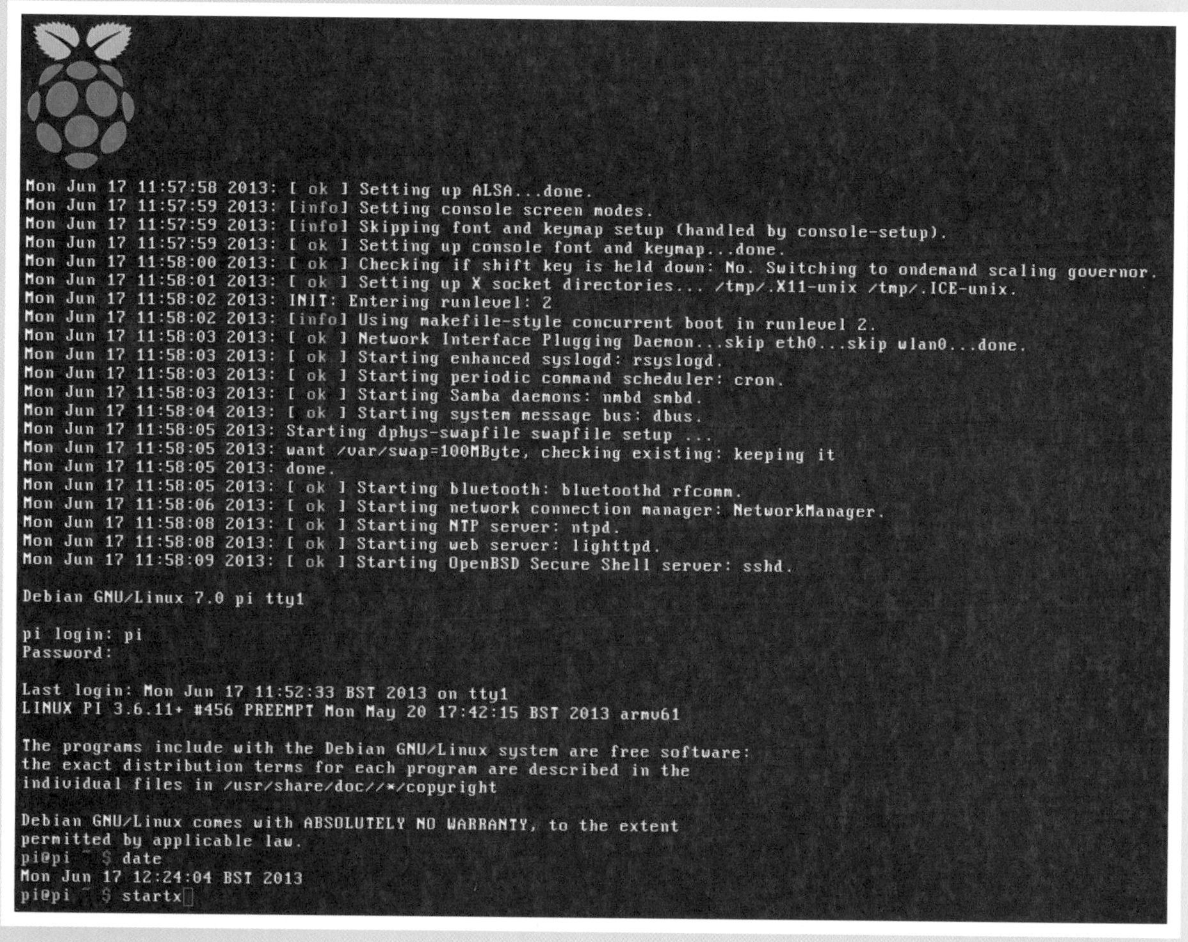

```
Mon Jun 17 11:57:58 2013: [ ok ] Setting up ALSA...done.
Mon Jun 17 11:57:59 2013: [info] Setting console screen modes.
Mon Jun 17 11:57:59 2013: [info] Skipping font and keymap setup (handled by console-setup).
Mon Jun 17 11:57:59 2013: [ ok ] Setting up console font and keymap...done.
Mon Jun 17 11:58:00 2013: [ ok ] Checking if shift key is held down: No. Switching to ondemand scaling governor.
Mon Jun 17 11:58:01 2013: [ ok ] Setting up X socket directories... /tmp/.X11-unix /tmp/.ICE-unix.
Mon Jun 17 11:58:02 2013: INIT: Entering runlevel: 2
Mon Jun 17 11:58:02 2013: [info] Using makefile-style concurrent boot in runlevel 2.
Mon Jun 17 11:58:03 2013: [ ok ] Network Interface Plugging Daemon...skip eth0...skip wlan0...done.
Mon Jun 17 11:58:03 2013: [ ok ] Starting enhanced syslogd: rsyslogd.
Mon Jun 17 11:58:03 2013: [ ok ] Starting periodic command scheduler: cron.
Mon Jun 17 11:58:03 2013: [ ok ] Starting Samba daemons: nmbd smbd.
Mon Jun 17 11:58:04 2013: [ ok ] Starting system message bus: dbus.
Mon Jun 17 11:58:05 2013: Starting dphys-swapfile swapfile setup ...
Mon Jun 17 11:58:05 2013: want /var/swap=100MByte, checking existing: keeping it
Mon Jun 17 11:58:05 2013: done.
Mon Jun 17 11:58:05 2013: [ ok ] Starting bluetooth: bluetoothd rfcomm.
Mon Jun 17 11:58:06 2013: [ ok ] Starting network connection manager: NetworkManager.
Mon Jun 17 11:58:08 2013: [ ok ] Starting NTP server: ntpd.
Mon Jun 17 11:58:08 2013: [ ok ] Starting web server: lighttpd.
Mon Jun 17 11:58:09 2013: [ ok ] Starting OpenBSD Secure Shell server: sshd.

Debian GNU/Linux 7.0 pi tty1

pi login: pi
Password:

Last login: Mon Jun 17 11:52:33 BST 2013 on tty1
LINUX PI 3.6.11+ #456 PREEMPT Mon May 20 17:42:15 BST 2013 armv61

The programs include with the Debian GNU/Linux system are free software:
the exact distribution terms for each program are described in the
individual files in /usr/share/doc//*/copyright

Debian GNU/Linux comes with ABSOLUTELY NO WARRANTY, to the extent
permitted by applicable law.
pi@pi ~ $ date
Mon Jun 17 12:24:04 BST 2013
pi@pi ~ $ startx
```

Linux简介

在第 4 章中我们已经对树莓派的使用有了一定的了解，在这一章中，你将学会更多有关 Linux 的深入知识。

我们将揭开命令行的神秘面纱，学习包括文件操作、更改设置以及安装新应用程序等在内的多种实用技能。

关于命令行

Windows 和 OS X 都是基于桌面环境的，在树莓派上，你也可以在桌面环境下尝试一些简单的编程。但对于很多重要的功能来说，使用命令行是你唯一的选择。你需要使用键盘来输入各种命令，并且观察显示器上的文本输出。由于命令行系统是严谨而逻辑严密的，所以请保证自己一字不差地输入正确的命令。

关于“魔法代码”

Linux 支持成百上千的命令和应用程序，而且它们各自还包括很多名字晦涩的参数，在本书中，我们将这类命令称为“魔法代码”，尽管不能完全理解，但你依然可以使用它们来完成各种神奇的任务（当然，它们也绝不是无法理解的）。绝大多数用户都只能记住常用的一些命令，而靠记忆掌握所有命令的使用则是非常困难的，不过你可以通过记住一些关键词，从而在搜索引擎中方便地获知命令的详细使用方法。你也可以在学习过程中，自己总结一份常用命令的使用心得。另外，通过系统自带的 man 命令（使用方法：`man` *<命令名称>*），也可以获得有关命令的详细帮助文档。

关于横线符（减号）与命令参数

在 Linux 的世界中，命令由不包含空格的小写字母组成，通过横线符你可以向命令提供额外的参数。为了使用这一特性，首先输入命令名称并空格，接下来输入横线符（根据参数不同有时是一个，有时是两个），然后接上你所希望加上的参数（有时是单个字母，有时是单词），重复以上过程直到完成命令的全部所需参数为止。通过使用 man 命令，你可以获取有关绝大多数参数的说明，不过有时候这并不够生动易懂，所以直接在网上进行搜索也许是更好的主意。

关于Root

出于安全考虑，一些重要命令和文件只允许被称为 root 的超级用户来使用（而不是默认的普通用户，例如 pi）。在 Raspbian 系统中，你无法直接登录为root用户，但却可以通过适当的方法来获得root权限，不过盲目地使用 root 用户，可能给系统带来各种安全隐患（例如对关键文件的误删除，以及对重要配置选项的修改）。在绝大多数情况下，请尽量使用普通用户身份来完成自己的任务，只在必要的时候才切换为 root 用户。

关于Linux风格

如果你只有 Windows 或 OS X 的使用经验，那么学习 Linux 可能会是一项挑战，但是通过对 Linux 的实践，将让你在使用树莓派时更接近真正的技术人员，而不仅仅是普通用户而已。所以不要因为学习中碰到的困难而沮丧，因为随着经验的积累，你会发现很多任务都变得越发简单，并且越发得心应手。

命令行的使用

你可以使用纯文本的命令行界面，可以使用桌面环境下的 LXTerminal 终端应用程序。

在 Raspbian 上，命令的输出会采用更具可读性的彩色配色方案。另外，你需要保证正确无误地输入命令名称以及参数，并且请注意 Linux 是对字母大小写敏感的。

无论是在 LXTerminal 终端程序下，还是在命令行界面下，Linux 命令的表现都是完全相同的，所以根据自己的需求在两者中做出选择即可。但有一点需要注意的是：如果你在命令行下切换为 root 用户，并使用 startx 命令登录到桌面环境，你将发现桌面上一片空白，因为和普通用户不同，root 用户默认是没有预装任何桌面程序的。

命令行的使用

❶ 打开树莓派，并等待其完成开机。

❷ 在命令行中输入 date 并按下 Enter 。

Ⓐ Linux 会运行 date 命令并将结果输出到屏幕上。

❸ 输入 startx 命令并按下 Enter 。

Ⓑ Linux 会登录到桌面环境中。

❹ 双击桌面上 **LXTerminal** 终端程序的图标来打开它。

❺ 输入 date 并按下 Enter 进行确认。

Ⓒ Linux 会运行 date 命令，并将结果输出到终端窗口中。

你会发现两次运行 date 命令的输出是完全相同的。

注意： 本书之后的部分会使用 LXTerminal 来进行命令操作，并设置使用白色背景和黑色字体，以获得更清晰的展示效果。

```
Mon Jun 17 11:58:05 2013: Starting dphys-swapfile swapfile setup ...
Mon Jun 17 11:58:05 2013: want /var/swap=100MByte, checking existing: keeping
Mon Jun 17 11:58:05 2013: done.
Mon Jun 17 11:58:05 2013: [ ok ] Starting bluetooth: bluetoothd rfcomm.
Mon Jun 17 11:58:06 2013: [ ok ] Starting network connection manager: Networkl
Mon Jun 17 11:58:08 2013: [ ok ] Starting NTP server: ntpd.
Mon Jun 17 11:58:08 2013: [ ok ] Starting web server: lighttpd.
Mon Jun 17 11:58:09 2013: [ ok ] Starting OpenBSD Secure Shell server: sshd.

Debian GNU/Linux 7.0 pi tty1

pi login: pi
Password:

Last login: Mon Jun 17 11:52:33 BST 2013 on tty1
LINUX PI 3.6.11+ #456 PREEMPT Mon May 20 17:42:15 BST 2013 armv6l

The programs include with the Debian GNU/Linux system are free software:
the exact distribution terms for each program are described in the
individual files in /usr/share/doc//*/copyright

Debian GNU/Linux comes with ABSOLUTELY NO WARRANTY, to the extent
permitted by applicable law.
pi@pi ~ $ date
Mon Jun 17 12:24:0  BST 2013
pi@pi ~ $ startx
```

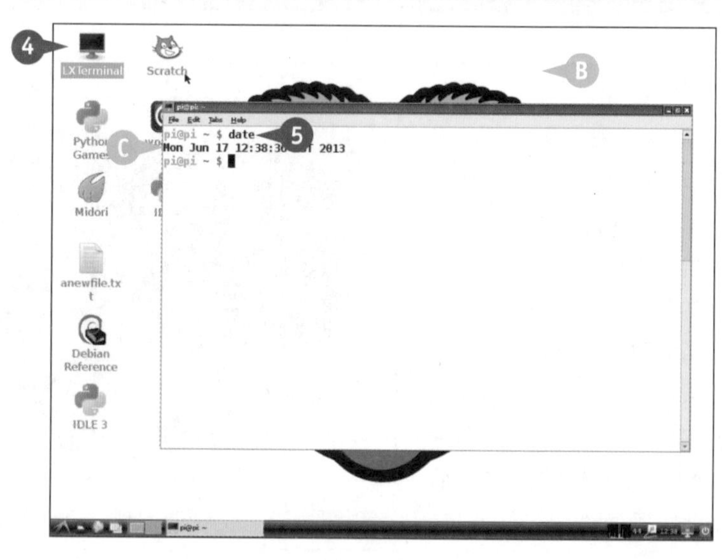

成为超级用户

出于安全考虑，有些命令只有超级用户才能使用。前面已经提到过，在 Raspbian 中你无法直接登录为 root 用户，不过不用担心，你可以使用 sudo 命令，它是 superuser do 的简写，可以让你暂时性地获得超级用户权限，只需在 sudo 之后加上你希望使用的命令就可以了。如果你希望在登出之前长期保持超级用户的身份，那么使用命令 sudo su 即可，不过请注意此时命令行的输出默认将不会再采用彩色的配色方案（你可以重新配置让它具有这一行为）。

成为超级用户

```
pi@pi ~ $ apt-get install
E: Could not open lock file /var/lib/dpkg/lock - open (13: Permission denied)
E: Unable to lock the administration directory (/var/lib/dpkg/), are you root?
pi@pi ~ $
```

❶ 打开 LXTerminal 终端。

❷ 输入命令 apt-get install 并按下 Enter。

Ⓐ Linux 会提示你只有 root 用户才能使用这条命令。

注意： apt-get 命令用来进行软件的安装，你无法使用普通用户来直接运行它。

❸ 输入 sudo apt-get install 并按下 Enter。

Ⓑ 因为加上了 sudo，所以你暂时性地获得了 root 权限，所以 apt-get install 命令现在可以正常运行了。

注意： 在这个例子中，apt-get install 实际上并没有安装任何软件。

❹ 输入 sudo su 并按下 Enter。

注意： 系统会提示你现在成为了 root 用户。

❺ 现在输入 apt-get install 并按下 Enter。

系统在不需要 sudo 的前提下，也可以正常地直接运行 apt-get 了。

注意： 为切换回普通用户身份，除了重启树莓派以外，你还可以输入 exit 并按下 Enter。

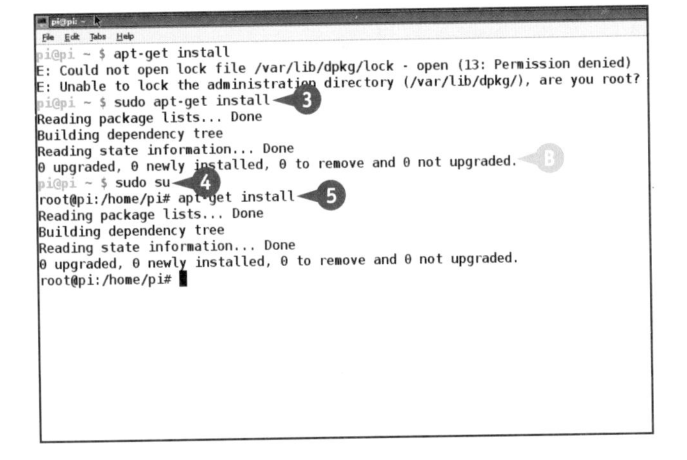

关于文件系统

为了更深入地理解树莓派，你必须学会从何处找到重要的文件，以及如何安全地对它们进行修改。由于 Linux 采用的文件安全机制，除非使用超级用户身份，否则有些重要文件你是无法直接进行修改的。如果直接尝试进行修改的话，Linux 会向你报出权限不足的错误提示。你当然可以绕过这些限制，但在这么做之前，请首先确保你明确理解自己正在做的事。

关于Linux文件

在 Linux 世界中，一切都是文件，除了常见的图片、文本以外，硬盘、网卡等硬件设备也都是文件，甚至连目录也都是文件。所以当你输入命令时，可以看作是用键盘来创建文件，而你也可以通过将音乐文件拷贝到音乐播放器对应的文件中，来对其进行播放。

关于用户和用户组

在 Linux 世界中，用户通常被分为不同的组，同组的用户之间可以很方便地进行文件共享，而组外的用户则通常没有权限来访问这些文件。对于树莓派这样的袖珍计算机来说，你本人通常是它唯一的用户，所以这类安全问题往往并不明显，但你需要明白这是 Linux 内置的重要机制。

关于系统用户

除了真实的人类用户以外，Linux 中还包括了一些系统用户。例如，你在树莓派上运行了一个 Web 服务器程序，相关管理程序会维护自己专门的用户分组，另外强大的 root 用户也会独立于其他用户而存在。所以如果你在树莓派上运行 Web 服务器或邮件服务器的话，可能会存在一些安全上的隐患，因此在这么做之前，你最好先了解一下如何确保系统用户的文件安全。

关于文件权限

在 Linux 中每个文件都具有三项访问权限——读、写（即编辑）以及执行（作为软件来运行），同时这些权限针对三种访问对象——文件的拥有者、文件所属的分组以及任意用户又各自不同。在提供适当的访问权限之前，Linux 通常不会允许你对文件进行编辑或执行。一般来说，root 用户几乎可以访问任何文件，但有一些应用程序会要求你使用默认的 Pi 用户，或者要求你首先设置正确的用户组权限才可以。

关于系统文件夹

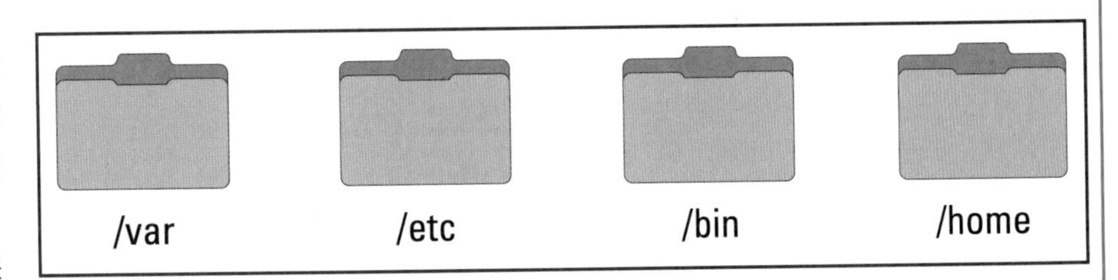

对于不同的 Linux 发行版来说，存储系统核心文件的目录结构是几乎完全一样的。例如 /bin 目录用来存储应用程序，/var 目录用来存储系统和应用程序的运行时数据，而 /etc 目录中则放置的是各种配置文件。为了能够真正发挥 Linux 的全部潜能，花些时间来学习各种重要目录的结构和功能还是很有必要的。另外需要注意的是，这些重要目录的默认所有者是 root，因此使用默认用户的话，是无法对它们进行编辑的。

目录相关的操作

File Manager 程序可以让我们很方便地对文件进行管理，但通过命令行，你也可以完成同样的工作，包括对文件和目录的浏览、查找、编辑以及删除等操作。例如使用 cd 命令可以在任何目录中进行切换，而 ls 命令则可以向我们展示目录中的内容。为 ls 命令加上 -l 参数可以提供更加详细的信息输出，-a 参数则可以显示那些隐藏的文件与目录，而 -R 参数则可以将所有子目录的内容也一同展开输出。不加参数直接输入 cd 命令可以让我们直接回到家目录（/home/pi）。当你在目录中进行浏览时，命令行提示符会时刻提示你当前所处的目录，另外符号“~”和“/home/pi”是等效的，还有很多这类技巧等待我们去发掘。

目录相关的操作

❶ 打开 LXTerminal 终端。

❷ 输入 cd 并按下 Enter。

❸ 输入 ls 并按下 Enter。

Ⓐ 系统会列出 /home/pi 目录下的所有文件。

❹ 输入 ls -l 并按下 Enter。

Ⓑ 这次系统会向我们提供关于文件的所有者、用户组以及创建时间等在内的信息（这里可以回忆一下第 4 章的内容）。

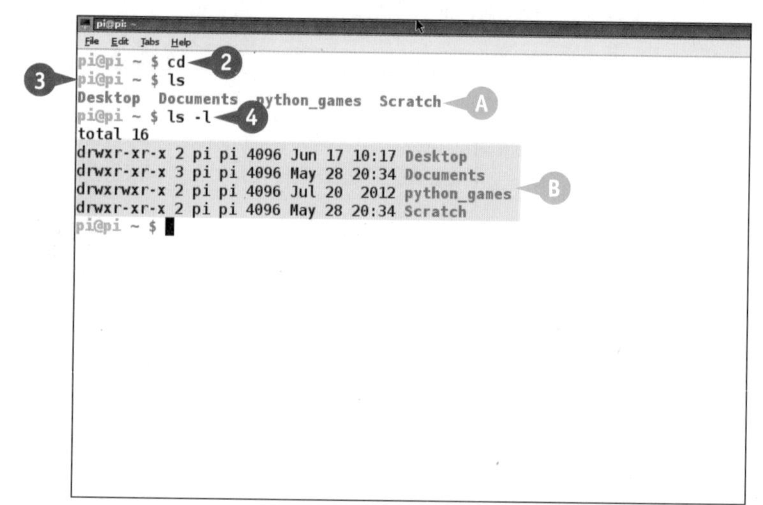

❺ 输入 cd Desktop 并按下 Enter。

注意：这次 cd 将会带我们来到位于家目录下的桌面（Desktop）目录中。

Ⓒ 命令行提示符会时刻显示你当前所处的目录位置。

❻ 输入 ls 并按下 Enter。

Ⓓ 系统会列出 Desktop 目录下的所有文件。

```
pi@pi: ~/Desktop
File Edit Tabs Help
pi@pi ~ $ cd
pi@pi ~ $ ls
Desktop  Documents  python_games  Scratch
pi@pi ~ $ ls -l
total 16
drwxr-xr-x 2 pi pi 4096 Jun 17 10:17 Desktop
drwxr-xr-x 3 pi pi 4096 May 28 20:34 Documents
drwxrwxr-x 2 pi pi 4096 Jul 20  2012 python_games
drwxr-xr-x 2 pi pi 4096 May 28 20:34 Scratch
pi@pi ~ $ cd Desktop
pi@pi ~/Desktop $ ls
anewfile.txt                      idle.desktop         python-games.desktop
debian-reference-common.desktop   lxterminal.desktop   scratch.desktop
idle3.desktop                     midori.desktop       wpa_gui.desktop
pi@pi ~/Desktop $
```

7 输入 cd/ 并按下 Enter 。

E 命令行提示符显示我们当前位于“/”目录中，这是所有目录的根节点。

8 输入 ls 并按下 Enter 。

F 系统会列出根目录下的全部文件和目录。

注意： 和普通的文件不同，子目录会显示蓝色的名字。

9 输入 ls /home/pi 并按下 Enter 。

G 系统会列出位于家目录下的全部文件，虽然现在我们实际上是位于根目录下。

注意： 你可以为 ls 命令指定目标目录或文件，而并不需要先通过 cd 命令切换到那里，这可以提供很大的便利性。

注意： Linux 会隐藏一些重要的系统文件，为了看到它们，可以输入 ls -a 并按下 Enter 。

注意： 为了节省输入，按下 Tab 可以完成命令的自动补全，非常方便，一定要试一下！

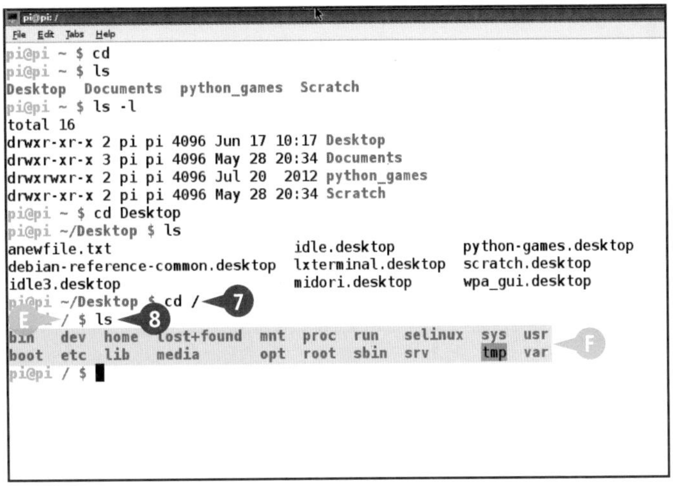

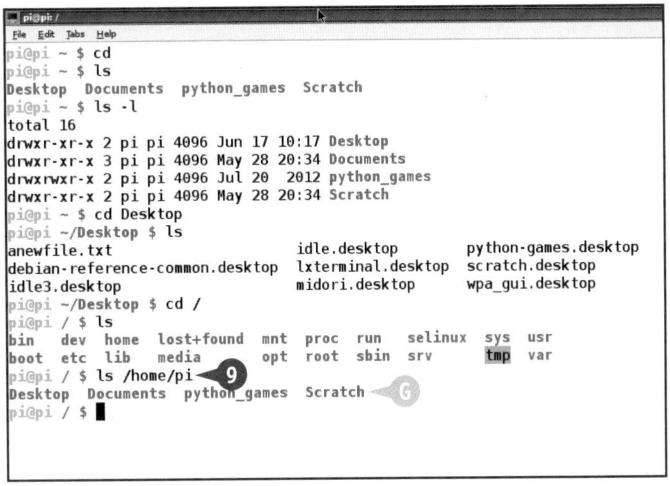

```
pi@pi ~ $ cd
pi@pi ~ $ ls
Desktop  Documents  python_games  Scratch
pi@pi ~ $ ls -l
total 16
drwxr-xr-x 2 pi pi 4096 Jun 17 10:17 Desktop
drwxr-xr-x 3 pi pi 4096 May 28 20:34 Documents
drwxrwxr-x 2 pi pi 4096 Jul 20  2012 python_games
drwxr-xr-x 2 pi pi 4096 May 28 20:34 Scratch
pi@pi ~ $ cd Desktop
pi@pi ~/Desktop $ ls
anewfile.txt                        idle.desktop       python-games.desktop
debian-reference-common.desktop     lxterminal.desktop scratch.desktop
idle3.desktop                       midori.desktop     wpa_gui.desktop
pi@pi ~/Desktop $ cd /
pi@pi / $ ls
bin   dev  home  lost+found  mnt  proc  run   selinux  sys  usr
boot  etc  lib   media       opt  root  sbin  srv      tmp  var
pi@pi / $
```

```
pi@pi ~ $ cd
pi@pi ~ $ ls
Desktop  Documents  python_games  Scratch
pi@pi ~ $ ls -l
total 16
drwxr-xr-x 2 pi pi 4096 Jun 17 10:17 Desktop
drwxr-xr-x 3 pi pi 4096 May 28 20:34 Documents
drwxrwxr-x 2 pi pi 4096 Jul 20  2012 python_games
drwxr-xr-x 2 pi pi 4096 May 28 20:34 Scratch
pi@pi ~ $ cd Desktop
pi@pi ~/Desktop $ ls
anewfile.txt                        idle.desktop       python-games.desktop
debian-reference-common.desktop     lxterminal.desktop scratch.desktop
idle3.desktop                       midori.desktop     wpa_gui.desktop
pi@pi ~/Desktop $ cd /
pi@pi / $ ls
bin   dev  home  lost+found  mnt  proc  run   selinux  sys  usr
boot  etc  lib   media       opt  root  sbin  srv      tmp  var
pi@pi / $ ls /home/pi
Desktop  Documents  python_games  Scratch
pi@pi / $
```

建议

我可以从某个目录切换到任意其他目录中吗？

在 Linux 中，文件和目录是通过路径来进行定位的，如果你知道目标文件的完整路径，就可以通过 cd 命令加上路径名来切换到该目标目录了，而事实上绝对路径并不是唯一的选择，相对路径往往更加方便，例如输入 cd .. 就可以直接到达上一级目录。

我怎么才能记住自己当前的位置？

命令行提示符会时刻显示当前位置，如果你真的迷路了，那么随时可以通过直接输入 cd 命令并回车回到家目录，而 cd / 则会前往根目录。

创建目录和文件

你可以使用 mkdir 命令来创建新目录。创建新目录时，只需在命令后面跟上希望创建的目录名字就可以了。默认情况下，Linux 会在当前路径下创建新目录。当然，你也可以首先通过 cd 命令前往任何目录，并在那里完成新目录的创建。

通过 touch 命令可以进行空文件的创建，通常你可以使用文本编辑器，例如 nano 来创建新的文本文件，但有些时候使用 touch 的话会更加方便。

创建目录和文件

1 输入mkdir mynewdirectory 并按下Enter。

系统会为你创建这个目录。

注意： 如果无法完成目录的创建，Linux 会报出相应的错误信息，成功的话则什么也不会输出。

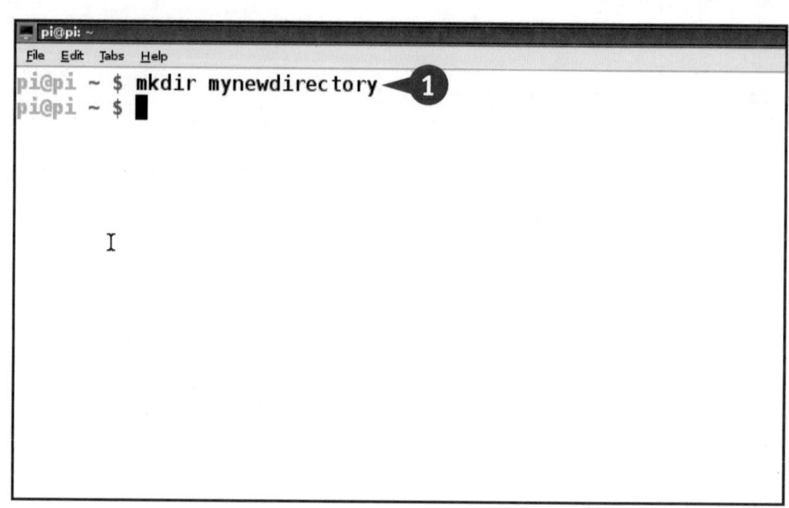

2 输入 ls 并按下Enter来列出当前目录的内容。

A 你可以看到新目录已经被创建出来了。

3 输入 cd mynewdirectory 并按下Enter来进入这个目录。

B 你会看到命令行提示符随之发生了改变。

4 输入 ls 并按下Enter下来列出所有文件。

C 和预期的完全一样，新目录中空空如也。

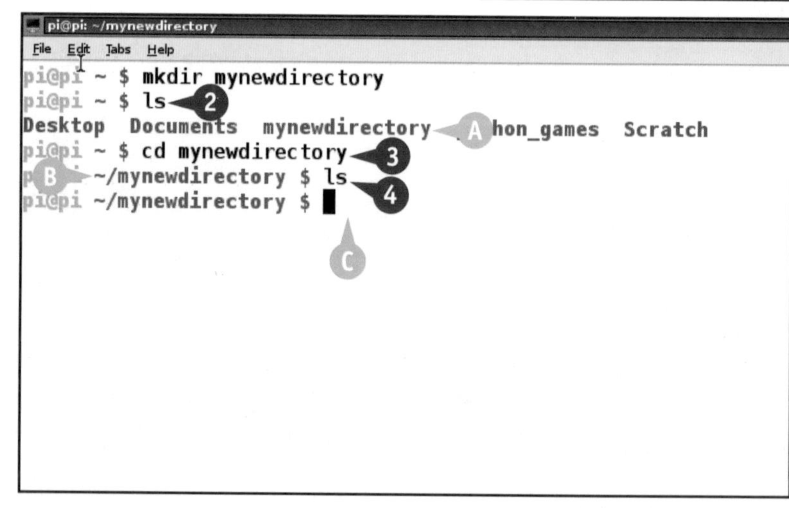

删除文件和目录

你可以通过 rm 命令来删除文件，而 rmdir 命令则可以用来删除目录，默认情况下 rmdir 命令只能删除空目录，所以为了删除包含文件甚至子目录的目录，你需要使用加上参数的 `rm -rf` 命令。

一定要注意的是，Linux 并没有类似回收站那样的机制，因此删除操作是无法撤销的，所以在执行删除操作时，一定要小心谨慎。如果你还不理解其危险性的话，请看看这个例子，输入 `rm -rf *` 命令的话将会清空你的树莓派系统！呃，不要在自己的机器上进行尝试。

删除文件和目录

1. 如果你并不位于刚才创建的 mynewdirectory 目录中，那么请首先来到家目录，并输入 `cd mynewdirectory`，并按下 Enter。
2. 输入 `touch afile` 并按下 Enter 来创建一个名为 afile 的空文件。
3. 输入 `cd ..` 并按下 Enter 来退回到上一级目录。
4. 输入 `rmdir mynewdirectory` 并按下 Enter 来尝试删除这个目录。

A 系统会报出该目录非空，所以无法进行删除的错误信息。

5. 输入 `rm -rf mynewdirectory` 并按下 Enter。

   这次系统会强制删除该目录及其中的全部内容。

6. 输入 `ls` 并按下 Enter。

B 你会发现该目录已经不复存在了。

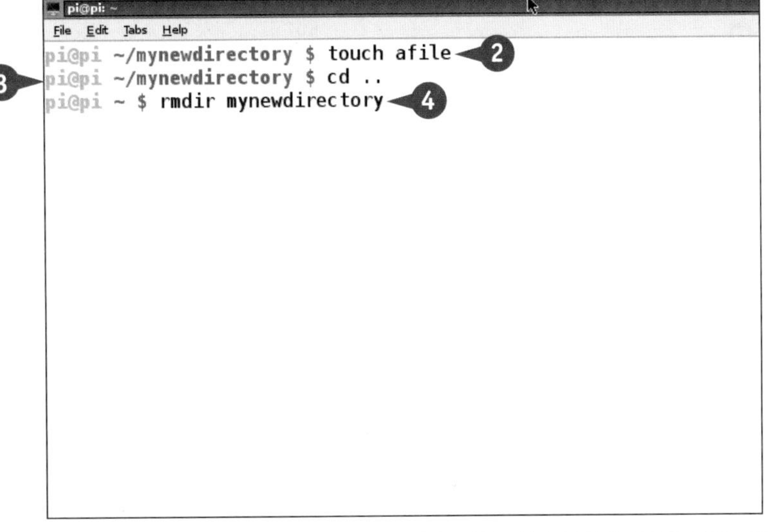

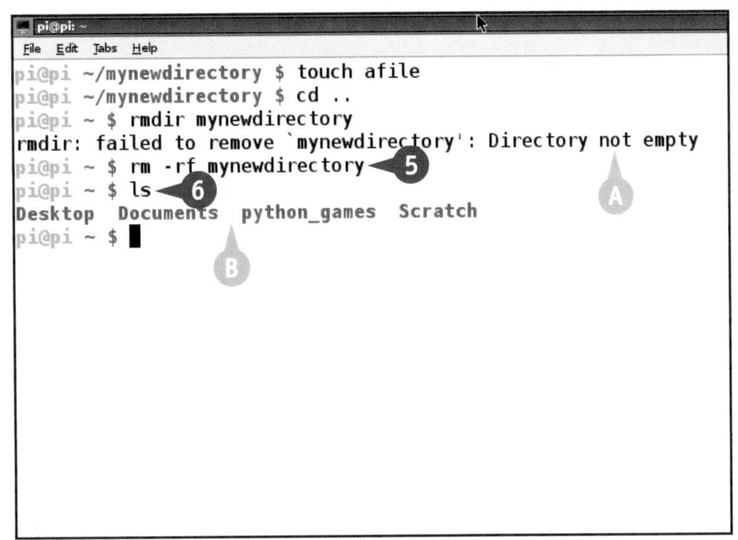

查看文件内容

为了查看文件的内容，你有很多种选择：cat 会简单地将文件内容显示在屏幕上，而 less 则包含了更强大的搜索功能，你可以指定从哪一行开始显示文件，并且还能在文件内容中进行移动，less 让你得以控制显示在屏幕上的文本量，关于这点请参考第 6 章中关于管道的内容。下面的例子中我们会同时展示 cat 和 less 的使用。

查看文件内容

1. 输入 cd 并按下 Enter 来回到家目录中。
2. 输入 cat Desktop/ midori.desktop 并按下 Enter，来查看 Midori 浏览器的配置文件。

Ⓐ Linux 会展示该文件的内容，并且这超出了屏幕的显示范围。

注意：由于默认情况下家目录中并没有什么太合适的文件可供我们查看，所以本例使用了桌面目录中的文件。

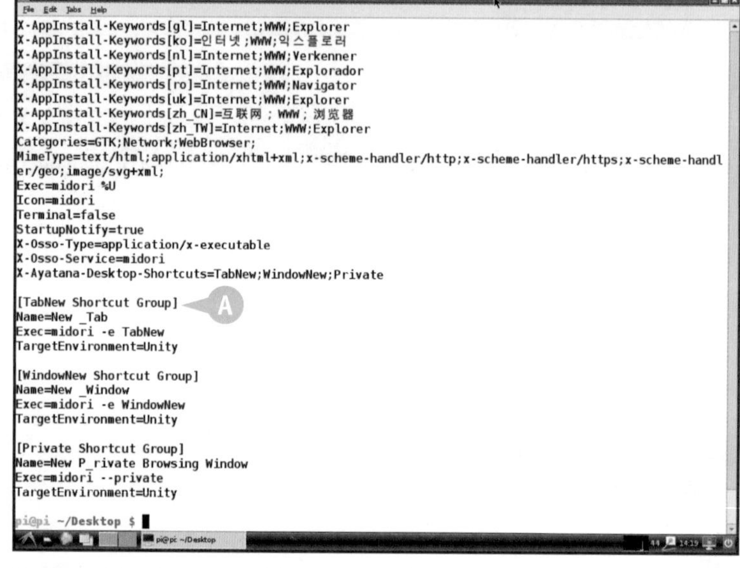

3. 输入 less Desktop/ midori.desktop 并按下 Enter。

Ⓑ Linux 会一次展示一屏的文件内容，再次按下 Spacebar 可以继续展示下一屏内容。

注意：为查看文件的开头部分可以按下 G；如果要查看文件的特定某一行，在输入行号之后再按下 G 就可以了。

注意：为了退出 less（本方法也可用于退出其他运行中的命令行程序），可按下 Ctrl + Z 或 Ctrl + C。

查找文件和命令

你可以用 find 命令来查找文件。为了避免权限不足的问题，请使用 root 用户或 sudo 来运行 find，你需要告诉 find 本次查找的起始路径或目标文件名。除此之外，你还可以使用通配符以及用户组和权限等信息来进行更精确的搜索。关于 find 使用上的更多信息可以参考 man 文档中的内容。

另外，你也可以使用 whereis 命令来搜索应用程序文件的位置。当安装了新的程序后，whereis 可以帮助你很方便地找到它们的位置。

查找文件和命令

❶ 输入 sudo find/ -name midori.desktop 并按下 Enter。

注意：/ 告诉 find 从根目录开始查找，这会遍历全部文件。

注意：有时候大规模的搜索可能会消耗几秒钟的时间。

Ⓐ 系统会显示出 midori.desktop 的位置。

注意：你会发现该文件存在两个副本，这两个副本分别面向 root 用户和其他普通用户。

❷ 输入 whereis ls 并按下 Enter。

Ⓑ 系统会显示出 ls 命令的位置及对应的文件。

注意：第二个路径对应的是 ls 命令的 man 帮助文件。

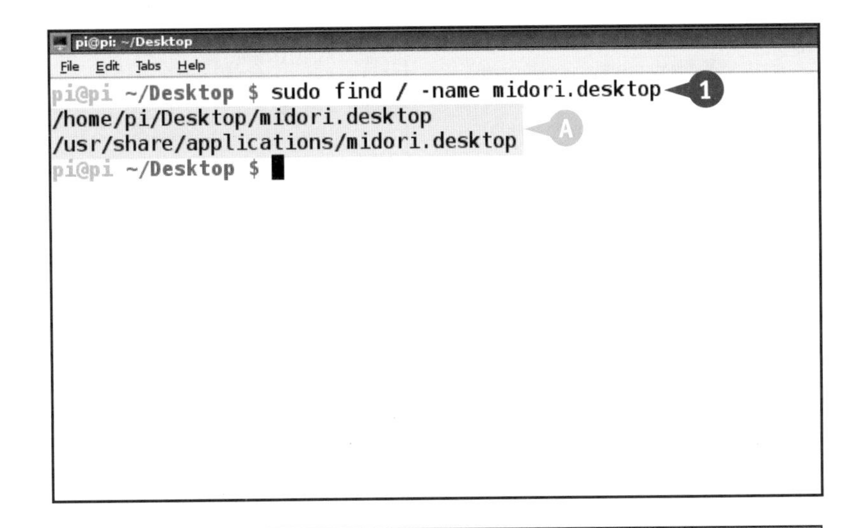

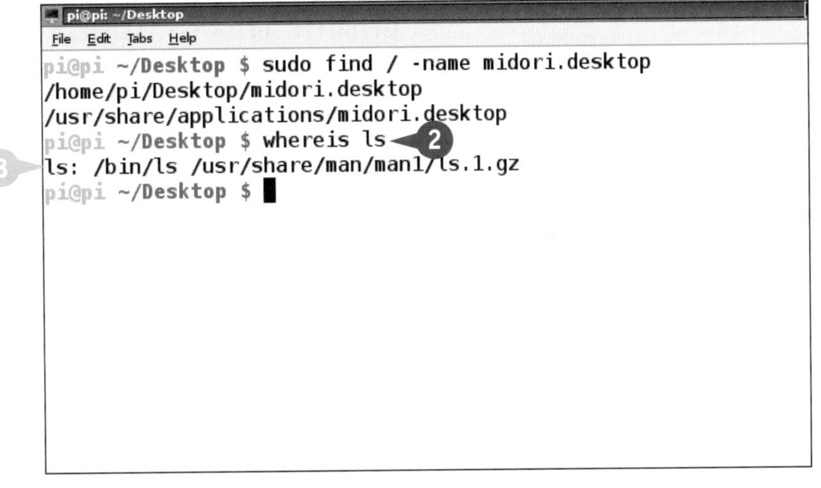

文件的复制、移动及重命名

你可以用 mv 命令来移动文件。Linux 并没有用来直接进行重命名的命令，但只需通过使用 mv 命令，我们就能达到同样的目的。

而 cp 命令则是用来进行文件复制的。通过结合使用通配符，可以节省很多的键盘输入操作，例如 *.txt 就代表了全部的文本文件。

文件的复制、移动及重命名

❶ 输入 cd 并按下 Enter 回到家目录中。

❷ 输入 touch afile.txt 并按下 Enter 来创建一个新文件。

❸ 输入 cp afile.txt bfile.txt 并按下 Enter 来得到该文件的一个副本。

❹ 输入 ls 并按下 Enter，你可以看到两个文件存在于同一个目录下。

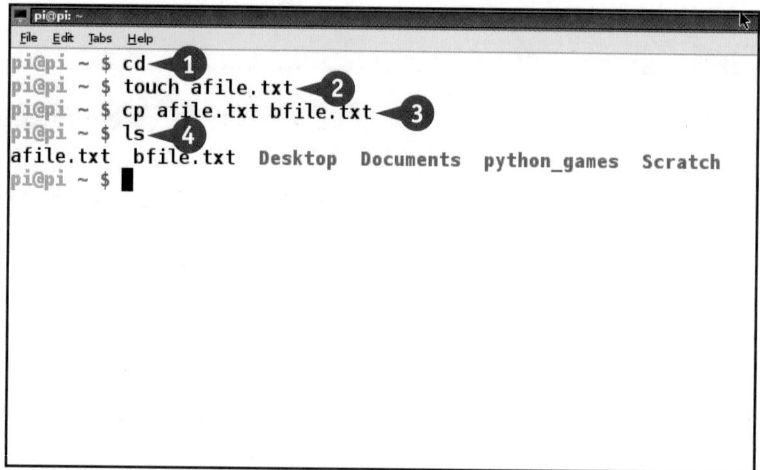

❺ 输入 mv afile.txt cfile.txt 并按下 Enter。

❻ 输入 ls 并按下 Enter。

Ⓐ 你会看到 afile.txt 已经被重命名为 cfile.txt 了。

注意： 由于文件默认按照字母顺序进行排序，所以 cfile.txt 在列表中会位于 bfile.txt 之后。

```
pi@pi ~ $ cd
pi@pi ~ $ touch afile.txt
pi@pi ~ $ cp afile.txt bfile.txt
pi@pi ~ $ ls
afile.txt  bfile.txt  Desktop  Documents  python_games  Scratch
pi@pi ~ $ mv afile.txt cfile.txt
pi@pi ~ $ ls
bfile.txt  cfile.txt  Desktop  Documents  python_games  Scratch
pi@pi ~ $
```

❼ 输入 cp bfile.txt /etc 并按下 Enter 。

B 系统会输出一条权限错误，因为 /etc 是属于 root 用户的系统目录，所以默认的 pi 用户无权向其进行文件复制。

❽ 输入 sudo cp bfile.txt/etc 并按下 Enter 。

注意：根据实际情况不同，你可以使用绝对路径或者相对路径来进行文件的移动和复制。

❾ 输入 ls /etc/*.txt 并按下 Enter 来确定文件已被正确复制。

注意：你可以使用通配符来让 ls 命令列出特定类型的全部文件。

❿ 输入 rm *.txt 并按下 Enter 。

⓫ 输入 ls 并按下 Enter 。

C ls 命令的输出会提示我们两个文本文件都已经被删除了。

⓬ 输入 sudo rm /etc/ bfile.txt 并按下 Enter ，我们在 /etc 目录下创建的文件也被删除了。

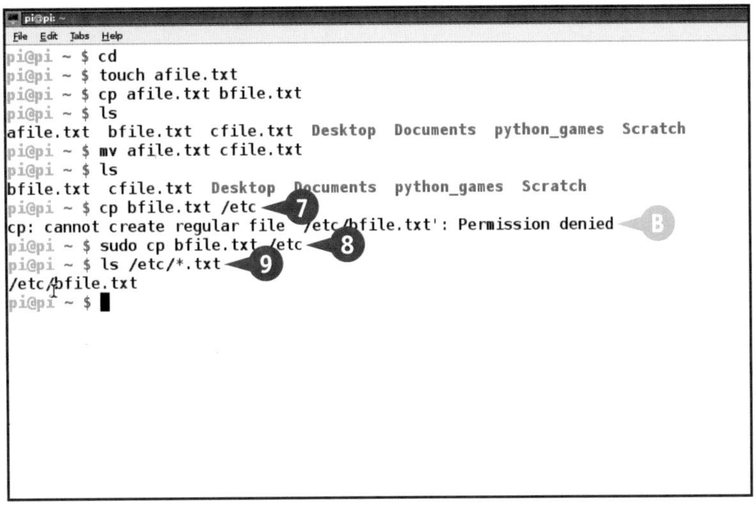

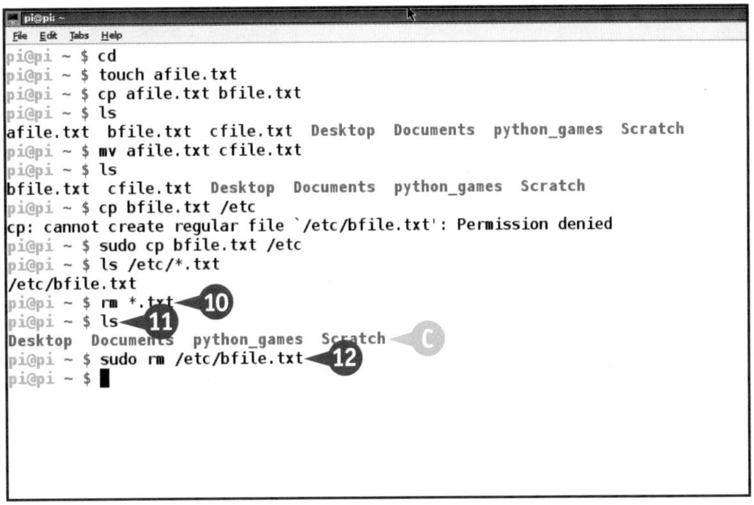

```
pi@pi: ~
File Edit Tabs Help
pi@pi ~ $ cd
pi@pi ~ $ touch afile.txt
pi@pi ~ $ cp afile.txt bfile.txt
pi@pi ~ $ ls
afile.txt  bfile.txt  cfile.txt  Desktop  Documents  python_games  Scratch
pi@pi ~ $ mv afile.txt cfile.txt
pi@pi ~ $ ls
bfile.txt  cfile.txt  Desktop  Documents  python_games  Scratch
pi@pi ~ $ cp bfile.txt /etc                                    ⑦
cp: cannot create regular file `/etc/bfile.txt': Permission denied   B
pi@pi ~ $ sudo cp bfile.txt /etc                               ⑧
pi@pi ~ $ ls /etc/*.txt                                        ⑨
/etc/bfile.txt
pi@pi ~ $
```

```
pi@pi: ~
File Edit Tabs Help
pi@pi ~ $ cd
pi@pi ~ $ touch afile.txt
pi@pi ~ $ cp afile.txt bfile.txt
pi@pi ~ $ ls
afile.txt  bfile.txt  cfile.txt  Desktop  Documents  python_games  Scratch
pi@pi ~ $ mv afile.txt cfile.txt
pi@pi ~ $ ls
bfile.txt  cfile.txt  Desktop  Documents  python_games  Scratch
pi@pi ~ $ cp bfile.txt /etc
cp: cannot create regular file `/etc/bfile.txt': Permission denied
pi@pi ~ $ sudo cp bfile.txt /etc
pi@pi ~ $ ls /etc/*.txt
/etc/bfile.txt
pi@pi ~ $ rm *.txt                                             ⑩
pi@pi ~ $ ls                                                   ⑪
Desktop  Documents  python_games  Scratch                      C
pi@pi ~ $ sudo rm /etc/bfile.txt                               ⑫
pi@pi ~ $
```

建议

如何能节省键盘输入操作呢？

如果你按下 Tab ，Liunx 会根据系统的当前情况，尝试对命令或文件名进行智能补全。例如你可以输入 /h 并按 Tab ，系统会为你补全 /home 目录， 再输入 /p 并按下 Tab ，系统会将目录补全为 /home/pi，你可以结合任何命令来使用这项技巧。

权限操作

你可以使用 chmod 来变更文件的权限设置。通过三位权限代码，你可以分别指定 root 用户、文件所有者以及组内用户对该文件的各种操作权限（或者使用关键词 r、w 和 x，分别对应文件的读、写和执行权限）。你可以通过 ls -l 来查看文件的当前权限信息。

如果不结合实例来看的话，chmod 命令的使用是比较难以理解的，你可以从网上找到很多相关的简明教程。

权限操作

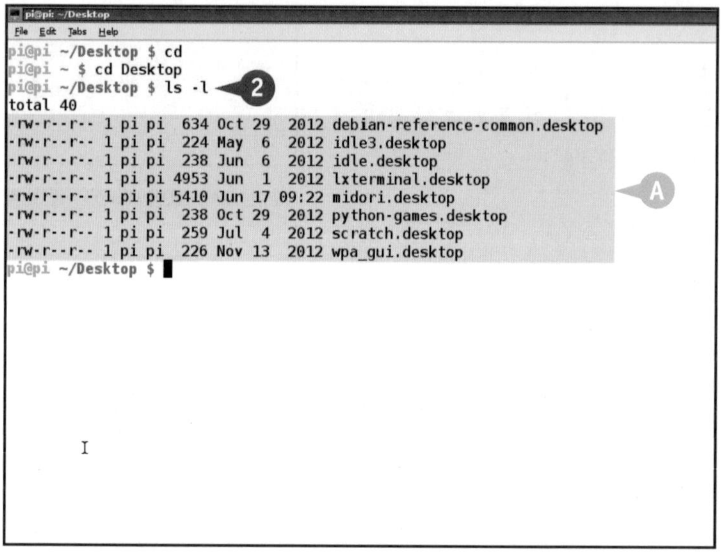

1 如果你并不位于 Desktop 目录中，那么请输入 cd 并按下 Enter，然后输入 cd Desktop 并按 Enter。

2 输入 ls -l 并按下 Enter 来查看该目录中全部文件的详细信息。

A 输出结果中的第一列就是文件的权限信息。

注意： 三个一组的 r、w、x 分别对应所有者、组内用户及所有用户对该文件的权限。

注意： "a-" 代表不具有该项权限，例如 r- 意味着你可以读取文件，却不能编辑和执行它。

3 输入 chmod a = rwx midori.desktop 并按下 Enter。

4 输入 ls -l 并按下 Enter。

A 你会看到 midori.desktop 对于所有者、组内用户和其他用户的全部权限都被打开了。

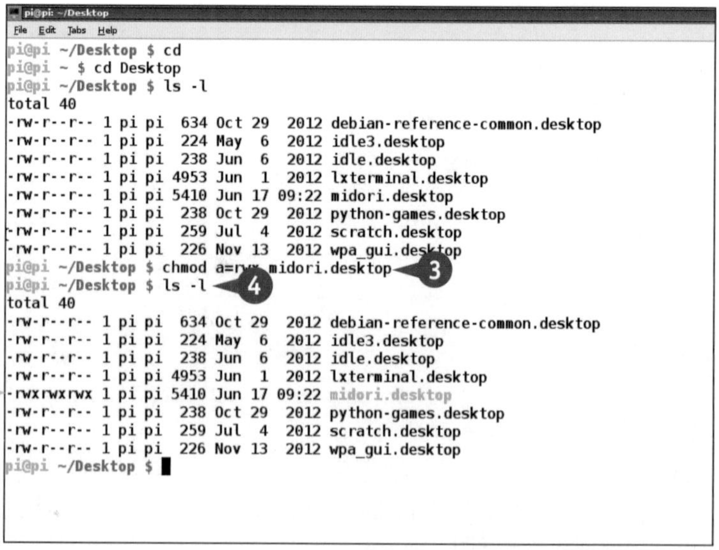

```
pi@pi ~/Desktop $ cd
pi@pi ~ $ cd Desktop
pi@pi ~/Desktop $ ls -l
total 40
-rw-r--r-- 1 pi pi  634 Oct 29  2012 debian-reference-common.desktop
-rw-r--r-- 1 pi pi  224 May  6  2012 idle3.desktop
-rw-r--r-- 1 pi pi  238 Jun  6  2012 idle.desktop
-rw-r--r-- 1 pi pi 4953 Jun  1  2012 lxterminal.desktop
-rw-r--r-- 1 pi pi 5410 Jun 17 09:22 midori.desktop
-rw-r--r-- 1 pi pi  238 Oct 29  2012 python-games.desktop
-rw-r--r-- 1 pi pi  259 Jul  4  2012 scratch.desktop
-rw-r--r-- 1 pi pi  226 Nov 13  2012 wpa_gui.desktop
pi@pi ~/Desktop $
```

```
pi@pi ~/Desktop $ cd
pi@pi ~ $ cd Desktop
pi@pi ~/Desktop $ ls -l
total 40
-rw-r--r-- 1 pi pi  634 Oct 29  2012 debian-reference-common.desktop
-rw-r--r-- 1 pi pi  224 May  6  2012 idle3.desktop
-rw-r--r-- 1 pi pi  238 Jun  6  2012 idle.desktop
-rw-r--r-- 1 pi pi 4953 Jun  1  2012 lxterminal.desktop
-rw-r--r-- 1 pi pi 5410 Jun 17 09:22 midori.desktop
-rw-r--r-- 1 pi pi  238 Oct 29  2012 python-games.desktop
-rw-r--r-- 1 pi pi  259 Jul  4  2012 scratch.desktop
-rw-r--r-- 1 pi pi  226 Nov 13  2012 wpa_gui.desktop
pi@pi ~/Desktop $ chmod a=rwx midori.desktop
pi@pi ~/Desktop $ ls -l
total 40
-rw-r--r-- 1 pi pi  634 Oct 29  2012 debian-reference-common.desktop
-rw-r--r-- 1 pi pi  224 May  6  2012 idle3.desktop
-rw-r--r-- 1 pi pi  238 Jun  6  2012 idle.desktop
-rw-r--r-- 1 pi pi 4953 Jun  1  2012 lxterminal.desktop
-rwxrwxrwx 1 pi pi 5410 Jun 17 09:22 midori.desktop
-rw-r--r-- 1 pi pi  238 Oct 29  2012 python-games.desktop
-rw-r--r-- 1 pi pi  259 Jul  4  2012 scratch.desktop
-rw-r--r-- 1 pi pi  226 Nov 13  2012 wpa_gui.desktop
pi@pi ~/Desktop $
```

5 输入 chmod o=r midori.desktop 并按下Enter。

6 输入 ls -l 并按下Enter。

C 系统会显示其他用户对该文件只拥有写权限（r）了。

注意：这意味着只有文件的拥有者以及同组内的用户才有权限对其进行编辑。

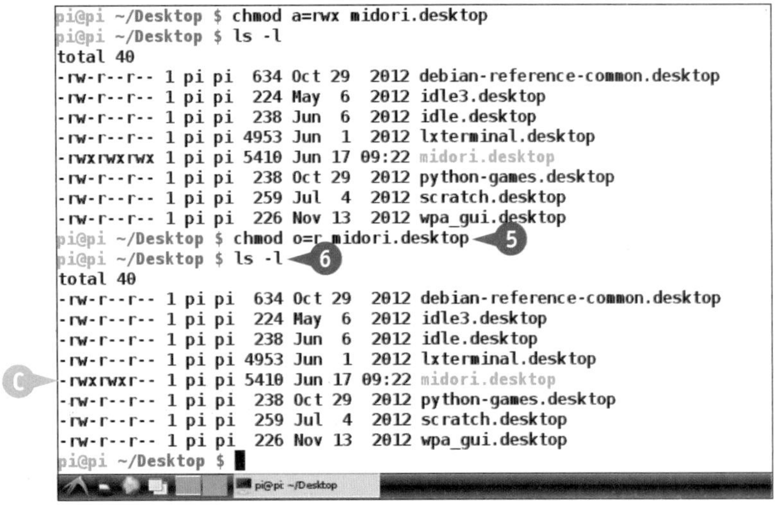

```
pi@pi ~/Desktop $ chmod a=rwx midori.desktop
pi@pi ~/Desktop $ ls -l
total 40
-rw-r--r-- 1 pi pi  634 Oct 29  2012 debian-reference-common.desktop
-rw-r--r-- 1 pi pi  224 May  6  2012 idle3.desktop
-rw-r--r-- 1 pi pi  238 Jun  6  2012 idle.desktop
-rw-r--r-- 1 pi pi 4953 Jun  1  2012 lxterminal.desktop
-rwxrwxrwx 1 pi pi 5410 Jun 17 09:22 midori.desktop
-rw-r--r-- 1 pi pi  238 Oct 29  2012 python-games.desktop
-rw-r--r-- 1 pi pi  259 Jul  4  2012 scratch.desktop
-rw-r--r-- 1 pi pi  226 Nov 13  2012 wpa_gui.desktop
pi@pi ~/Desktop $ chmod o=r midori.desktop   ← 5
pi@pi ~/Desktop $ ls -l   ← 6
total 40
-rw-r--r-- 1 pi pi  634 Oct 29  2012 debian-reference-common.desktop
-rw-r--r-- 1 pi pi  224 May  6  2012 idle3.desktop
-rw-r--r-- 1 pi pi  238 Jun  6  2012 idle.desktop
-rw-r--r-- 1 pi pi 4953 Jun  1  2012 lxterminal.desktop
-rwxrwxr-- 1 pi pi 5410 Jun 17 09:22 midori.desktop   ← C
-rw-r--r-- 1 pi pi  238 Oct 29  2012 python-games.desktop
-rw-r--r-- 1 pi pi  259 Jul  4  2012 scratch.desktop
-rw-r--r-- 1 pi pi  226 Nov 13  2012 wpa_gui.desktop
pi@pi ~/Desktop $
```

7 输入 chmod 644 midori.desktop 并按下Enter。

8 输入 ls -l 并按下Enter。

D 系统显示对于其拥有者来说，文件的权限是 rw-，而对于其他用户来说则是 r--。

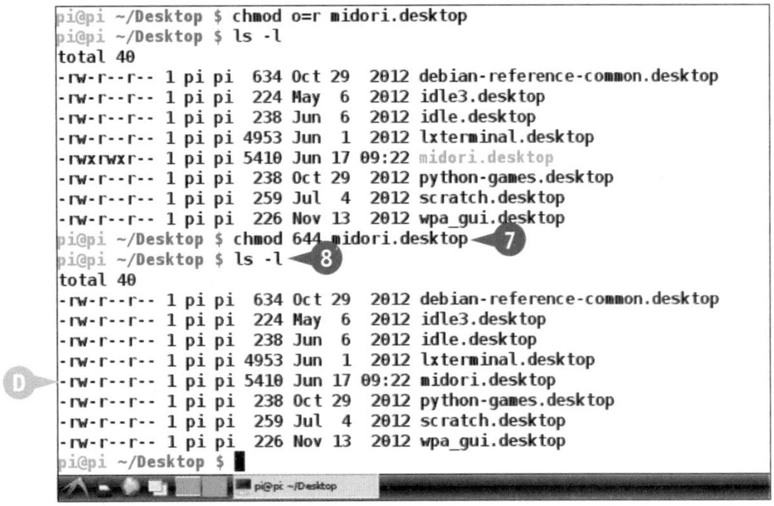

```
pi@pi ~/Desktop $ chmod o=r midori.desktop
pi@pi ~/Desktop $ ls -l
total 40
-rw-r--r-- 1 pi pi  634 Oct 29  2012 debian-reference-common.desktop
-rw-r--r-- 1 pi pi  224 May  6  2012 idle3.desktop
-rw-r--r-- 1 pi pi  238 Jun  6  2012 idle.desktop
-rw-r--r-- 1 pi pi 4953 Jun  1  2012 lxterminal.desktop
-rwxrwxr-- 1 pi pi 5410 Jun 17 09:22 midori.desktop
-rw-r--r-- 1 pi pi  238 Oct 29  2012 python-games.desktop
-rw-r--r-- 1 pi pi  259 Jul  4  2012 scratch.desktop
-rw-r--r-- 1 pi pi  226 Nov 13  2012 wpa_gui.desktop
pi@pi ~/Desktop $ chmod 644 midori.desktop   ← 7
pi@pi ~/Desktop $ ls -l   ← 8
total 40
-rw-r--r-- 1 pi pi  634 Oct 29  2012 debian-reference-common.desktop
-rw-r--r-- 1 pi pi  224 May  6  2012 idle3.desktop
-rw-r--r-- 1 pi pi  238 Jun  6  2012 idle.desktop
-rw-r--r-- 1 pi pi 4953 Jun  1  2012 lxterminal.desktop
-rw-r--r-- 1 pi pi 5410 Jun 17 09:22 midori.desktop   ← D
-rw-r--r-- 1 pi pi  238 Oct 29  2012 python-games.desktop
-rw-r--r-- 1 pi pi  259 Jul  4  2012 scratch.desktop
-rw-r--r-- 1 pi pi  226 Nov 13  2012 wpa_gui.desktop
pi@pi ~/Desktop $
```

建议

我该如何使用权限代码呢？

最常用的权限代码是 4、5、6 和 7。4 和 r-- 相同，6 相当于 rw-，7 等同于 rwx，而且数字的顺序分别对应三类不同用户。代码 5 是非常有用的，它可以将文件设置为只读（r-x），而代码 1（--x）使得文件可以被执行却无法被修改及移动，因此提升了一定的安全性。

我该如何更改文件的所有者及所属用户组呢？

一些应用程序会对目标文件的用户权限有所要求，使用 chown 命令可以修改文件的所有者，而 chgroup 命令则可以修改其所属的用户组。将重要系统文件的拥有者设为 root 可以在一定程度上提高安全性，所以很多 Linux 配置文件都采用了这一设置。

使用命令行历史

Linux 具有命令行历史功能：你可以很方便地使用之前执行过的命令，而无需进行重复输入。你也可以对之前输入过的命令来进行修改，总之都快过自己手动重新输入一遍。

你有多种不同方法使用命令历史，例如多次按下↑，会依次看到之前执行过的命令，输入“!!”可以直接执行上一条命令。如果希望浏览完整的命令历史列表，直接输入 history 命令就可以了，然后使用“!”加上命令的行号可以执行对应的命令。

使用命令行历史

❶ 按下↑。

Ⓐ 系统会倒序输出你之前执行过的命令。

❷ 按下 Enter 来执行目标命令，一切就和你手动输入命令完全相同。

注意：在本例中上一条命令是 ls-l，在你的系统中可能会有所不同。

注意：你可以通过不断按下↑来在历史列表中逐条回溯。

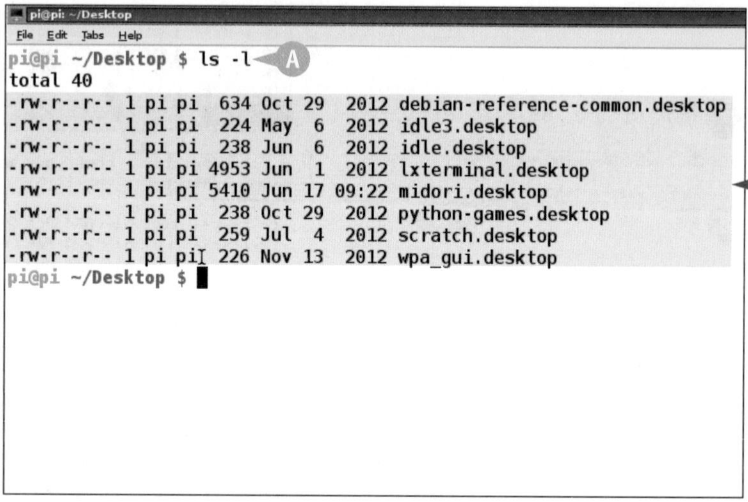

```
pi@pi: ~/Desktop
File Edit Tabs Help
pi@pi ~/Desktop $ ls -l   ← A
total 40
-rw-r--r-- 1 pi pi  634 Oct 29  2012 debian-reference-common.desktop
-rw-r--r-- 1 pi pi  224 May  6  2012 idle3.desktop
-rw-r--r-- 1 pi pi  238 Jun  6  2012 idle.desktop
-rw-r--r-- 1 pi pi 4953 Jun  1  2012 lxterminal.desktop
-rw-r--r-- 1 pi pi 5410 Jun 17 09:22 midori.desktop
-rw-r--r-- 1 pi pi  238 Oct 29  2012 python-games.desktop
-rw-r--r-- 1 pi pi  259 Jul  4  2012 scratch.desktop
-rw-r--r-- 1 pi pi  226 Nov 13  2012 wpa_gui.desktop
pi@pi ~/Desktop $
```

❸ 按下↑来找到上一条命令。

❹ 按下←和→可以在命令行中移动光标。

❺ 按下 Delete 来删除字符。

❻ 你可以随时在光标的位置进行输入。

注意：你可以在编辑完命令之后，随时按下 Enter 来执行，而不用将光标移动到命令的结尾处。

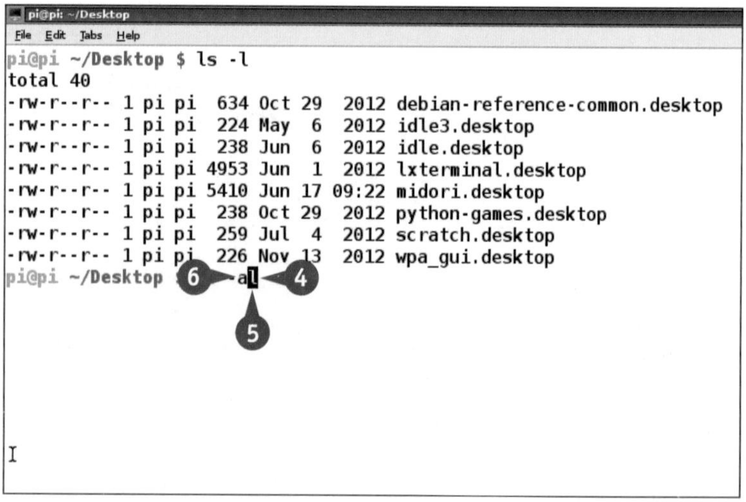

```
pi@pi: ~/Desktop
File Edit Tabs Help
pi@pi ~/Desktop $ ls -l
total 40
-rw-r--r-- 1 pi pi  634 Oct 29  2012 debian-reference-common.desktop
-rw-r--r-- 1 pi pi  224 May  6  2012 idle3.desktop
-rw-r--r-- 1 pi pi  238 Jun  6  2012 idle.desktop
-rw-r--r-- 1 pi pi 4953 Jun  1  2012 lxterminal.desktop
-rw-r--r-- 1 pi pi 5410 Jun 17 09:22 midori.desktop
-rw-r--r-- 1 pi pi  238 Oct 29  2012 python-games.desktop
-rw-r--r-- 1 pi pi  259 Jul  4  2012 scratch.desktop
-rw-r--r-- 1 pi pi  226 Nov 13  2012 wpa_gui.desktop
pi@pi ~/Desktop $ al   ← 6 4 5
```

❼ 输入 history 并按下 Enter 。

Ⓑ 这会倒序显示你之前执行过的命令的历史列表。

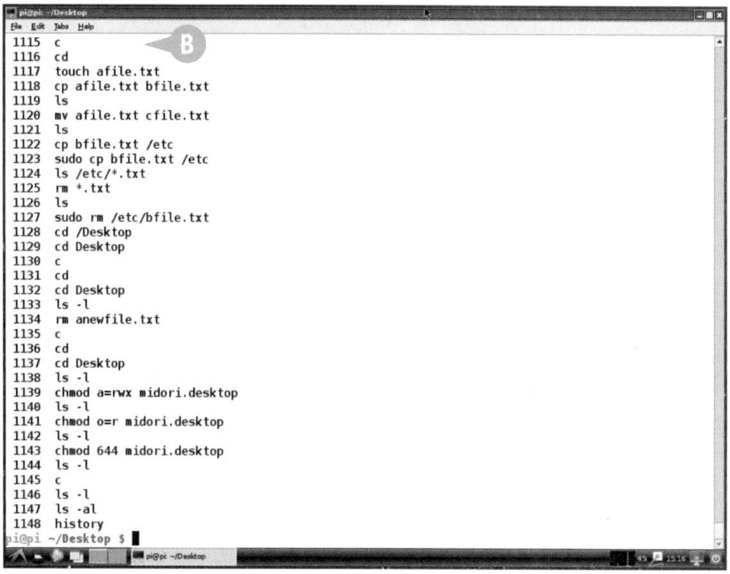
pi@pi: ~/Desktop
File Edit Tabs Help
1115 c
1116 cd
1117 touch afile.txt
1118 cp afile.txt bfile.txt
1119 ls
1120 mv afile.txt cfile.txt
1121 ls
1122 cp bfile.txt /etc
1123 sudo cp bfile.txt /etc
1124 ls /etc/*.txt
1125 rm *.txt
1126 ls
1127 sudo rm /etc/bfile.txt
1128 cd /Desktop
1129 cd Desktop
1130 c
1131 cd
1132 cd Desktop
1133 ls -l
1134 rm anewfile.txt
1135 c
1136 cd
1137 cd Desktop
1138 ls -l
1139 chmod a=rwx midori.desktop
1140 ls -l
1141 chmod o=r midori.desktop
1142 ls -l
1143 chmod 644 midori.desktop
1144 ls -l
1145 c
1146 ls -l
1147 ls -al
1148 history
pi@pi ~/Desktop $
B

❽ 首先输入“!”，之后 加上某个命令前面的编号，并按下 Enter 。

Ⓒ 系统会执行编号所对应的那条命令。

注意：你可以使用任意的编号。本例中 1146 对应的是 ls -l，在你的机器上情况可能会有所不同。

注意：合理利用 history 命令的话，可以帮助我们节省很多不必要的键盘输入，例如你可以通过按下组合键 Ctrl + R 来匹配之前执行过的命令。你可以从网络上获取更加详细的相关教程。

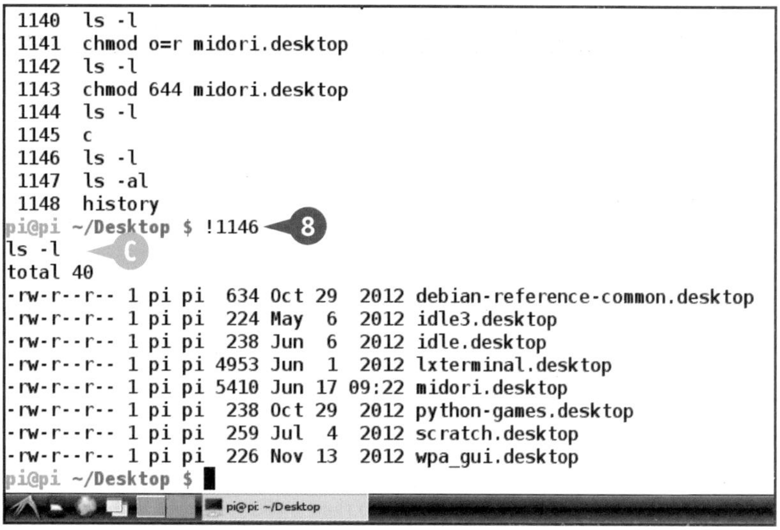
1140 ls -l
1141 chmod o=r midori.desktop
1142 ls -l
1143 chmod 644 midori.desktop
1144 ls -l
1145 c
1146 ls -l
1147 ls -al
1148 history
pi@pi ~/Desktop $!1146
8
ls -l
C
total 40
-rw-r--r-- 1 pi pi 634 Oct 29 2012 debian-reference-common.desktop
-rw-r--r-- 1 pi pi 224 May 6 2012 idle3.desktop
-rw-r--r-- 1 pi pi 238 Jun 6 2012 idle.desktop
-rw-r--r-- 1 pi pi 4953 Jun 1 2012 lxterminal.desktop
-rw-r--r-- 1 pi pi 5410 Jun 17 09:22 midori.desktop
-rw-r--r-- 1 pi pi 238 Oct 29 2012 python-games.desktop
-rw-r--r-- 1 pi pi 259 Jul 4 2012 scratch.desktop
-rw-r--r-- 1 pi pi 226 Nov 13 2012 wpa_gui.desktop
pi@pi ~/Desktop $
pi@pi: ~/Desktop

建议

为什么当我登录为root时历史列表的内容就完全不同了？

Linux 为每个用户保存了各自独立的命令历史，当你登录为 root 用户时，系统当然也会加载其对应的历史记录。

我怎么才能清除历史记录呢？

最简单的方法是使用 history -c，而更加妥当的解决方案 是使用 rm .bash_history。这是一个隐藏文件，你可以通过文本编辑器，来对其内容进行修改。退出登录时并不会清除其内容，如果你不删除它，所有的命令执行历史都会被追加保存到这个文件的内容中。

第6章

进阶命令行技巧

本章我们会介绍一些Linux的进阶技巧，当然了，想在这短短一章的内容中领略Linux的全部魔力是不现实的。不过，我还是希望本书的这一部分能让你感到有所收获，并且在Linux之道中的修行更加精进。

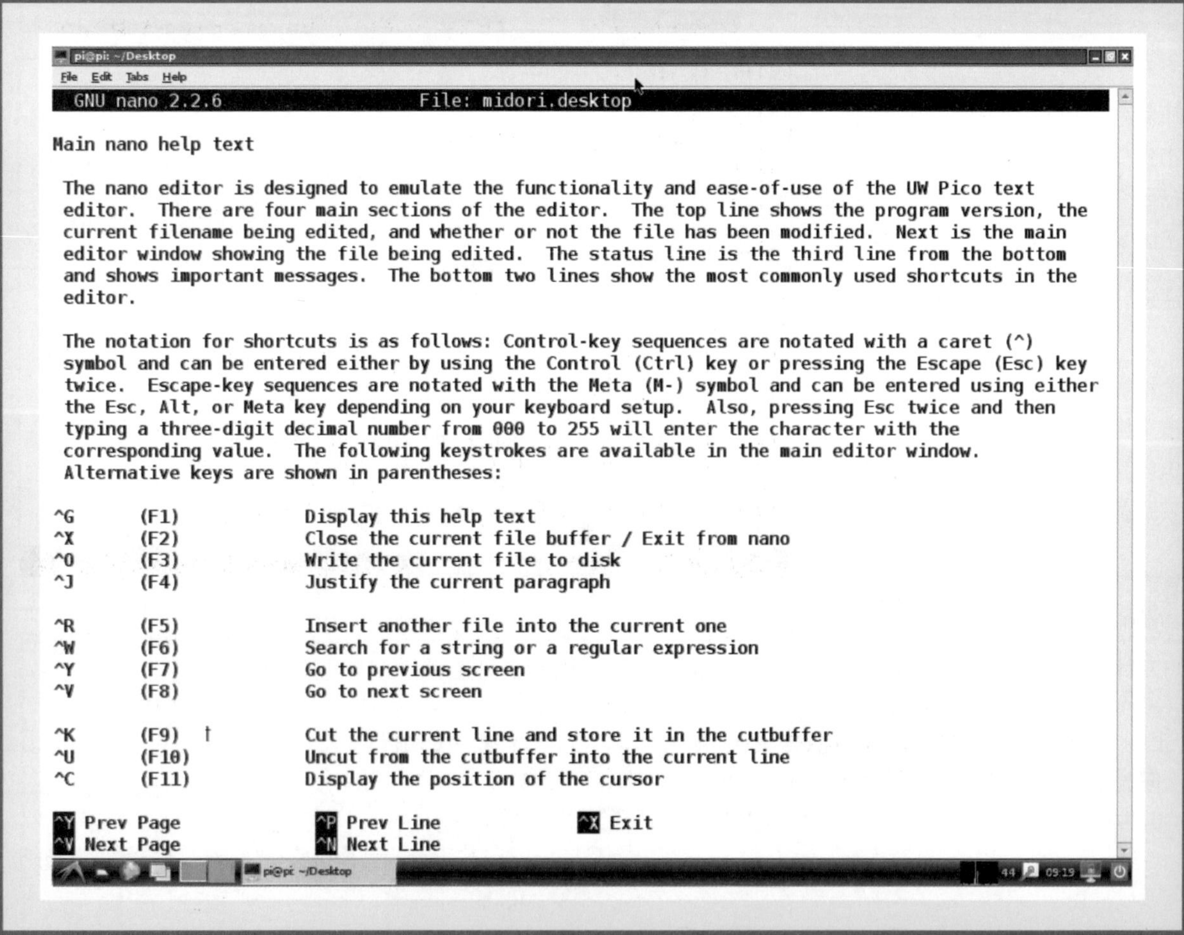

```
pi@pi: ~/Desktop
File  Edit  Tabs  Help
 GNU nano 2.2.6                  File: midori.desktop

Main nano help text

 The nano editor is designed to emulate the functionality and ease-of-use of the UW Pico text
 editor.  There are four main sections of the editor.  The top line shows the program version, the
 current filename being edited, and whether or not the file has been modified.  Next is the main
 editor window showing the file being edited.  The status line is the third line from the bottom
 and shows important messages.  The bottom two lines show the most commonly used shortcuts in the
 editor.

 The notation for shortcuts is as follows: Control-key sequences are notated with a caret (^)
 symbol and can be entered either by using the Control (Ctrl) key or pressing the Escape (Esc) key
 twice.  Escape-key sequences are notated with the Meta (M-) symbol and can be entered using either
 the Esc, Alt, or Meta key depending on your keyboard setup.  Also, pressing Esc twice and then
 typing a three-digit decimal number from 000 to 255 will enter the character with the
 corresponding value.  The following keystrokes are available in the main editor window.
 Alternative keys are shown in parentheses:

^G      (F1)            Display this help text
^X      (F2)            Close the current file buffer / Exit from nano
^O      (F3)            Write the current file to disk
^J      (F4)            Justify the current paragraph

^R      (F5)            Insert another file into the current one
^W      (F6)            Search for a string or a regular expression
^Y      (F7)            Go to previous screen
^V      (F8)            Go to next screen

^K      (F9)            Cut the current line and store it in the cutbuffer
^U      (F10)           Uncut from the cutbuffer into the current line
^C      (F11)           Display the position of the cursor

^Y Prev Page            ^P Prev Line            ^X Exit
^V Next Page            ^N Next Line
pi@pi: ~/Desktop                                        09:19
```

关于Linux进阶技巧

相比较于 Windows 和 OS X 等常见操作系统来说，Linux 看起来要复杂得多。不过一旦你学会了如何对其各种命令进行组合，就可以轻易地创造出属于自己的小应用程序。你还可以按自己的意愿，对文本文件与屏幕输出进行各种处理，甚至还能让系统自动化地完成许多特定任务。

关于链接

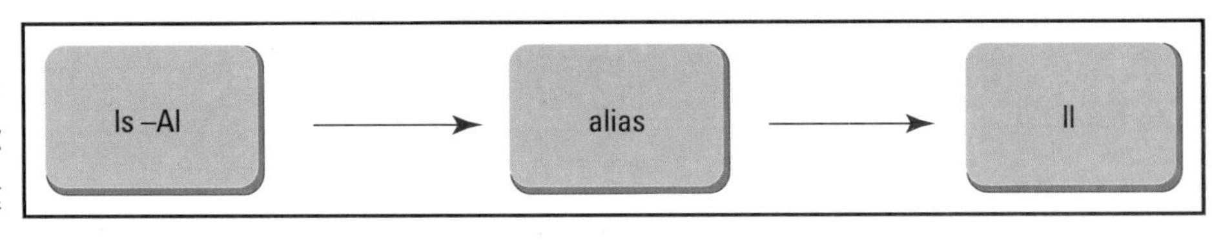

由于有些命令的名字又长又难记，你可以为它们创建链接，例如输入 `alias l ="ls -Al"` 的话，那么之后再次输入l的时候，就相当于执行了 `ls -Al` 命令，是不是非常省事？

关于管道与重定向

在 Linux 的世界中，一切都是文件，终端屏幕也不例外，它被称为 stdout（standard output，“标准输出”的缩写）。你可以将其重定向到文件中：在命令后加上 >，然后再加上文件名就可以了。现在该命令的所有输出内容，都会被写入到这个文件中。你也可以使用称为管道的技术（在命令之间加上管道符“|”），让前面的命令把输出内容直接继续发送给下一条命令。

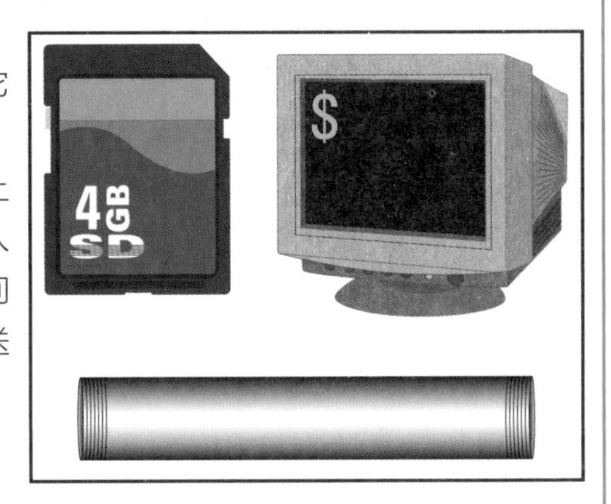

命令的组合

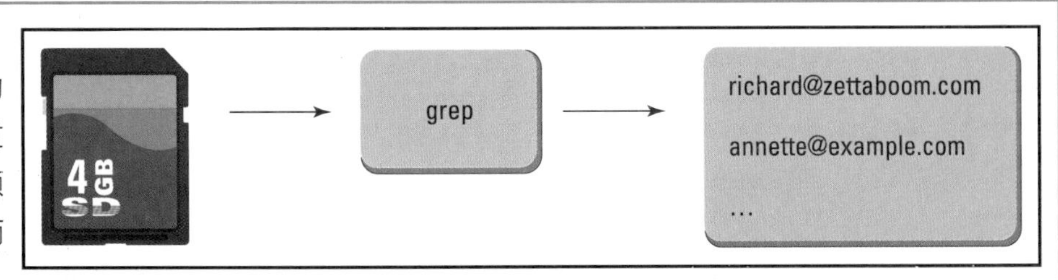

重定向和管道的功能非常强大，通过适当地使用这两项技术，你可以把简单的命令组合起来，从而完成更加复杂的任务。假如某个命令的输出文本量太大，你可以通过管道将其发送给 `less` 命令，这样就可以更加方便地对其进行翻页浏览了。通过使用加上管道的 `grep` 命令，你可以完成诸如搜索全部邮件地址或电话号码之类的任务。利用重定向技术，你还可以把搜索的结果保存到文本文件中。

grep和 sed

richard@zettaboom.com
annette@example.com
sed
richard@anotherdoman.com
annette@anotherdoman.com

grep 命令用来在文件中搜索文本，而 sed 命令则可以进行文本处理，实现各种自动化的编辑与替换。如果结合管道技术来使用两者，你就可以创造出自己的文本搜索 / 替换工具了。当然，grep 和 sed 的能力远远不止如此，实际上，它们可以完成更多强大的文本处理任务。你可以从网络上找到很多精彩的教程和实例。

理解脚本、Shells以及Bash

在 Linux 中，你可以将多条命令组合成脚本，这样就可以有序、可靠地完成某些特定的重复任务了。脚本会通过 Shell 来执行，在树莓派上，默认的 Shell 被称为 Bash。

自动化定时命令

你可以利用 crontab 命令来实现自动定时功能，这样就可以实现诸如每天一次的自动备份以及很多更复杂的功能。例如，让应用程序每小时去尝试获取你的 Twitter 状态变化，并自动地将结果发送到你的邮箱中。

关于Linux和树莓派

如果你是 Linux 新手，可以考虑直接跳到介绍 Scratch 和 Python 的章节（第 9 章和第 10 章），以获得更多有关编程的经验。当你掌握了变量、循环和条件判断等基本概念之后，可以随时回到本章继续学习如何创建自己的命令脚本。如果你想创造简单的硬件电子项目，同样需要了解如何安装和配置相关的应用程序。为了充分发挥树莓派的潜力，你可能还需要组合使用定时脚本、一些 Python 编程以及网络命令，从而收集硬件传感器和网络上的有用信息，进而实现自己的应用程序。

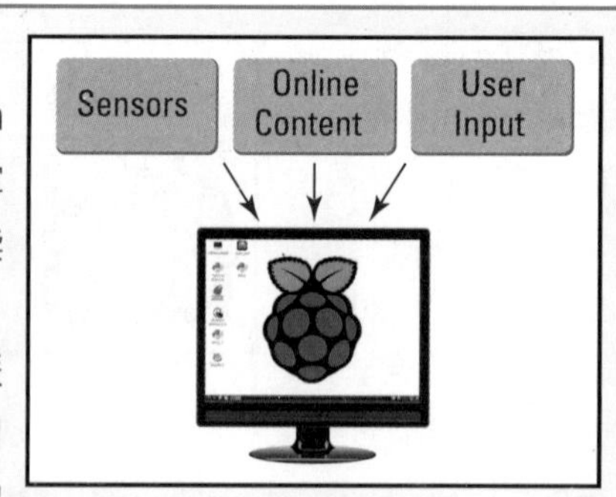

使用Nano编辑器

Linux 中有很多种不同的文本编辑器程序，其中 nano 比较适合于初学者。作为文本编辑器，Liunx 通常并不支持鼠标操作，所以你需要熟悉如何在编辑器中使用快捷键。

nano 使用 ctrl 作为控制键，例如为了退出 nano，你要按住键盘上的 Ctrl 然后按下 x 键。在运行时，nano 会在屏幕下方显示一些常用重要命令，如果想获取有关 nano 的完整命令列表，请同时按住键盘上的 Ctrl + G 或者按下 F1 。

使用Nano编辑器

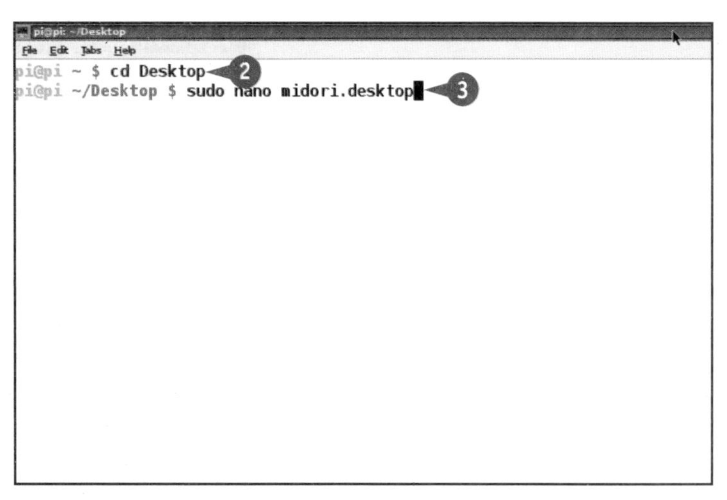

❶ 首先打开 LXTerminal 终端。

注意： 你也可以直接从系统的命令行终端中启动 nano，而无需登录到桌面环境中。

❷ 输入 cd Desktop 并按下 Enter 。

❸ 输入 sudo nano midori. desktop 并按下 Enter 。

系统会启动 nano，并将 midori. desktop 文件加载好。

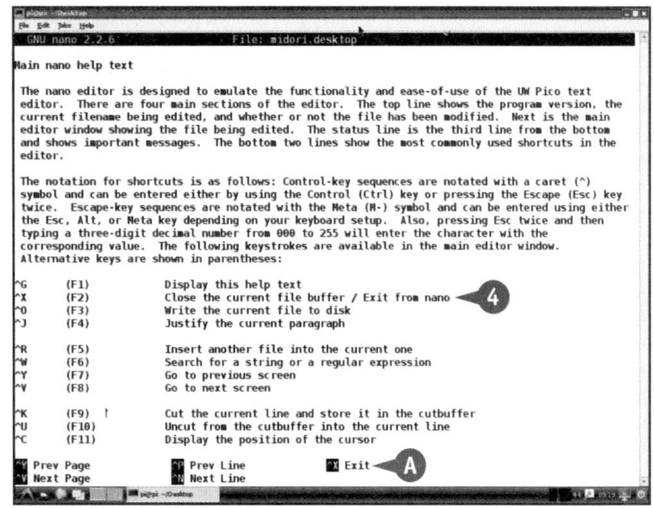

❹ 按下 Ctrl + G 或 F1 来查看 nano 的完整命令列表。

Ⓐ nano 会列出全部的命令。

❺ 按下 ctrl 键并使用方向键 ↑ ↓，来在帮助文档中进行移动。

注意： 帮助文档是只读的。

❻ 如果想退出帮助文档，请按下 Ctrl + X 。

注意： nano 会无视鼠标的操作，即使你位于图形桌面环境中的 LXTerminal 终端下也是如此。

7. 使用↑、↓、Ctrl + X以及Ctrl + Y，来找到含有 GenericName 的第一行。

8. 按下←和→将光标移动到 Web Browser 上。

9. 输 入 Lightweight 并 按 下 Spacebar。

   nano 会将你输入的文本插入到光标处。

10. 按下Ctrl + X并按Enter。

B nano 会提示是否进行保存。

11. 输入 y 来确认本次修改，输入 n 会取消本次修改。

12. 如果你确认了本次修改，按Enter来进行保存。

注意：在保存之前你可以按下Backspace和其他输入来改变文件的名字。

   nano 会保存文件并退出回到命令行。

注意：为了确认刚才的修改是否成功，请再次用 nano 打开文件，或者用 cat 查看文件的内容。

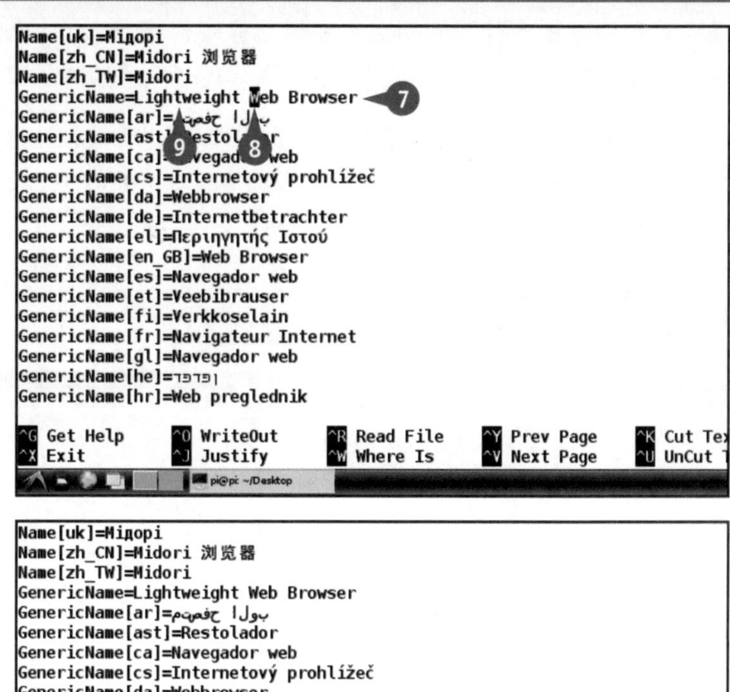

建议

为什么我要用 nano来取代Leafpad?

Leafpad 使用起来很简单，特别是当你使用图形时。但是 Leafpad 不具有 root 用户选项，所以假如你不是以 root 用户身份登录桌面的话，就没法对一些重要的文件进行修改了。而在命令行中，你可以使用 sudo nano 来达到目的。

vim和emacs等其他编辑器的情况如何呢?

Linux 具有很多风格、功能各异的文本编辑器，其中 vi 和 emacs 在程序开发者中非常流行，但它们都不是面向初学者的，需要花费一定的时间学习才能够掌握。如果想尝试一下 vi，请使用它的进阶版 vim。而树莓派默认并没有安装 emacs，你可以使用 apt-get install emacs 来安装它。

设置自动登录

Linux 具有很多种启动选项，可以定义系统启动时的行为。通过编辑系统的配置文件，你可以自定义这些行为，当然有些选项需要你具有一定的知识储备和经验。

自动登录是非常有用的功能，并且只需要相对简单的设置。当你配置完这一选项后，就可以在开机后自动登录到系统中，而无需每次都手动输入用户名和密码了。

为了开启自动登录功能，你需要使用 nano 来编辑名为 /etc/inittab 的配置文件。该文件中的很多内容非常关键、重要，但只要保证足够细心，你也可以在不理解这些命令的前提下，完成我们的任务，一切就像魔法一样。

设置自动登录Wheezy

1 在命令行终端或 LXTerminal 终端中输入 sudo nano /etc/inittab 并按下 Enter 。

A nano 打开并加载 /etc/inittab 配置文件。

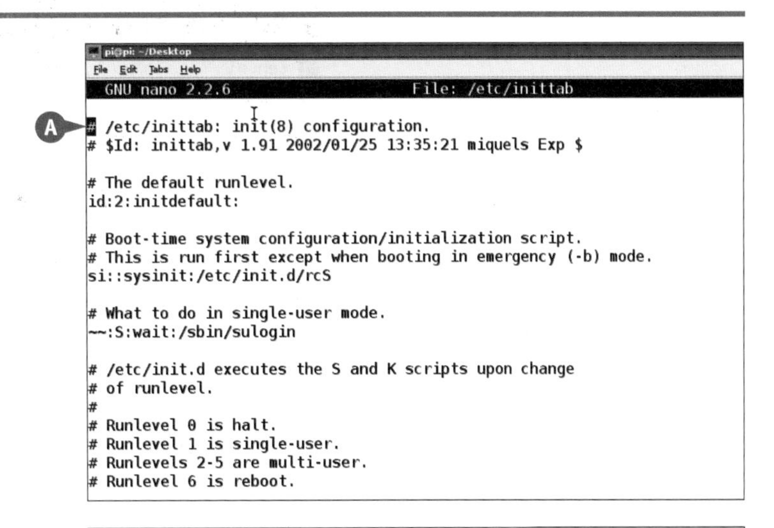

2 向下移动光标，直到找到开头为 1:2345 respawn 的那一行。

3 按下 Ctrl + A 进入文本选择模式。

4 按下 → 将光标移动到行尾。

5 按下 Ctrl + K 将选中的文本进行剪切，并按两次 Ctrl + U 来粘贴两次。

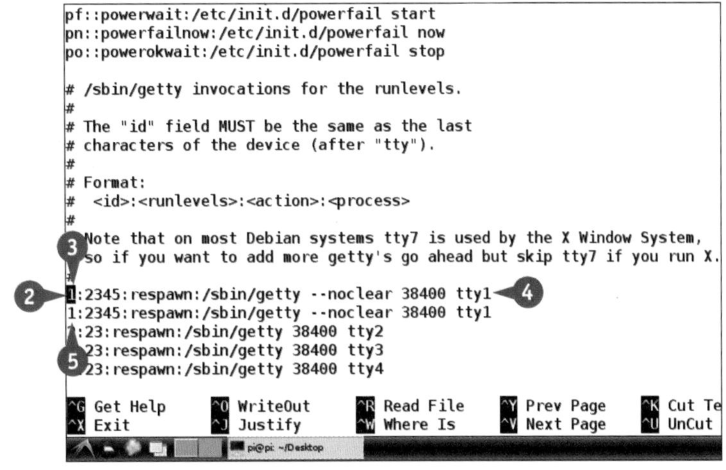

6 在第一行开头加上 # 井号符从而将其注释掉，这样 Linux 会在读取配置时忽略这一行的内容。

7 将粘贴得到的第二行内容修改为：

```
1:2345:respawn:/bin/login -f pi tty1 <dev/tty1>/dev/tty1 2>&1
```

注意：一定要确保自己输入的一字不差，包括空格和标点，另外确保把 /sbin 改成 /bin。

8 按下 Ctrl + O 和 Ctrl + Y 来保存文件并按下 Ctrl + X 退出 nano。

9 输入 sudo reboot 并按下 Enter 来重启你的树莓派。

你会发现这次自己可以直接进入系统了，而没有再被要求输入用户名和登录密码。

建议

为什么我重启后只收到了错误信息，而且屏幕还被锁定了？

所以我刚才强调一定要非常仔细。对 Linux 来说，命令必须保证一字不差，例如忘记将 sbin 替换成 bin，或者包含其他输入错误的话都将造成系统无法登录。

如果发生了这种情况，我将如何修复系统呢？

虽然现在无法直接通过键盘来登录系统，但是 Linux 依然运行在你的树莓派上，所以如果你有另一台安装有终端程序的电脑，可以尝试通过网络远程登录树莓派，然后用 nano 正确修改 inittab 文件，这次请更加小心。关于远程操作的更多内容参见第 7 章。

下载并安装应用程序

为了在 Raspbian 上安装应用程序，请使用 apt-get install 命令。apt 是 Advanced Package Tools（高阶包装工具）的缩写，它可以从网上以程序包的形式下载应用并进行安装。

尽管 apt 背后的工作机制非常复杂，但使用起来却非常简单。输入 apt-get install 并加上程序包的名字，然后通常只需等待几分钟就可以了。再次输入安装命令的话，可以将应用程序更新到最新版本。如果想要删除程序的话，输入 apt-get autoremove -perge 加上程序名。需要注意的是，有些应用程序依赖于桌面环境，所以你得使用 LXTerminal 而不是文本命令行终端。

下载并安装应用程序

1 登录到桌面环境并双击 LXTerminal 图标来启动它。

2 输入 sudo apt-get install geki2 并按下 Enter。

注意： geki2 是一个简单的街机游戏程序。

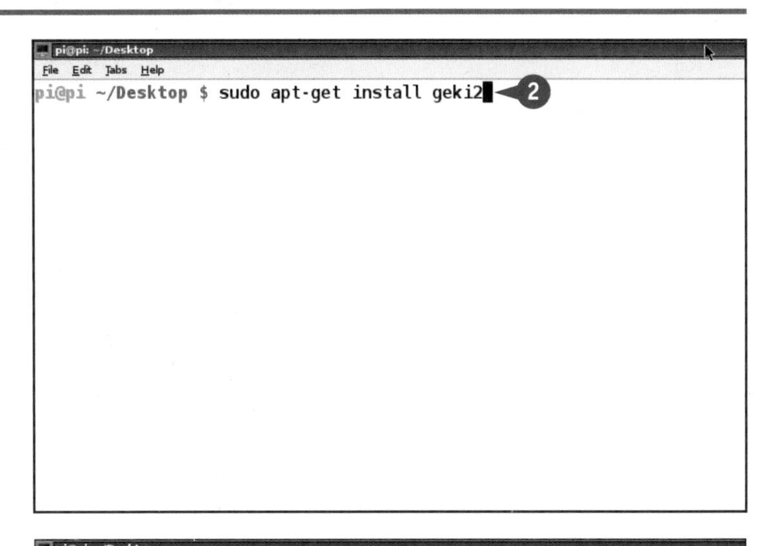

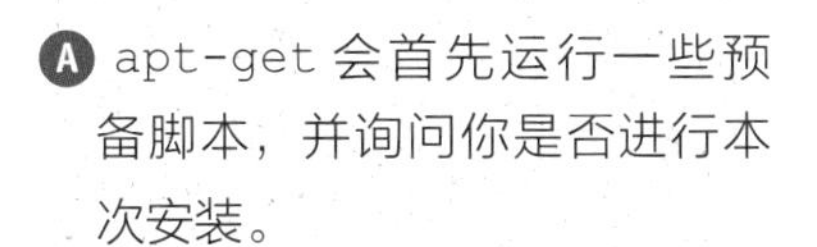

A apt-get 会首先运行一些预备脚本，并询问你是否进行本次安装。

3 输入 Y（必须使用大写）并且按下 Enter 来进行确认。

注意： 如果在这里想要放弃本次安装的话，请输入 n 并按下 Enter。

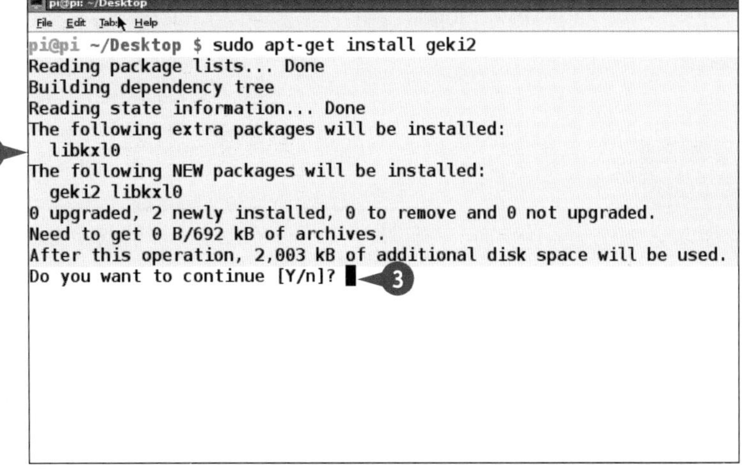

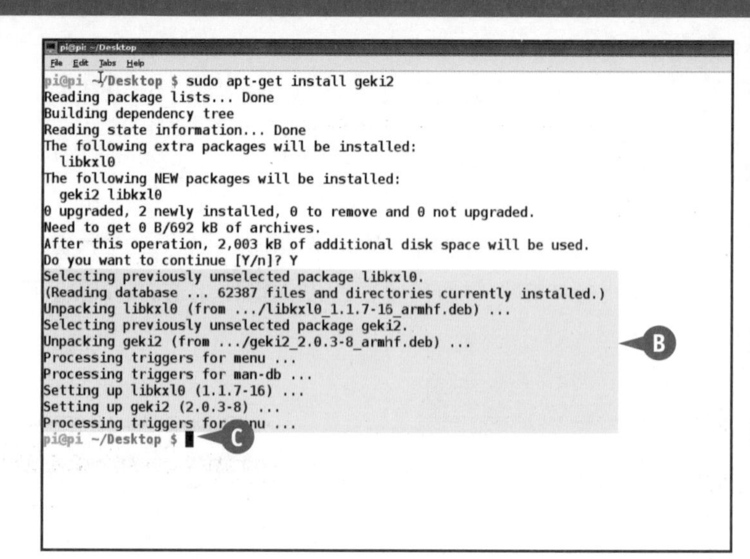

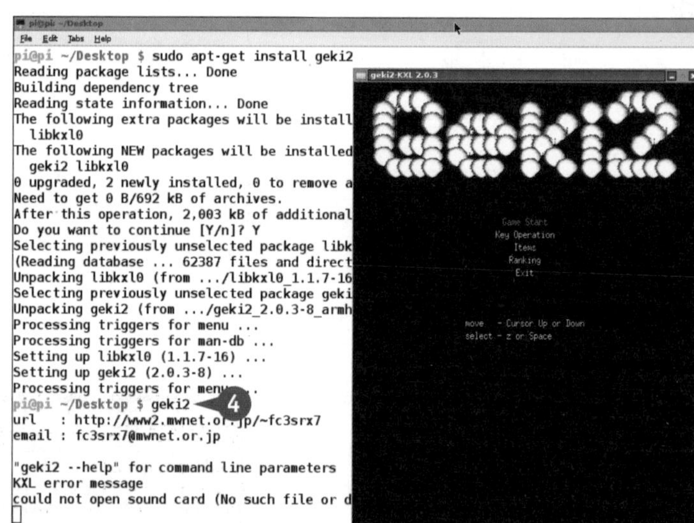

B apt-get 会显示出一大列关于下载、解压和安装的文本提示信息。

注意：根据不同的软件包大小和网络状况，安装可能花费 1 分钟，也可能要用 1 小时。

注意：如果收到了出错信息，可以先按第 1 步重新尝试安装。

C 当光标再次出现时，就证明安装已经完成了。

注意：apt-get 并不会提示关于程序安装成功的额外信息。

4 在终端中输入程序的名字并按下 Enter 。

D 该应用程序会被正确启动。

注意：geki2 会打开其自己的独立窗口，而对于有些文本程序来说，则不会这样。

注意：geki2 会报错说音频还没有被正确设置。要解决这个问题，请参考第 8 章的内容。

建议

我怎么知道程序包的名字呢？

通常你可以从网络上搜索相应的应用程序，例如搜索“Raspberry Pi web server”或者“Raspberry Pimedia center”之类的关键词，通常你会找到不止一个结果。你可以在树莓派上运行多种不同的 Web 服务器应用，但通常只有一两种是最常用的，其他的则带有一定的实验性质，所以可以考虑忽略它们。

我如何能知道哪个程序包最适合于我的需求呢？

你可以从官网 www.raspberryconnect.com/raspbian-packages-list 上找到参考的应用列表，也可以下载最新的列表（大约 32MB，http://archive.raspbian.org/raspbian/dists/wheezy/main/binary-armhf/Packages）。

配置应用程序

Linux 应用程序通过配置文件来管理相应的设置，在之前的章节中我们已经看到过控制自动登录行为的 /etc/inittab 文件。大多数配置文件都位于 /etc 目录下，但也有一些散布于整个文件系统的各处。为了对应用程序进行正确的配置，你首先需要找到其对应的正确配置文件，然后通过 nano 之类的文本编辑器来对其进行编辑。

一些大型应用程序（如 web 浏览器）的配置过程会非常复杂，为了节省时间和精力，很多时候你可以直接复制其他人的配置内容。

配置应用程序

注意：在这个例子中我们会修改 Linux 的网络名称。

1. 登录到图形桌面。
2. 打开 LXTerminal 终端程序。
3. 输入 cd /etc 并按下 Enter。
4. 输入 ls 并按下 Enter。

A Linux 会列出本目录下的所有配置文件。

注意：有些应用只有一个配置文件，而有些则需要多个（通常位于同一目录下）。

注意：你的 etc 目录可能会与本处的内容有些许差异。

4. 输入 sudo nano hostname 并按下 Enter。

B nano 会打开并加载 hostname 文件。

5. 修改文件中的第一个词（也是唯一的词），你可以在这里使用任何自己喜欢的名字。

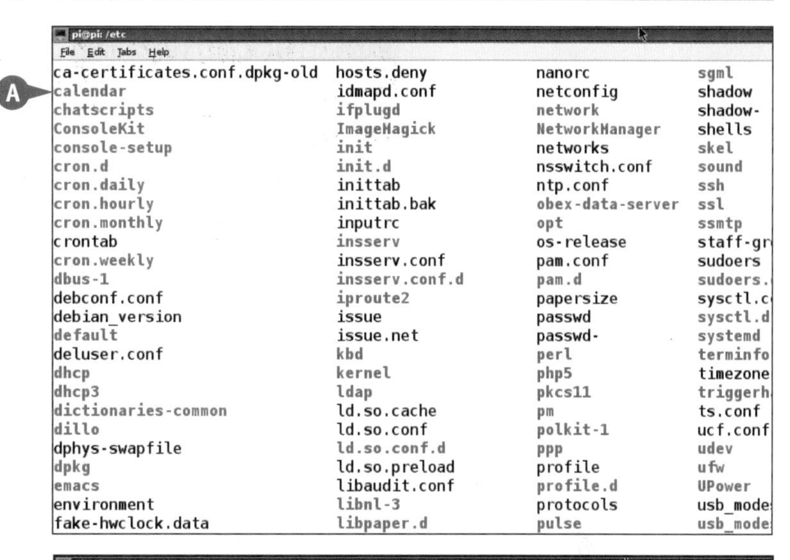

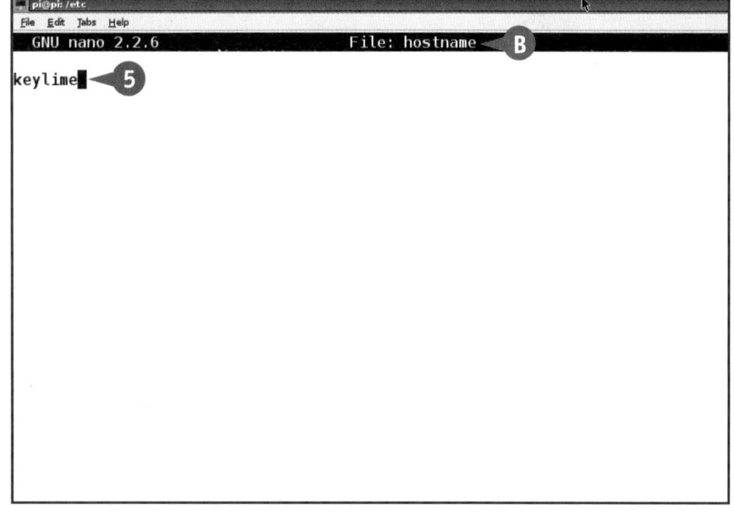

6 按下 Ctrl + O 并按 Enter，来保存本次对 hostname 文件的修改。

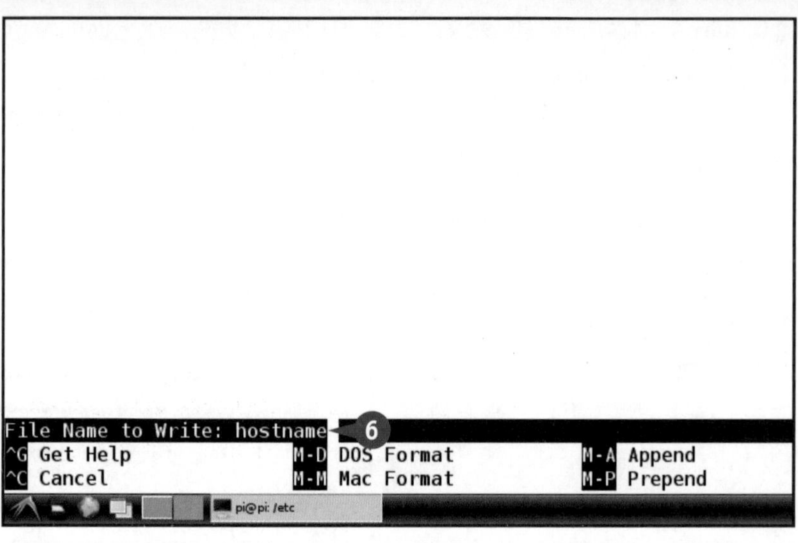

7 按下 Ctrl + X 退出 nano。

8 输入 sudo reboot 来重启你的树莓派。

C 重启过后，你会发现命令行提示符已经换成了你刚设置的新名字。

注意：如果你的树莓派可以连接到网络，那么就可以使用这个新网络名来进行登录了。

建议

我怎么知道目标配置文件在哪里？

大多数配置文件都位于 /etc 目录下，有些拥有自己的子目录并且经常以 .conf 为后缀。例如，你安装了 Samba 文件服务器（有关 Samba 可以参见第 7 章），它会自动创建 /etc/samba 目录以及名为 samba.conf 的配置文件。如果你无法在 /etc 内找到目标配置文件，可以尝试从网络上搜索相关信息。

如果对配置文件进行错误的修改，会造成严重的不良后果吗？

是的，对配置文件的错误操作很可能造成严重的后果，可能会损坏某个应用程序甚至是整个 Linux。所以在对重要配置文件进行修改之前，请按照第 2 章中的步骤进行系统备份。

将屏幕输出重定向到文件中

除了在屏幕上输出信息外，你也可以将其写入文件中，只需在命令之后使用 > 跟着文件名就可以了。如果该文件还不存在，Linux 会自动地为你创建它；如果该文件中已经有其他的文本内容，Linux 将会对其进行覆盖。

将屏幕输出重定向到文件中

1 首先打开你的 LXTerminal 或命令行终端，输入 cd 并按下 Enter，从而回到家目录下。

2 输入 ls > afile.txt 并按下 Enter。

A Linux 会将 ls 命令的输出写入到名为 afile.txt 的文件中，所以你在屏幕上不会看到任何输入。

3 输入 cat afile.txt 并按下 Enter。

B Linux 会将文件的内容显示到屏幕上，你会发现其与 ls 命令的输出是完全一致的。

注意：如果你对文件使用了重定向写入，文件中原来的全部内容都会被覆盖掉。

```
pi@pi: ~
File Edit Tabs Help
pi@pi ~ $ cd
pi@pi ~ $ ls > afile.txt
pi@pi ~ $ cat afile.txt
afile.txt
Desktop
Documents
myscript.sh
python_games
Scratch
pi@pi ~ $
```

使用管道对命令进行组合

你可以使用管道技术，在一个命令的输出与另一个命令的输入之间进行“对接”，只需在两者之间加上管道符“|”就可以了。理论上，你可以使用管道将命令无限地串联下去。

管道是非常强大的技术，在这一节中我们会看到一些非常简单的示例，例如将 `ls -l` 的输出通过 `less` 命令来进行展现，使用 `tee` 命令在显示输入的同时将结果写入到文件中等。

使用管道对命令进行组合

❶ 输入 `cd /etc` 并按下 Enter 进入到 /etc 目录。

❷ 输入 `ls -l | less`（注意，这里不要漏掉管道符前后的空格）并按下 Enter 。

注意： 管道符“|”通常位于键盘的右侧区域。对 Mac 来说，是按 Option + 7 。

Ⓐ 位于 `less` 命令输出的最下方是一个命令行光标。

❸ 按下 Spacebar，翻页显示之后的输出结果。

注意： 要退出 `less` 回到命令行终端的话请按下 `q`。

注意： 尝试一下 `tee` 命令，例如输入 `ls -l | tee afile.txt`，就可以在显示输出的同时，将结果写入到文件中。

注意： 有时候你可能需要使用 `sudo` 来调用 `tee`，以避免权限不足的问题。

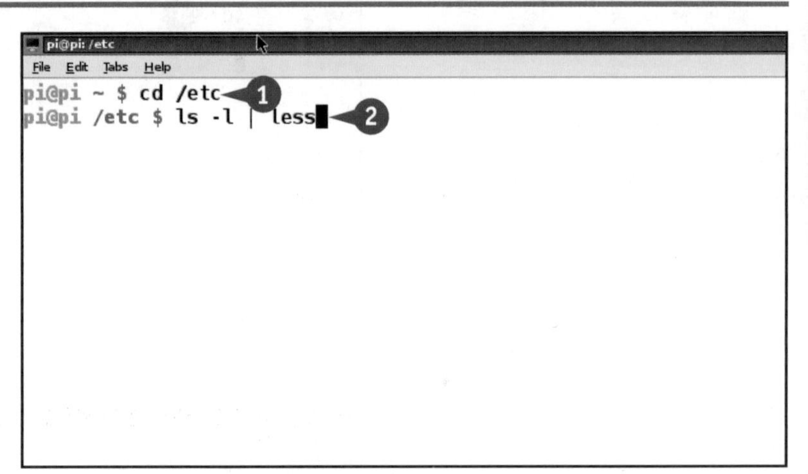

使用grep和sed处理文本

grep 是强大的文件搜索工具，而 sed 则是强大的文本处理工具。你可以单独使用 grep 命令来在文件中对关键字或短语进行搜索，你也可以结合使用 sed，实现对文本内容的替换操作。

grep 和 sed 各自具有非常多的选项，多到我们根本没法在这里全部介绍。这节的示例演示了如何对文件进行简单的搜索和替换，你可以从网上找到更复杂更有趣的示例教程。

使用grep和sed处理文本

1 输入 cd 并按下 Enter 来返回到家目录。

2 输入 cd Desktop 并按下 Enter，来到/Desktop 目录下。

```
pi@pi /etc $ cd
pi@pi ~ $ cd Desktop
```

3 输入 grep GNOME midori.desktop 并按下 Enter。

A grep 命令将会罗列出 midori.desktop 文件中包含 GNOME 关键词的内容。

注意：当 grep 找到关键词时，会将关键词高亮标注为红色。

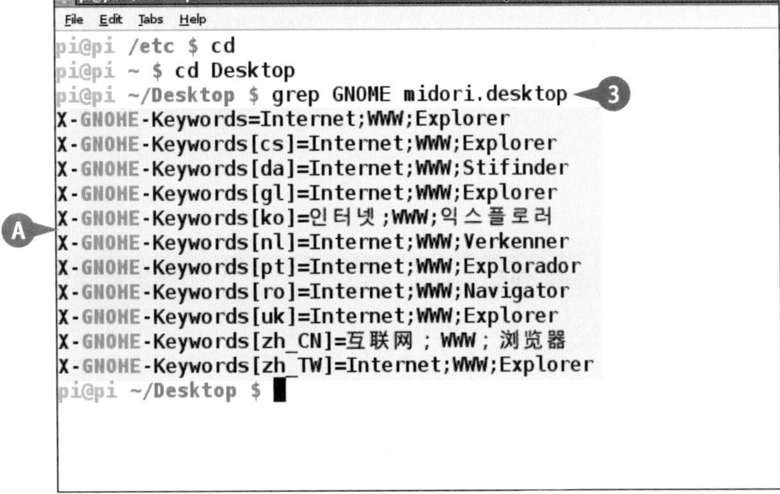

4 输入sed 's/GNOME/ ORC/g' midori. desktop > anewfile.txt 并按下 Enter 。

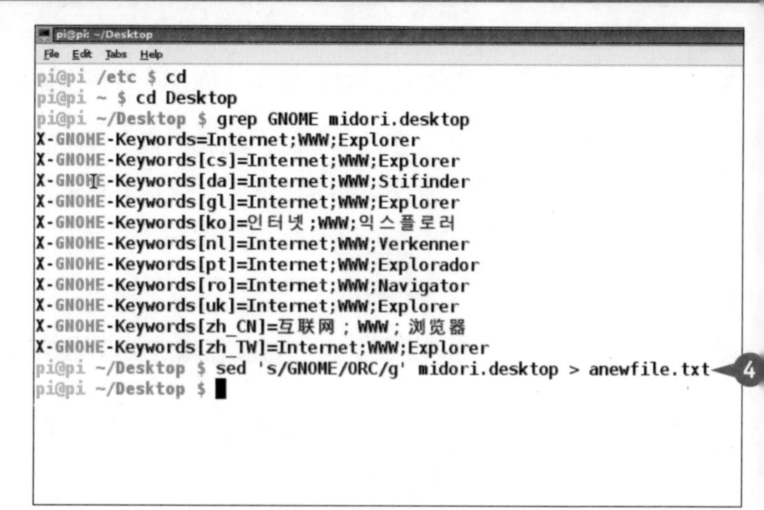

5 输入 less anewfile.txt，并按下 Enter 来查看新生成的 anewfile.txt 文件中的内容。

B 原来 midori.desktop 文件内容中的 GNOME 关键字已全部被 sed 替换为 ORG，并且已经被写入到新文件中了。

注意： GNOME 是著名的 Linux 桌面套件，将其替换为 ORG 没有任何意义，这里的操作只是为了展示如何进行文本替换而已。

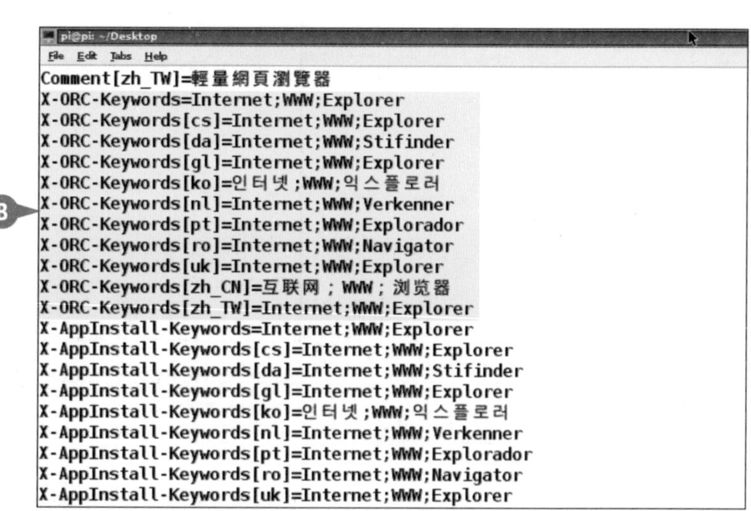

建议

我还可以使用这两个命令做什么呢？

上面的例子非常基础，而 sed 和 grep 两者还支持称为正则表达式的强大文本匹配模式，你可以用它完成对任意字母、单词和数字组合的检索。事实上，正则表达式在各类软件开发工作中拥有着非常广泛的用途。

PERL 和awk是什么？

awk 几乎是 sed 的进化体，实际你几乎可以把它当作独立的编程语言。PERL 语言在 awk 基础上有所加强，常被应用于网页开发中的文本处理工作。树莓派默认会预装 awk，你可以从网络上找到更多详细的教程。你也可以自己选择安装 PERL，不过除此之外，树莓派已经安装了 Python，这是一种同样强大的编程语言（详细内容请参考第 10 章）。

创建简单的脚本

你可以通过将各种基本的 Linux 命令进行组合，创建出可以完成复杂任务的新命令工具，这也被称为脚本。脚本可以从用户处获取输入，然后按照预设的步骤对其进行相应处理，并且保证稳定而可靠。事实上，许多 Linux 的启动选项都以脚本的形式存在。本节的示例脚本会搜索文件并给出它们的名字。

为了创建一个脚本，你需要使用 nano 编辑器将所需的命令写入到文本文件中。在执行脚本前，必须正确设置其权限。nano 会自动为脚本文件添加配色方案，从而使代码更容易阅读。

创建简单的脚本

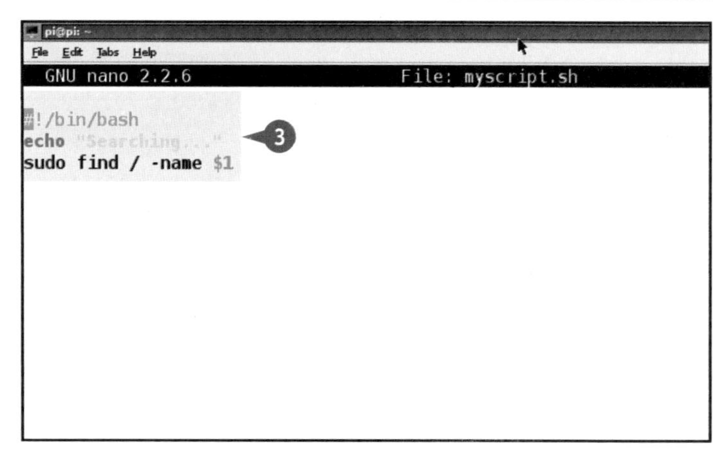


```
pi@pi ~ $ cd
pi@pi ~ $ nano myscript.sh
pi@pi ~ $ chmod 755 myscript.sh
pi@pi ~ $
```

1. 输入 cd 并按下 Enter 来返回到家目录中。
2. 输入 nano myscript.sh，并按下 Enter。
3. 将右图中的文本内容准确地输入到文件里，其中 echo 后面的亮黄色内容为 is Searching...。

注意： 第一行的内容指定使用 bash 来运行脚本，第二行则会将 Searching... 输出到屏幕上，最后一行运行 find 命令，$1 代表运行脚本时脚本名后的第一个词。

4. 按下 Ctrl + O 和 Enter，在改变文件名的前提下保存对它的修改，然后按下 Ctrl + X，退出并返回到终端。
5. 输入 chmod 755 myscript.sh，并按下 Enter 修改脚本的权限，使其可以被正确地执行。

注意： 第 5 步非常关键，如果你忘记做的话，脚本将无法运行。

注意： 你也可以输入 chmod +x myscript.sh，并按下 Enter 来修改脚本的执行权限。

6 输入 nano .bashrc 并按下 Enter。

注意：.bashrc 是 Bash shell 的配置文件，不要丢掉文件名开头处的“.”。

7 将下面这句话追加到文件最后一行，并进行保存：

```
PATH=$PATH$HOME
```

8 输入 sudo reboot 并按下 Enter，然后等待树莓派重启完毕。

注意：这行代码会告诉 Bash shell 从你的家目录下查找脚本。

```
pi@pi: ~
File Edit Tabs Help
  GNU nano 2.2.6                    File: .bashrc

#alias ll='ls -l'
#alias la='ls -A'
#alias l='ls -CF'

# Alias definitions.
# You may want to put all your additions into a separate file like
# ~/.bash_aliases, instead of adding them here directly.
# See /usr/share/doc/bash-doc/examples in the bash-doc package.

if [ -f ~/.bash_aliases ]; then
    . ~/.bash_aliases
fi

# enable programmable completion features (you don't need to enable
# this, if it's already enabled in /etc/bash.bashrc and /etc/profile
# sources /etc/bash.bashrc).
if [ -f /etc/bash_completion ] && ! shopt -oq posix; then
    . /etc/bash_completion
fi

PATH=$PATH:$HOME
```
7

9 输入myscript.sh midori.desktop 并按下 Enter。

A 我们的脚本在运行后，会指出 midori.desktop 文件就位于 Desktop 目录下。

注意：脚本会找到我们所输入的文件名，并在运行完成后自动退出。

注意：你可以修改脚本的名字，对其使用独特的名字可以避免与 Linux 自带的命令重名。

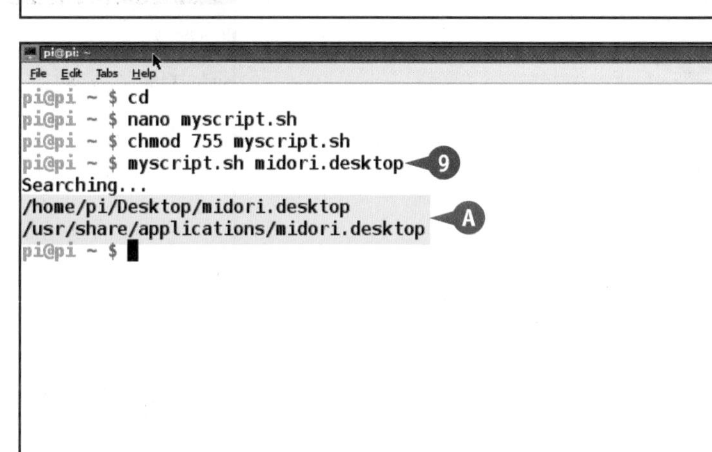

建议

为什么我的脚本会输出 “command not found”？

三种错误可能导致这个情况。第一种是文件名输入错误；第二种可能是你在 Windows 上编辑脚本，并在树莓派上运行了它，Windows 会在文件中加入 Linux 无法识别的字符，使用 dos2unix 命令可以解决这一问题；最后一种可能是你没有正确修改 .bashrc 中的 PATH 选项。

其他用户可以运行我的脚本吗？

其他用户或系统进程需要使用绝对路径来访问你的脚本（/home/pi/myscript.sh）。如果你将脚本放到多用户共用的子目录中，那么就需要修改 PATH，将该子目录加入进来才可以。

运行定时脚本

Linux 可以一次完成很多复杂的任务，你也可以设置让其在特定时间或按照特定周期来运行某些脚本与命令，无论白天黑夜，时间跨度从一分钟到十年都可以。

为了创建一个定时脚本，你需要用到 crontab -e 命令，Linux 会在后台运行一组定时器，crontab 定义了这些定时器的行为和触发条件。默认情况下，crontab 会通过邮件将命令的输出发送给你。本节的示例会将其输出重定向到屏幕上，所以你可以直接看到命令的每一步是如何工作的。

运行定时脚本

❶ 输入 crontab-e 并按下 Enter 。

Ⓐ 本命令会打开 nano，并且加载 crontab的配置文件供你进行编辑。

注意： 默认情况下，该文件并不包含激活的行为，所以 crontab 什么也不会做。

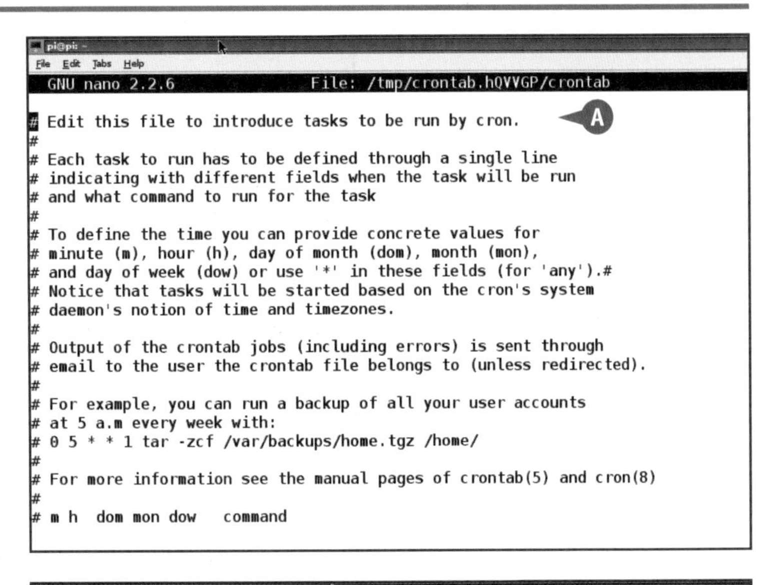

❷ 在该文件中创建一个空行，输入 */1 * * * * date> /dev/tty1 ，并按下 Enter 。

注意： 如果你直接在树莓派上工作，请使用 /tty1；如果你通过远程登录的方式来工作，那么请使用 tty 命令找到所使用的终端。

```
pi@pi: ~
File Edit Tabs Help
GNU nano 2.2.6                File: /tmp/crontab.hQVVGP/crontab

*/1 * * * * date > /dev/tty1   ← 2
# Edit this file to introduce tasks to be run by cron.
#
# Each task to run has to be defined through a single line
# indicating with different fields when the task will be run
# and what command to run for the task
#
# To define the time you can provide concrete values for
# minute (m), hour (h), day of month (dom), month (mon),
# and day of week (dow) or use '*' in these fields (for 'any').#
# Notice that tasks will be started based on the cron's system
# daemon's notion of time and timezones.
#
# Output of the crontab jobs (including errors) is sent through
# email to the user the crontab file belongs to (unless redirected).
#
# For example, you can run a backup of all your user accounts
# at 5 a.m every week with:
# 0 5 * * 1 tar -zcf /var/backups/home.tgz /home/
#
# For more information see the manual pages of crontab(5) and cron(8)
#
# m h  dom mon dow   command
```

3 按下 Ctrl + X 后再按下 Enter，然后按下 Ctrl + O 来保存文件并退出 nano。

B crontab 会退出并更新其任务表。

```
pi@pi ~ $ tty
/dev/pts/0
pi@pi ~ $ crontab -e
crontab: installing new crontab
pi@pi ~ $
```

等待下一分钟看看会发生什么。

C crontab 会在屏幕上显示 date 命令的输出，也就是系统的当前时间信息。

D crontab 会在随后每过一分钟时，重复这一行为。

注意：如果想终止这一行为，输入 crontab -e，并按下 Enter，然后在刚才的那行前面加上一个 #，这会让 crontab 在运行时忽略掉这一行命令。

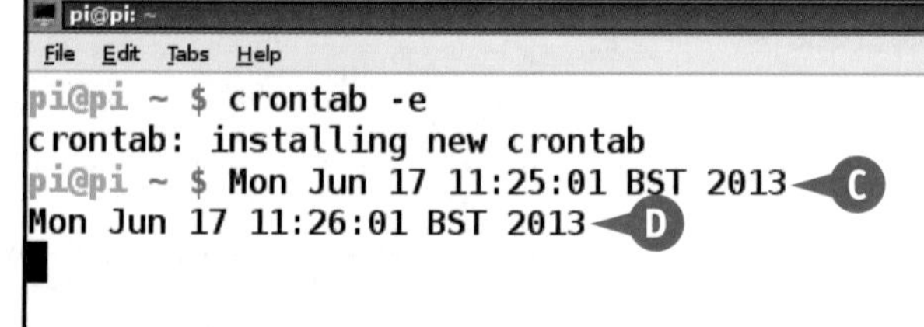

建议

星号符（*）的作用是什么？

crontab 的时间由 5 个单位——分、时、日期、月份以及星期组成。星号代表该单位的时间会被忽略，星号加上斜杠代表每隔几个单位触发一次，所以上文中的“*/1”代表“每隔 1 分钟触发一次”。如果你没有在数字前面加上斜杠，那么事件会在数字所代表的每个时间点触发，例如“5 * * * *”代表“每到 x 点 5 分就触发”。

/dev/tty1到底是做什么的？

Linux 基于古老的 UNIX 系统，在 UNIX 被发明的年代，计算机会连接到一台老式电传打印机（Teleprinter）而不是显示器上。正因如此，/dev/tty1 代表着“电传打印机设备 1”。虽然树莓派使用的显然是现代的显示器，但按照传统它依然指向的是设备 /dev/tty1：默认的虚拟电传打印机设备。

第 7 章

网络

你的树莓派可以很好地工作在网络上，你可以用其进行远程控制、文件分享，或者将其作为Web服务器来使用，还可以发送电子邮件。Linux提供了完备的网络应用软件，只需要花一些时间来学习，就可以帮助我们完成以上的全部任务。

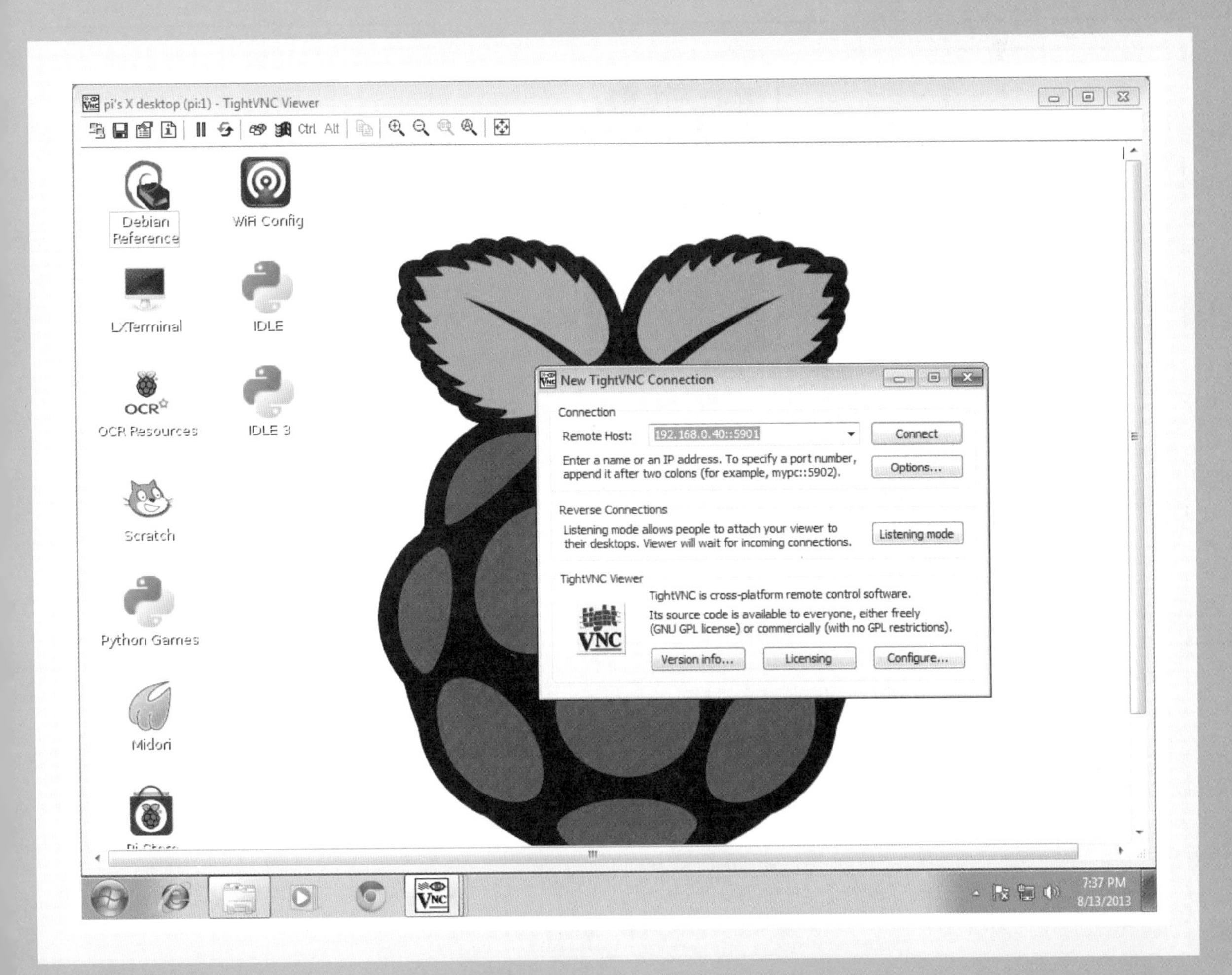

关于网络

你的树莓派可以很好地工作在网络上，你还可以通过另一台计算机来对其进行远程控制。你也可以创建自己的 Web 服务器，然后用网页来展示很多有用的信息，例如从温度传感器中获得的读数等。

关于“无界面”（Headless）操作

“无界面”操作代表着远程登录树莓派，而不是直接使用连接本机的键盘和显示器进行操作。通过网络连接，你可以使用任意的计算机来对树莓派进行控制。

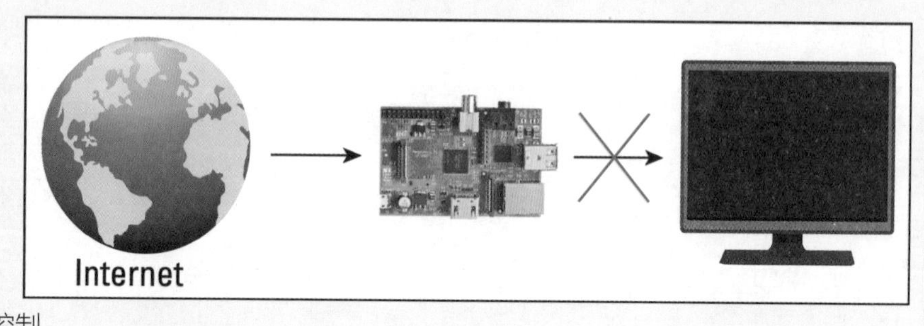

关于 ssh

你可以通过不止一种方法来控制你的树莓派，ssh（secure shell）让你能够远程使用命令行，只需一台连接到网络并安装有终端程序的计算机，就可以使用命令行与树莓派进行交互了，命令的输出会显示在远程终端的屏幕上。ssh 的连接是经过加密的，所以可以保证你输入的密码等重要信息在网络上传输的安全性。

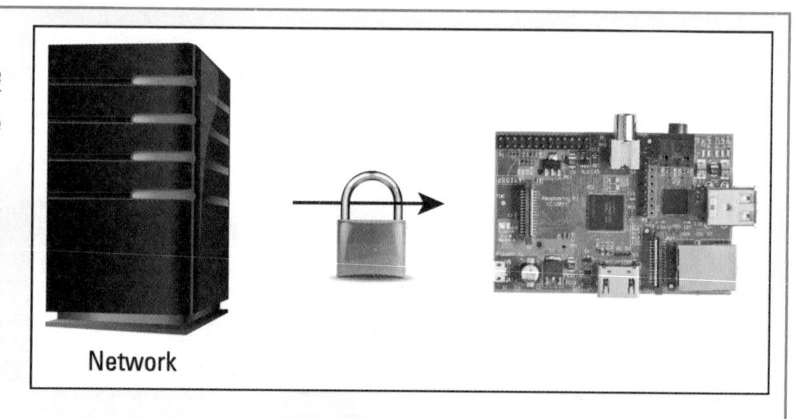

关于VNC

借助 VNC（Virtual Network Computing）的帮助，你可以远程使用树莓派的桌面，这样就可以通过鼠标来操作图形界面了。

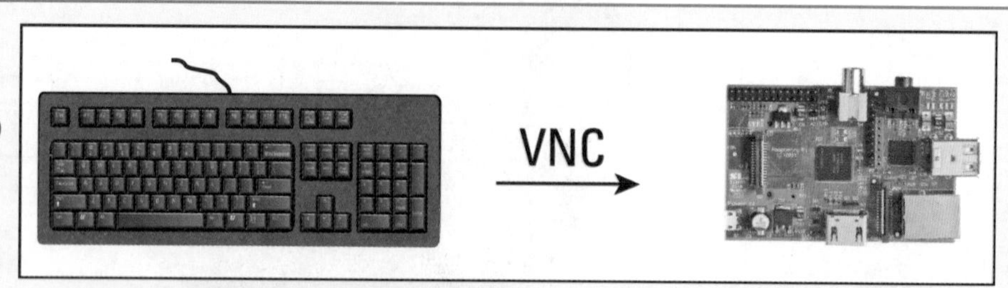

为了使用 VNC，你必须先在树莓派上安装特殊的 VNC 软件。在 Mac 上，你可以使用 Safrai 来访问树莓派；而在 Windows 上，你可以使用免费的 VNC 客户端软件。

关于Samba

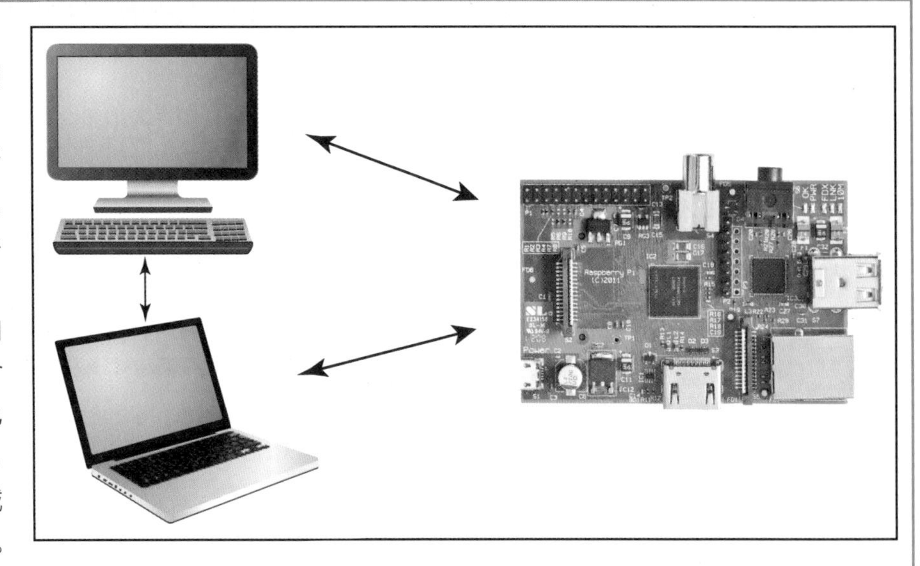

如果在树莓派上安装了 Samba 服务器，就可以对其文件进行远程访问了，而且只需使用标准的文件管理软件，例如，Mac 上的 Finder 和 Windows 的 Explorer 等。尽管 Samba 也可以工作在互联网上，但通常来说它在局域网上工作得更好一些。将树莓派设置为文件服务器，而使用其他远程计算机进行文件操作是个不错的选择。

关于Web服务器

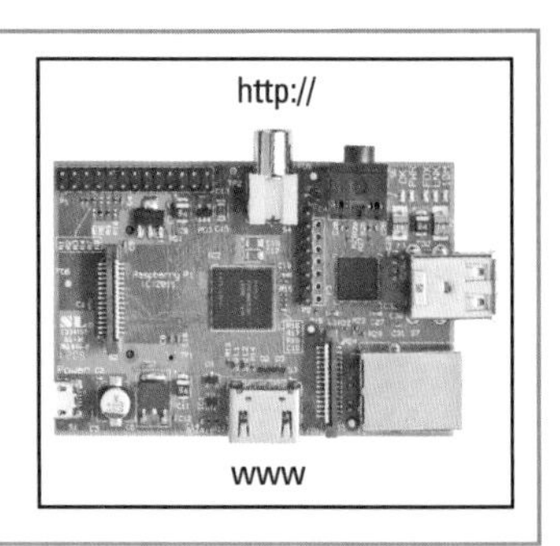

如果你计划使用树莓派来完成软件和硬件项目，那么可以尝试安装 Web 服务器，这样就可以提供在浏览器里可以访问的网页了。根据需求，你可以使网页在互联网上可见，或者将其限制在局域网中。网页的内容可以通过脚本或应用程序自动生成，而你只需提供驱动这一过程的原始数据即可。例如从硬件传感器读取数据，并且通过文本或图表将其生动地展示在网页里，然后就可以在其他计算机或智能手机等设备的浏览器中查看了。

关于邮件服务器

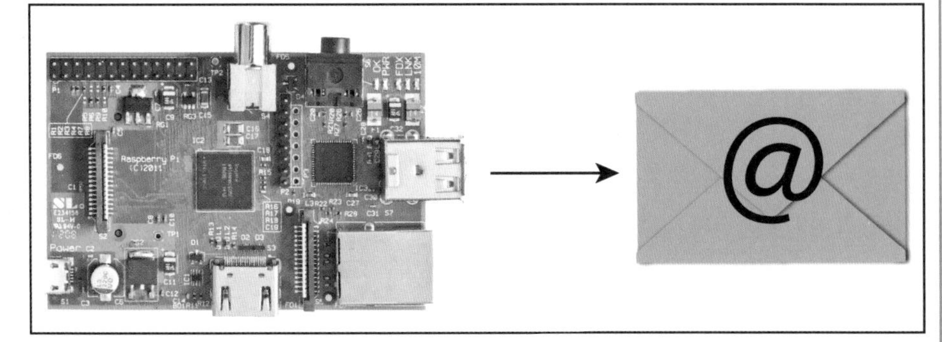

你可以使用树莓派来收发电子邮件。尽管树莓派的性能有限、速度比较低，可能无法完全取代你的计算机，但是通过电子邮件来进行消息、警报的通知，还是很方便高效的。例如，你使用树莓派搭建了一套智能家居系统，可以实现通过邮件来进行户外温度提醒的功能。

设置静态IP地址

采用静态 IP 地址，可以让许多网络功能的使用变得简单。IP 地址由 4 组用“.”分开的数字组成，例如：192.168.0.20。

对于 ssh 之类的网络应用程序来说，你需要首先知道树莓派的网络地址才能使用它们。通常来说，你家里的路由器会为各种设备自动分配 IP 地址，但你也可以强制指定它为树莓派设置固定的 IP 地址。这样就能随时对树莓派进行可靠的远程连接了。

设置静态IP地址

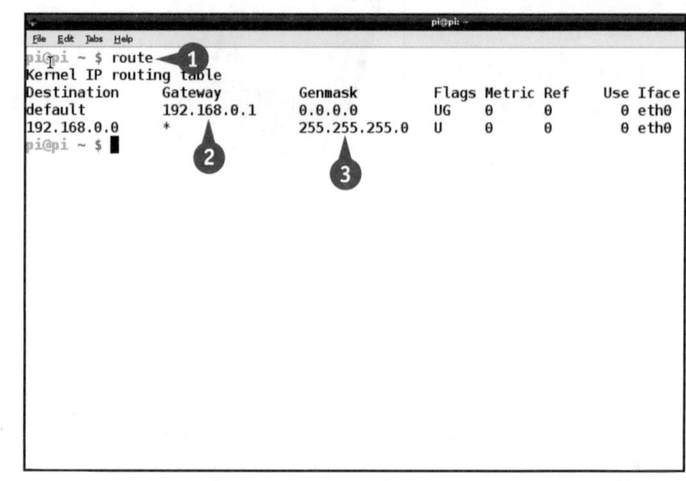

❶ 打开命令行终端或者运行 LXTerminal，输入 route 并按下 Enter。

注意： route 命令会显示关于网络的重要信息。

❷ 在输出中找到并记下 Gateway（网关）列所对应的 IP 地址。

注意： 192.168 开头常常代表家用的局域网地址，10.1 开头则常见于办公和校园的局域网地址。

❸ 找到并记下 Genmask（掩码）列最后一行的值，通常是 255.255.255.0。

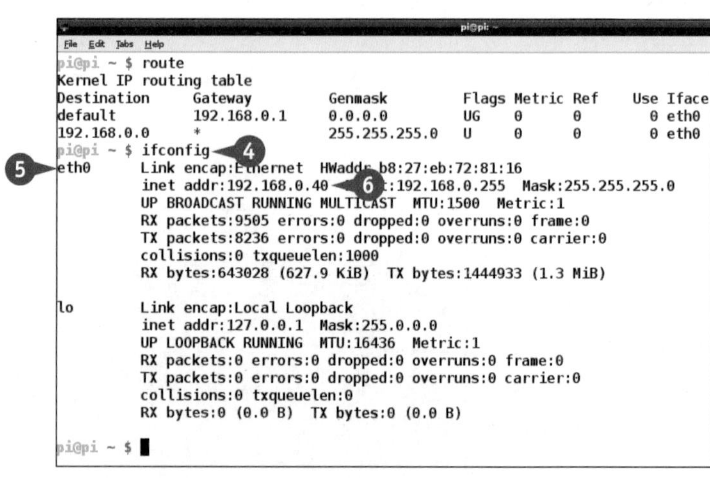

❹ 输入 ifconfig 并按下 Enter。

❺ 如果使用有线网，请找到 eth0；如果使用无线网络，则找到 wlan0。

注意： eth0 代表有线的以太网连接，wlan 代表无线的 Wi-Fi 连接。

❻ 找到并记下 inet addr: 后面的 IP 地址。

注意： 在家庭网络环境下，地址第三位通常是 0、1 或 2，第四位通常是介于 2 到 254 的值。

7 输入sudo nano/etc/ network/ interfaces 并按下Enter。

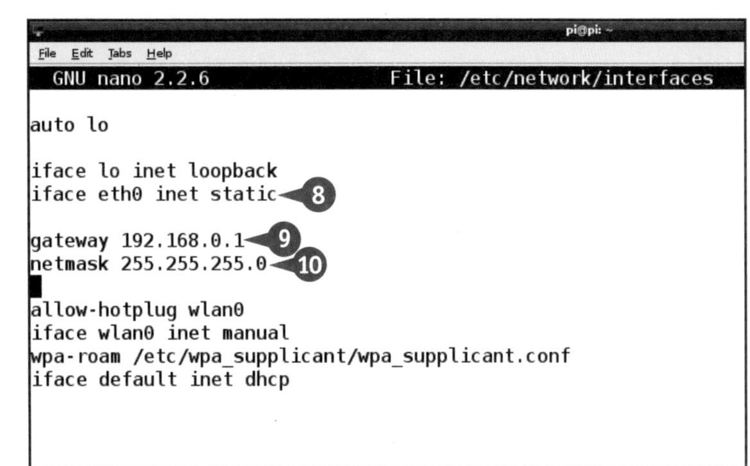

8 找到eth0 inet或wlan0 inet后面的dhcp，将其删除并替换为static。

9 在下面新加一行，以gateway开头，并跟上你在第2步记下的地址。

10 新加一行，以netmask 开头，并跟上你在第3步记下的地址。

11 新加一行，以 address 开头，并跟上你在第6步记下的地址。

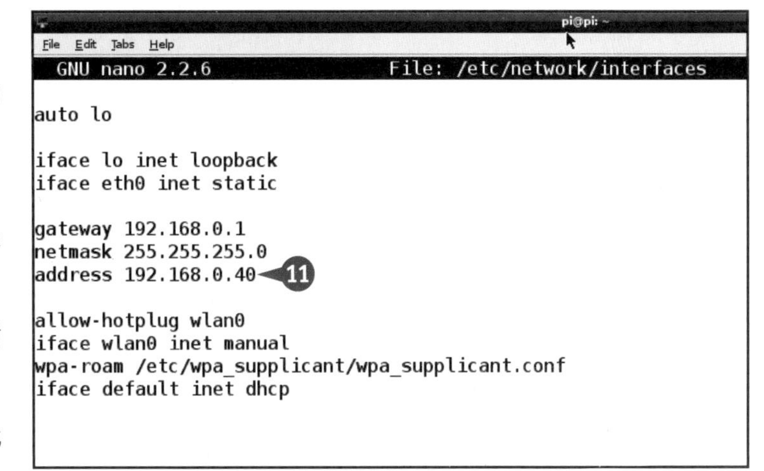

注意：这个地址现在就是你的树莓派的静态IP地址了。

12 按下Ctrl + O后再按下Enter，然后按下Ctrl + O来保存文件并退出nano编辑器。

13 输入sudo reboot，重启你的树莓派。

树莓派重启完毕后，其IP地址就会永久地固定为你在第11步中设置的值了。

建议

我可以设置不同的永久IP地址吗？

如果你清楚知道自己所处网络的地址取值范围，那么可以从中任意选择一个作为树莓派的静态IP地址。但如果你没有这方面的经验，那么建议使用第11步中查询到的地址值，因为这至少可以保证正常工作。

我需要设置一个广播（broadcast）地址吗？

如果你对DHCP很熟悉的话，那么可以在配置文件中另外加上一行，以broadcast开头跟上你的网络的广播地址。通常并没必要这么做，但如果你的静态地址无法工作，那么可以尝试加上这一行。广播地址可以通过ifconfig命令在Bcast列下找到。

设置ssh

通过 ssh（secure shell 的简写）命令，你可以使用另一台计算机进行远程登录，从而对树莓派进行远程的命令行操作，一切看起来就仿佛你用插在树莓派上的键盘操作时一模一样。

ssh 默认就是开启的，如果你将树莓派用于可连接外网的 Web 服务器，那么出于安全性方面的考虑，可以选择关闭 ssh 连接，否则可能会因此遭到黑客的入侵。但是如果你只将树莓派用于家庭局域网环境中（即无法连接到互联网），那么则大可以跳过本节的内容。

设置ssh

1. 打开树莓派的电源并等待启动完毕。
2. 输入 sudo raspi-config 并按下 Enter。

注意：你也可以登录桌面环境使用 LXTerminal 来完成本例。

3. 按下 ↑ 和 ↓ 高亮选中 Advanced Options，并按下 Enter 以选中。

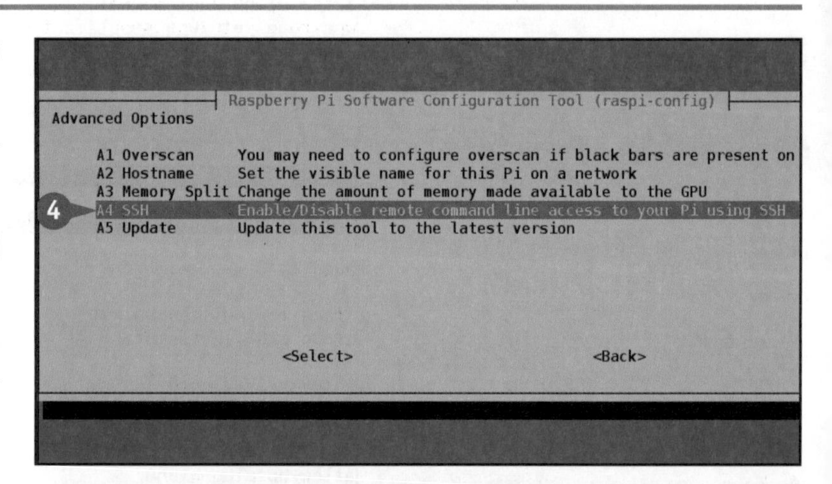

4. 按下 ↑ 和 ↓ 高亮选中 SSH，并按下 Enter 以选中。
5. 按下 ← 和 → 来选择 **Enable** 或 **Disable**。
6. 按下 Enter。

   系统会弹出信息询问你是否确认修改。

7. 按下 Enter 来选择 **OK** 并返回主配置界面。

   根据你刚才的选择，ssh 现在已经被打开或关闭了。

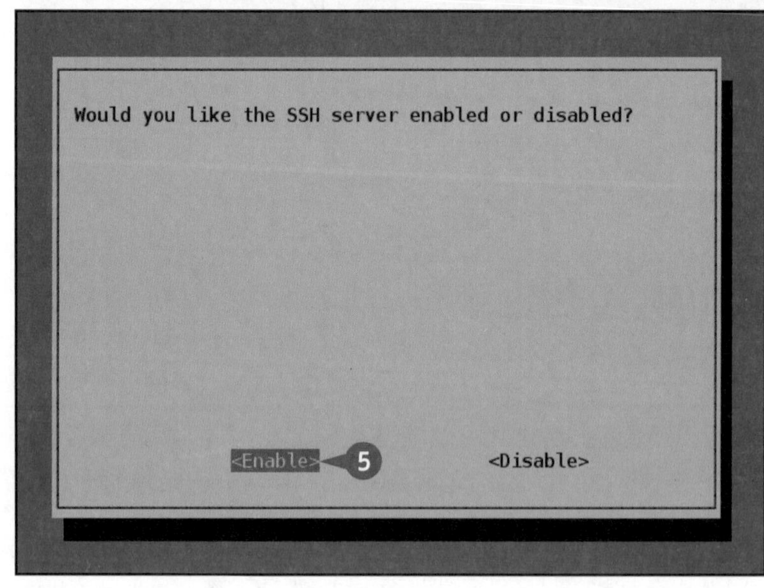

使用ssh进行远程命令行访问

如果你已经正确开启了 ssh 选项，那么就可以使用同一网络内的另一台计算机来连接到树莓派了。在 Mac 上，你可以使用 Terminal 程序；对于 PC 用户来说，可以免费下载到的 ssh 软件 PuTTY 通常是最好的选择。

ssh 会使用随机的安全密钥，但默认情况下所有的 Raspbian 都采用相同的密钥，这意味着你的树莓派非常容易因此遭到恶意的攻击。所以在正式使用 ssh 之前，最好先为你的树莓派生成一个新的密钥。

使用ssh进行远程命令行访问

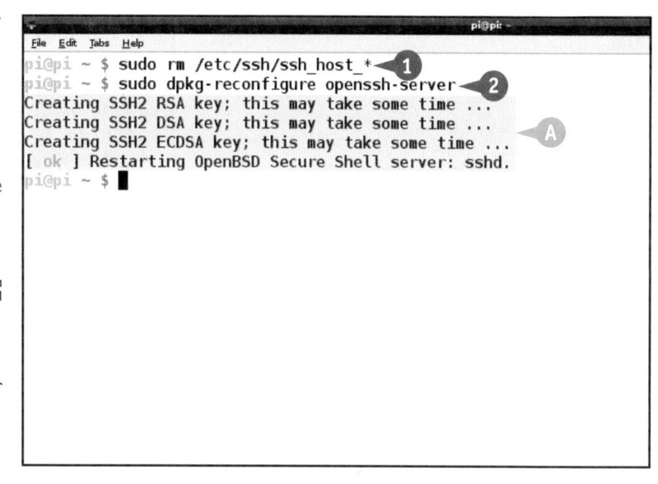

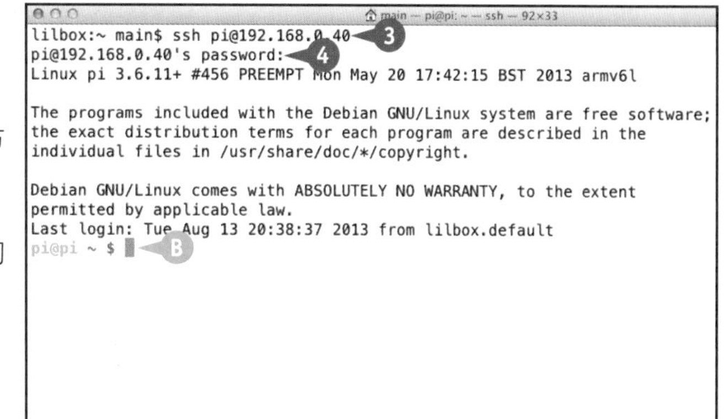

1 打开你的命令行终端，输入 sudo rm/etc/ssh/ ssh_host_* 并按下 Enter 。

注意：第 1 步的目的是删除现有的安全密钥。

2 在终端中输入 sudo dpkg- reconfigure openssh- server 并按下 Enter 。

A 系统会为 ssh 生成新的安全密钥，并重启 ssh 服务。

3 打开另一台计算机上的终端程序，在其命令行中输入 ssh pi@ *[你树莓派的静态 IP 地址]*，然后按下 Enter 。

注意：如果树莓派的 IP 地址是 192.168.0.40，输入 ssh pi@ 192.168.0.40，并按下 Enter 。关于如何设置静态 IP 地址，请参考前面的小节内容。

注意：输入 yes ，并按下 Enter （如果 ssh 询问你是否确认的话）。

4 输入树莓派的登录密码。

B 当 ssh 连接成功后，我们会看到熟悉的命令行提示符。

注意：如果 ssh 提示密钥发生改变，输入 ssh-keyscan *[你树莓派的 IP 地址]* >>~/.ssh/known_hosts 并按下 Enter 以验证新的安全密钥。

设置VNC远程访问

为了在树莓派上使用远程桌面环境，你可以安装名为 tightvncserver 的软件包。然后就可以手动运行 tightvncserver ，从而创建可以远程访问的虚拟桌面了。

虚拟桌面不会真的显示在树莓派所连接的显示器上，你必须通过网络，使用另一台计算机对其进行远程访问才可以看到。如果你已经通过 startx 启动了树莓派上的桌面环境，那么 tightvncserver 则会创建另一个桌面环境。同样地，这第二个桌面也是无法直接从树莓派本机上进行访问的。

设置VNC远程访问

树莓派上的设置

❶ 在命令行终端或 LXTerminal 终端中输入 sudo apt-get install tightvncserver 并按下 Enter 。

注意： 输入 Y 并按下 Enter 。

Ⓐ 系统会完成 Tightvncserver 的安装。

❷ 输入 tightvncserver-geometry 1024x768-depth 24 并按下 Enter 。

注意： 你可以通过 geometry 参数后面的数字来控制屏幕分辨率，最高可以支持到 1920 × 1200。

注意： 由于 VNC 比较慢，所以请尽量使用较低的分辨率。

❸ 输入并确认登录密码。

❹ 如果希望使用的话，输入观众模式的密码并确认。

注意： 两个密码可以相同，你只会在第一次启动 tightvncserver 时被要求输入它们。

Ⓑ tightvncserver 会创建一个“不可见”的桌面，供你进行远程访问。

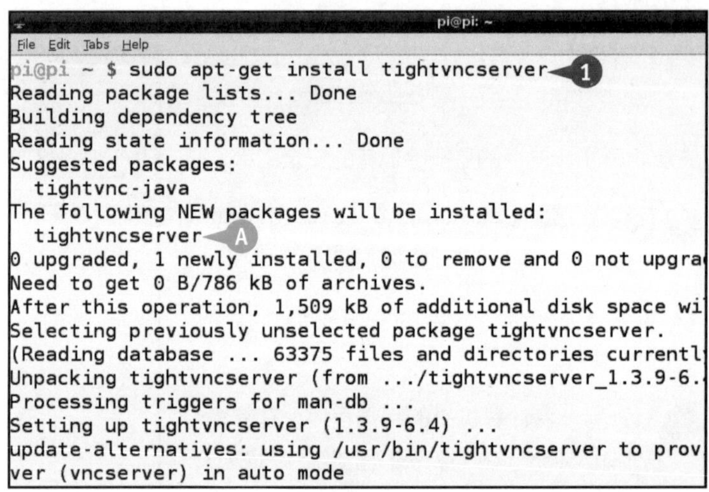

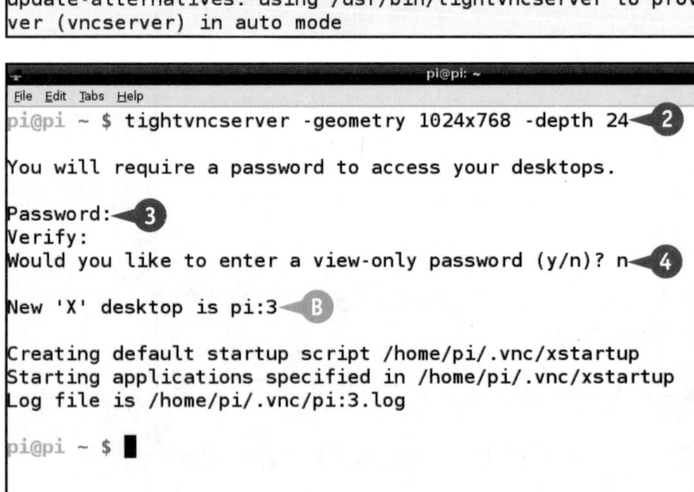

Mac上的设置

❶ 打开 Safari。

❷ 在其地址栏中输入 vnc://[*你树莓派的 IP 地址*]:5901，并按下 Enter 。

Ⓒ 树莓派的桌面会出现在你的 Mac 上，现在就可以使用鼠标和键盘来对其进行操作了。

注意：相比直接在树莓派上进行操作，远程屏幕的刷新会显得慢一些。

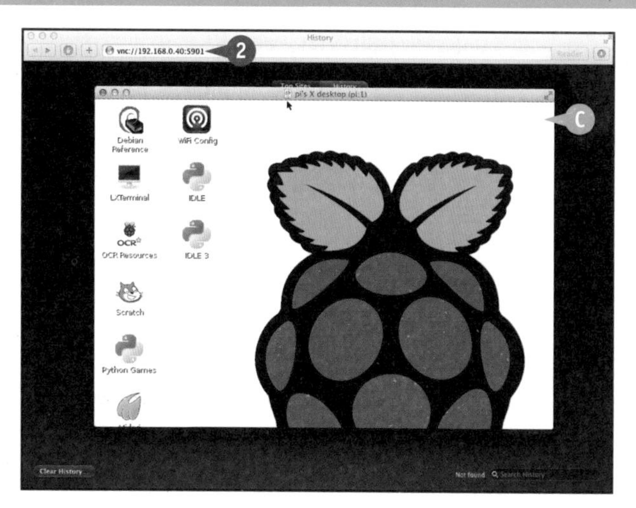

PC上的设置

❶ 打开你的浏览器，访问 Real VNC 的下载地址 www. realvnc.com/download/viewer。

❷ 根据 Windows 版本，下载并安装 32 或 64 位的 Viewer 程序。

❸ 启动 Viewer 程序。

❹ 在对话框中输入树莓派的静态 IP 地址加上“:5901”。

Ⓓ Viewer 程序会加载树莓派的远程桌面，然后就可以通过键盘和鼠标来对其进行操作了。

注意: 为了调整显示画质和操作流畅性之间的平衡，可以选择 **Options** 并选择 **Allow JPEG**，通过 **image quality** 滑块来进行调整。

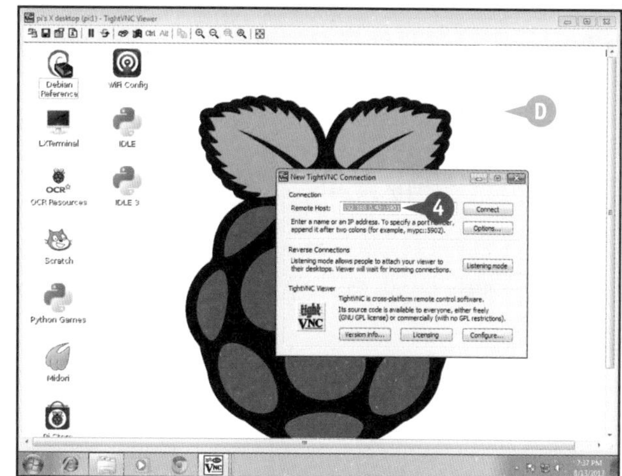

建议

VNC存在什么局限吗？

是的，VNC 在安全性上存在不足，如果你通过互联网连接到树莓派，那么就存在被攻击的可能。另外，VNC 的速度比较慢，文本编辑或者网页浏览也许还没问题，但游戏之类的应用就难以满足了。VNC 会启动自己的桌面，所以你也无法对已经在运行的桌面进行控制。

有什么可以弥补 VNC 安全性不足的方法吗？

x11vnc 比 VNC 更加强大、更加安全，但不足之处是设置要比 VNC 复杂很多，而且并不支持 Windows。你可以用 sudo apt-get installx11vnc 来安装它，关于如何对其进行配置，请参考 www.raspberrypi.org/ phpBB3/ viewtopic.php?p=108862 -p108862。

使用Samba进行文件共享

借助Samba程序的帮助，你可以通过网络将树莓派上的文件分享给其他计算机。经过正确的配置，使用Mac上的Finder或Windows的资源管理器，就能直接对这些文件进行访问，并不需要使用什么额外的特殊软件。

Samba的安装过程非常简单，但是其配置文件的内容却非常关键，所以请保证设置的正确性，否则Samba将无法工作。如果你不是很确定的话，可以参考本例中的配置。

使用Samba进行文件共享

注意： 你可以在本书网站www.wiley.com/go/tyvraspberrypi上下载到本节所用到的所有代码。

1. 打开你的命令行终端，输入sudo apt- get install samba，并按下Enter。

注意： 如果需要确认安装的话，输入Y。

A 系统会下载并安装Samba的主程序包。

2. 在命令行终端中，输入sudo apt-get install samba-common-bin，并按下Enter。

B 系统会下载Samba的支持工具包。

3. 输入sudo rm /etc/samba/smb.conf并按下Enter。

注意： 这会删除默认的配置文件，因为其并不能在树莓派上工作。

4. 输入sudo nano/etc/ samba/smb.conf并按下Enter。

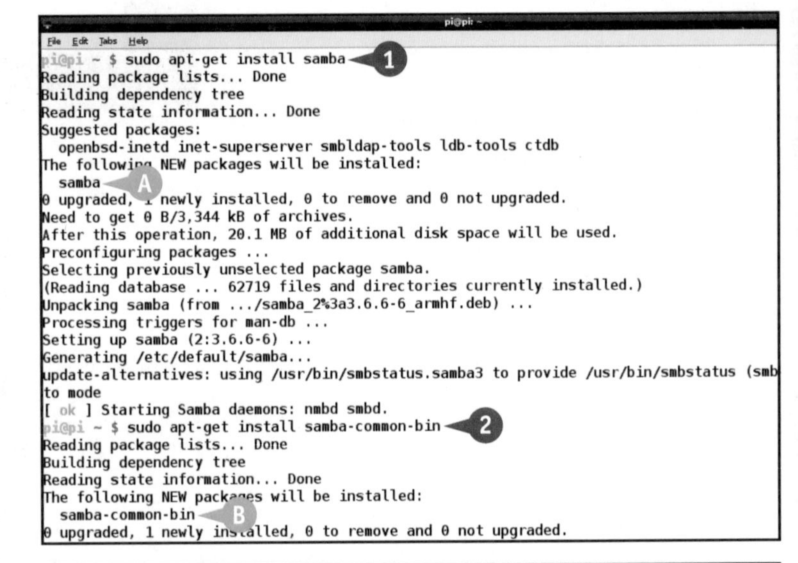

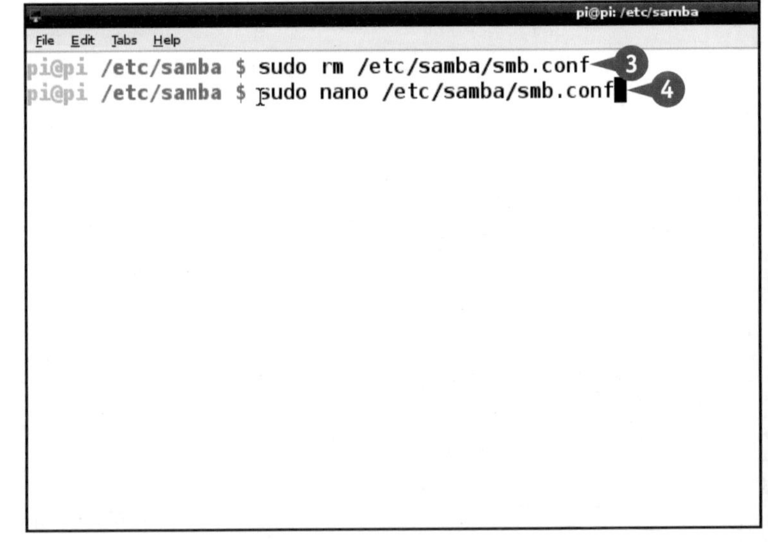

Ⓒ nano 会打开一个空文件。

5 在第一行输入 sudoworkgroup =，后面加上你的 Windows 工作组（如果还没有的话，输入 WORKGROUP）

6 正确无误地输入右侧图中的其他文本内容。

注意：这会在你所处的网络上，为树莓派创建一个可用的共享访问点。

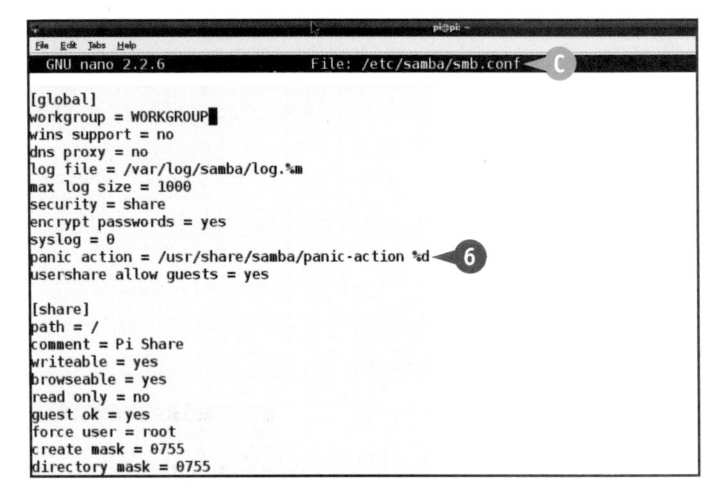

7 按下 Ctrl + O 后再按下 Enter，然后按下 Ctrl + X 来保存修改。

8 输入 sudo service samba restart 并按下 Enter。

Ⓓ Samba 会重启并加载新的配置文件。

经过几分钟的等待，树莓派就会出现在你的网络上了，你可以使用访客进行登录，并不需要密码就可以访问其全部文件了。

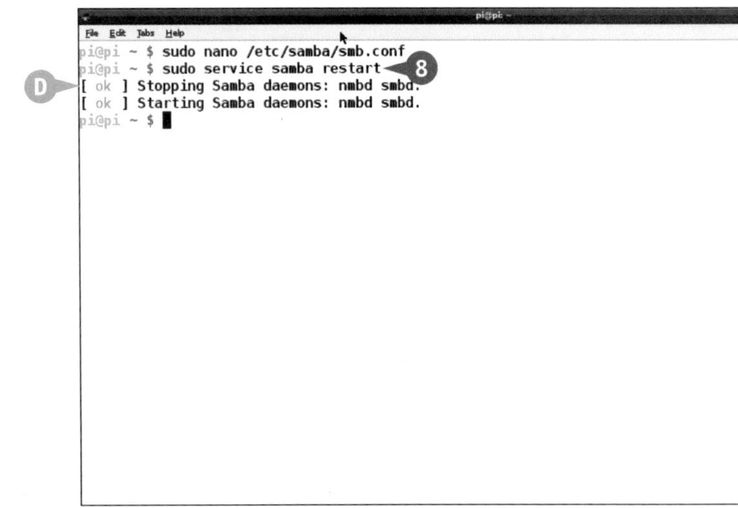

建议

为什么在Mac Finder中看不到树莓派？

你可能需要强制 Finder 识别树莓派，在 Finder 中单击 **Go** 然后选择 **Connect to Server**，输入 Enter smb://pi or smb://*[树莓派的静态 IP 地址]*，并按下 Enter。

Finder 应该会正确连接，双击 **Share** 图标应该就可以访问树莓派上的文件了。

为什么在 Windows Explorer 中看不到树莓派？

Windows 系统和 Samba 共享的关系比较复杂，在 XP 上通常可以正常工作，但对于 Windows 7 和 8，则要看具体版本了。试着在“我的电脑”中单击“网络”，然后在地址栏里输入“*//[树莓派的静态 IP 地址]*”。如果你的 Windows 7 或 8 版本支持 Samba，那么树莓派应该会出现在共享里，双击即可访问其文件了。

创建简单的Web 服务器

树莓派可以被当作 Web 服务器使用，这样当你在浏览器地址栏中输入 IP 地址时，就会显示出预设的的网页了。你的页面内容可以由静态的文本和图片组成，也可以根据数据动态生成，例如显示从温度传感器处获得的读数，或者 twitter 消息的最新摘要等。

你可以从很多种 Web 服务器程序包中做出选择，本节中我们使用了比较简单的 lighttpd，其功能虽然非常简单但足够使用，同时配置起来也非常方便。

创建简单的Web服务器

❶ 打开命令行终端，输入命令 sudo apt-get install lighttpd 并按下 Enter 。

❷ 如果需要确认安装的话，输入 Y。

Ⓐ 系统会下载并安装 lighttpd 的程序包。

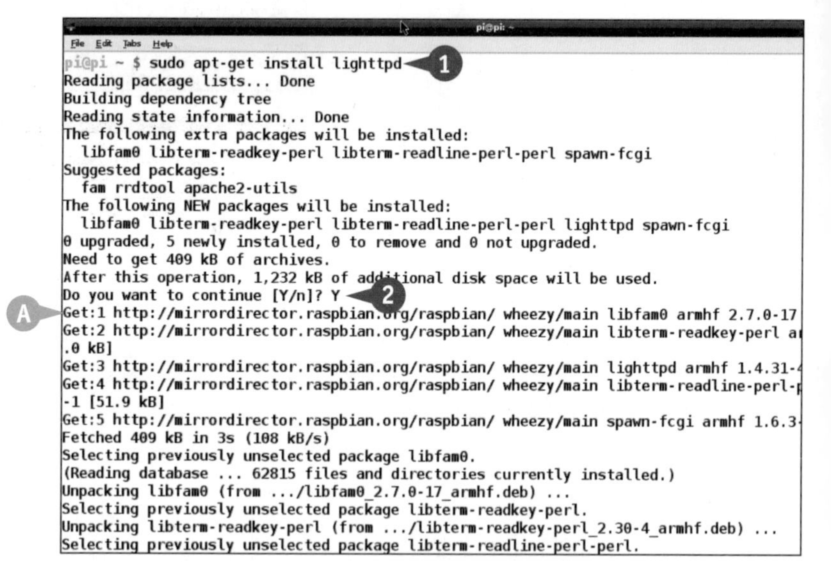

❸ 输入 sudo chown www-data:www-data/var/www 并按下 Enter 。

❹ 输入 sudo chmod 775/var/www 并按下 Enter 。

❺ 输入 sudo usermod -a-G www-data pi 并按下 Enter 。

注意: 第3步到第5步输入的“魔法”代码，其作用是为 Web 服务器放置内容资源的路径，并为其设置正确的访问权限。

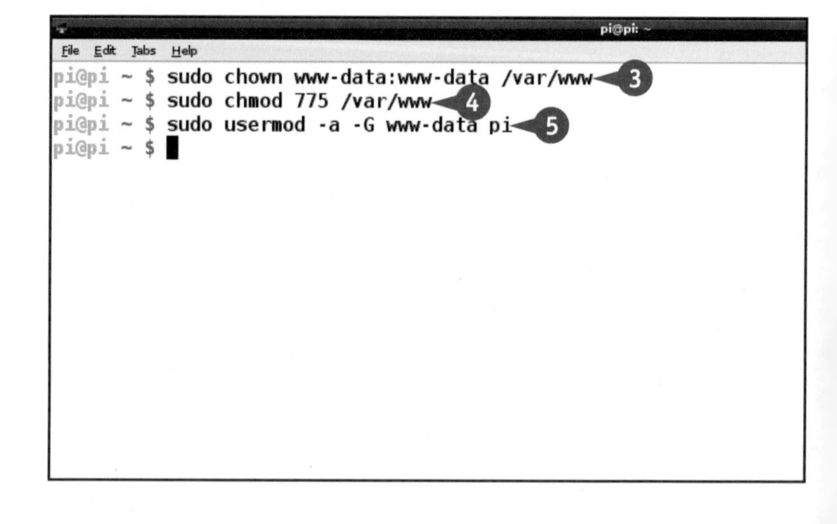

6 输入 sudo reboot 并按下 Enter 来重启树莓派。

注意：你必须重启，才能使刚才对 Web 服务器的修改生效。

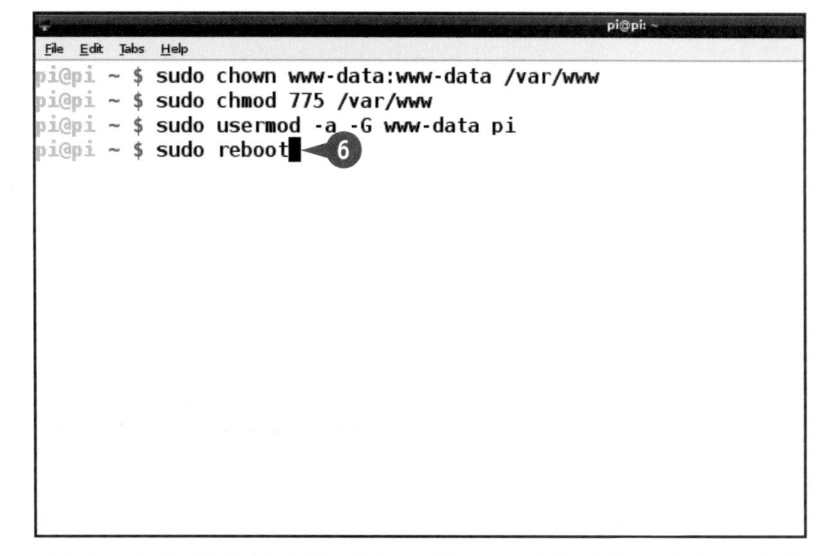

7 输入 startx 并按下 Enter 来启动桌面环境。

8 双击 Midori 图标来启动 Midori 浏览器。

9 在浏览器的地址栏中，正确输入树莓派的静态 IP 地址，并按下 Enter 。

B 你会看到一个页面显示出来，而其正位于你的树莓派上。

注意：页面文件的内容被放置在 /var/www/index.lighttpd.html。

注意：为了访问这个页面，你也可以仅仅在浏览器的地址栏里输入 **localhost**。

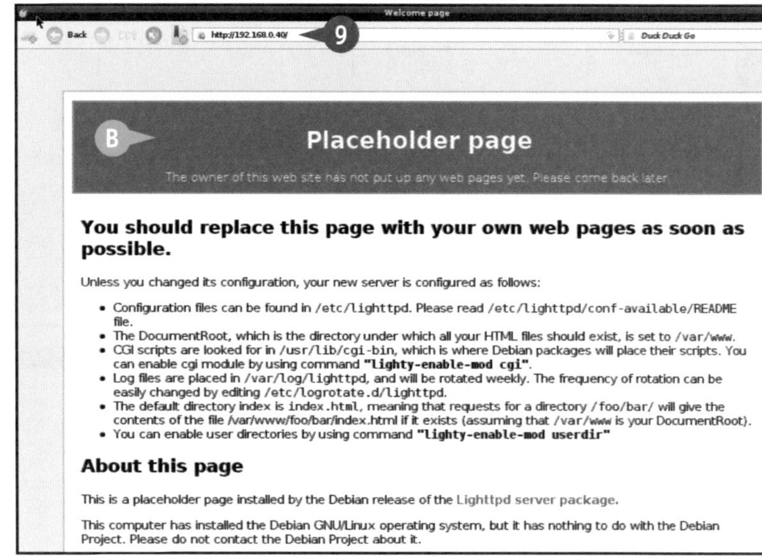

建议

经常听到的Apache是什么？

Apache 是一个商业级的 Web 服务器程序，提供了非常丰富的功能。许多真实网站都在使用它，但其配置过程非常复杂，所以本书并没有选择它来进行讲解。你可以通过 sudo apt-get installapache2 来安装它。从网上可以获取有关 Apache 的更多信息。

LAMP 和 MySQL 是什么，我需要它们吗？

MySQL 是数据库程序，可用来进行信息的存储和查询，MySQL、Apache 以及称为 PHP 的编程语言经常被一起安装在 Linux 上用来提供 Web 服务，连在一起就是 LAMP 的由来。对于本书中的内容来说，并不需要用到 MySQL 和 Apache，而 PHP 的安装可以参考后面的章节。

创建简单的网页

为了使用树莓派来提供网页，你需要首先在 /var/www 目录中创建名为 index.html 的文件。在该文件中，你可以编写任何符合规范的 HTML 内容，Web 服务器会在收到网页请求时以该文件作为页面的入口起点。

本例中的网页只会展示一行简单的文本内容。如果你已经具有一些 Web 编程经验，则可以自行创建更加复杂的页面内容。

创建简单的网页

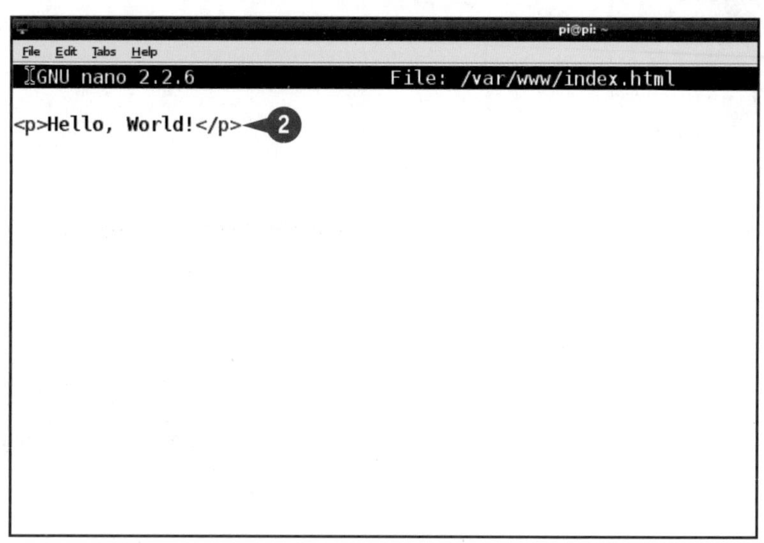

1 在命令行或 LXTerminal 终端中输入 sudo nano /var/www/index.html 并按下 Enter 。

2 在该文件中输入 <p>Hello, World!</p>。

3 按下 Ctrl + O 后再按下 Enter 以及 Ctrl + X 来保存并关闭该文件。

注意：本例的内容很简单，远不如常见的网页那么复杂，但它可以保证毫无错误地被任何浏览器运行。

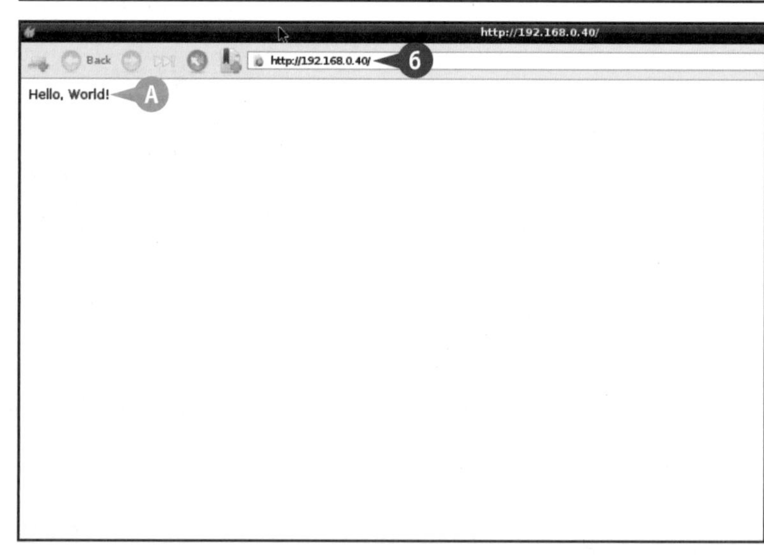

4 输入 startx 并按下 Enter，登录到桌面环境中（如果你不在的话）。

5 双击 Midori 图标来启动 Midori 浏览器。

6 在浏览器地址栏中输入树莓派的静态 IP 地址，并按下 Enter 。

A 浏览器会加载你刚才编写的页面文件。

注意：如果你对 HTML 并不熟悉，则可以从 www.w3schools.com 获得很多深入浅出的生动教程。

安装PHP

除了每次手写静态的页面文件以外，Web 服务器还可以自动生成部分网页内容。为达到这一目的，你可以选择在树莓派上安装 PHP 语言。

借助 PHP 的帮助，Web 服务器可以根据从数据源获取的信息，动态地生成页面内容，并将改变呈现出来。PHP 本身是非常复杂的，包含非常多的功能、特性，用好它可以让你的网页变得非常强大，本节就让我们来看一些简单的示范。

安装PHP

1 在命令行或LXTerminal终端中，输入 sudo apt-get install php5-common php5-cgi php5 并按下 Enter 。

2 输入 Y 并按下 Enter 以确认安装。

A 系统会自动地下载并正确安装 PHP 的相关程序包组件。

```
pi@pi ~ $ sudo apt-get install php5-common php5-cgi php5  ❶
Reading package lists... Done
Building dependency tree
Reading state information... Done
The following extra packages will be installed:
  libonig2 libqdbm14
Suggested packages:
  php-pear
The following NEW packages will be installed:
  libonig2 libqdbm14 php5 php5-cgi php5-common
0 upgraded, 5 newly installed, 0 to remove and 0 not upgraded.
Need to get 5,680 kB of archives.
After this operation, 15.9 MB of additional disk space will be used.
Do you want to continue [Y/n]? Y  ❷
Get:1 http://mirrordirector.raspbian.org/raspbian/ wheezy/main php5-common
4 kB]
Get:2 http://mirrordirector.raspbian.org/raspbian/ wheezy/main php5 all 5.
Get:3 http://mirrordirector.raspbian.org/raspbian/ wheezy/main libonig2 ar
Get:4 http://mirrordirector.raspbian.org/raspbian/ wheezy/main libqdbm14 a
Get:5 http://mirrordirector.raspbian.org/raspbian/ wheezy/main php5-cgi ar
 kB]
24% [5 php5-cgi 532 kB/4,847 kB 11%]
```

3 输入 sudo lighty-enable-mod fastcgi-php 并按下 Enter 。

注意：这会通知 lighttpd 现在 PHP 可以使用了。

4 输入 sudo service lighttpd force-reload 并按下 Enter 。

B 系统会重启 Web 服务器，然后你就可以创建包含 PHP 脚本的新网页了。

```
Selecting previously unselected package php5.
Unpacking php5 (from .../php5_5.4.4-14+deb7u3_all.deb) ...
Processing triggers for man-db ...
Setting up php5-common (5.4.4-14+deb7u3) ...

Creating config file /etc/php5/mods-available/pdo.ini with new version
Setting up libqdbm14 (1.8.78-2) ...
Setting up libonig2 (5.9.1-1) ...
Setting up php5-cgi (5.4.4-14+deb7u3) ...

Creating config file /etc/php5/cgi/php.ini with new version
update-alternatives: using /usr/bin/php5-cgi to provide /usr/bin/php-cgi (
update-alternatives: using /usr/lib/cgi-bin/php5 to provide /usr/lib/cgi-bi
to mode
Setting up php5 (5.4.4-14+deb7u3) ...
pi@pi ~ $ sudo lighty-enable-mod fastcgi-php  ❸
Enabling fastcgi-php: ok
Run /etc/init.d/lighttpd force-reload to enable changes
pi@pi ~ $ sudo service lighttpd force-reload  ❹
[ ok ] Reloading web server configuration: lighttpd.
pi@pi ~ $
```

注意：如果想获取有关 PHP 的更多信息，可以参考 www.w3schools.com 上的相关免费教程。

创建“智能”网页

一旦你安装好了 PHP，就可以利用它在网页里运行 Liunx 命令或脚本，从而得到更加“智能”的页面。将你的 PHP 代码保存在 /var/www 目录下的 index.php 文件中（如果 index.php 文件存在的话，Web 服务器将会无视 index.html 的存在）。

本节的示例会通过Linux命令读取树莓派的系统温度，并将其在网页上显示出来。尽管任务非常简单，但足够让你学会如何在网页中运行脚本并显示结果了。

创建“智能”网页

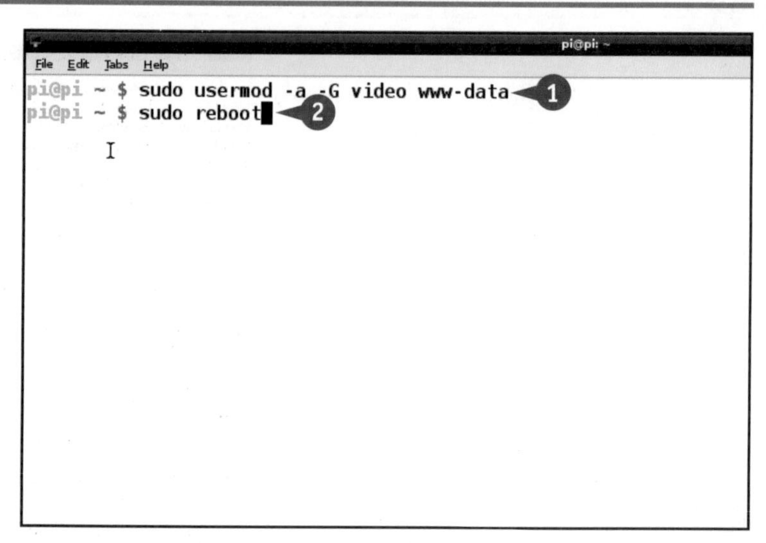

1 打开命令行或LXTerminal 终端，输入 `sudo usermod-a-G video www-data` 并按下 Enter 。

注意： 这行魔法代码的作用，是让 Web 服务器能够正确读取到树莓派的温度值。

注意： 有些意外的是，树莓派的温度传感器隶属于视频显示系统。

2 输入 `sudo reboot`，并按下 Enter ，然后等待树莓派完成重启。

3 在命令行或 LXTerminal 终端中输入 `sudo nano/var/www/index.php` 并按下 Enter 。

4 输入 `<?php` 并按下 Enter 。

注意： 这一行的意思是告诉 Web 服务器接下来的内容是 PHP 脚本。

5 输入 `$result = shell_ exec('/opt/vc/bin/ vcgencmd measure_ temp');` 并按下 Enter 。

注意： 在 PHP 中 `shell_exec` 会运行 Linux 命令，而后面的魔法代码则用来显示树莓派的温度信息。

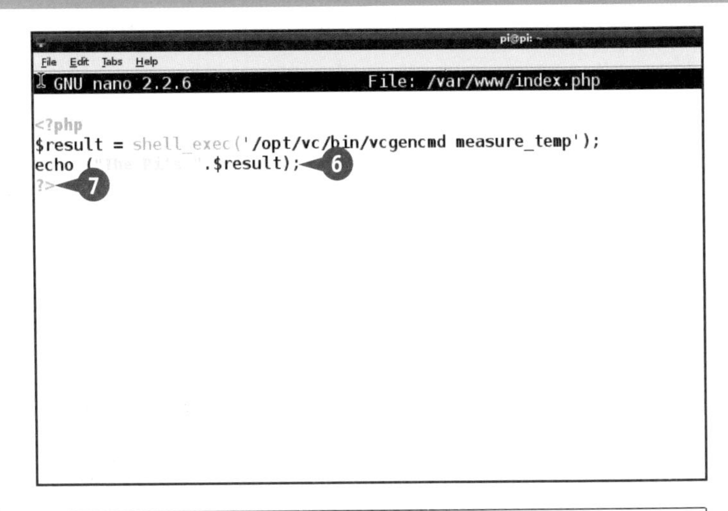

6 输入echo ("The Pi's".$result);并按下Enter。

注意：这一行使用了PHP的echo命令来显示结果。

7 输入 ?> 。

注意：这一行告诉Web服务器PHP脚本的内容到此结束。

8 按下Ctrl + O后再按下Enter以及Ctrl + X来保存并退出。

注意：nano会自动为PHP脚本提供彩色的配色方案，文本内容会显示为黄色，而其他命令部分则是黑色的，从而大大提升了代码的可读性。

9 输入 startx 并按下Enter以登录桌面环境。

10 双击Midori 图标以启动Midori 浏览器。

11 在浏览器地址栏中输入树莓派的静态IP地址，并按下Enter。

A 浏览器会加载页面，你可以看到树莓派的温度信息已经被显示在网页内容中了，通过刷新网页可以看到其数值的变化。

建议

关于Python、PHP以及Linux脚本之间的区别是什么呢？

PHP语言是专门为Web应用设计的，其内容非常复杂，包含了多种功能特性，但是你可以只用其中的一小部分，而不用先学会其全部细节。Linux脚本主要是为了将基本命令整合起来。而Python语言则是面向通用编程目的。有些树莓派项目只用到了这些工具中的一种，而有些则使用了它们全部三者（可能还有别的）。

使用PHP、Python以及Linux，我需要具有Web开发经验吗？

你了解得更多，就能完成更复杂的功能，但即使你没有太多经验，也可以完成很多简单的网页开发和脚本编写。随着经验的积累，你可以逐步尝试更高级的功能以及更复杂的项目开发。

发送电子邮件

通过安装邮件工具包，你可以实现通过命令从树莓派上发送电子邮件的目的。因为树莓派的性能并不强大，所以它可能很难完全取代你的计算机，不过借助 Python 或 PHP 的帮助，你可以使用脚本来生成邮件，从而很方便地进行消息通知，例如通知天气变化信息等。

本节中，我们会使用简单的邮件工具软件包 ssmtp 以及一个 Gmail 账号实现方便的邮件发送功能。

发送电子邮件

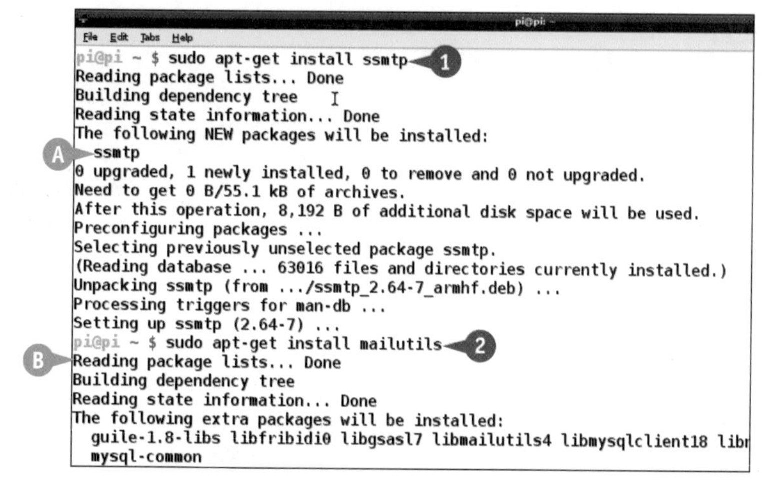

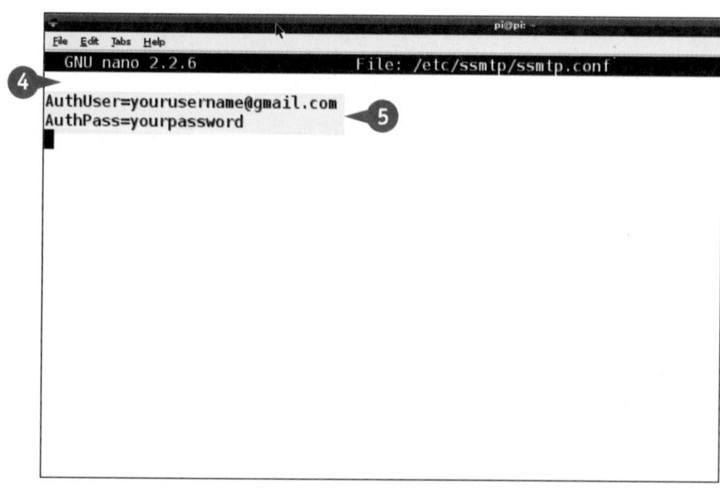

1 打开命令行或 LXTerminal 终端，输入 sudo apt-get install ssmtp 并按下 Enter 。

A 系统会下载并安装 ssmtp 邮件工具的程序包。

2 输入 sudo apt-get install mailutils 并按下 Enter 。

B 系统会下载并安装 ssmtp 所依赖的其他工具包。

注意： 访问 http://mail.google. com 申请一个 Gmail 账户。

3 输入 sudo nano/etc/ ssmtp/ ssmtp.conf 并按下 Enter 。

4 一直按 Ctrl + K 来删除所有内容。

5 加入以下内容：

AuthUser= *[你的 Gmail 账户 @ gmail.com]*

AuthPass= *[你的 Gmail 密码]*

6 然后加上以下内容：

mailhub=smtp.gmail.com:587

UseSTARTTLS=YES

FromLineOverride=YES

7 按下 Ctrl + O 后再按下 Enter 以及 Ctrl + X，保存并退出。

pi@pi: ~
File Edit Tabs Help
GNU nano 2.2.6 File: /etc/ssmtp/ssmtp.conf

AuthUser=yourusername@gmail.com
AuthPass=yourpassword
mailhub=smtp.gmail.com:587
UseSTARTTLS=YES
FromLineOverride=YES
6

8 在终端中，输入 echo "message text" | mail -s "subject text" email@address.com 并按下 Enter。

C 系统会花几秒钟的时间发送邮件，成功后命令行提示符会重新出现。

注意： 当收到邮件时，你会发现其发件人正是你的 Gmail 账户。

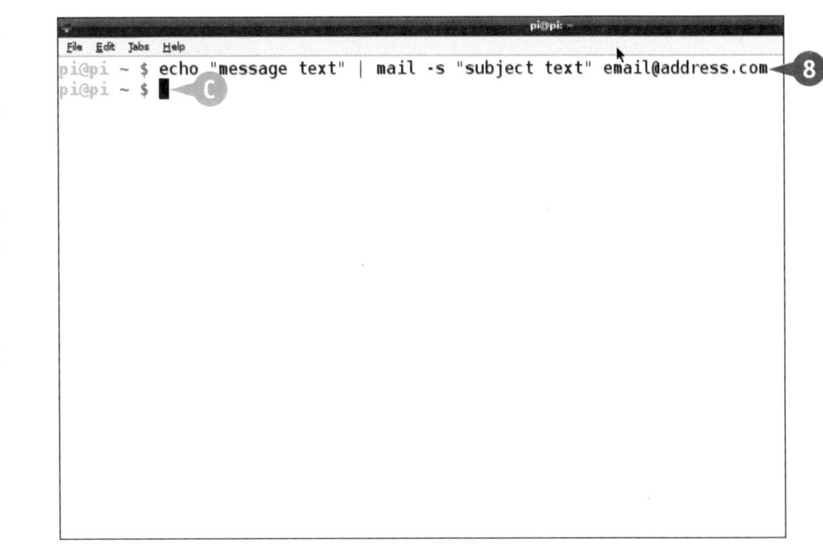

建议

我必须使用Gmail来发送邮件吗？

不，也可以使用 Yahoo! 或 AOL 等邮件服务，以及自己的私人邮件服务器，但是 Gmail 的配置相对简单和易于使用。为了使用其他邮件服务，你需要自己找到其服务器地址及端口，并进行正确设置。

我该如何收取邮件或添加附件呢？

为了收取邮件，可以使用名为 fetchmail 的程序包。不过其配置过程相对比较复杂，具有一定的难度，你可能需要参考网上的教程。要添加邮件附件，可以考虑使用 mpack 程序包，当正确安装 mpack 之后，你就可以使用 mpack-s"subjecttext"/path/file 账户 @ 地址来发送附件了。

初识curl和wget

通过使用 curl 和 wget 命令，你就可以通过命令行从网页站点上获取很多的有用信息了，而且甚至根本无需用到浏览器。

很多流行的网站，例如 Twitter、Facebook 等，都提供了专门的 API（Application Programming Interface，通用编程接口），你可以使用 curl 和 wget 命令来实现与网站的信息交换。本节的示例中简单介绍了两者的使用，但并没有涉及任何专门的 API 相关信息。

初识curl和wget

关于curl

❶ 打开命令行或 LXTerminal 终端，输入 curl http://www.bbc.co. uk/news/ 并按下 Enter 。

注意： 不要漏掉结尾处的“/”，否则你将会收到一条错误信息。

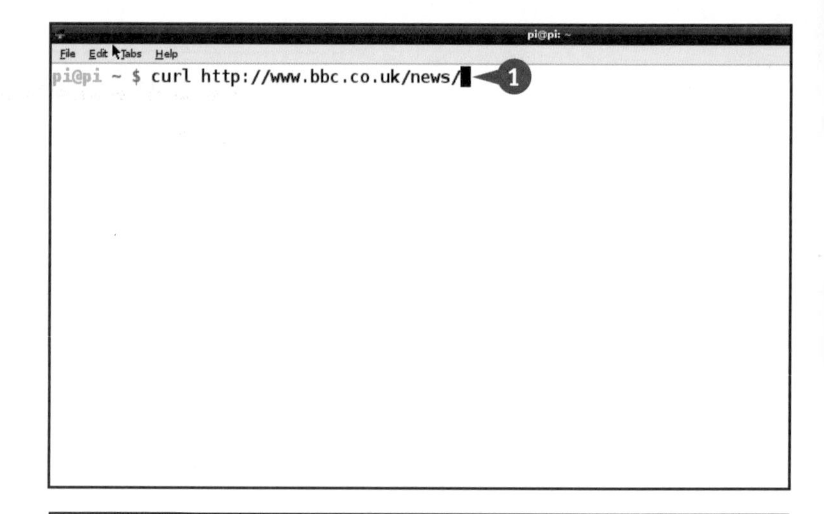

Ⓐ curl 会下载并展示 BBC 新闻站点所使用的原始 HTML 内容。

注意： 原始 HTML 内容可能会长达数页，为了中止浏览，你可以随时按下 Ctrl + C 。

```
pi@pi: ~
File Edit Tabs Help
]]></script>            <script type="text/javascript"> pulse.init( 'news',


<!-- shared/foot -->
<script type="text/javascript">
        bbc.fmtj.common.removeNoScript({});
        bbc.fmtj.common.tabs.createTabs({});
</script>
<!-- hi/news/foot.inc -->
<!-- shared/foot_index -->
<!-- #CREAM hi news domestic foot.inc -->
```

关于wget

1 打开命令行或 LXTerminal 终端，输入 `wget http://www.bbc.co. uk/news/` 并按下 Enter 。

B wget 会下载 BBC 新闻站点的 HTML 内容，并保存在 index.html 文件中。

2 输入 `less index.html` 并按下 Enter 来浏览该文件的内容。

C 系统会分屏显示 index.html 的内容。

注意： 你会发现 `wget` 和 `curl` 下载了完全相同的内容。

注意： 如果你重复执行 wget，则会将文件保存为 index.html.1、index.html.2 等。

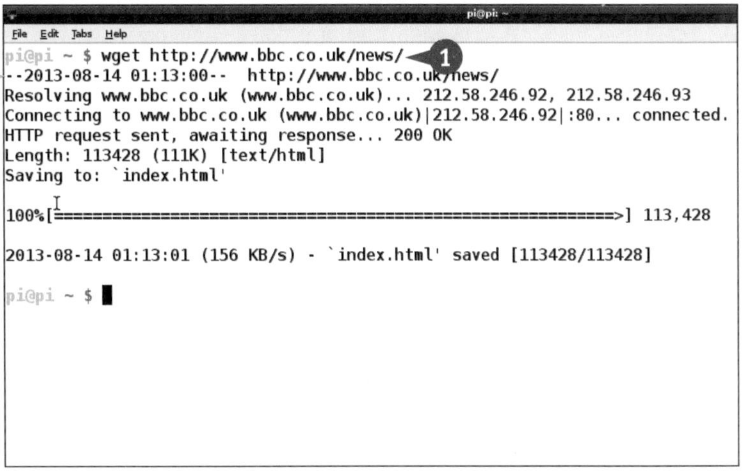

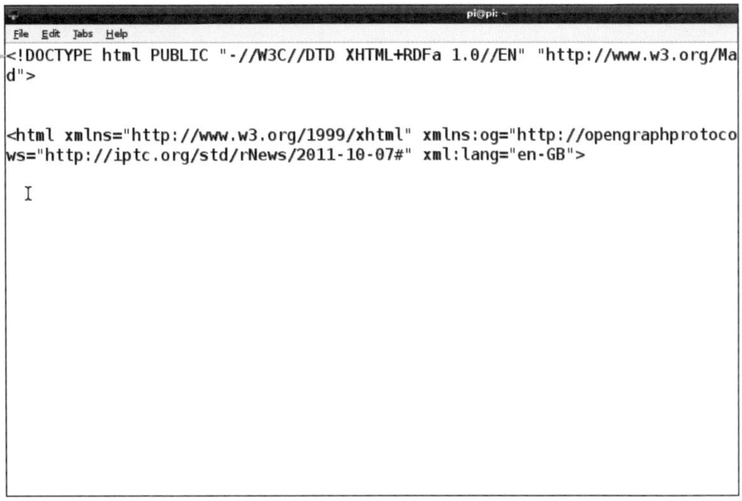

```
pi@pi ~ $ wget http://www.bbc.co.uk/news/
--2013-08-14 01:13:00--  http://www.bbc.co.uk/news/
Resolving www.bbc.co.uk (www.bbc.co.uk)... 212.58.246.92, 212.58.246.93
Connecting to www.bbc.co.uk (www.bbc.co.uk)|212.58.246.92|:80... connected.
HTTP request sent, awaiting response... 200 OK
Length: 113428 (111K) [text/html]
Saving to: `index.html'

100%[=====================================================>] 113,428

2013-08-14 01:13:01 (156 KB/s) - `index.html' saved [113428/113428]

pi@pi ~ $
```

```
<!DOCTYPE html PUBLIC "-//W3C//DTD XHTML+RDFa 1.0//EN" "http://www.w3.org/Ma
d">


<html xmlns="http://www.w3.org/1999/xhtml" xmlns:og="http://opengraphprotoco
ws="http://iptc.org/std/rNews/2011-10-07#" xml:lang="en-GB">
```

建议

获得网站的原始 HTML内容之后，我可以做什么呢？

你可以使用 `grep`、`sed` 或 Python 等工具从中提取有意义的信息。当然，这会要求你具有一定的 Web 和 HTML 相关知识，但是善用这些工具的话，可以为你完成很多有意义的任务。

为什么我使用 curl 和 wget 收到了错误信息？

许多网站，例如 Twitter 和 Facebook，具有安全认证机制，要求你在访问网站内容之前首先进行过登录。想了解更多细节的话，你可以使用“API”加上网站名称作为关键词，在搜索引擎中进行查找。有些站点可能还需要你使用专门的客户端工具，来让服务器相信请求发送自真正的浏览器程序。关于这部分内容请参考网络上的专门教程。

让树莓派连接互联网

通过将树莓派连接到互联网，就可以从世界各处访问你的 Web 服务器了。如果你的网络运营商提供了静态 IP 地址，那么设置过程就会简单许多，只需在路由器上为其进行适当的端口设置，这样就能保证你的 Web 服务器可以正确收到网络上发送来的请求。

需要注意的是，不同型号路由器的设置过程也是截然不同的，所以你看到的设置过程可能会与本节示例中的有所不同。具体设置请参考说明书或者网上的相关文档。

让树莓派连接互联网

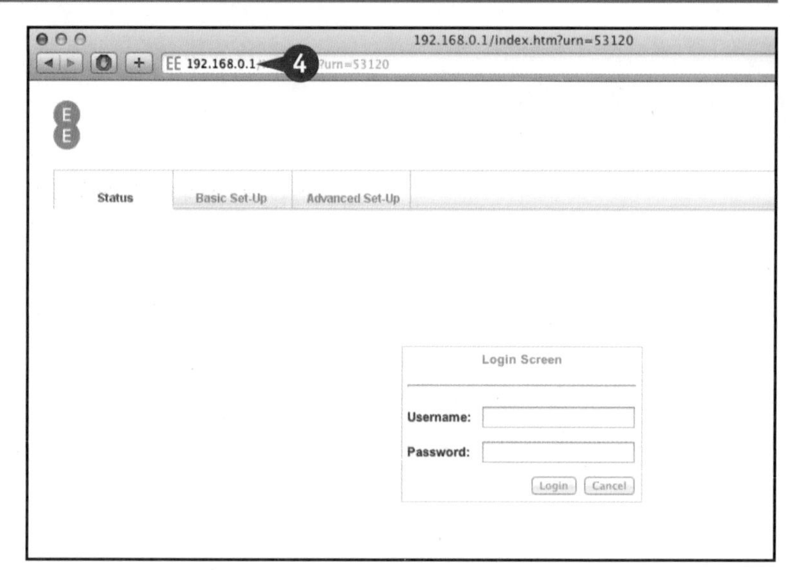

1 如果你不清楚自己的路由器地址，请在命令行中输入 `route`。

2 找到并记下 Gateway 所对应的地址。

注意：可以参考前面关于获取静态 IP 地址的示例。

3 打开树莓派或其他计算机上的浏览器。

4 输入刚才记下的 Gateway 地址，从而来到路由器的登录页面。

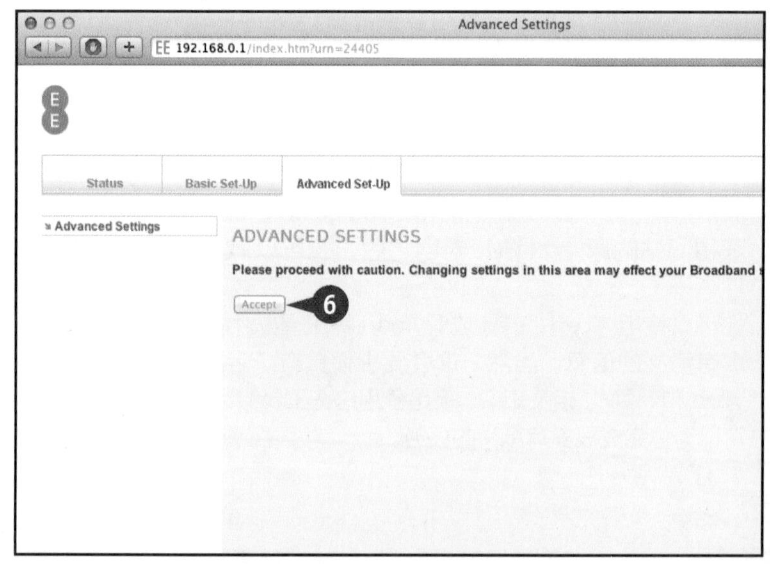

5 输入用户名和密码以登录到路由器管理页面中。

6 如果你的路由器管理页面中具有高级设置选项，请选择它。

注意：在进入高级设置之前，系统可能会需要你进行确认。

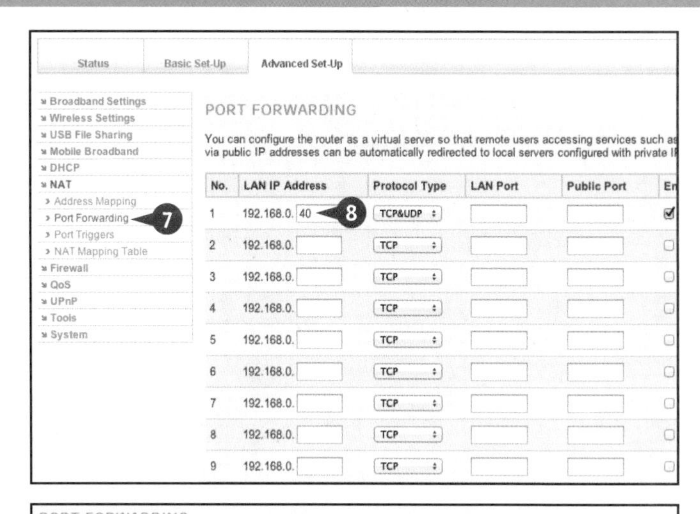

❼ 选择端口转发（Port Forwarding）。

注意：端口转发选项可能位于 NAT 选项之下。

你的路由器会提供当前的端口转发选项列表。

注意：列表的样子可能会与有关图不同，但大致风格是基本一致的。

❽ 在局域网 IP 地址（LAN IP Address）输入树莓派的静态 IP 地址。

❾ 如果有协议选项的话，选择 **TCP&UDP**。

❿ 在局域网端口（LAN Port）设置里输入 **80**。

注意：这个设置用来将 Web 请求转发给你的树莓派。

⓫ 在公网端口（Public Port）里输入 **8080**（或者其他你希望使用的端口号）。

注意：你也可以在这里使用 80 端口。但这样做可能造成 Web 服务器无法正常工作，并且相对缺乏安全性。

⓬ 单击允许（☐将会变为☑），现在你的 Web 服务器应该已经在互联网上可见了。

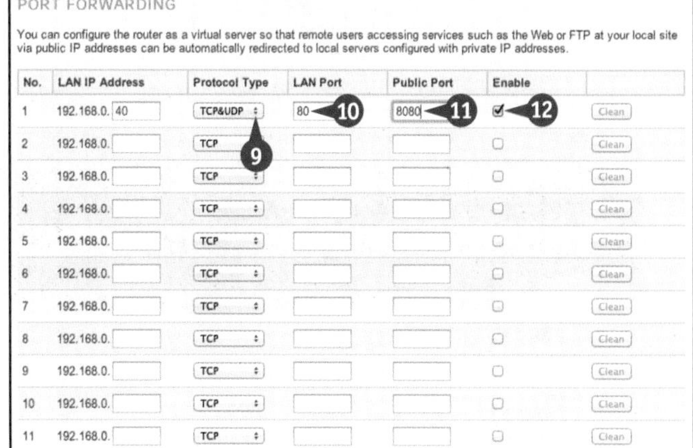

建议

如何确定我的树莓派已经在互联网中正确上线呢？

为了确定一切是否工作正常，你需要使用另一台远程计算机（如从朋友或邻居家）。打开浏览器，然后在地址栏中输入树莓派的静态 IP 地址（如果不清楚的话，请在树莓派的命令行中输入 `curl ident.me`），如果刚才设置的公网端口不是 80 的话，需要在地址之后加上“:”和端口号。如果浏览器中正确显示了网页内容，就证明你已经成功了。需要注意的是，如果你的网络运营商不提供固定地址的话，那么你可能还需要使用 www.no-ip.com 这样的相关服务。

第8章

影音类应用

树莓派可以满足很多视频、音频类需求，但是在这之前，你要对其进行正确的设置。

关于树莓派的影音媒体功能

你可以在树莓派上进行视频、音频播放，事实上，相对于其低廉的硬件成本，它在这方面的表现是相当不错的。但是在 Raspbian 上需要你花费一些时间，来进行正确的相关配置。

关于屏幕分辨率

当你第一次启动树莓派时，其屏幕分辨率默认会被设为最高值，即 1920 × 1200@60Hz，过高的分辨率可能会造成文字、图标过小，以至于难以阅读等。为了避免这些情况，你可以选择手动降低分辨率，或者通过修改 /boot/config.txt 配置文件来调大文字。

关于过扫描（Overscan）

一些显示器会在屏幕四周显示黑色（或绿色）边框，而有些型号则存在边缘显示内容不完整的问题。你可以通过手动调整过扫描（overscan）选项来修正上述两个问题，其配置文件同样是 /boot/ config.txt。

关于音频播放

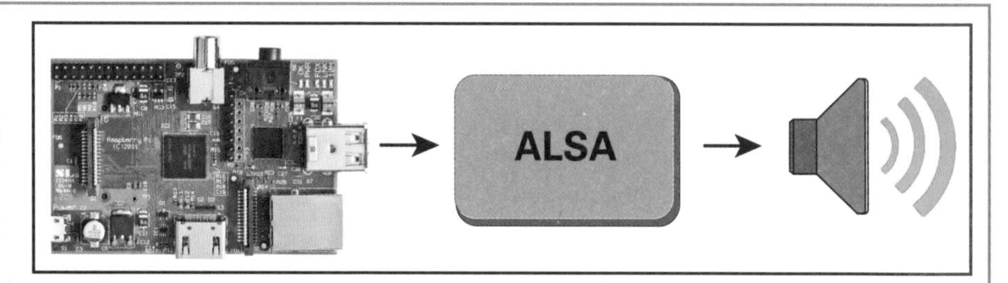

树莓派采用了 ALSA（Advanced Linux Sound Architecture，高级 Linux 声音体系）方案。主板上集成了用于耳机和功放的插口，通过专门的解码芯片进行输出。你也可以使用 HDMI 输出来进行音频播放（电视或显示器的集成扬声器）。而对于 Hi-Fi 类应用来说，你可以使用外接的 USB 解码器。命令行下的 `aplay` 只支持有限的文件类型，而在桌面环境你可以安装 LXMusic 软件包，从而播放包括 MP3、FLAC 在内的音频文件。

关于视频支持

树莓派足以应付大多数的视频需求，通过使用 HDMI 输出，你可以很好地在电视上进行视频播放。尽管如此，Raspbian 自身只包括了有限的播放软件，你可以使用 `omxplayer` 来从命令行进行视频播放，但在桌面环境下，却缺少对应于 LXMusic 那样的播放软件。如果你希望将树莓派作为视频播放器来使用的话，那么选择其他专为此目的而定位的操作系统，也许才是更好的选择。

关于媒体中心设置

为了实现这一目的，你可以考虑使用被称为 XBMC 的专用操作系统，从而将你的树莓派改造为全能的影音媒体播放设备。XBMC 是免费的操作系统，并且经过高度的专门定制化。实际上在第 2 章中我们已经知道，NOOBS 中就包含了两个版本的 XBMC 系统，通过使用一张安装了它们的 SD 卡，就可以使你的树莓派随时变身为影音媒体播放器。具体内容可以往前参考第 2 章中的详细介绍。

关于编解码器（Codecs）

视频文件包含了多种多样的格式，Raspbian 默认提供了对 MP4 格式的支持，这常见于各种移动设备中。你可以安装或购买额外的编解码软件插件来拓展这一范围，例如对 VC-1 文件（常用于一些蓝光影碟）或 MPEG-2 文件（常用于 DVD 影碟中）等格式的支持。如果你希望在 XBMC 或 Raspbian 上播放这些格式的文件，那么就需要付费购买相应的编解码器，两者都比较便宜。

设置分辨率和过扫描

你可以通过设置树莓派的输出分辨率，来调整显示器或电视上的文字大小。如果显示器四周出现黑边，那么可以通过设置过扫描（overscan）选项来修正。

为了修改这些选项，请使用 nano 编辑器打开 /boot/config.txt 配置文件。要改变分辨率的话，请根据 http://elinux.org/RPi_config.txt 中的参数列表，调整 hdmi_group 和 hdmi_mode number 这两个选项的值，例如，hdmi_group=1 代表标准的视频分辨率（例如 720p），而 hdmi_group=2 则使用具体的像素数来描述分辨率（例如 1024 × 768）。要调整过扫描的话，需要设置距离屏幕上下左右的像素偏移量。

设置分辨率和过扫描

1. 打开命令行或桌面中的 LXTerminal 终端，输入 sudo nano /boot/config.txt 并按下 Enter。

2. 使用 ↓ 向下找到以 #hdmi_group=1 开头的那一行。

3. 删掉开头的“#”。

4. 如果你用的是电脑显示器，请将值设为 2。使用 HDMI 输出到电视的话，则保留默认值 1 即可。

注意：以 # 开头的行代表注释内容，会在执行时被系统忽略，而删掉 # 则意味着本行的配置内容被“激活”了。

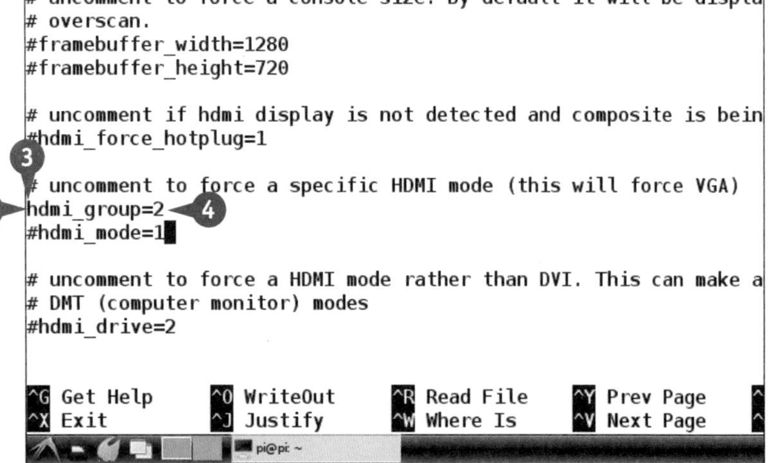

5 打开浏览器并访问 http://elinux.org/RPi_config.txt。

注意： 你可以使用树莓派上的 Midori 浏览器，也可以使用别的计算机上的其他浏览器。

6 从 group 1 或 group 2 表格中选择一组分辨率，并记住其编号。

注意： 根据显示器和电视机的具体情况，选择适用的最大分辨率。有时候为了增加文本的可读性，可以考虑使用偏低的分辨率。

7 回到 nano 编辑器中的 config.txt。

8 移除 html_mode 行开头的 #， 然后将其数值改为你在第 6 步中查到的编号。

9 如果屏幕四周出现黑边，或者文本内容显示不全，那么去掉有关过扫描行前的 #，并调整其数值以正确显示。

10 按下 Ctrl + X 后再按下 Enter 以及 Ctrl + O 来保存并退出。

现在可以通过 sudo reboot 来重启树莓派。当重启完毕后，刚才设置的所有显示参数都应该已经生效了。

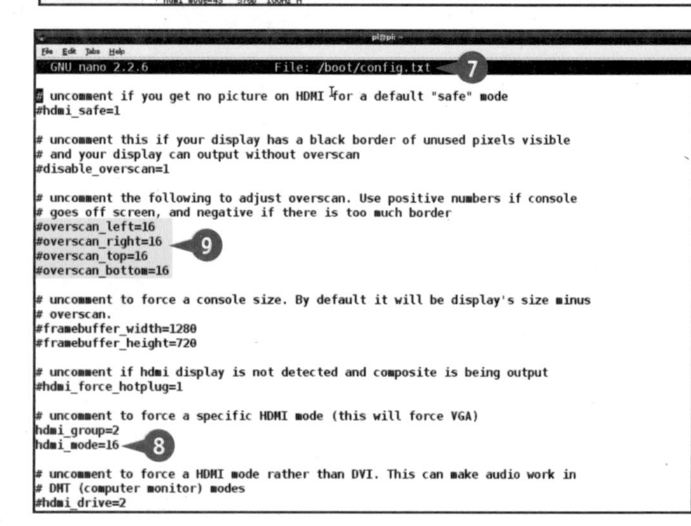

建议

Hz数代表着什么？

Hz（赫兹）代表了刷新率，即屏幕上的图像会以什么样的频率进行刷新重绘，对于大多数显示器或电视来说，50 ~ 60Hz 是比较合适的设置。如果你设置了过低的刷新率，那么显示可能会出现闪烁的情况；而过高的刷新率，可能会存在显示设备无法支持的情况。

分辨率最高可以到达多少？

对于树莓派来说，`hdmi_mode=68` 是支持的最高值。如果你的显示器不支持该分辨率，那么就会降级到 640×480 分辨率，从而显示出非常大的文本大小。一般来说，最佳的分辨率是 1024×768（`hdmi_group=2`，`hdmi_mode=16`）和 720p（`hdmi_group=1`，`hdmi_mode=4`）。

设置音频

如果想播放音频的话，你可以使用自带的耳机插口、HDMI 输出以及外接的 USB 解码器（DAC）三种选项。其中耳机插口的音质相对较差，所以如果对此有所要求的话，请尽量使用另外两种选择。

关于音频文件的格式，Raspbian 默认提供了对 WAV 的支持。而关于音频的输出，则可能需要你在音频合成器中首先进行相应的设置。

设置音频

1. 打开命令行或 LXTerminal 终端，输入 cd/usr/share/sounds/alsa 并输入 Enter 。

2. 输入 ls 并按下 Enter 。

Ⓐ 系统会列出自带的所有 WAV 音频文件，你可以使用它们来进行测试。

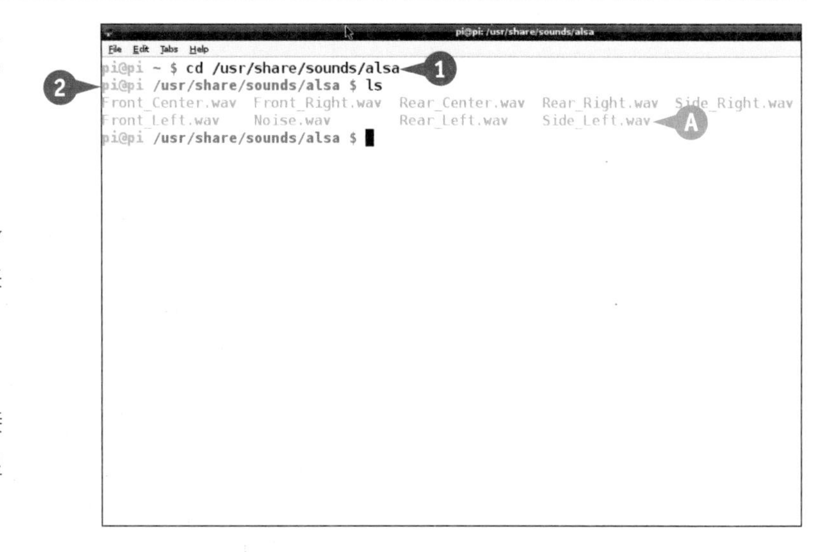

3. 根据使用播放设备的不同，你需要先插入耳机、正确连接功放或者连接并调整 HDMI 显示器 / 电视的音量。

4. 输入 aplay Front_Center.wav 并按下 Enter 。

Ⓑ 系统会在播放该文件的同时，显示该文件的详细属性信息。

如果你听到了声音，那就说明你的树莓派已经正确设置。

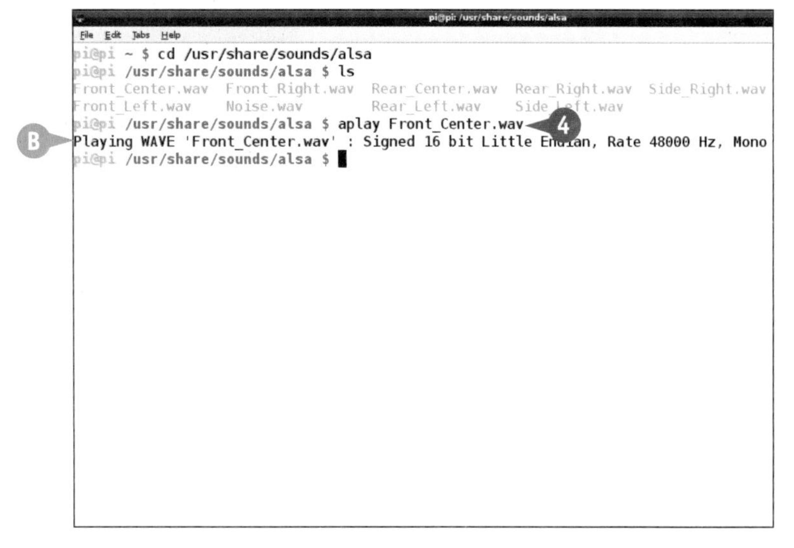

❺ 如果没听到声音，输入 amixer cset numid=3 1 并按下 Enter 。

注意： 这行命令的意思是使用耳机接口进行播放。如果希望使用 HDMI 进行输出，请将选项中的 1 改为 2。

注意： 由于某些技术性的原因，HDMI 音频有时并不能正常工作，所以你可能不得不使用耳机接口进行播放。

❻ 要设置音量的话，输入 alsamixer 并按下 Enter 。

Ⓒ 这会在命令行中，显示一个用来控制音量的进度条。

❼ 使用 ↑ 和 ↓ 来对音量进行调节。

注意： 你也可以输入 amixer cset numid=1--100% 并按下 Enter ，最后的数值代表音量。

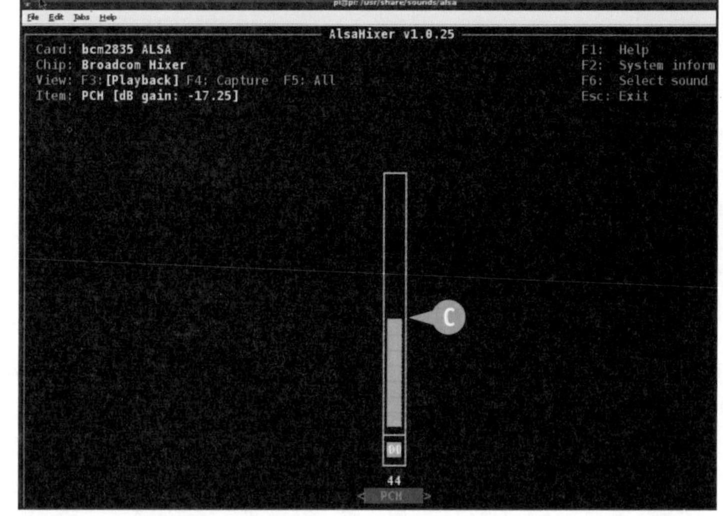

建议

为什么我的USB解码器无法工作？

Raspbian 默认集成了经典的 Linux 音频驱动程序，绝大多数型号的 USB 解码器都可以很好地兼容工作。但是对于少数型号的解码器，由于需要使用定制化的驱动程序，所以就无法正常使用了。请查看解码器的技术文档来确认这一点。

怎么才能播放MP3或FLAC文件呢？

mpg321 软件包可以用来从命令行播放 mp3 文件。当然，你也可以安装用于桌面环境的播放器软件，并且通过插件来兼容各种文件格式。在命令行中输入 sudo apt-get 可以安装 xmms2-plugin-all 和 lxmusic，然后登录桌面，你会在开始菜单中发现名为 Sound & Video 的新选项，其中包含的 Music Player 程序，可以用来播放几乎所有的音频格式文件。

使用omxplayer播放视频

你可以通过 omxplayer 命令来进行视频播放。omxplayer 在命令行上工作，并会将视频输出到你的显示器或电视上，同时音频内容也会通过 HDMI 一同进行输出。

omxplayer 可以播放符合 H.264 压缩标准的视频文件，例如常见于各种移动设备的 MP4 文件就可以很好地支持。而如果希望播放 MP2 格式的话，则请参考后面章节中的介绍。

使用omxplayer播放视频

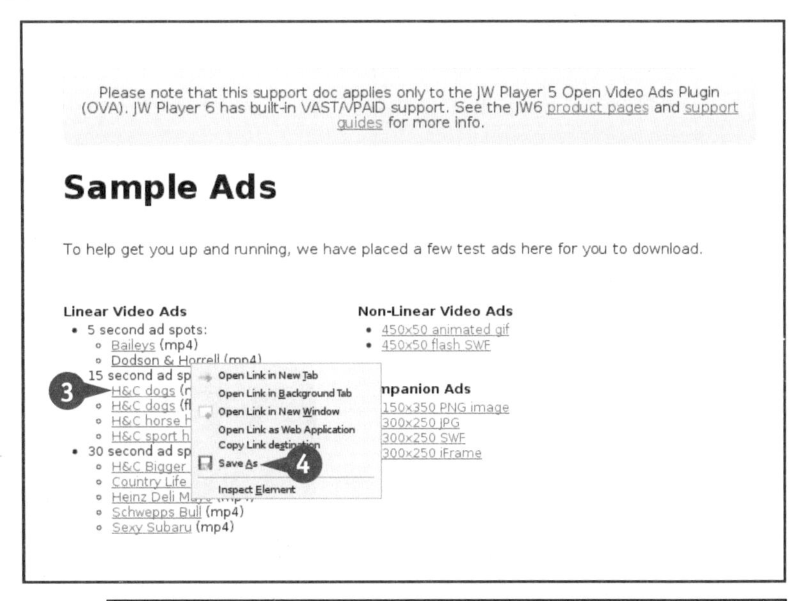

1. 双击桌面上的 Midori 图标来打开 Midori 浏览器。
2. 在网上随便找一些用于进行实验的 MP4 文件。

注意： 你可找到很多 MP4 相关站点，例如 www. longtailvideo. com/support/open-video-ads/13051/sample-ads。

3. 在文件上单击鼠标右键。
4. 从弹出菜单中选择“另存为”。

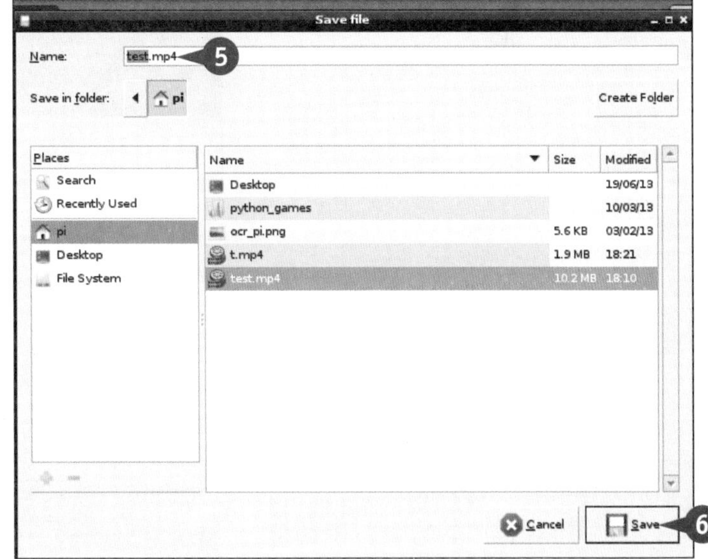

5. 在文件名框中输入 test. mp4 。
6. 单击“保存”按钮。

7 打开命令行或桌面上的LXTerminal终端，输入omxplayer test.mp4并按下Enter。

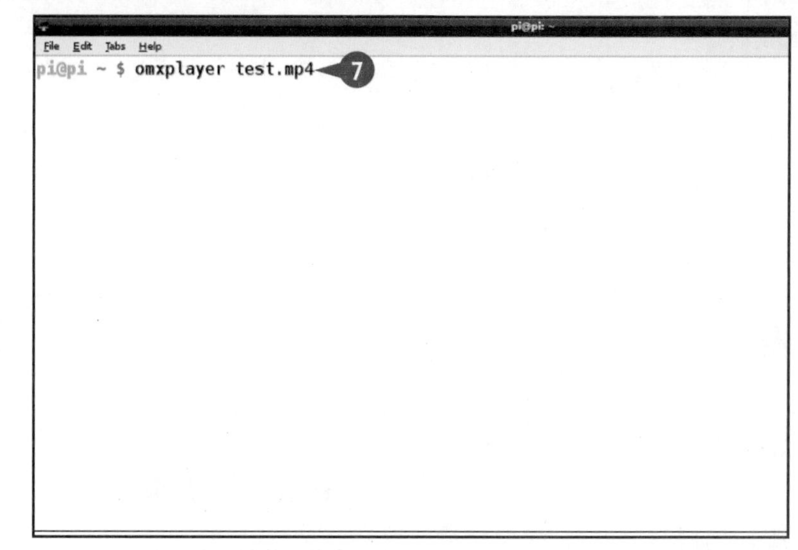

omxplayer 应该会开始进行视频播放。

注意：视频播放会出现在显示区域的最上层。直到播放结束后，omxplayer 的窗口才会消失。

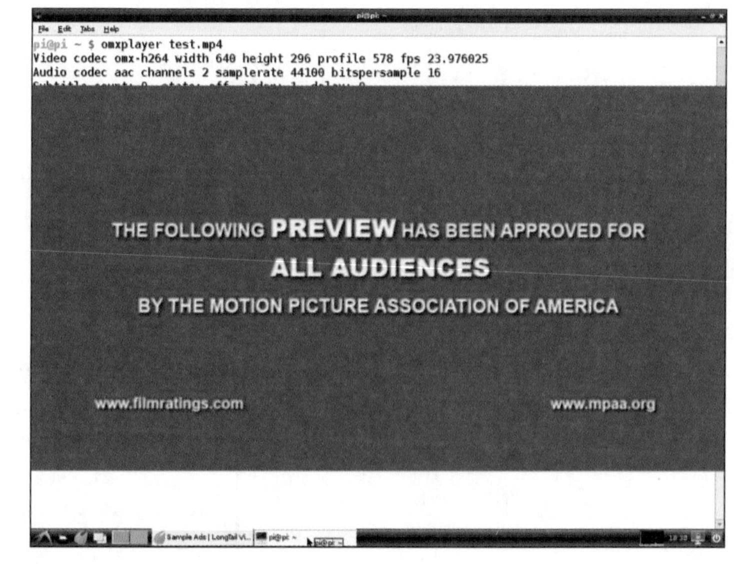

建议

我怎么才能在“清空”的桌面上播放视频呢？

omxplayer 并不提供用于清屏的选项，所以你必须在开始视频播放前手动清屏。有些用户会自己写脚本，从而实现在播放时自动清空屏幕并隐藏闪烁的光标。如果对这类脚本没概念的话，可以参考http://raspberrypi.stackexchange.com/questions/3268/how-to-disable-local-terminal-showing-through-when-playing-video。

为什么播放的时候没有声音呢？

由于技术上的原因，一些带扬声器的HDMI显示器会工作得不太正常，你可以使用前面介绍过的amixer命令，来强制系统同步地进行音频播放。或者实在不行的话，你也可以使用耳机接口来进行音频播放。

支持额外的视频格式

本节的内容是关于如何兼容其他的视频文件格式，如果对视频播放不感兴趣可以选择跳过。为了达到目的，我们需要购买编解码程序的使用权限，不过别担心，价格还是比较实惠的。

编解码程序原本就已经集成在树莓派中，所以实际上我们要购买的是其使用许可，随后你会通过邮件收到可用的验证码。为了正确安装许可，你需要使用 nano 编辑配置文件并进行重启。

支持额外的视频格式

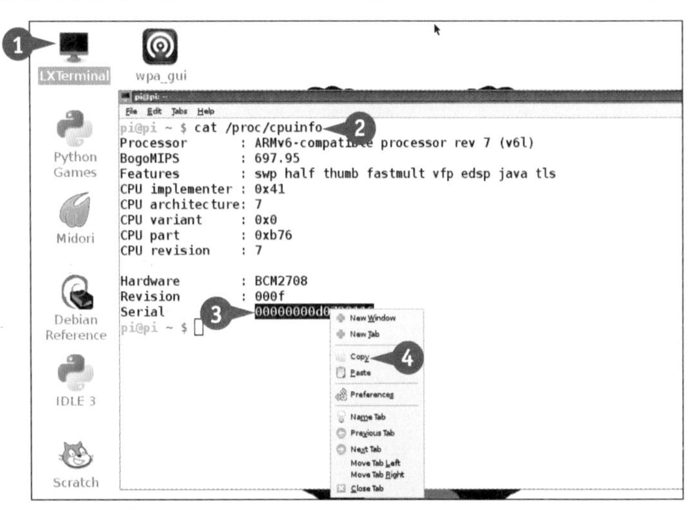

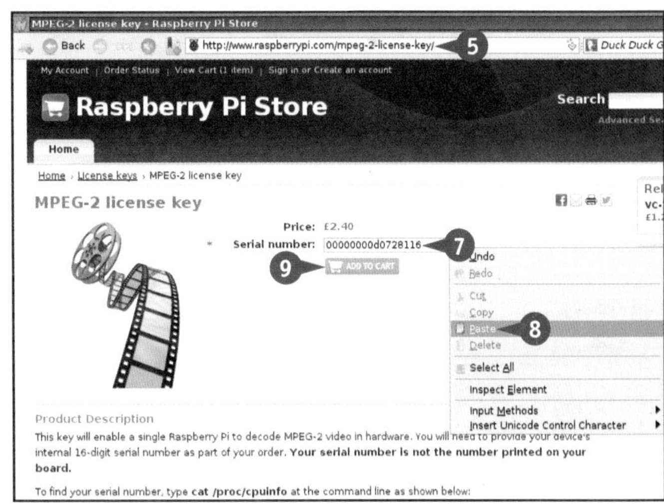

1. 在桌面上双击 **LXTerminal** 终端的图标打开它。
2. 输入 `cat /proc/cpuinfo` 并按下 Enter 。
3. 找到以“Serial”开头的行，用你的鼠标选中后面的数字。
4. 单击右键，从弹出菜单中选择复制（**Copy**）。

注意： 这里选中了你树莓派的序列号（独一无二的），并将其复制到剪切板中。

5. 打开 Midori 浏览器并访问 www.raspberrypi.com/ license-keys。
6. 单击 **Option 1** 或 **Option 2** 来选择 MPEG-2 或 VC-1 使用许可的密钥。

注意： 截至本书完成时，你只有这两个选项可以选择。

7. 在 Serial number 栏里单击鼠标右键。
8. 在弹出菜单里选择“粘贴”（**Paste**）。
9. 单击加入购物车（**Add To Cart**）。

10 确认已经将所有希望获得的使用许可都加入购物车后，单击继续。

11 选择 Register an account 来注册账户进行购买，或者选择 Checkout as a guest ，并以游客身份进行购买（○会变为◉）。

12 根据系统提示的步骤，完成下单，并进行付款。

系统会发送一封初始的确认邮件，然后在 72 小时之后会通过另一封邮件将验证序列号发送给你。

13 打开命令行或 LXTerminal 终端，输入 `sudo nano/boot/config.txt` 。

14 如图所示，将邮件中的序列号粘贴到该文件中。

注意: 请正确输入，不要忘记 MPG2（MPEG2）和 WVC1（VC-1）这两个后缀。

15 按下 Ctrl + O 后再按下 Enter 以及 Ctrl + X 保存并退出。

现在重启树莓派，完成后你就可以播放 MPEG2 或 VC-1 格式的视频文件了。

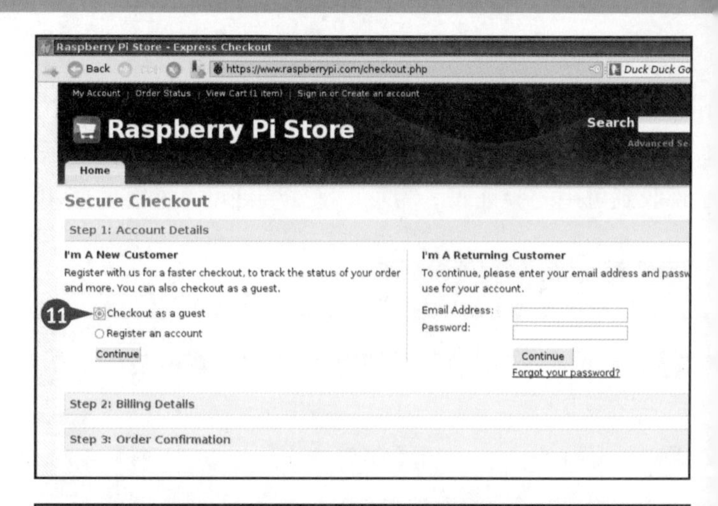

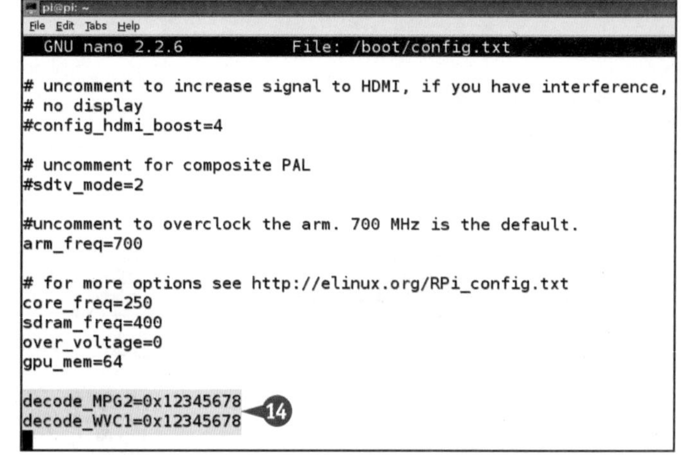

建议

我可以从DVD或蓝光光驱进行播放吗?

不太容易。正式发行的光盘通常都有版权保护，商业播放器会使用专门的芯片或软件来通过其验证，但是你的树莓派却不行。你可以尝试自行来安装它们，但这个过程非常复杂。如果希望进行尝试，可以参考 http://raspi.tv/2012/watch-encrypted-dvd-on-raspberry-pi-by-streaming-to-omxplayer 这篇文档。

视频播放好像不是很流畅，我可以做什么改进吗?

对于 1080p 的高清视频播放，树霉派的性能稍稍有些吃紧，你可以通过超频来进行改善，尽管这可能造成系统不稳定，甚至影响树莓派的使用寿命。

通过USB外接磁盘

如果你有一块装满影音资源的外置硬盘，那么就可以将其与树莓派相连，这样带来的好处是多方面的，包括更大的容量以及数据的安全性等。在命令行中，你可以为磁盘创建一个挂载点，从而访问其中的内容。

通过USB外接磁盘

1. 将你的硬盘通过 USB 连接线与树莓派相连接。
2. 打开命令行或桌面 LXTerminal 终端，输入 dmesg|tail，并按下 Enter。
3. 找到并记住以 sd 和数字编号组成的行，例如此处的 sda1 。

注意： 如果你的磁盘的分区多于一个，你会看到多于一行的“sd+数字”编号；如果你的磁盘多于一块，那么它们将显示为 sdb、sdc 等。

```
pi@pi: ~
File Edit Tabs Help
pi@pi ~ $ dmesg | tail  ②
[ 9862.692198] scsi0 : usb-storage 1-1.3.2:1.0
[ 9863.693413] scsi 0:0:0:0: Direct-Access     WDC WD32 00SD-01KNB
[ 9863.697309] sd 0:0:0:0: [sda] 625142448 512-byte logical blocks
[ 9863.698318] sd 0:0:0:0: [sda] Write Protect is off
[ 9863.698353] sd 0:0:0:0: [sda] Mode Sense: 34 00 00 00
[ 9863.699457] sd 0:0:0:0: [sda] Write cache: disabled, read cache
FUA
[ 9863.712568]  sda: sda1  ③
[ 9863.717807] sd 0:0:0:0: [sda] Attached SCSI disk
[ 9864.599262] NTFS driver 2.1.30 [Flags: R/W MODULE].
[ 9864.747456] NTFS volume version 3.1.
pi@pi ~ $
```

4. 为了创建磁盘的访问点，输入 sudo mkdir/media/*[磁盘名字]* 并按下 Enter。

注意： 请确保磁盘名字的独一无二，名字可以由字母和数字组成，中间不能有空格。第 4 步你只需执行一次即可。

5. 输入 sudo apt-get install ntfs-3g，等待系统下载并安装针对 Windows NTFS 磁盘格式的驱动程序。

A. 之后系统就可以识别从 Windows 上进行过格式化的磁盘了。

```
FUA
[ 9863.712568]  sda: sda1
[ 9863.717807] sd 0:0:0:0: [sda] Attached SCSI disk
[ 9864.599262] NTFS driver 2.1.30 [Flags: R/W MODULE].
[ 9864.747456] NTFS volume version 3.1.
pi@pi ~ $ sudo mkdir /media/biqdisk  ④
pi@pi ~ $ sudo apt-get install ntfs-3g  ⑤
Reading package lists... Done
Building dependency tree
Reading state information... Done
The following NEW packages will be installed:
  ntfs-3g  Ⓐ
0 upgraded, 1 newly installed, 0 to remove and 0 not upgraded.
Need to get 694 kB of archives.
After this operation, 1,513 kB of additional disk space will be use
Get:1 http://mirrordirector.raspbian.org/raspbian/ wheezy/main ntfs
4 kB]
Fetched 694 kB in 4s (148 kB/s)
Preconfiguring packages ...
Selecting previously unselected package ntfs-3g.
```

注意：你只需执行一次第 5 步。

❻ 输入魔法命令 sudo mount -o uid=pi, gid=pi /dev/ *[sd+ 编号]*[*访问点*] 并按下 Enter 。

注意：从第 3 步获得 *[sd+ 编号]* 的值，从第 4 步获得 *[访问点]* 的值。

系统会完成磁盘的挂载，从而获得其访问权限。

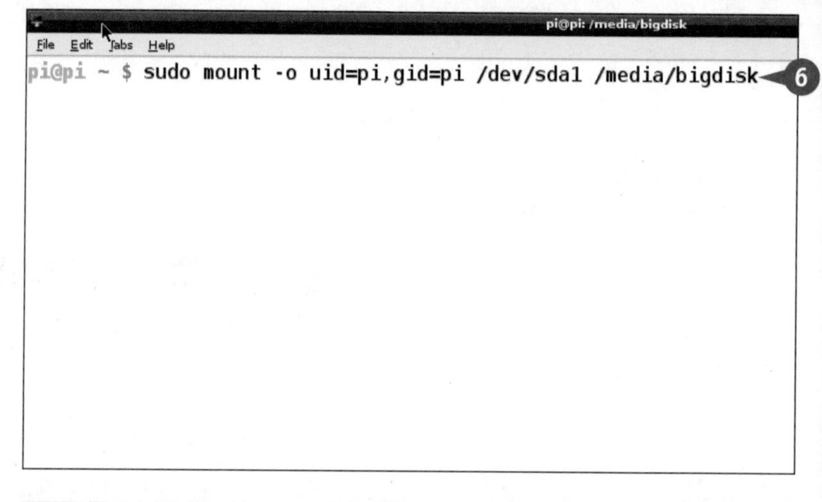

❼ 为了确认磁盘是否正确可用，请使用 cd 命令来到磁盘的挂载点，并输入 ls 命令来显示其内容。

Ⓑ 如果磁盘经过正确挂载，你就能看到其中的全部文件了。

建议

我可以卸载磁盘吗？

理论上你可以通过 umount 命令来卸载磁盘，从而安全地将其移除。然而实际上一旦你挂载了一块磁盘，那么 Liunx 的许多组件都会对其进行访问及使用，所以 umount 并不能轻易完成卸载，除非你关闭或者重启 Linux。

永远不要直接拔掉硬盘，这可能造成文件的不可逆损坏。

我可以在树莓派启动时自动挂载磁盘吗？

是的，不过小心点。输入 sudo nano/etc/fstab，你必须正确输入 5 项信息：用于挂载的 /dev/ 路径（如 /dev/sda1）、访问点、磁盘格式、单词“default”和两个“0”。关于详细的示例说明，可以参考 http://elinux.org/RPi_Adding_USB_Drives。如果你使用了多块外接磁盘，可以考虑使用 UUID 技术。具体使用方法请参考网络上的相关教程。

第9章

Scratch编程

Scratch是一种面向小朋友的简单编程语言，已经被预装在Raspbian中，所以你可以直接在桌面上找到它。现在让我们来学着使用Scratch，进行一些简单的游戏和动画编程。

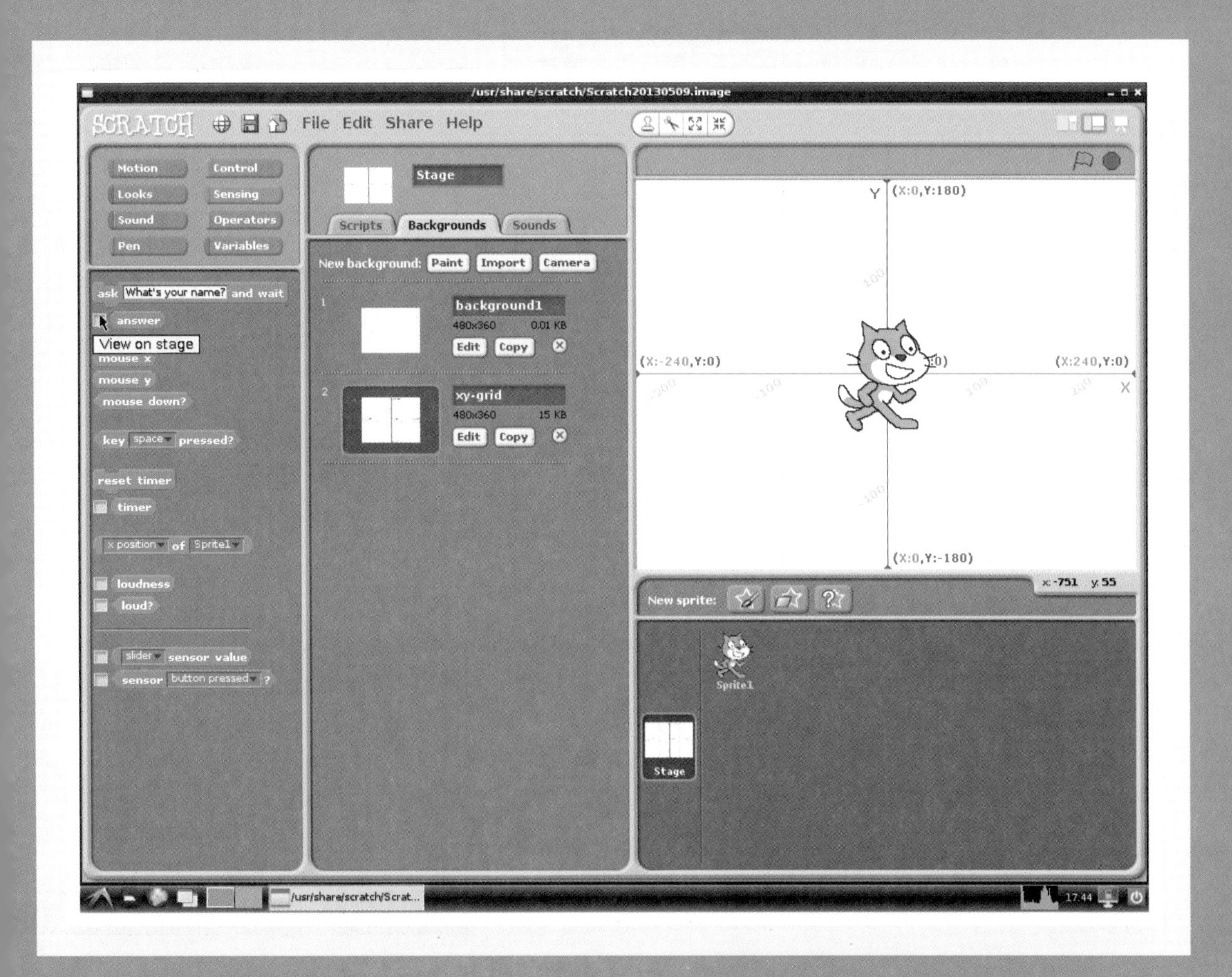

关于Scratch

Scratch 可以让你学习如何在 Linux 上进行编程。它是一款由麻省理工学院发明的“玩具”式编程语言，主要面向儿童教育领域。通过使用它，你可以学到很多编程的基础知识和思想，并且最重要的是 Scratch 本身非常有趣。

关于舞台（Stage）

在 Scratch 中，所有事件都发生在舞台上。最初的舞台是一个空白矩形区域，但你可以为其设置其他背景。对一个典型的 Scratch 项目来说，我们一般会在舞台上加载各种图片和动画资源，然后通过编写简单的逻辑代码，来控制它们的各种行为。为了帮助你确定各种资源的位置，舞台上默认会显示 x 坐标轴和 y 坐标轴，元坐标“0, 0”代表着舞台的正中央点。负 x 坐标代表舞台的左侧，正 x 坐标代表舞台的右侧；负 y 坐标代表舞台的下半部，正 y 坐标代表舞台的上半部。

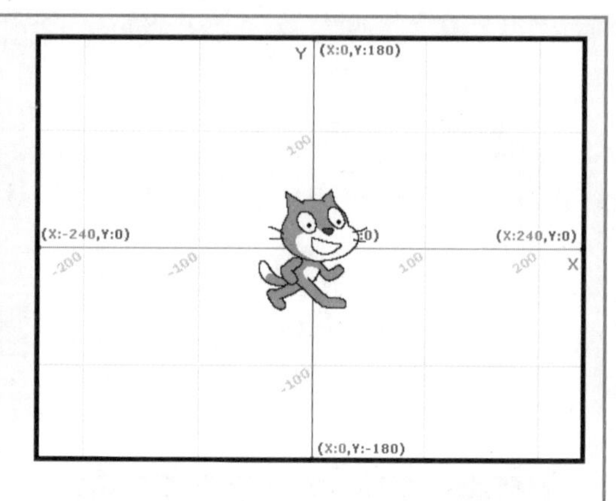

关于精灵（Sprites）

在 Scratch 中，舞台上的任何图形对象都被称为精灵（也有些教程会将其翻译作“角色”——译者注），每个精灵都拥有自己的图片资源。你可以为一个精灵设置固定的图片，也可以通过不停为精灵切换图片，从而实现播放动画的效果，你还可以让精灵与外界环境产生交互。每个精灵都具有表示其在舞台上位置信息的 x、y 坐标，并且你还可以随时命令 Scratch 来移除任何不需要的精灵。

关于脚本块（Blocks）

你可以通过组合不同的脚本块，对精灵的各种行为进行操作。就像常见的积木玩具一样，Scratch 中也具有非常多的脚本块种类供你进行选择，从而完成各类特定的复杂任务，例如控制精灵在舞台上向特定方向移动特定的步数、播放音效、显示 / 隐藏精灵，甚至还可以实现在精灵旁边冒出台词泡泡等。

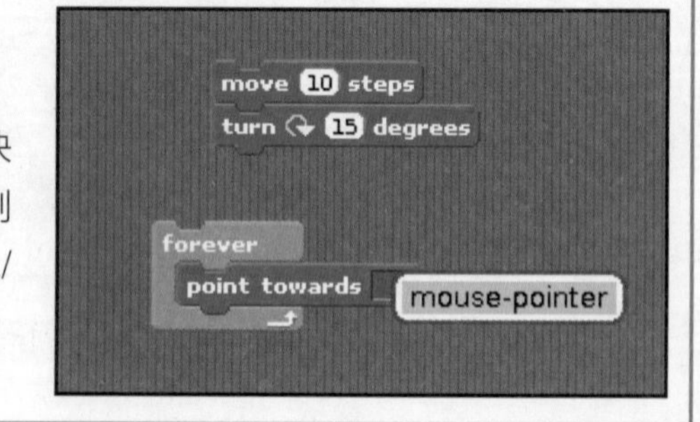

关于脚本块的种类

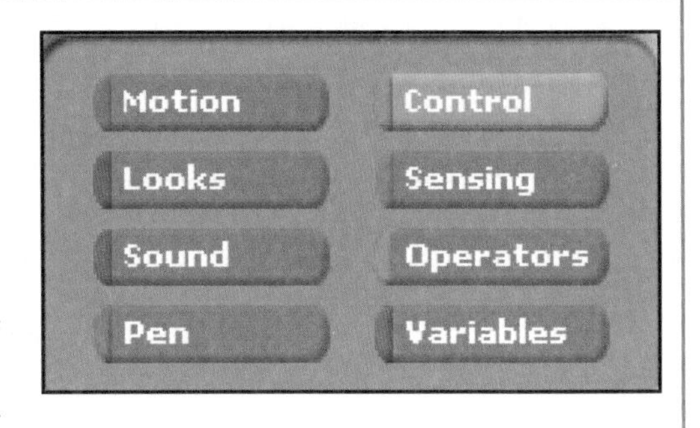

在Raspbian系统上，Scratch拥有8种类型的脚本块：Motion（行动）可以移动或旋转精灵；Looks（外观）可以控制精灵的形状和颜色，并且还能为其添加台词泡泡；Sound（声音）顾名思义是用来播放音效的；Pen（画笔）用来在舞台上画线；Control（控制）可以用来循环执行其他脚本块，并且还能进行条件判断；Sensing（传感）用来获得精灵的颜色及位置信息，还可以获得鼠标的位置信息；Operation（操作）用来执行数学运算；Variables（变量）用来存储数值和状态。

关于脚本

你可以通过鼠标将脚本块从专门的“调色板”中拖曳出来，并将它们像玩拼图一样组合在一起。对于拼接起来的一组脚本块，我们将其称为脚本。通过使用脚本，你可以对精灵进行更加复杂的操作。每个精灵都可以拥有多个脚本，但在同一时间内，只有一个脚本可以得到执行。

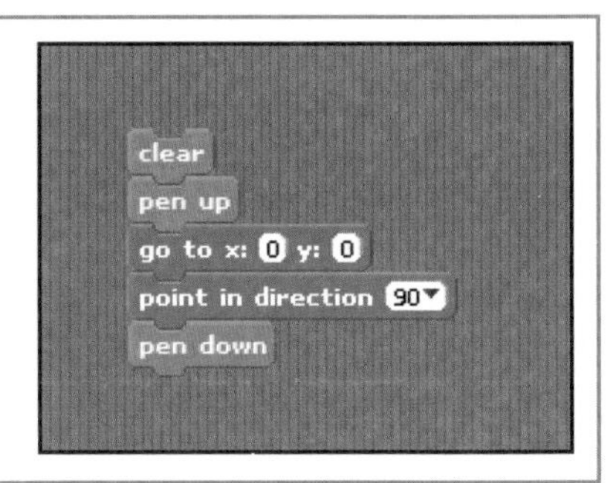

关于分享

通过网站http://scratch.mit.edu，你可以将自己的Scratch项目上传上去，也可以下载其他人创造的项目。在Scratch的共享WIKI（http://wiki.scratch. mit.edu）上，你可以获得更多的详细信息。需要注意的是，Raspbian上的Scratch并不一定是最新版本，所以Wiki上提到的某些新特性并不一定能在你的Scratch中得以实现。

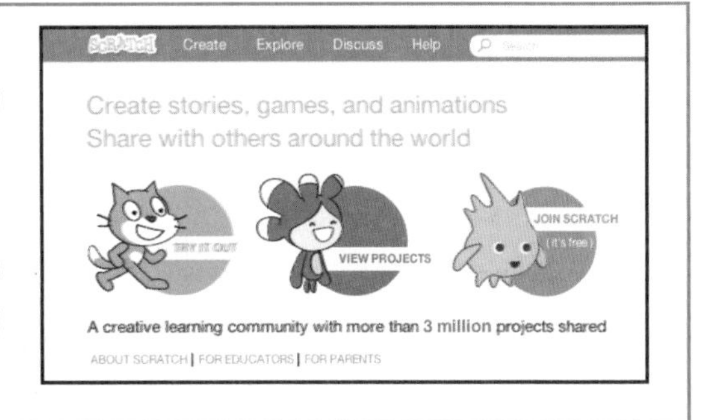

导入造型

你可以导入一个或多个造型（costume），从而对精灵的外观进行设置。精灵本身在舞台上只是个具有位置信息的空白物体，为让其变得可见，你需要为其导入适当的造型，并根据实际情况对其进行适时的切换。

当你启动 Scratch 时，它默认会加载一个名为 Sprite1 的精灵，其默认的造型是一只卡通的小猫。除了小猫以外，Scratch 中还自带了预装的造型库，你可以从中进行选择并为精灵导入新的造型。

导入造型

1 如果当前没有启动桌面环境，请在命令行中执行 startx。

2 双击 Scratch 的图标。

Scratch 会加载默认的新项目，并在空舞台中加上默认的精灵。

3 单击 Costumes 选项卡。

4 单击 Import（导入）。

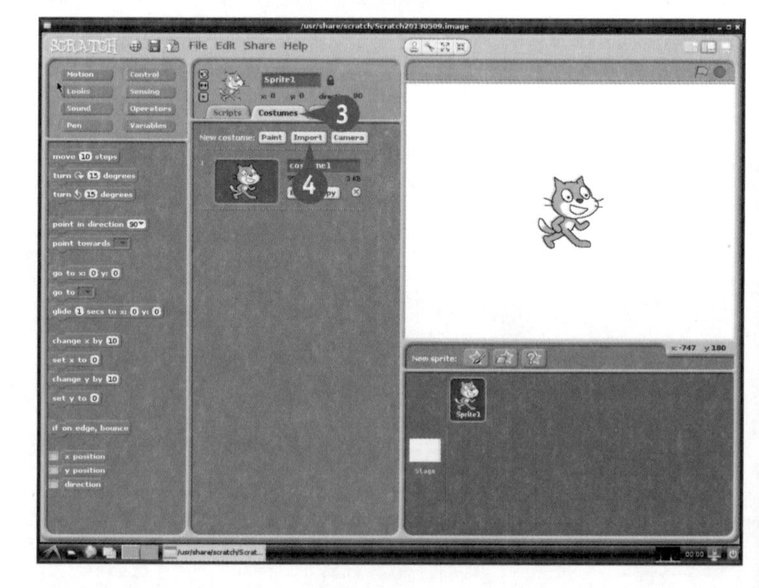

Scratch 会打开导入造型的对话框。

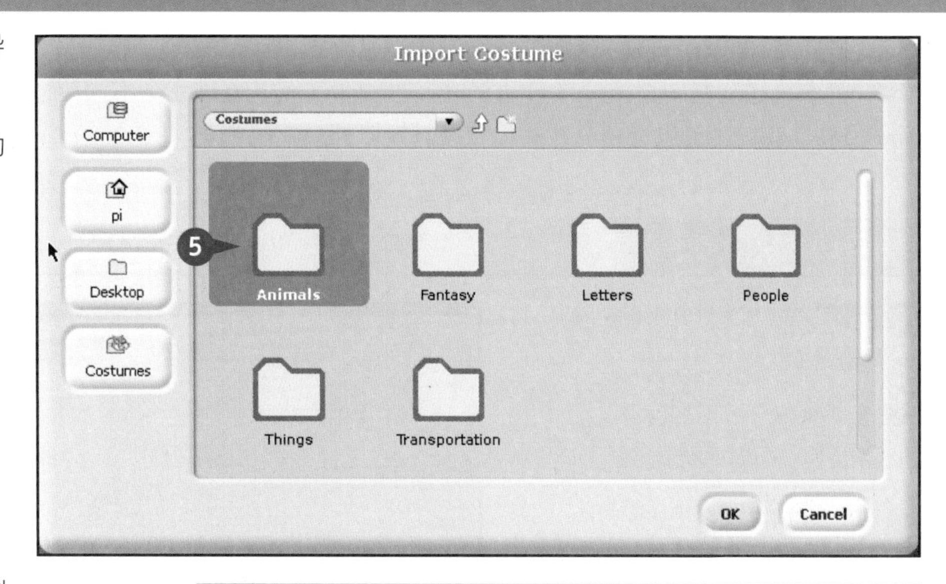

5 双击 Animals（动物）文件夹。

6 选择一个造型，例如蝙蝠 bat1-a。

7 单击 OK。

A Scratch 会加载 bat1-a（蝙蝠）造型，并将其加入 Sprite1 精灵的可选造型列表中。

建议

为什么有些造型拥有a和b两个版本？

这些具有 a 和 b 两个版本的造型，正适合用来制作简单的动画，例如你可以加载蝙蝠的 a、b 两版造型，然后创建一个脚本，让精灵在这两个造型间进行切换。当脚本执行时，蝙蝠看起来就好像在扇动翅膀一样了。People（人物）文件夹中的有些造型拥有更多的版本，所以你可以通过它们创建更复杂的角色动画，从而让精灵做出行走或者跳舞之类的动作。

使用脚本块切换造型

你可以通过单击“选择”来切换精灵的造型，但使用脚本块来完成这一任务往往才是更好的选择。脚本块让造型的切换可以自动完成，所以你就可以通过几个不同的造型组合来制作动画效果了。另外，我们还可以让精灵在互相碰撞时发生外观上的变化。

使用脚本块切换造型

❶ 导入 bat1-a 和 bat1-b 两个蝙蝠造型。

注意：如果你忘记了如何导入造型，请翻看前面的相关章节。

❷ 单击 **Scripts**（脚本）选项卡。

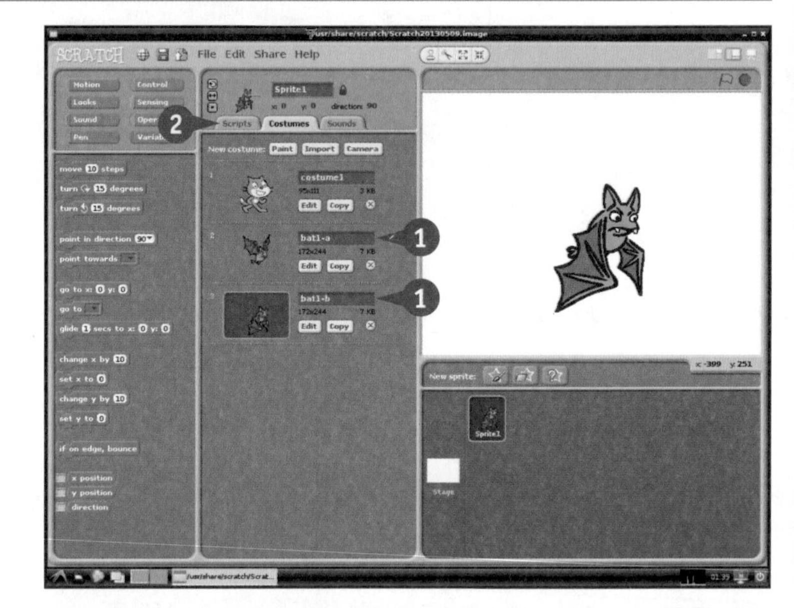

Ⓐ Scratch 会显示 Sprite1 的脚本区域，不过目前还是空白的。

❸ 单击 **Looks**（外观）。

Ⓑ Scratch 会列出 Looks 类的全部脚本块。

❹ 单击 **switch to costume** 脚本块，将其拖入脚本区域，并松开鼠标。

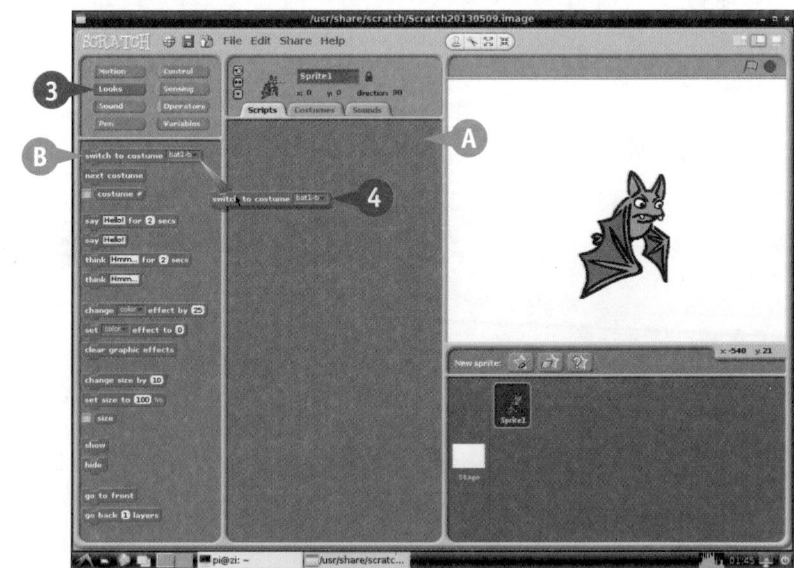

5 选择另一个 switch to costume，并将其拖入脚本区域。

6 单击其中第一个代码块，这会显示出所有可选的造型。

7 选择 bat1-a 造型。

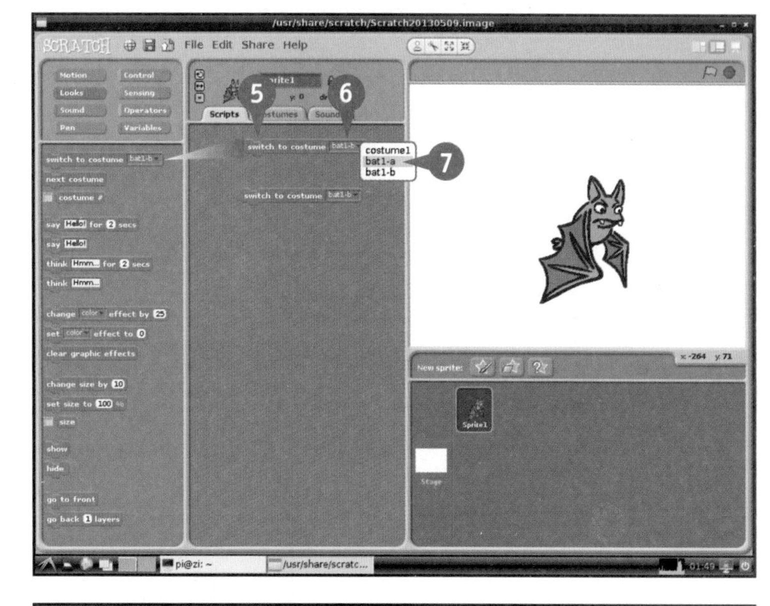

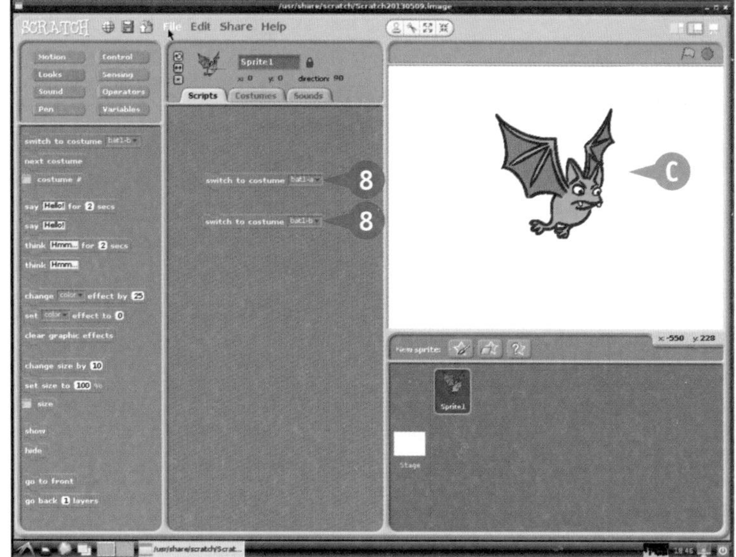

8 单击下一个代码块。

C 选择另一个蝙蝠造型。

现在我们的小蝙蝠应该已经在扇动翅膀了。

建议

我可以让造型自动切换吗?

是的，你可以加入其他脚本块从而实现造型的自动切换。关于如何实现，可以可以参考接下来的内容。

造型的数量有上限吗?

没有，虽然大多数项目只会为精灵设置有限的几种造型，但理论上你可以将库中的全部造型都设置在一个精灵上。不过，由于最终用户看到的实际只是造型，而并非精灵本身，所以使用过多的不必要造型只会让他们感到非常困惑。

创建循环

你可以通过脚本块来创建循环结构，从而重复执行某些脚本内容。你还可以在脚本中进行条件判断，例如当精灵处于舞台上的特定区域时，改变其造型等。

为了不停循环执行一段脚本，请使用 forever 代码块。为了让某段脚本执行特定次数，请使用 repeat 代码块。你还可以通过使用 delay 脚本块，从而让某段脚本首先等待特定的一段时间，然后再开始其执行。

创建循环

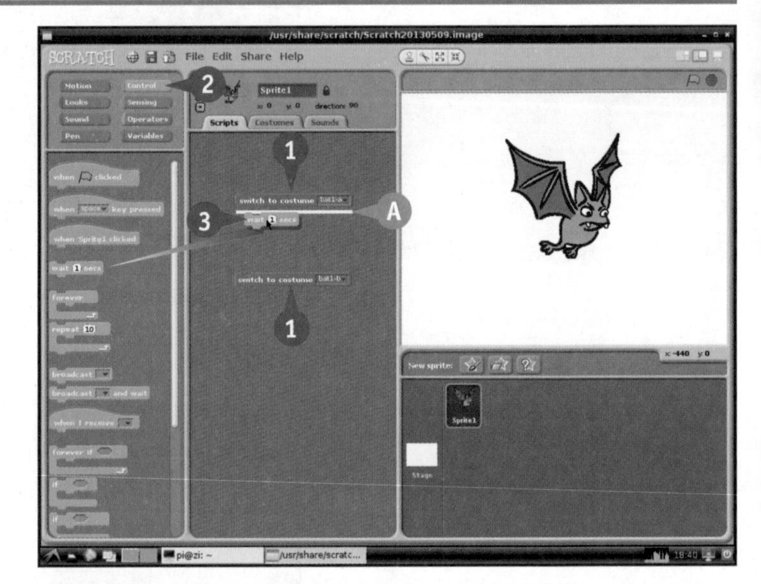

1 创建一个新脚本，导入两个造型，并将它们分别加入脚本块中。

注意： 如果忘记了如何进行造型的导入以及如何使用脚本切换造型，请翻看前面的章节。

2 单击 **Control**。

3 将一个 wait 代码块拖到第一个 **switch to costume** 脚本块的下面。

A 靠近时 Scratch 会显示白色边框。

注意： 白色边框表示如果你在此放下脚本块，它将与另一个脚本块“连接”在一起。

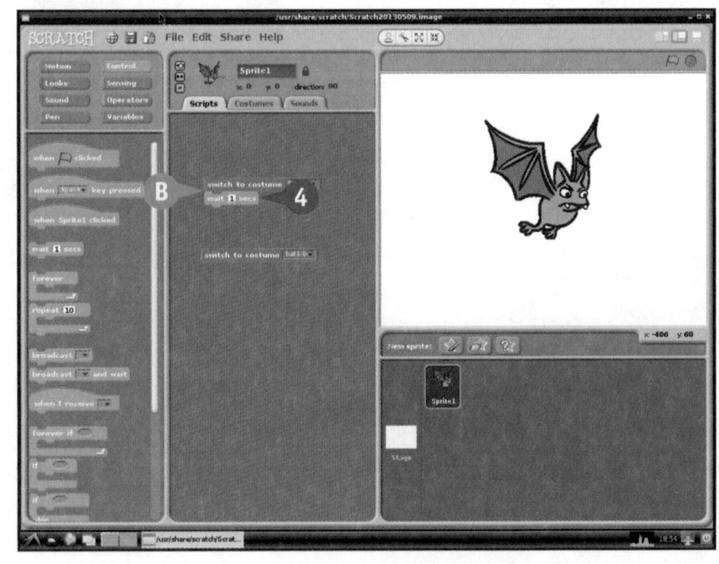

4 松开鼠标从而将两个脚本块相连。

B 这意味着两个脚本块将按照先后顺序来执行。

注意： 你可以将脚本块放在其他脚本块的上方或下方。

注意： 你只可以连接外观上具有“插头”和“凹槽”的脚本块。例如，有些脚本块具有圆弧形的顶部，这就表示你无法在其上方再放置其他的脚本块了。

5 将另一个 wait 脚本块拖放到第二个 **switch to costume** 脚本块的下方。

6 将下面的一对脚本块向上拖动，并与第一对脚本块的底端相连接。

Scratch 会把四个脚本块组成一整体，从而形成一整段脚本。

7 单击任意一个代码块来执行这个新脚本。

C 你会看到现在蝙蝠每次扇动一下翅膀。

注意：你可以将任意数量的脚本块组合在一起。

注意：单击脚本的任何一处都可以开始执行。

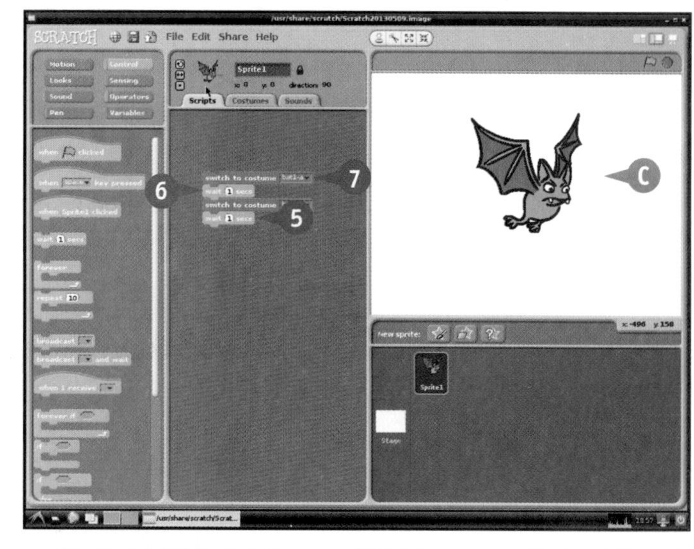

8 从左侧将一个 forever 脚本块拖曳出来。

9 将其放置在刚才脚本的顶部。

注意：你会看到，其边界自动地将内部的全部脚本块都包裹了起来。

10 单击任意代码块。

D 现在蝙蝠每次会连续扇动两下翅膀。

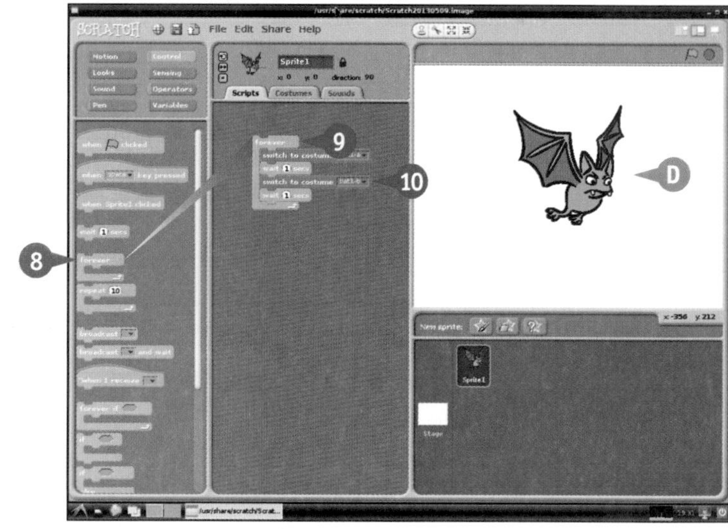

建议

为什么有些脚本块拥有圆弧形的顶部？

这类“帽子脚本块”用来放在整段脚本的最顶部。通常你可以通过单击脚本来执行它，如果脚本以“帽子脚本块”开头的话，那么你就可以用别的方式来执行它，例如单击某个精灵、按下某个按键或者单击位于舞台右上角的绿色播放按钮。

如何停止脚本的执行？

要停止脚本，直接单击脚本块就可以了，正在运行的脚本会具有白色的边框。首次单击脚本会开始执行，而再次单击则会将其停止，如此往复，就这么简单。

移动精灵

你可以通过使用 motion 类脚本块来改变精灵的位置，x 轴坐标控制精灵在舞台上的左右移动，y 轴坐标则可以控制其上下移动。使用 go to 脚本块可以让精灵直接跳转到舞台上的另一个位置，而 glide 则会让精灵进行平滑的移动。另外，使用 move 脚本块加上步数，就可以让精灵根据其当前所处位置来进行移动（除了位置，还与精灵在舞台上所面向的方向有关）。不仅如此，使用 sensing 脚本块还可以实现让精灵跟随鼠标光标或另一个精灵进行移动的效果。

移动精灵

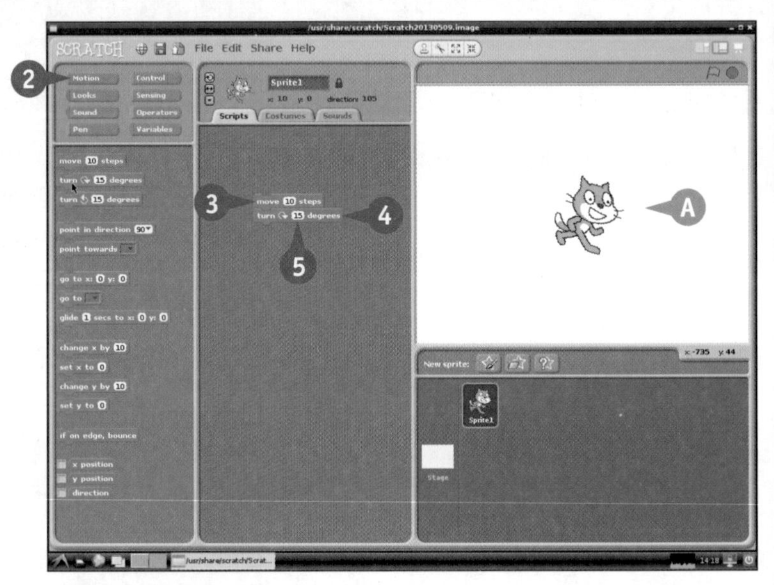

❶ 进入桌面环境，找到并打开 Scratch 程序。

❷ 单击选中 **Motion** 类脚本的按钮。

❸ 将一个 move 10 steps 脚本块拖入脚本编辑区中。

❹ 将一个 turn 15 degrees clockwise 脚本块用鼠标拖出，并连接在其下面。

❺ 单击任一脚本块。

Ⓐ 精灵会向右移动 10 步，然后顺指针旋转 15 度。

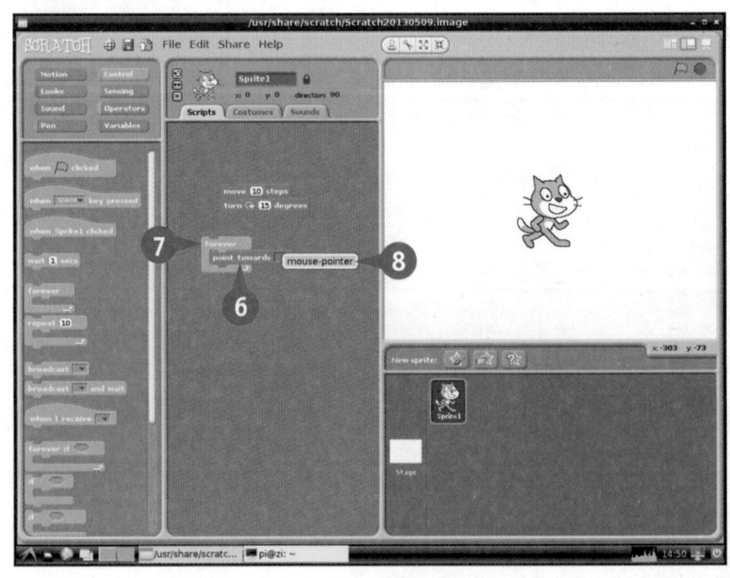

❻ 将一个 point towards 脚本块拖入脚本编辑区。

❼ 再将一个 forever 脚本块拖入编辑区，并包围 point towards 脚本块。

❽ 单击 point towards 脚本块上的选择框，并选择 **mouse-pointer**（鼠标光标）。

9 单击 **forever** 脚本块进行执行。

B 你会发现精灵正在根据鼠标光标的位置进行转向。

10 将一个 glide 脚本块拖入编辑区，并将其放在 point toward 脚本块的上方。

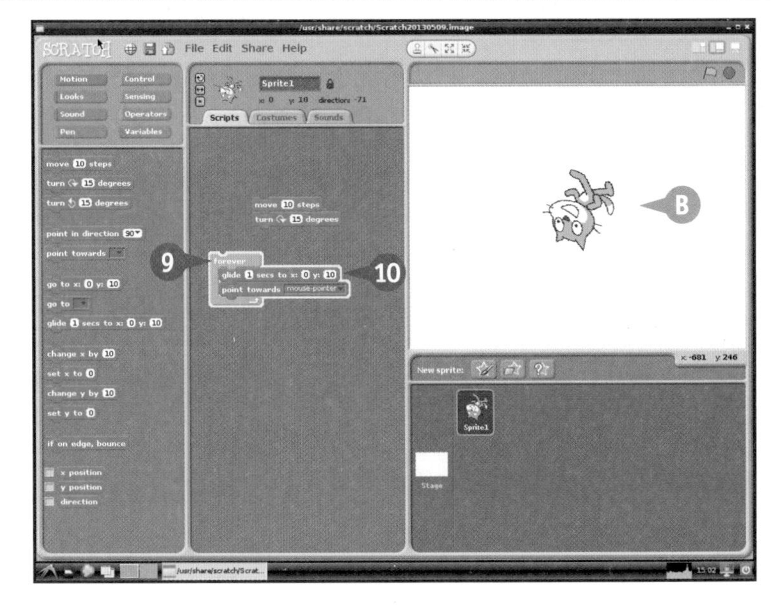

11 单击 **Sensing** 脚本分类。

12 将一个 `mouse x` 脚本块拖入到前面 `glide` 脚本块的“x”输入框中。

13 将一个 `mouse y` 脚本块拖入到前面 `glide` 脚本块的“y”输入框中。

注意： mouse x 和 mouse y 用来读取当前鼠标光标的位置坐标。

C 你会发现精灵开始跟随着鼠标光标在舞台上移动。

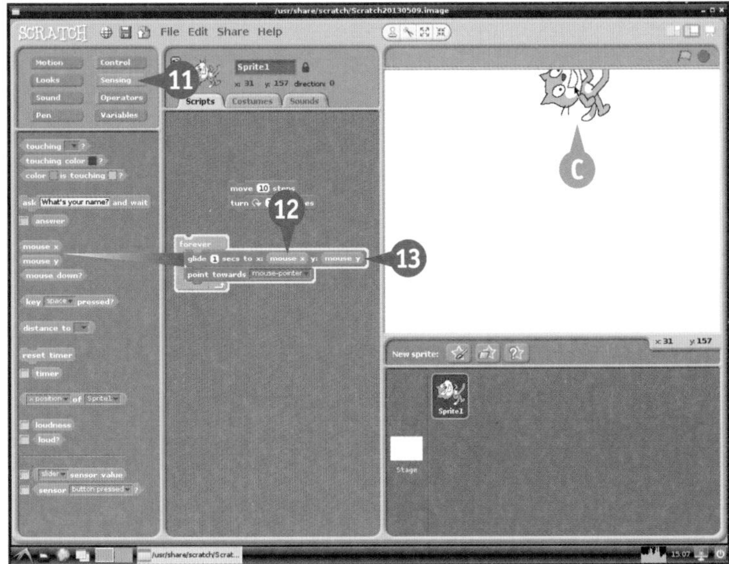

建议

glide脚本块后面的数字是做什么的？

这个数字会定义精灵将以什么样的速度完成位置变化，你可以单击该数字从而改变其值。如果改为 10，那么一次平滑移动将花费 10 秒来完成；如果改为 0，则移动会在瞬间内完成。

sensor脚本块做了什么？

你可以额外购买 Scratch 的硬件工具包，包括按钮和滑块等基础硬件组件。但不幸的是，这个工具包目前还不兼容树莓派，所以我们暂时无法使用 sensor 类的脚本块。

增加反弹行为

你可以通过 if on edge, bounce 脚本块让精灵在碰撞到屏幕边缘时进行反弹。这会改变精灵所面向的方向。默认情况下，当发生碰撞反弹时，精灵面向的方向将会发生反转。

如果上述提到的默认转向行为并不是你所希望的，那么可以找到精灵的预览窗口，用左侧的三个按钮对反弹行为进行调整，第一个按钮（⟲）允许全部方向的反转，第二个按钮（↔）只允许在反弹时进行左右方向的反转，而第三个按钮（▪）则彻底禁止了任何碰撞反弹时的方向变换。

增加反弹行为

1. 登录桌面环境并打开 Scratch 程序。
2. 单击 **Motion** 类脚本块按钮。
3. 将一个 move 10 steps 脚本块拖入脚本编辑区。
4. 将一个 if on edge, bounce 拖放到它的下面。

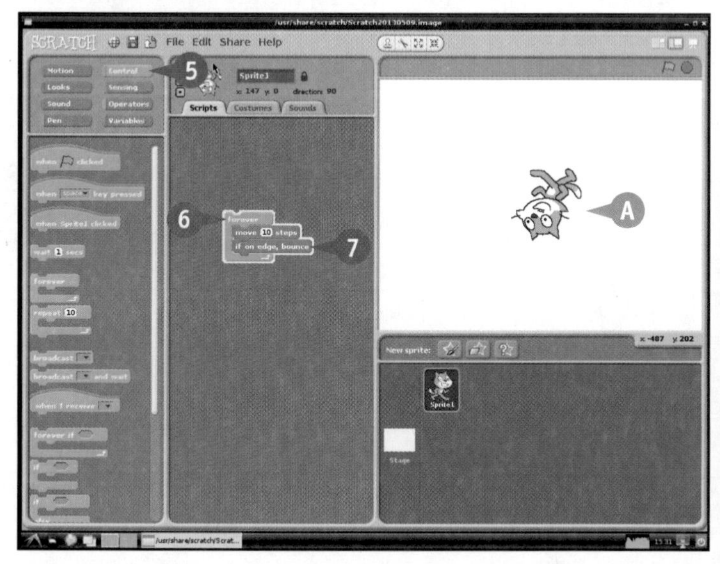

5. 单击 **Control** 类脚本块按钮。
6. 将一个 forever 脚本块拖入并包裹前两个脚本块。
7. 单击任意脚本块。

Ⓐ 你会发现精灵会在碰撞到屏幕边缘时反转运动方向，并不断重复这个过程。

注意： 如果你在第 4 步中没有重置精灵的方向，那么可能会发生没有规律的随机碰撞反弹行为。

8 单击 only face left and right 按钮（[↔]）。

B 这样当精灵发生碰撞时，它只会在左右的方向上进行反转。

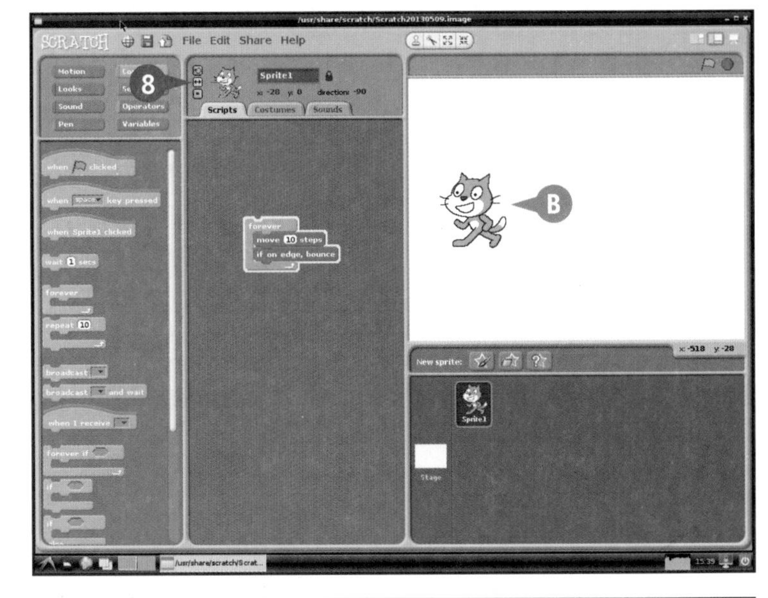

9 单击 the do not rotate 按钮（[□]）。

C 现在即使发生碰撞，精灵也会永远面朝舞台的右侧（准确地说是其初始朝向）。

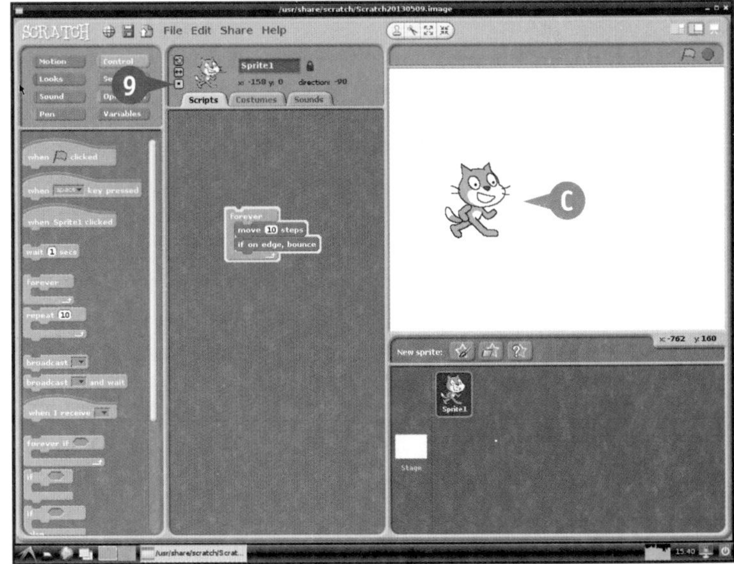

建议

如何设置精灵的初始位置和朝向呢？

在 forever 脚本块之前加上一个 `go to` 脚本块以及 point in direction 脚本块。将 `go to` 的位置设为 x:0 和 y:0，将 `point in direction` 的值设为 90，这会将精灵放置在舞台正中央，并令其面朝右侧。

为什么我的精灵在碰撞时随意变向？

如果没有取消精灵的反弹转向行为，并且其初始朝向不是 90 或 -90，那么碰撞反弹的行为就会非常不规则。

碰撞检测

你可以通过 Sensing 类的 touching 脚本块，来检测精灵是否与其他精灵或舞台边缘发生了碰撞。为了使用 touching 脚本块，请将其放置在一个 control 脚本块中，从而进行相关的条件判断。

例如 repeat until 可以让精灵保持移动，只在互相碰撞时才发挥作用。为了让精灵具有复杂的行为，你可以使用多个 control 类脚本块的组合，例如让某个精灵向右移动，当碰到其他精灵时显示一条台词并停下来一会，然后再转向反方向继续运动。

碰撞检测

1. 登录桌面环境并打开 Scratch 程序。
2. 将默认精灵拖曳到舞台的右侧边缘处。
3. 在精灵编辑区里的 **Sprite1** 上单击鼠标右键。
4. 单击 **duplicate** 创建这个精灵的一个副本。

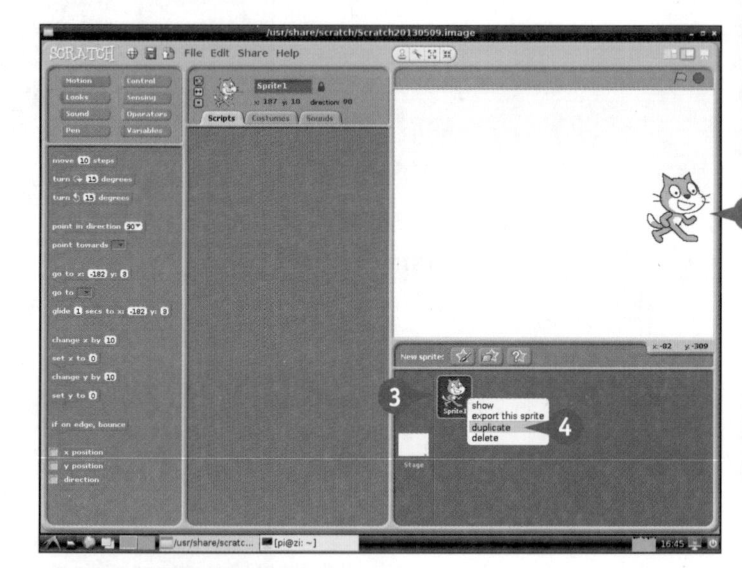

5. 单击新创建出来的 **Sprite2**。
6. 单击 **Motion** 类脚本块按钮。
7. 将一个 go to 脚本块拖入编辑区，并将其 x 设为 **-330**，y 设为 **0**。

注意： 为了对数值进行设置，你需要单击输入框，输入目标数值，并按下 Enter 以确定。

8. 将一个 point in direction 脚本块拖到 go to 脚本块的下方。

注意： 请保证其初始朝向被正确设置为 90 度。

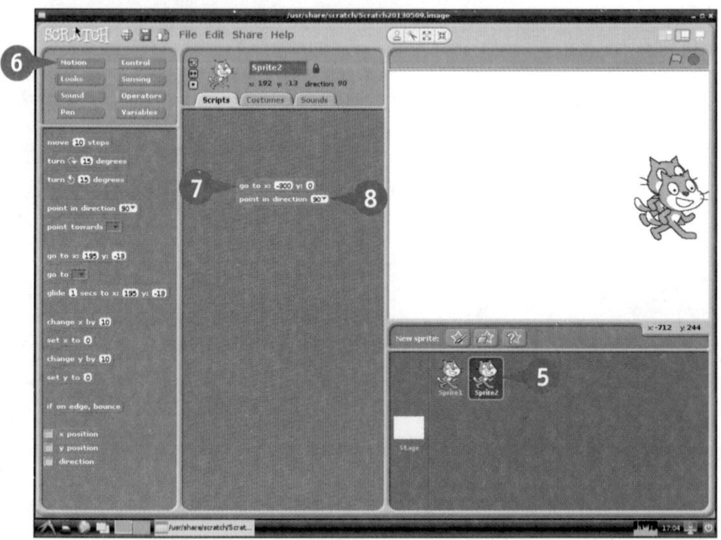

9 单击Control类脚本块按钮。

10 将一个 repeat until 拖放到 point in direction 脚本块底部。

11 单击 Motion 类脚本按钮。

12 将一个 move 10 steps 脚本块拖入到 repeat until 脚本块的内部。

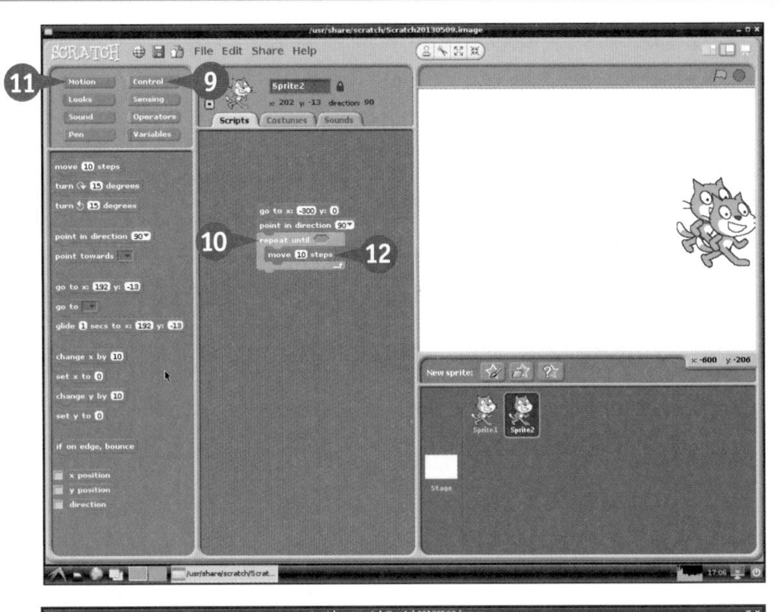

13 单击 Sensing 类脚本块按钮。

14 将一个 touching 脚本块拖入到 repeat until 脚本块的条件判断框里。

15 单击目标选择框并从弹出菜单中选择 Sprite1。

16 单击任一脚本块来进行执行。

A Sprite2 会跳到舞台左侧，并开始向 Sprite1 移动，在两者接触时停下来。

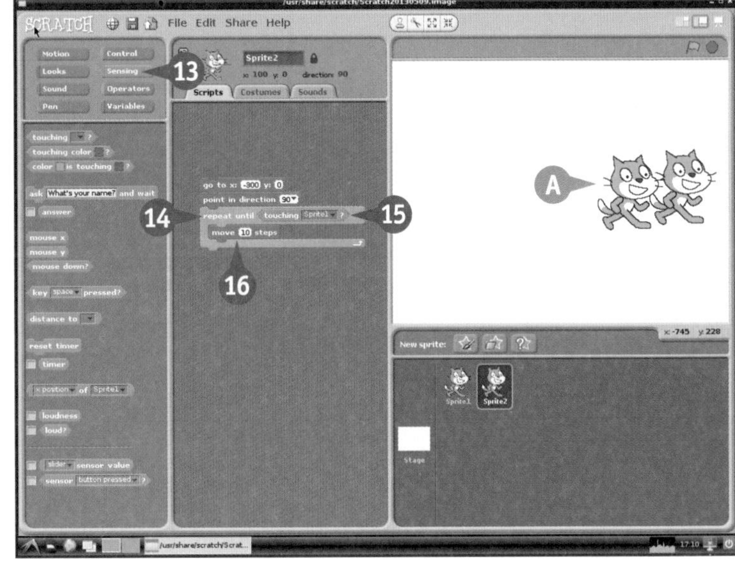

建议

如何控制精灵移动的速度呢？

你可以改变 move...steps 脚本块里的数值，越高的数值代表着越快的移动速度，不过过大的数值会造成移动过程的不流畅。你也可以使用 wait 脚本块，通过设置 0.5 秒来让精灵移动慢下来。如果觉得还不够慢，可以考虑设置大于 1 秒的延时。

如何使用glide-to脚本块呢？

你可以使用 glide-to 脚本块来完成对精灵的移动和碰撞检测。如果结合使用 sensing 类脚本块，你可以完成更加复杂的运动和碰撞检验，从而让精灵之间的交互行为更加丰富。例如使用 Looks 类的 say 脚本块，让你的精灵在发生碰撞时说出一句台词等。

鼠标和键盘行为

通过使用 sensing 和 control 类的脚本块，可以让精灵对鼠标和键盘的行为作出反应。最常用的 sensing 类脚本块是 `mouse down` 以及 `when...key pressed`，前者用于检测鼠标是否被按下，而后者则可以获知键盘的特定按键是否被按下。

鼠标和键盘行为

1. 登录桌面环境并打开Scratch程序。
2. 单击 **Control** 类脚本块的按钮。
3. 将一个 `when...key pressed` 脚本块拖入到编辑区中。
4. 将一个 `repeat until...` 拖放到 `when...key pressed` 脚本块的下方。

注意： 你可以对 `when...key pressed` 所对应的键盘按键进行设置。

5. 单击 **Sensing** 类脚本块按钮。
6. 将一个 `mouse down` 脚本块拖入 `repeat until...` 脚本块上的六边形区域里。

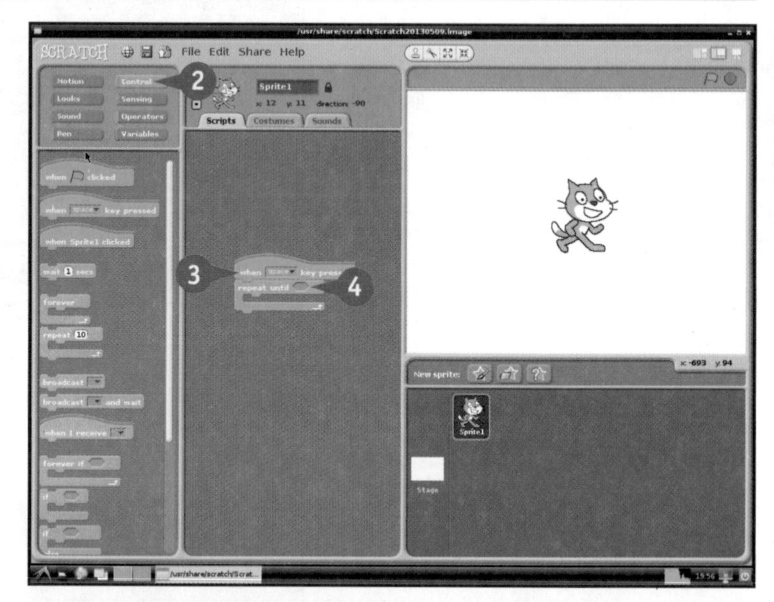

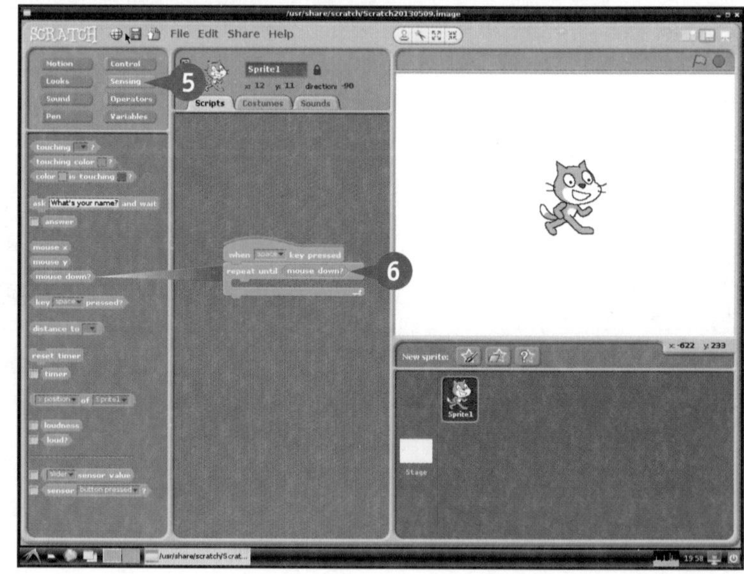

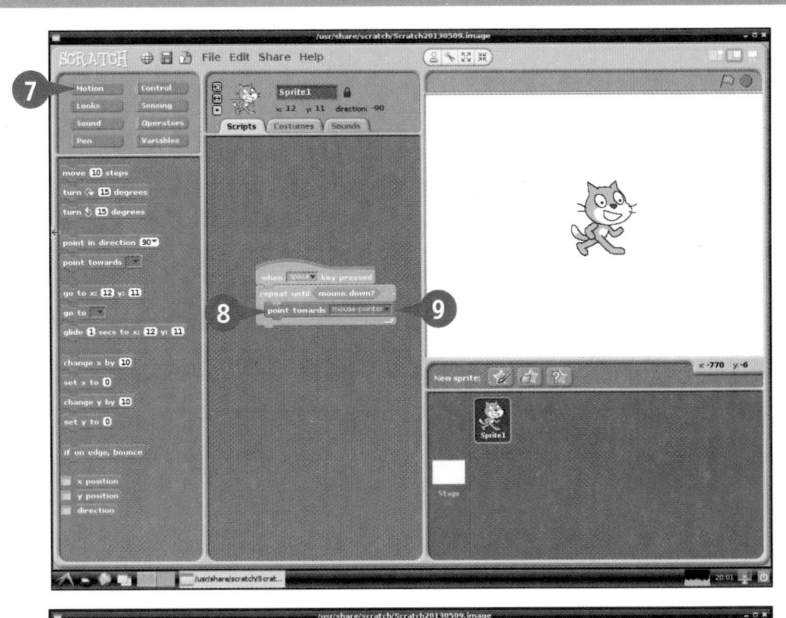

7 单击 Motion 类脚本块按钮。

8 将一个 point towards... 脚本块拖入 repeat until... 的中间。

9 单击并选择 mouse-pointer（鼠标指针）。

10 按下 Spacebar 。

A 精灵会根据鼠标光标的位置开始转向。

注意：如果没有反应，试着按下 can rotate 按钮（ ）来允许精灵进行旋转。

11 单击鼠标按键。

脚本会停止运行，并且精灵将会停止旋转。

注意：再一次按下 Spacebar 的话可以让精灵再次开始旋转。另外，你也可以再次单击鼠标来停止它。

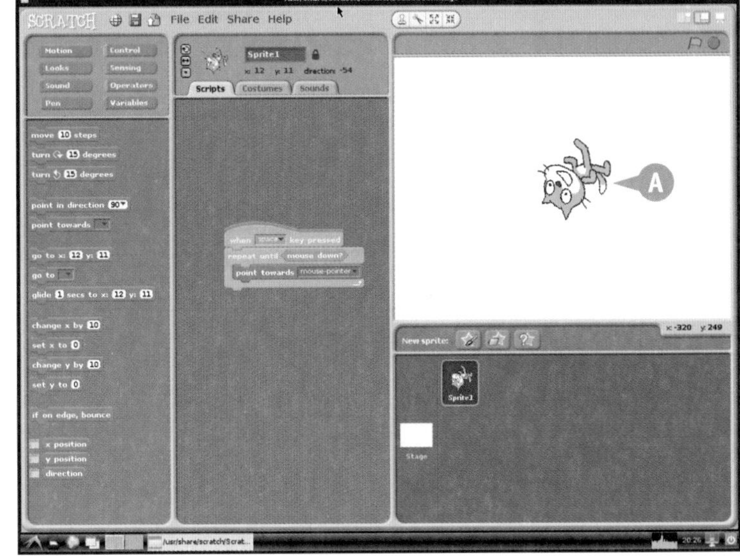

建议

我如何才能让精灵根据不同的键盘按键作出反应呢？
首先为每个按键创建一个脚本，然后分别通过 when...key pressed 脚本块来运行它们（在这之前记得设置不同的按键绑定）。这样你也许就可以制作一些简单的游戏了，例如用方向键来控制精灵在舞台上的移动方向。

如何将各种检测脚本块绑定在一起？
单击 Operators 分类，选择 ...and... 脚本块或 ...or... 脚本块，将其他 sensing 脚本块放入它们的六边形框中，然后将整个脚本块放入某个条件判断脚本块的六边形框中。and 脚本块意味着需要两个检测条件都通过才可以，or 脚本块则意味着两个检测条件中只要有一个符合就可以。

编辑造型

Scratch 中包含一个简单的造型编辑器程序，你可以通过它来创造新造型，或者对已有的造型进行简单的编辑修改。

如果想自己制作一个看得过去的新造型，就需要你具有一定的美术功底，不过即使你是这方面的菜鸟，依然可以尝试一下。如果对此实在不在行的话，也可以尝试对现有的造型进行一些编辑修改。

编辑造型

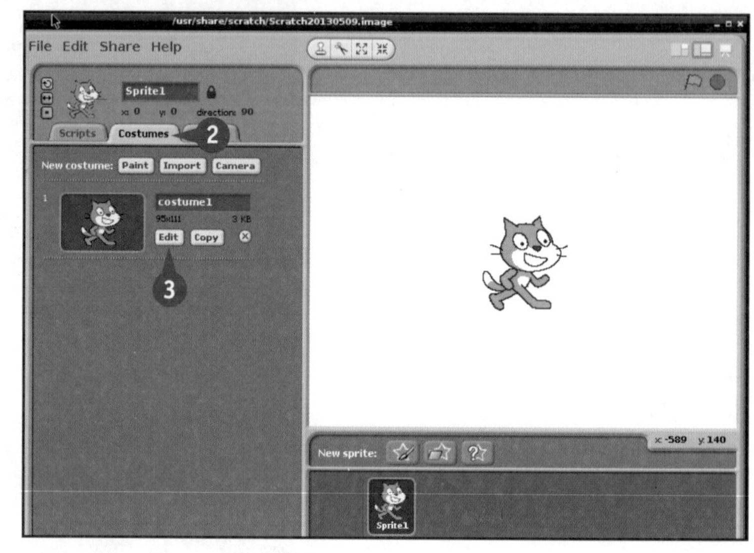

1 登录桌面环境并打开 Scratch 程序。

2 单击 **Costumes** 标签。

3 选择一个精灵，并按下其旁边的 **Edit** 按钮。

注意： 在本例中我们选择了默认的小猫造型。

Scratch 会打开造型编辑器程序。

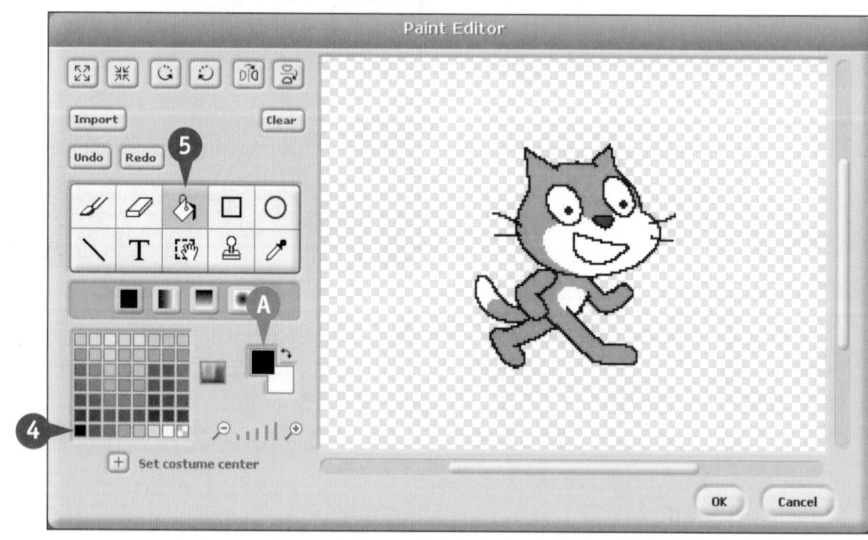

4 在调色板中用鼠标选择黑色。

A Scratch 会将前景色设置为黑色。

5 选择 **Fill** 工具（ ）。

注意： Fill（填充）工具会使用前景色对你单击的区域进行填色。

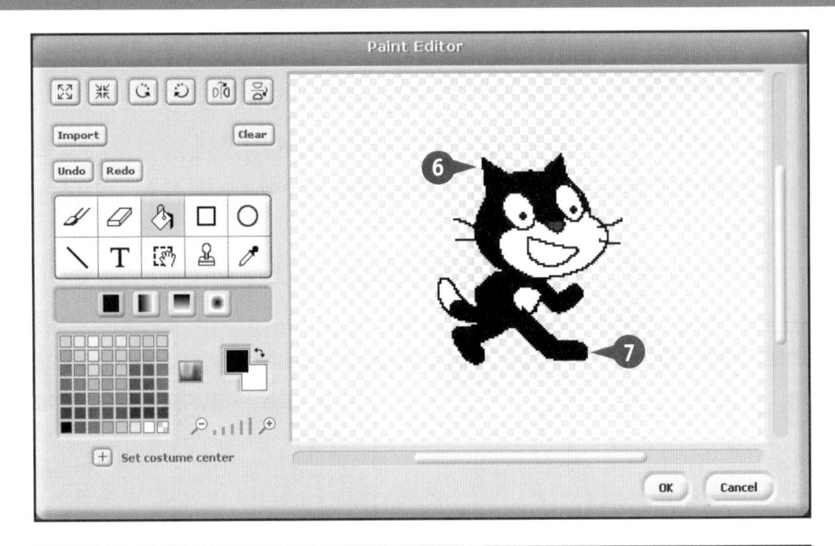

6 单击小猫身上的橙色区域，你会发现该区域变成了黑色。

注意：Fill 会选择填充与你单击区域颜色相同的区域。

7 单击其他橙色区域，直至将整只猫都变成黑色为止。

8 单击 Zoom 图标（缩放），来将图片放大一些。

注意：你可以通过拖动下方和右侧滚动条，来移动编辑区域。

9 单击剩下的小块橙色区域，将其全部填充为黑色。

10 单击 OK。

注意：Scratch 会提示你如何对编辑结果进行保存。

注意：如果仅仅是编辑的话，并不会保存对造型所做的修改。

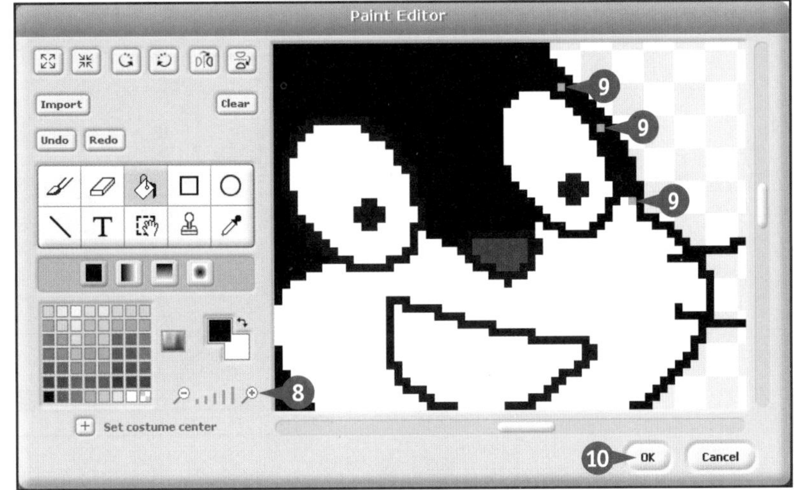

建议

我可以使用其他编辑器吗？

Scratch 的造型文件保存在 /usr/share/scratch/media/costumes 目录中，你可以使用任何图片编辑器来对其内容进行编辑、修改。注意，文件尺寸应小于 150 像素，并且需要使用 GIF 或 PNG 格式。记得在编辑结束后，确保正确清除了图片周围的非透明白色背景。

GIF文件会直接播放动画吗？

不会，Scratch 并不支持 GIF 动画。为了创建动画效果，请将每一帧保存为单独的造型图片文件，然后通过按顺序切换造型来制作动画效果。关于如何进行造型的导入，请参考前面的章节。

改变舞台背景

你可以使用照片或其他图片来替代舞台的默认白色背景，改变舞台的背景并不会影响精灵的造型以及脚本在其上的执行结果。

Scratch 中包括了一些可导入的图片资源，供你用来进行背景的替换，大多数图片资源只会带来一些装饰性的改变，但其中一张图片却非常有用：它自带有 X、Y 坐标信息，因此你可以很方便地进行精灵的移动和对位。

改变舞台背景

1. 登录桌面环境并打开 Scratch 程序。
2. 单击 **Stage**。
3. 单击 **Import**。

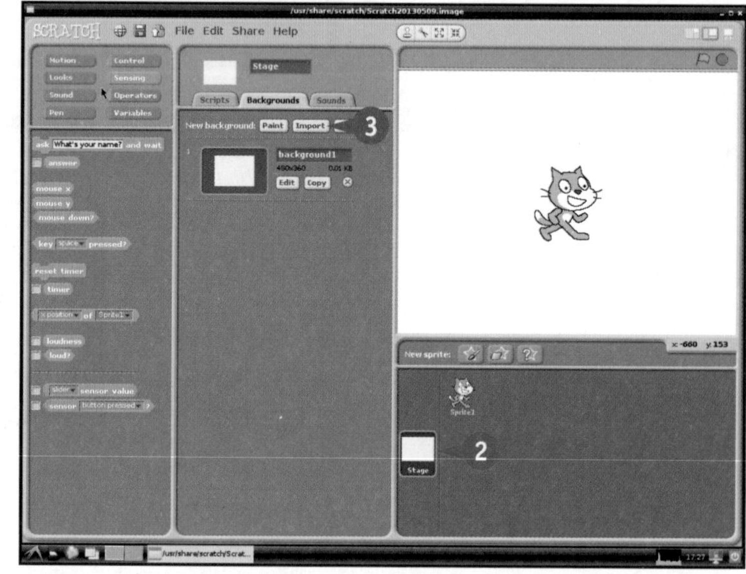

背景导入对话框会被显示出来。

4. 选择 **xy-grid**。
5. 单击 **OK**。

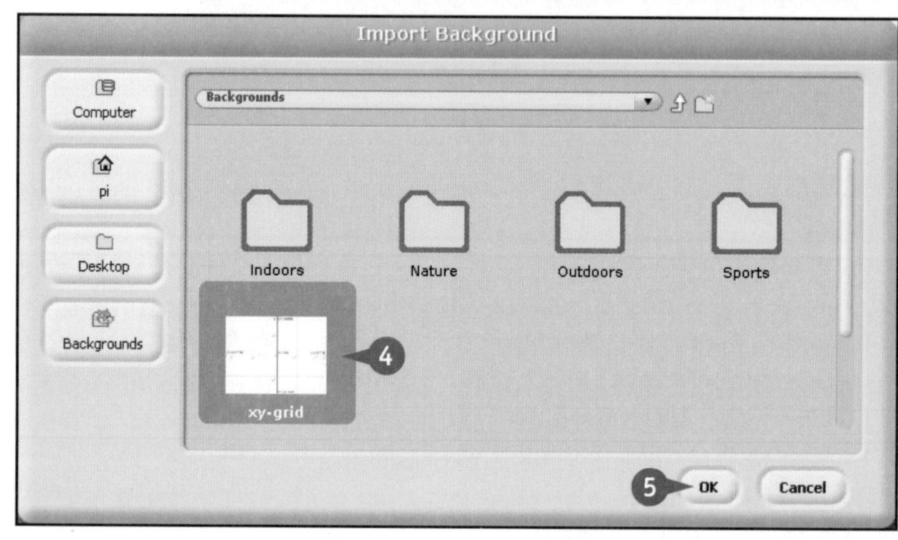

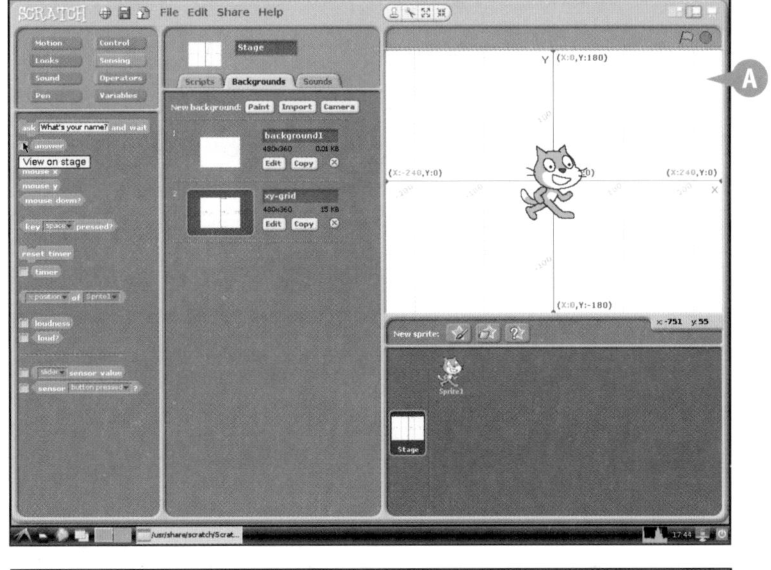

Ⓐ Scratch 会将舞台的背景替换为 xy 参照图。

注意： 其上的数值代表了 x、y 坐标。你可以在使用脚本控制精灵的移动时，借助它们来进行对位参考。

6 单击 Import。

背景导入对话框会被显示出来。

7 双击打开任何文件夹。

注意： 本例中选择了 Nature（自然风光）文件夹。

8 选择任意的图片资源。

9 单击 **OK**。

Ⓑ Scratch 会将该图片加载为舞台的背景。

建议

我可以编辑背景图片吗？

是的，你可以使用图片编辑器来对背景图片进行修改，具体方法和编辑造型完全一致，所以可以参参考前面关于编辑造型的内容。不过对背景图片进行编辑并不算太容易，所以你也可以考虑自己绘制背景。

我可以使用自己的图片作为背景吗？

是的，Scratch 把背景保存在 /usr/share/scratch/media/backgrounds 目录中，你可以使用自己的照片来充当背景，并且可以任意地对其进行编辑修改。只要将图片保存在这个路径，你就可以在 Scratch 中加载它，标准大小是 480 像素 ×360 像素。

播放声音

通过使用 sound 类脚本块，你可以在 Scratch 中播放各种音效和音乐。

其他平台上的最新版 Scratch 中通常包含了功能丰富的音频编辑、混音工具 *General MIDI Specification*，从而可以进行多种乐器效果的编排。但是这些并不能在树莓派上实现，因为树莓派自带的 Scratch 版本中并没有包含 *General MIDI Specification* 程序。

播放声音

1. 登录桌面环境并打开 Scratch 程序。
2. 单击 **Sound**。
3. 将一个 `play sound...` 脚本块拖入编辑区。
4. 单击该脚本块，从而播放声音。

注意：如果你没有听到声音，请参考第 8 章中关于音频设置的相关内容。

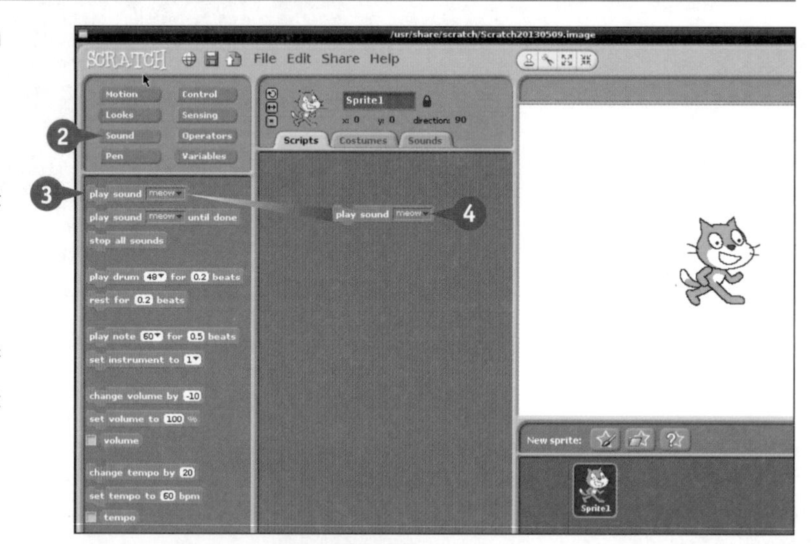

5. 单击 **Import** 进行导入。

   声音导入对话框会被显示出来。

6. 双击以打开任意文件夹。

注意：本例选择了打开 Animal（动物）文件夹。

7. 单击任意声音来试听。
8. 单击 **OK** 就可以导入选中的声音。

   现在你就可以在 `play sound...` 脚本块中选择该声音资源了。

注意：如果无法进行试听，或者导入时系统报错，请参考第 8 章中关于音频设置的相关内容。

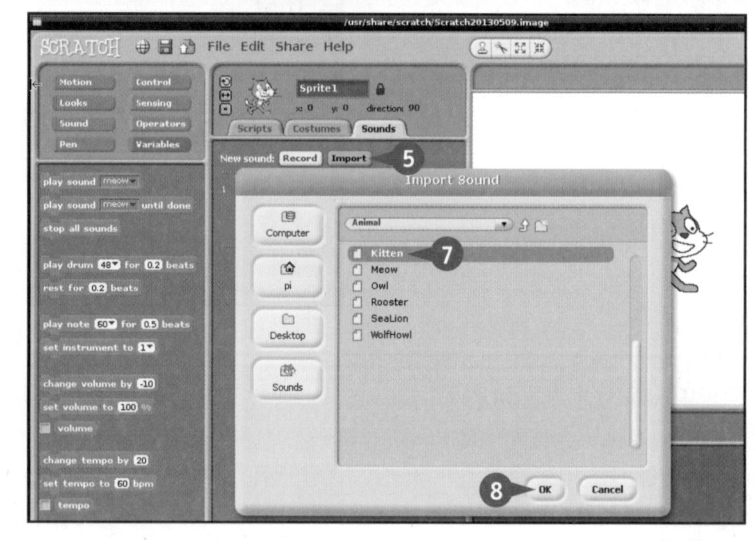

❾ 将一个 `play drum...`（播放鼓声）拖入编辑区。

❿ 单击脚本块可以进行声音的播放。

⓫ 单击数字框，可以看到全部鼓声资源的列表。

⓬ 从中选择一个，Scratch 会播放与刚才不同版本的声音。

注意：但实际上听起来并没有什么区别，因为我们缺少混音器程序。

⓭ 将一个 `play note... for... beats`（播放音符）拖入编辑区。

⓮ 单击脚本块来播放音符。Scratch 会播放一个音色类似长笛的音符。

⓯ 单击数字框来改变音符。

⓰ 从钢琴键盘中选择你希望使用的音符。

注意：你也可以单击数字框后直接输入音符。

注意：60 代表中央 C。

注意：例如想要播放一段简单的旋律，可以尝试 **60、60、67、67、69、69** 以及 **67**。

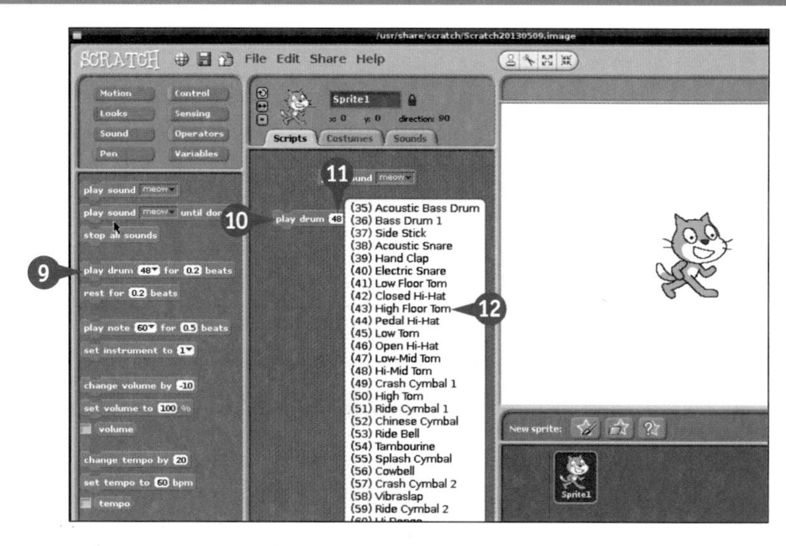

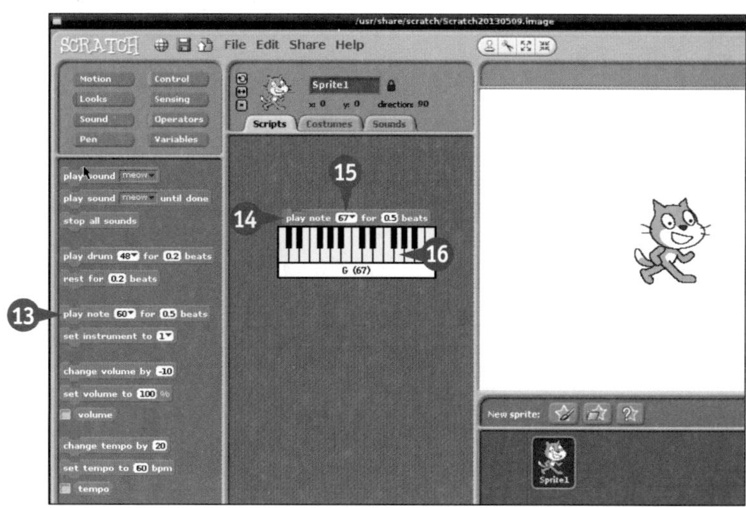

建议

我可以录音吗？

如果希望录音的话，必须保证有兼容的 USB 声卡。默认情况下，树莓派是无法进行录音的。

我可以同时播放多个声音吗？

不，树莓派上的 Scratch 版本无法进行混音。要在同一时间播放多音符，可以使用 `playnote...` 脚本块，记得在播放时为其设置合适的音量。

使用变量

通过使用变量，可以让你的脚本变得更加强大。对比直接在脚本块中使用数字值来作为参数，变量可以提供更高的代码灵活性。

默认情况下，变量会具有其专用的编辑框，你可以对其显示的外观进行编辑，例如小数字编号加上变量名、只显示大数字编号、小数字编号加变量名以及一个滑块（你可以通过拖动这个滑块来调整变量的值）。

使用变量

1 登录桌面环境并打开 Scratch 程序。

2 单击 Variables。

3 单击 Make a variable 来创建一个变量。

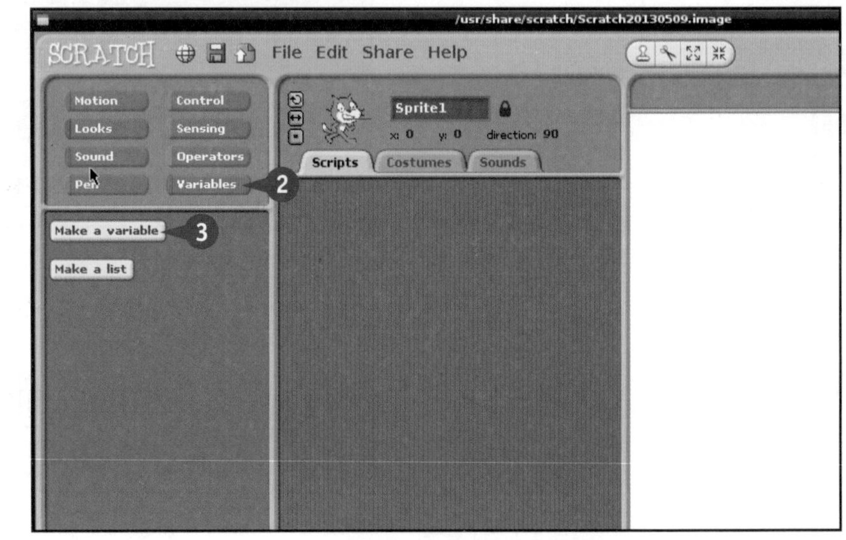

4 为变量输入一个适当的名字。

注意：本例中使用变量名 `distance`（距离）。

5 单击 OK。

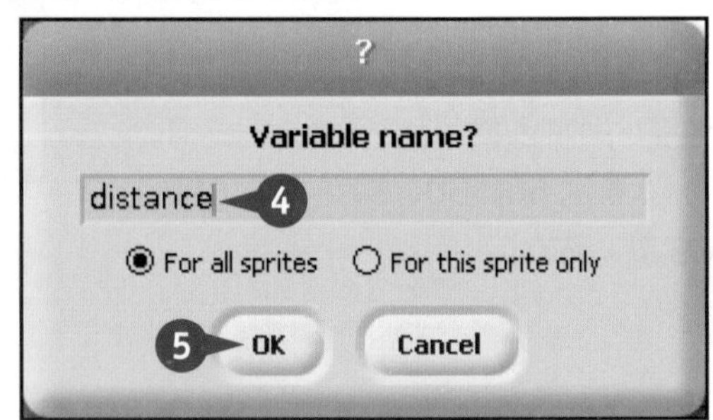

Ⓐ Scratch 会将变量加到 Variables 脚本块列表中。

Ⓑ Scratch 同时会将该变量加入到舞台上。

Ⓒ 你可以使用鼠标右键单击变量，从而改变其显示外观。

6 将该变量脚本块拖入到脚本编辑区中。

7 单击 Motion。

8 将一个 move...steps 脚本块拖入编辑区。

9 将我们的 distance 变量脚本块拖放到 move...steps 脚本块的数字框中。

注意：在这样做之后，我们就成功地使用变量来替代之前使用的固定数值了。

10 单击 move...steps 脚本块。

精灵并没有移动，因为目前我们的变量值是 0 。

注意：为了让精灵正确移动，需要设置变量的值，然后再次单击 move...steps 脚本块。

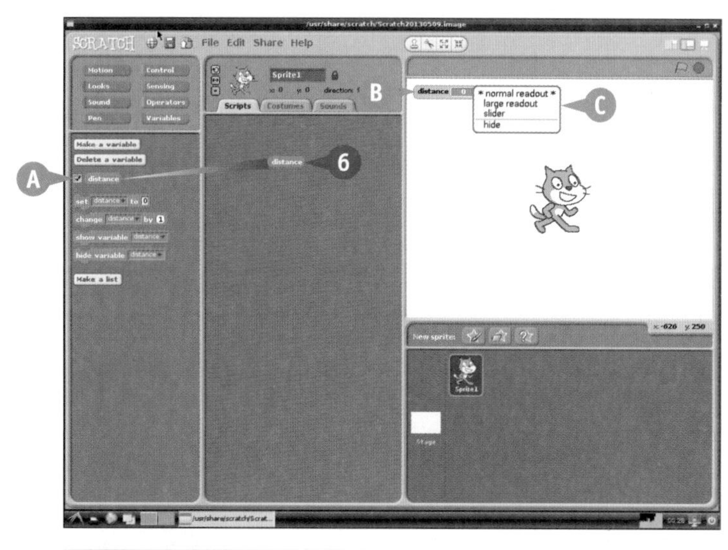

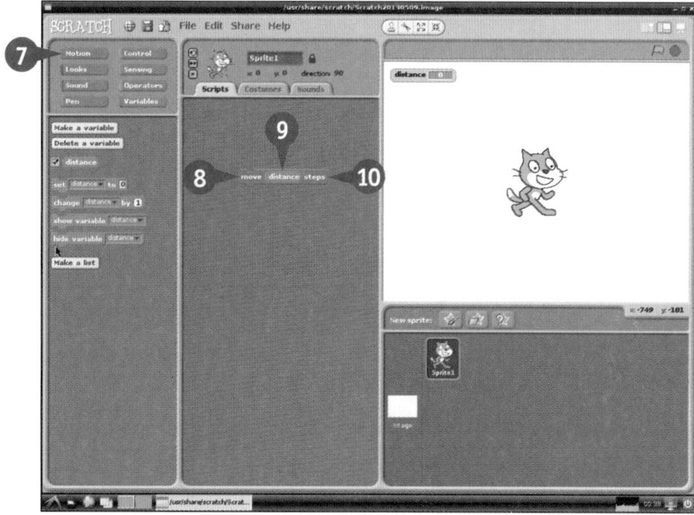

建议

怎么设置一个变量呢

你可以使用 Variables 类的 set... 和 change... 脚本块。其中 set... 用来设置变量，而 change... 则用来设置变量每次的变化值，通过滑块可以调整其数值。

变量必须设置数字值吗？

不，变量也可以设置单词和句子，也就是编程领域常说的字符串。但 Scratch 只具有非常基本的字符串处理功能，所以大多数情况下变量还是被用来保存数字值。

使用画笔

你可以在 Scratch 中使用画笔来绘制线条和形状。当执行了 pen down 脚本块，精灵会在移动时留下轨迹线条，执行 pen up 脚本块会终止画线；clear 脚本块则会清除之前所有已经绘制的线条。

你还可以设置画笔的颜色和粗细。本节的例子仅仅使用非常简单的语句，就可以绘制出一个相对复杂的图形。

使用画笔

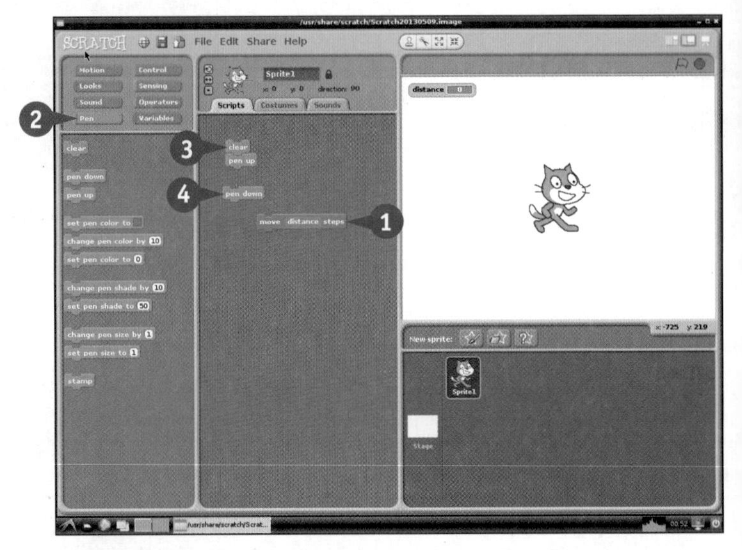

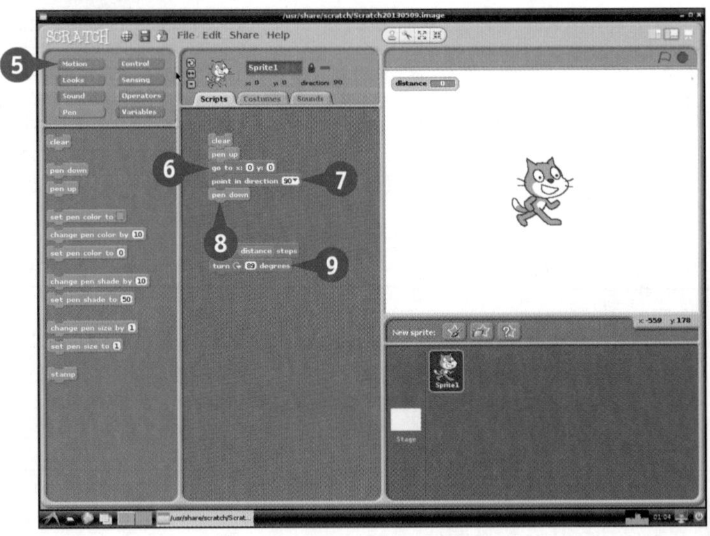

1 你可以接着上一节，或者重新创建一个名为 *distance* 的变量，并放置在 move...steps 脚本块中。

2 单击 Pen。

3 将一个 clear 拖入编辑区，再将一个 pen up 脚本块拖入并连接到其下方。

4 将一个 pen down 脚本块拖入编辑区，但不要与其他脚本块相连接。

5 单击 Motion。

6 将一个 go to... 脚本块拖到 pen up 下方并连接。

7 将一个 point in direction... 拖到 go to... 脚本块下方并连接。

注意：默认 x 和 y 坐标的值会是 0，而方向则是 90 度。请保证在此处使用默认值。

8 将 pen down 脚本块拖到 point in direction... 脚本块下方并与其相连接。

9 将一个 turn clockwise 脚本块拖到 move...steps 脚本块下方，单击变量，并用键盘输入数值 89。

10 单击 Variables。

11 将一个 set distance... 脚本块拖到 pen down 脚本块的下方。

12 将一个 change distance... 脚本块拖到 turn clockwise... 脚本块下方。

注意：如果你还创建了其他变量，单击选择框找到 distance。

注意：set 的值应设为 0，change 的值应设为 1。

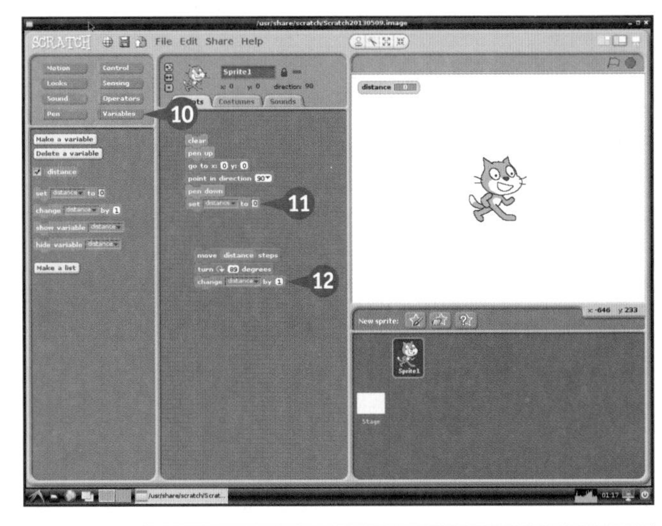

13 单击 Control。

14 将一个 repeat... 脚本块拖入，并使其包围 move/turn/change 脚本块。

15 单击数字并输入 250。

16 将repeat... 脚本块拖到distance... 脚本块的下方。

17 单击任一脚本块来进行执行。

A 精灵会在舞台上移动，并绘制出我们希望的图形。

注意：distance 也会显示出当前绘制了多少线条。

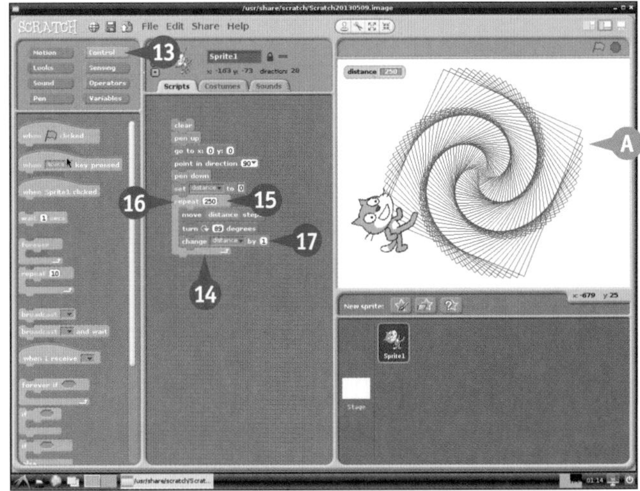

建议

如何增加更多颜色呢？

试着在 repeat 脚本块中添加 change pen color by... 脚本块，然后将其值设为 1，这样线条的颜色会依次发生变化。

怎么共享我的项目呢？

登录网站 http://scratch.mit.edu，跟随提示创建一个账号，记住自己的账号名及密码。在 Scratch 主程序中，单击 **Share** 和 **Share This Project Online**，然后填写用户名及密码，当成功之后你的项目就会出现在网站上，并且其他 Scratch 用户都可以下载它。

第10章

Python入门

Python是一种使用简单但功能非常强大的编程语言，可以用来开发各种应用程序。Raspbian中集成了IDLE——一个Python开发环境。Python可以完成大多数类型的编程任务，其中就包括了基础的游戏开发。

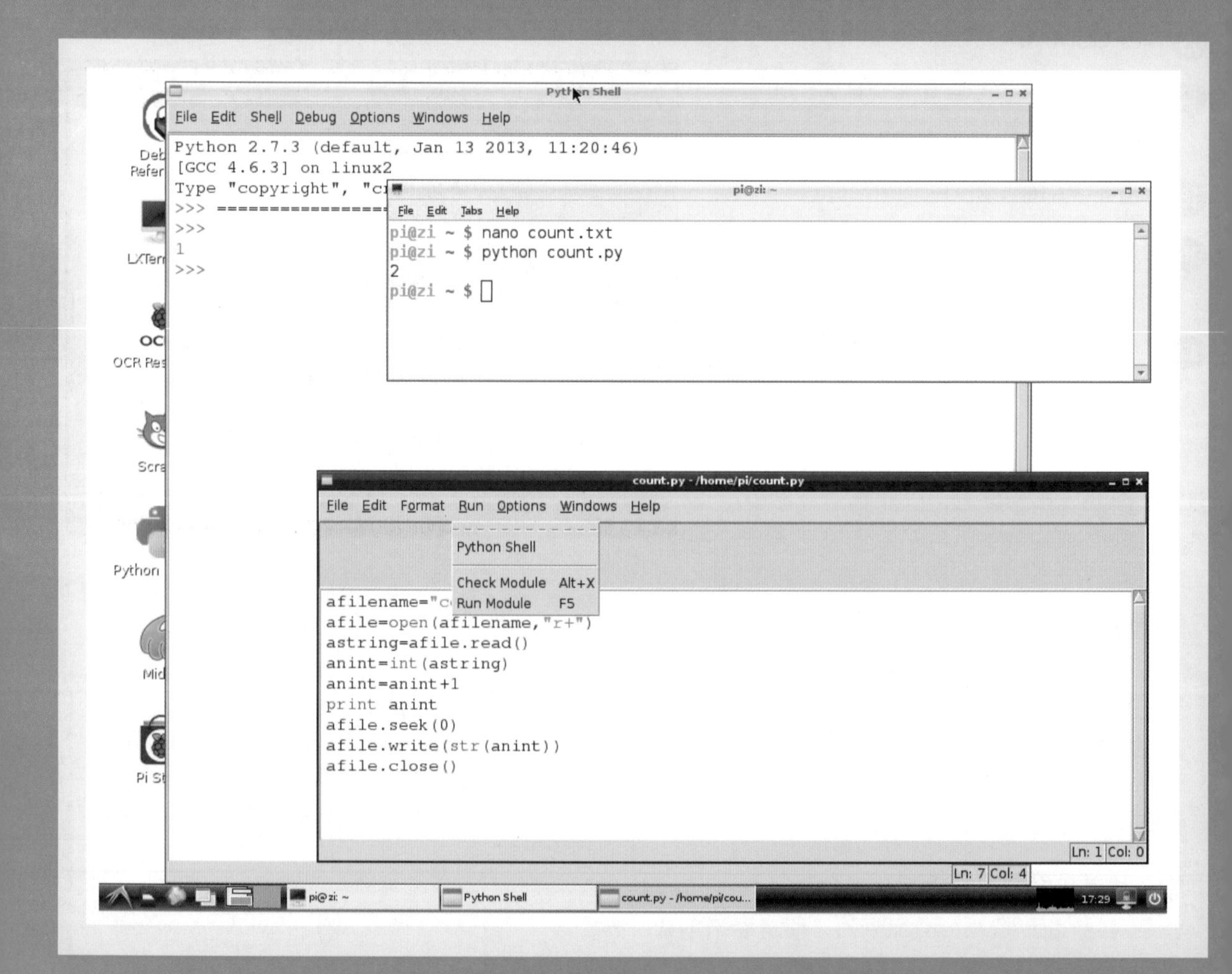

Python简介

在树莓派上，你可以通过 Python 语言来编写自己的软件。Python 本身是开放免费的，并且已经被预装在 Raspbian 上。它非常容易学习，但与此同时又具有着强大的功能。

关于应用软件

没有软件的话，计算机本身是没什么用处的。树莓派的桌面环境、LXTerminal 终端、命令行下的 bash 以及 Midori 浏览器等，这些都是应用软件，你当然也可以使用 Python 来开发自己的应用软件。Pygame 是一个跨平台的 Python 模块，专为游戏开发而设计，我们会在第 12 章中进行介绍。除此之外，你还可以将按钮、传感器以及 LED 等硬件设备与树莓派进行连接，然后通过 Python 来对它们进行监测和控制。

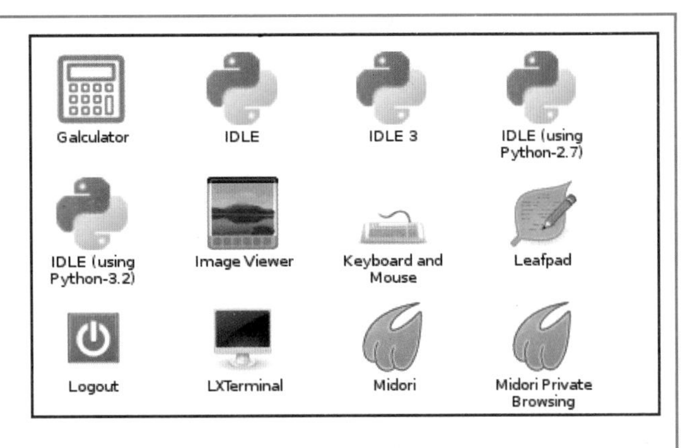

关于编程语言

为了完成应用程序的开发，你需要首先编写一系列指令语句，也就是通常所说的源代码，这可以通过各种不同的编程语言来完成。大多数的编程语言看起来都由英文的关键词、数字以及各种运算符号来组成的。Python 具有非常简单明了的语法，所以上手会非常容易。不过随着学习和实际使用的深入，你会发现 Python 同样具有非常丰富的功能与特性，这些都需要花费更多的精力来深入学习理解。

关于python命令

你可以使用任何文本编辑器来编写 Python 源代码文件（如 nano），然后像第 6 章中运行脚本那样来执行它。Python 的命令语句与 Linux 自身 shell 语句的语法并不相同，但你可以在命令行中使用 python 命令来执行它们，例如 python ascript.py。

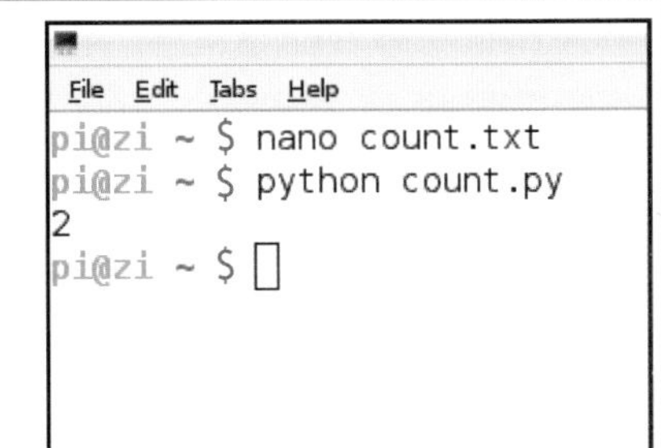

关于 IDLE

Raspbian 自带了一个称为 IDLE 的应用程序，它是一个 Python 开发环境，包括了用于编写 Python 源代码的编辑器。还包括了一个用于测试语句执行的 shell 程序，你在其中输入的 Python 命令语句会被立即执行，例如输入 type 1+1 然后按下 Enter，shell 会将计算出的结果 2 输出返回给你。你也可以完整地运行 Python 脚本文件，结果同样会被输出到命令行中。

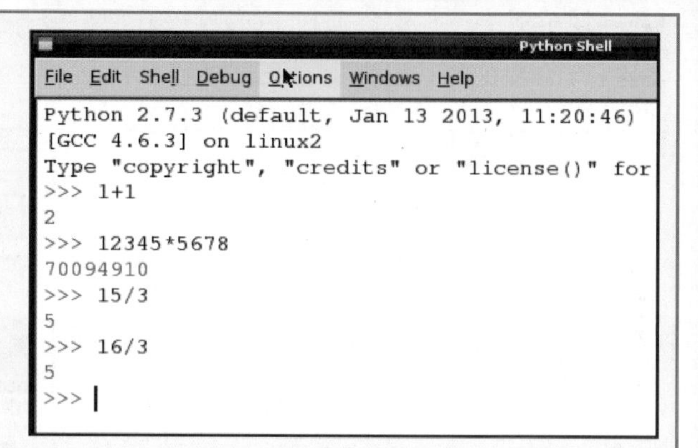

关于IDLE和IDLE3

Raspbian 包含了两个版本的 Python，IDLE 运行了 2.7.3 版的 Python，而 IDLE3 程序则运行 3.2.3 版的 Python。新版的 Python 加入了一些新的功能特性，但其本身还带有一定实验性质。你在网上找到的程序实例大多是采用第 2 版的 Python，因此本书的示例也全部基于 IDLE，而不是 IDLE3。出于个人兴趣的话你也可以尝试 IDLE3，但需要注意的是，两者编写的程序可能存在相互间的兼容性问题。

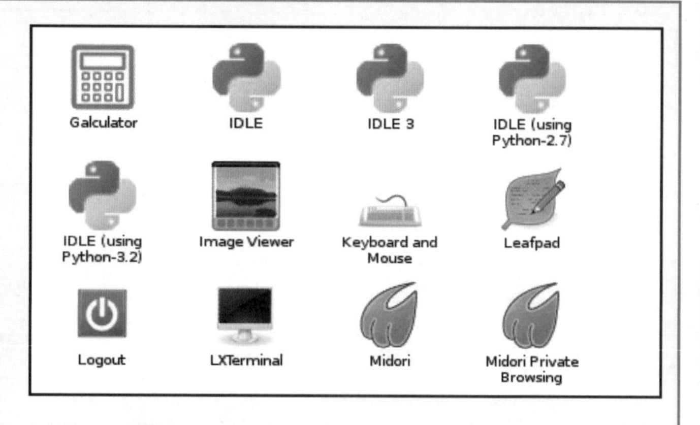

关于调试

在软件开发中引入的错误称为 bug。IDLE 中包含了一个称为 debugger 的调试程序，用来帮助你查找并修复程序中的各种 bug。尽管这个 debugger 程序不是非常智能，无法直接为你找到 bug 的位置及产生原因，但是通过它的帮助，你可以逐行地运行自己的脚本，从而更容易确定 bug 发生在哪里。

你可以通过 IDLE 来创建、运行并测试 Python 应用程序。IDLE 已经被集成于 Raspbian 中，你可以在桌面上找到其图标。为了启动 IDLE，只需登录桌面环境，并双击其图标即可。

你可以使用 IDLE 来编写完整的应用程序，或者用来尝试各种 Python 指令（从技术上来讲，IDLE 是一个脚本解释器，它会逐行运行 Python 脚本语句，而无需在运行前先将它们编译为二进制的可执行文件），所以在 IDLE 中，你可以随时查看自己脚本的输出和反馈。

启动IDLE

1 在命令行中输入 startx 以登录桌面环境。

```
Mon Jun 17 11:58:05 2013: Starting dphys-swapfile swapfile setup ...
Mon Jun 17 11:58:05 2013: want /var/swap=100MByte, checking existing: ke
Mon Jun 17 11:58:05 2013: done.
Mon Jun 17 11:58:05 2013: [ ok ] Starting bluetooth: bluetoothd rfcomm.
Mon Jun 17 11:58:06 2013: [ ok ] Starting network connection manager: Ne
Mon Jun 17 11:58:08 2013: [ ok ] Starting NTP server: ntpd.
Mon Jun 17 11:58:08 2013: [ ok ] Starting web server: lighttpd.
Mon Jun 17 11:58:09 2013: [ ok ] Starting OpenBSD Secure Shell server: s

Debian GNU/Linux 7.0 pi tty1

pi login: pi
Password:

Last login: Mon Jun 17 11:52:33 BST 2013 on tty1
LINUX PI 3.6.11+ #456 PREEMPT Mon May 20 17:42:15 BST 2013 armv61

The programs include with the Debian GNU/Linux system are free software:
the exact distribution terms for each program are described in the
individual files in /usr/share/doc//*/copyright

Debian GNU/Linux comes with ABSOLUTELY NO WARRANTY, to the extent
permitted by applicable law.
Mon Jun 17 12:24:04 BST 2013
pi@pi ~ $ startx
```

2 双击 IDLE 的图标。

Python 的 Shell 窗口会被显示出来。

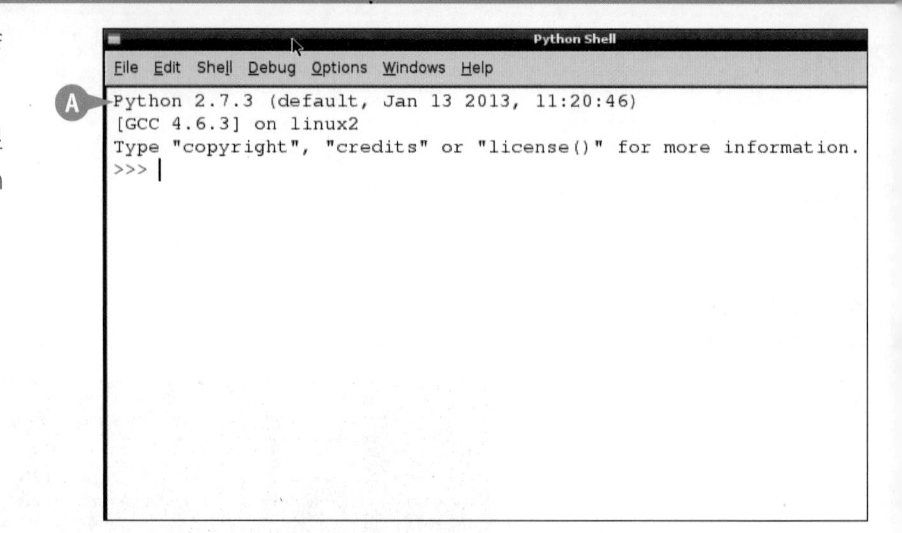

Ⓐ 在窗口的顶端，会显示当前使用的 Python 版本。

❸ 输入 `print 'Hello, world'` 并按下 Enter 。

注意： 不要忘记输入语句中的单引号。

Ⓑ Python 会在命令行中输出运行结果的文本。

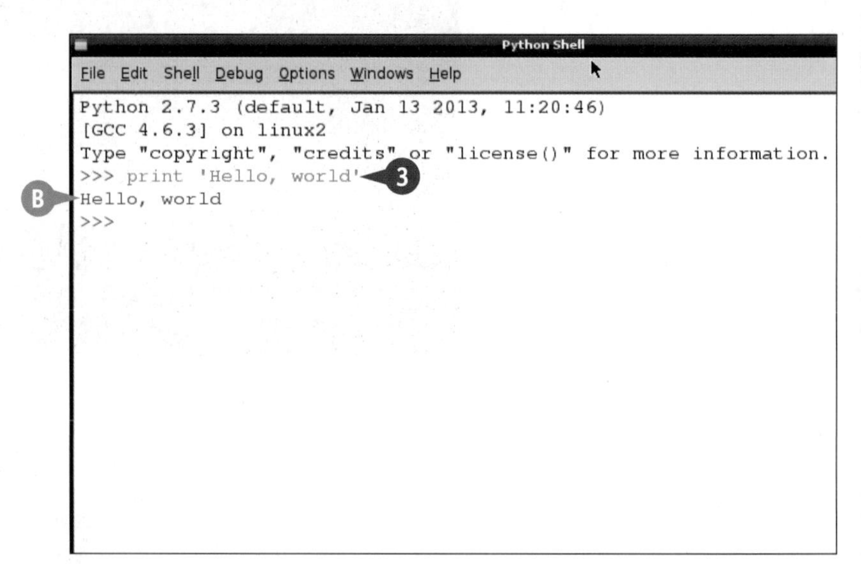

建议

这里输出‘Hello, world’是什么意思？

在编程领域，一般都使用简单的 hello world 程序来作为编程语言的第一个示范，只在屏幕上输出文本而其内容并没有什么特殊的含义。你可以在本例第 3 步的单引号中输入任何内容，这里使用 helloworld 只是遵循传统而已。

为什么代码会具有不同的颜色？

为了增加程序的可读性，Python 会自动地为不同类型内容采用不同的配色方案。例如，Python 语句为橙色，输出结果为蓝色，文本内容（也就是字符串）显示为绿色，其他系统信息为黑色，等等。

使用数字

你可以使用 Python 来完成各种数值计算。就像大多数编程语言一样，Python 也将数字分为整数及浮点数两种类型，后者可以拥有小数部分。

整数之间的计算得到的结果总是整数，对于加法、减法和乘法来说这并没有什么异常之处，但对于除法来说，你可能会因此丢失小数部分的信息。在进行除法运算时，你可以在数字后面加上“.0”，从而告诉 Python 首先将其强制转换为浮点数，然后再来进行计算。

使用数字

1 登录桌面环境，并打开 IDLE 程序。

2 输入 1+1 并按下 Enter 。

A Python 会完成计算，并输出计算结果。

3 输入 12345*5678 并按下 Enter 。

B Python 会完成计算，并输出计算结果。

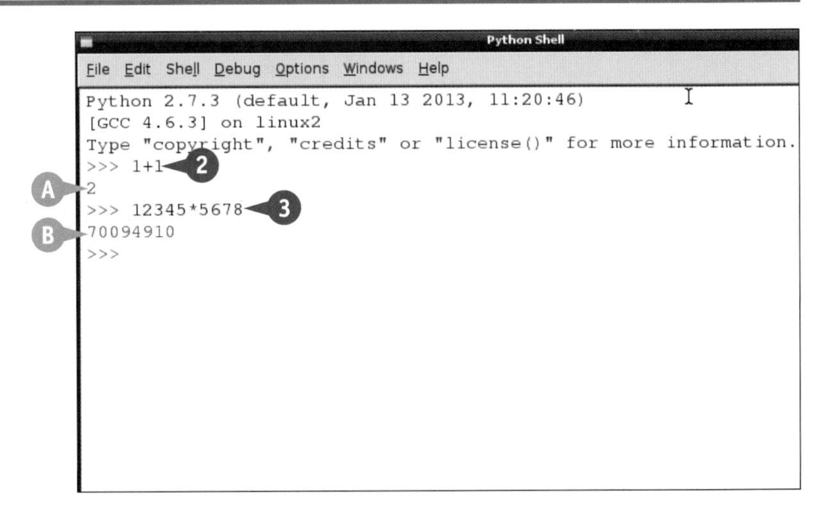

4 输入 15/3 并按下 Enter 。

C 因为结果本来就是整数，所以一切正常。

5 输入 16/3 并按下 Enter 。

D 你会发现结果的小数部分被抹掉了，因此并不正确。

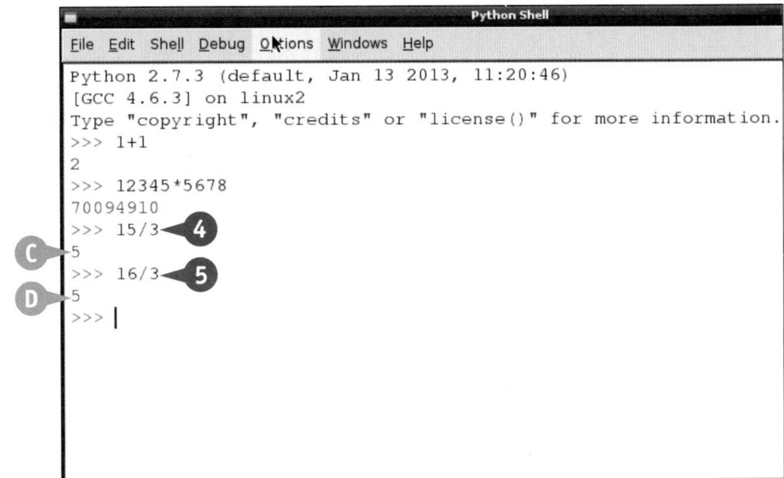

6 输入 16.0/3 并按下 Enter。

7 输入 float(16)/3 并按下 Enter。

E Python 这两次都采用了浮点数方案进行计算，因此计算的结果都是正确的。

注意：为了让 Python 强制进行浮点数计算，你可以在整数后面加上“.0”，或者将其放入 float() 函数中。

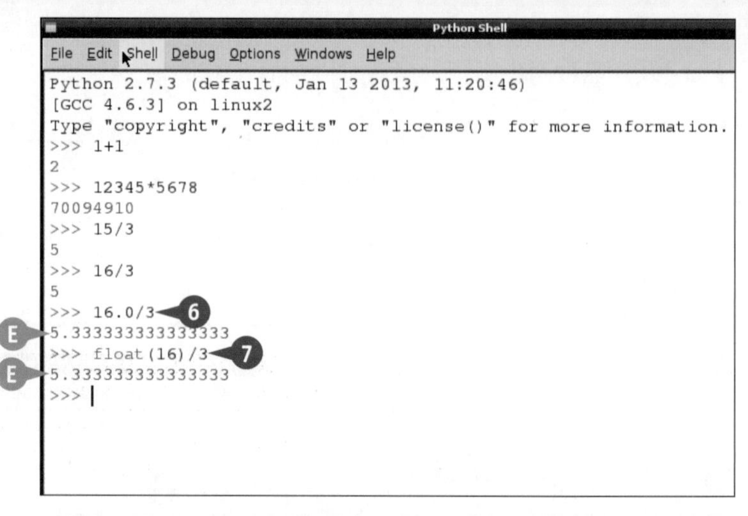

8 输入 21 % 5 并按下 Enter。

F Python 会进行求余数的计算。

注意：“%”用于求余数。当两个整数相除的结果不能以整数商表示时，余数便是其“余留下的量”。当余数为零时，被称为整除。

9 输入 2**0.5 并按下 Enter。

G Python 会计算 2 的 0.5 次幂，也就相当于计算 2 的平方根。

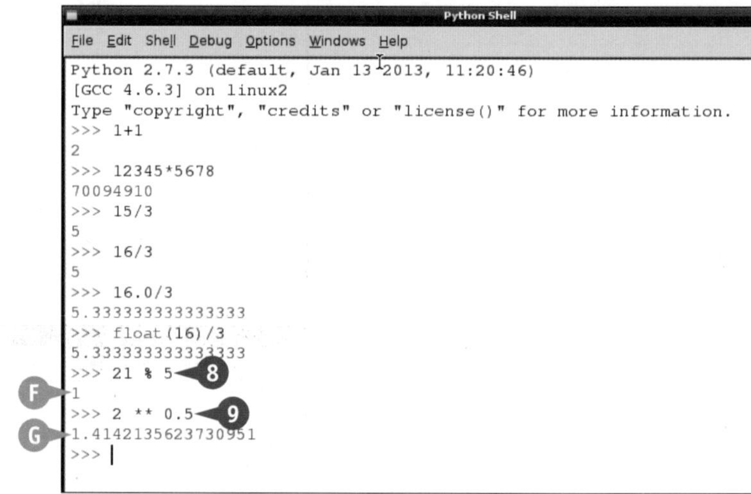

建议

为什么有些浮点数计算的结果不太准确？

10.0/3 会返回很多位的 3，但最后一位却是 5，这和实际结果并不一致（应该也是 3）。这是因为计算机基于二进制计算，但这造成其无法完全准确地进行部分浮点数计算。不过对于大多数计算结果来说误差是微乎其微的，一般都可以忽略。

对于数值计算，顺序重要吗？

是的，就像大多数编程语言一样，Python 中不同运算符具有不同的优先级。首先计算幂运算，然后是乘法和除法运算，最后才是加法和减法运算。所以 1+4*3**2 的结果是 37。为了改变计的顺序，你可以使用括号来对运算式进行分隔，例如 ((1+4)*3)**2 的计算结果就是 225 了。

创建变量

你可以使用变量来存储数值、文本或者其他信息，并可以非常方便地对其进行赋值/取值操作。为了创建变量，首先需要对其进行命名（由字符和数字组成，但不能以数字开头），然后就可以使用赋值操作符（也就是等号“=”）来为其设置所需保存的值了。

虽然可以为变量使用类似 a、b、c 这样的简单名字，但是使用 age、speed 或 x_position 这样描述性更强的名字显然可以大大提升程序代码的可读性，所以在编写自己的代码时，请尽量使用它们。

创建变量

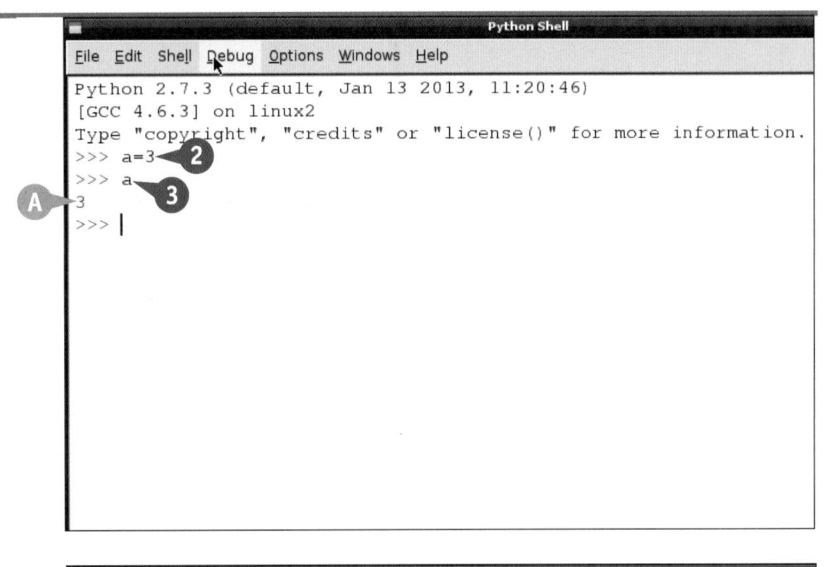

1 登录桌面环境，并打开 IDLE。

2 输入 a=3 并按下 Enter。

Python 会创建名为 a 的变量，并为其赋值整数 3。

3 输入 a 并按下 Enter。

A Python 将存储在变量 a 内的值显示出来。

注意： 在 Python 中，输入变量名，并按下 Enter，将会输出变量的值。

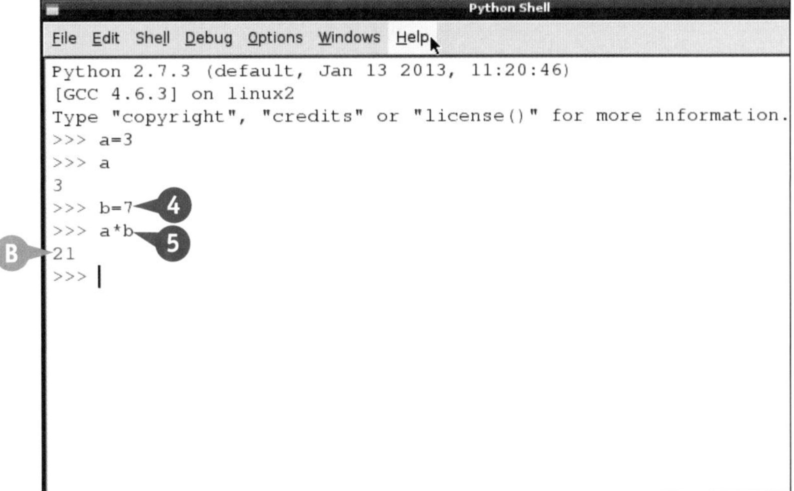

4 输入 b=7 并按下 Enter。

Python 会创建名为 b 的变量，并为其赋值整数 7。

5 输入 a*b 并按下 Enter。

B Python 会计算 a×b 的结果，并将其输出。

❻ 输入 b=10 并按下 Enter 。

Python 会将变量 b 的值重新设置为 10 。

❼ 输入 a*b 并按下 Enter 。

Ⓒ Python 会计算 a×b 的结果，因为你已经改变了 b 的值，所以结果会与刚才不同。

注意： 赋值操作用来为变量设置新的值。

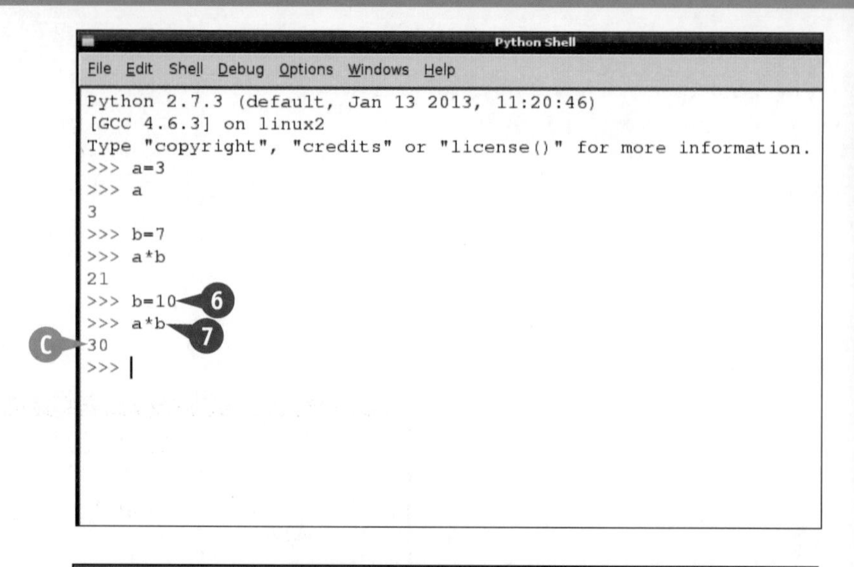

❽ 输入 b/a 并按下 Enter 。

Ⓓ Python 会进行一次整数除法 b/a，并将计算结果输出。

❾ 输入 float(b)/a 并按下 Enter 。

Ⓔ Python 会强制进行浮点数除法，所以结果会与刚才有所不同。

注意： 这里实际上相当于进行了变量类型转换操作。

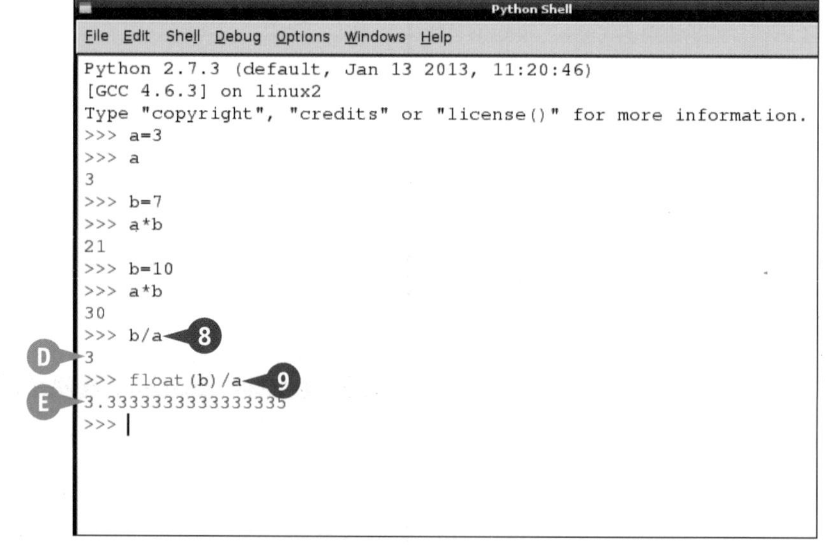

建议

为什么我要将整数转为浮点数？

在编程时，变量的这种类型转换是很常见的，可能是从整数转为浮点数，也可能是反过来。有时是出于计算上的特殊目的，而有时则是为了保证计算结果的正确性。

什么是变量的类型？

在一些编程语言中，变量是具有类型的，在声明变量的时候你需要首先告诉系统，它是整数、浮点数或者其他类型。当你的代码运行时，系统会检查你是否会进行一些“不可能”的操作，例如将一个数字与文本进行相加等。Python 也具有这类基本的类型检查，但更加宽松。

使用字符串

你可以使用字符串变量来存储并操作文本内容，其内容来源除了直接手动输入赋值以外，还可以是从网络和文件中读取的内容。请注意，字符串内容需要被置于单引号中。

Python 包含了许多专门用于处理字符串的功能，让你能够完成对字符串进行分割、拼接以及文本搜索等多种任务。

使用字符串

1 登录桌面环境并打开 IDLE。

2 输入 a='a string' 并按下 Enter。

Python 会创建一个名为 a 的变量，其值为字符串 'a string'。

3 输入 a 并按下 Enter。

A Python 会显示该变量的值，你可以看到字符串被单引号所包围。

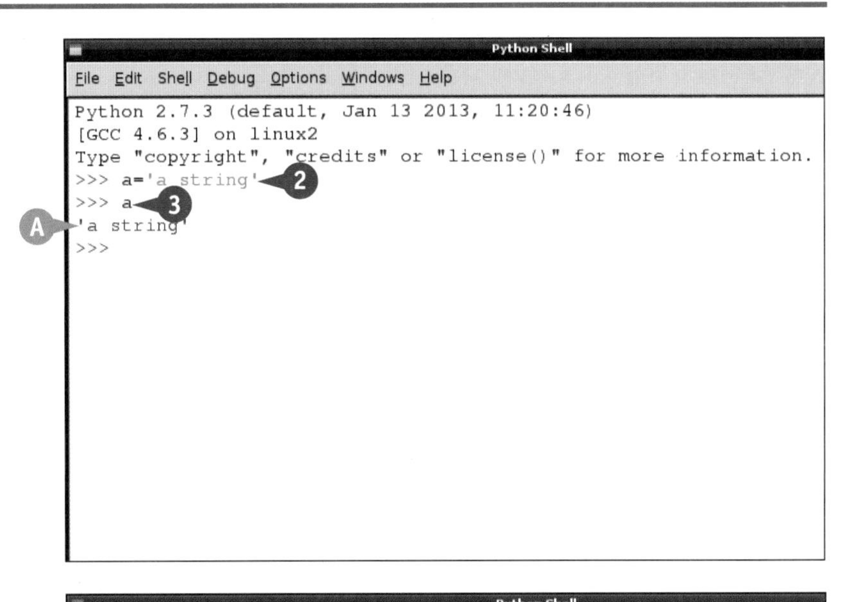

4 输入 print a 并按下 Enter。

B Python 会显示该字符串，这次不再有单引号了。

注意： print 命令用于在终端中打印输出变量的值。对于字符串变量来说，单引号并不是其值的一部分。

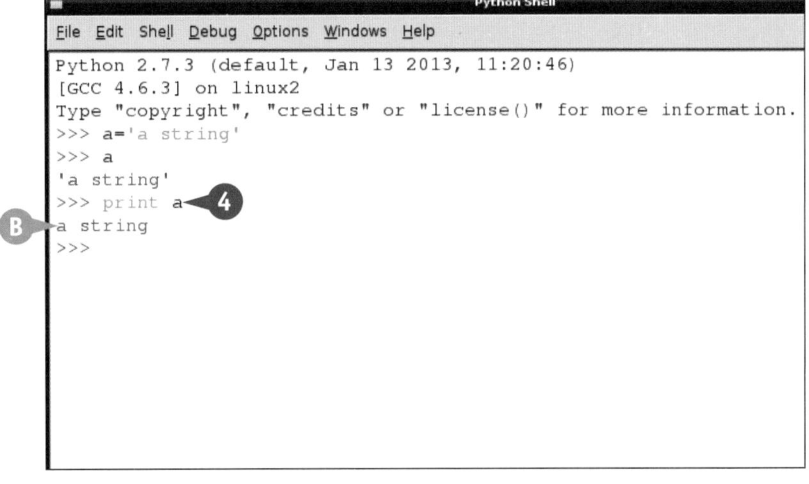

5 输入 b='another string' 并按下 Enter。

6 输入 print a+b 并按下 Enter。

注意：你可以使用“+”来将字符串连接在一起。

C Python 会按顺序将 a 和 b 变量一起输出。

注意：Python 不会在 a 和 b 之间加上空格。所以如果你希望 Python 这么做的话，必须明确地告诉它。

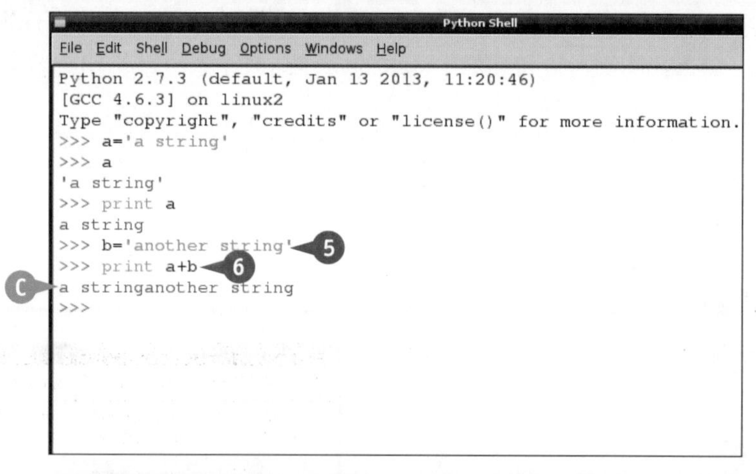

7 输入 print a+' '+b 并按下 Enter。

D Python 会输出变量 a、空格以及变量 b。

8 输入 c=a+' '+b 并按下 Enter。

9 输入 print c 并按下 Enter。

E Python 会打印输出变量 c 的值，也就是我们拼接出来的字符串。

注意：你可以根据自己的需求对字符串进行拼接。

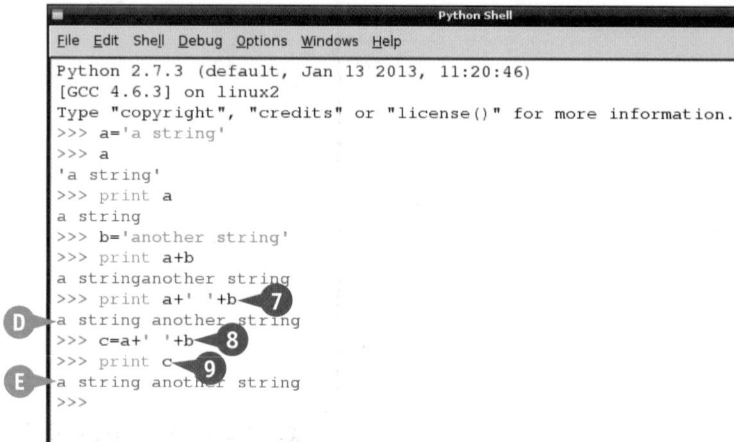

建议

为什么print命令会移除字符串上的单引号？

print 命令非常适合用来查看变量的值，你可以用它来展示计算的结果，还可以在调试时显示变量当前的值和状态。因为单引号不是字符串值的一部分，你肯定不希望看到它们，所以 print 自动地为你将它们移除了。

我可以对字符串进行其他计算吗？

不，“+”是特别的，所以可能会造成一些误导，让你以为也可以对字符串进行 ×、－以及 / 操作。字符串可以进行分割、拼接以及文本搜索等专门的操作，这些都是字符串所独有的，它们看起来和数学计算一点也不像。关于这些的细节，你可以参考接下来的内容。

分割字符串

你可以将字符串分割为更小的部分。在 Python 中，字符串被保存为由字符组成的列表。在 Python 中，你可以使用索引值来访问字符串中的特定字符，索引值从 0 开始，它指向字符串中的第一个字符。

为了对字符串进行分割，请在字符串后面加上 ([])，并在其中加上相应的索引值。具体方法可以参照下面的具体示例。

分割字符串

1 登录桌面环境并打开 IDLE 程序。

2 输入a='one two three' 并按下 Enter 。

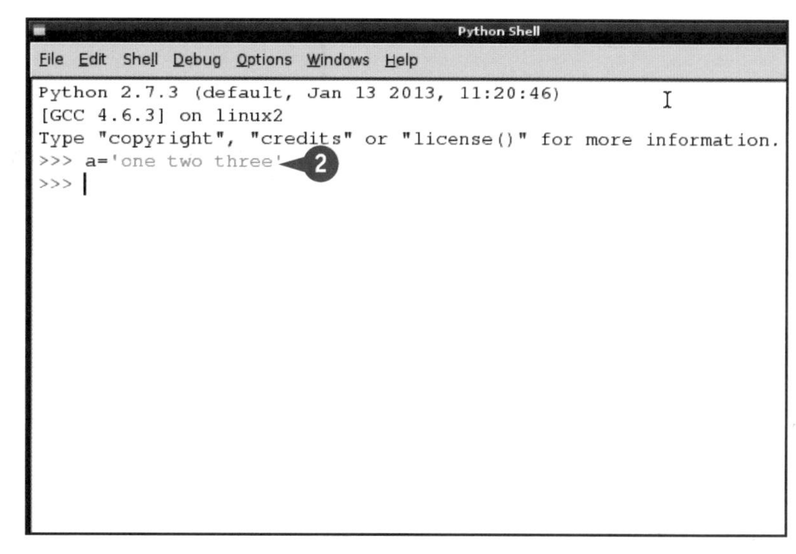

3 输入 a[0] 并按下 Enter 。

A Python 会输出字符 'o'，而它正是该字符串中的第一个字符。

注意：方括号中的数字称为索引，其起始值是 0 而不是 1 。

4 输入 a[3] 并按下 Enter 。

B Python 会输出 ' '，也就是字符串变量 a 中的第 4 个字符。

```
Python Shell
File Edit Shell Debug Options Windows Help
Python 2.7.3 (default, Jan 13 2013, 11:20:46)
[GCC 4.6.3] on linux2
Type "copyright", "credits" or "license()" for more information.
>>> a='one two three'
>>> a[0]
'o'
>>> a[3]
' '
>>>
```

❺ 输入 a[:3] 并按下 Enter 。

Ⓒ Python 会输出第 3 个字符之前的所有字符（从 0 起始）。

❻ 输入 a[3:] 并按下 Enter 。

Ⓓ Python 会输出第三个字符之后的所有字符（从 0 起始）。

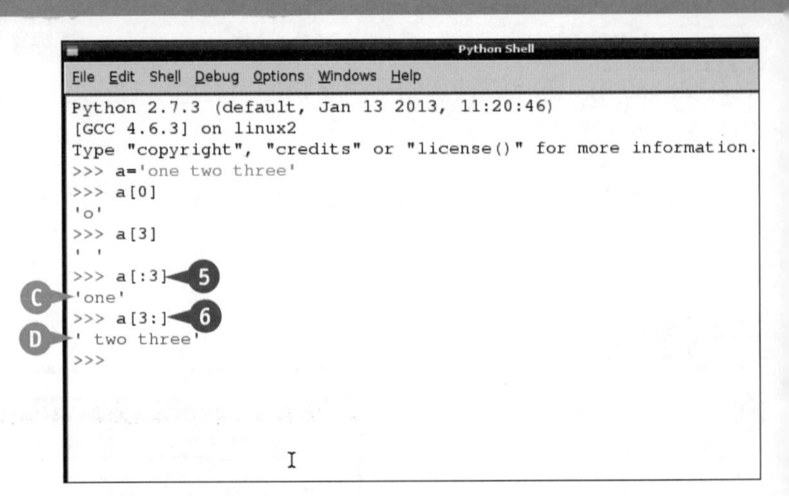

❼ 输入 a[4:7] 并按下 Enter 。

Ⓔ Python 会输出索引在 4 和 7 之间的全部字符。

❽ 输入 a[4:100] 并按下 Enter 。

Ⓕ Python 会输出从第 4 个字符到字符串结尾为止的全部字符。

注意： 通常 Python 会报出索引超出字符串总长度的错误。

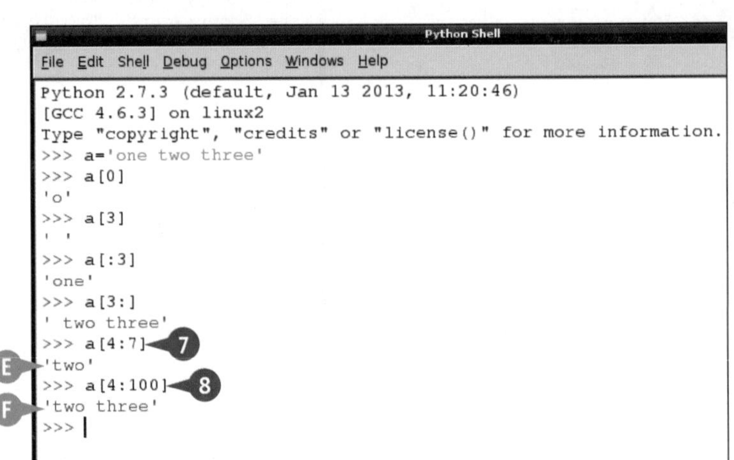

建议

我可以使用负数的索引值吗？

可以，但这样 Python 会做一些可能与直觉不相符的操作，负数索引值会从字符串的结尾起始并且顺序相反，所以 [-5] 索引值指向的是字符串的倒数第 5 个字符。

我可以遍历一个字符串，然后只取出其中的一部分字符吗？

是的，你可以在索引前使用一对冒号。例如 a[::3] 会获得从字符串开头索引值为 3 的整数倍的字符。

从字符串中获取单词

为了从字符串中获取单词，你有两种方法可以选择。一种是对字符串进行搜索，找到目标单词的索引值；另一种是将字符串分割为列表（按顺序排列的数据结构），然后从中找到目标单词。

为了搜索字符串，你可以使用 find 方法，例如 `astring.find('wordtofind')`。如果目标单词存在于字符串中，`find` 会返回该单词第一个字符在字符串中的索引值；如果没找到的话，则会返回 -1。而为了分割字符串，使用 `astring.split(' ')`，其结果是一个列表，你可以使用索引从中选择数据。

从字符串中获取单词

❶ 登录桌面环境并打开 IDLE。

❷ 输入 `a='one two three'` 并按下 Enter。

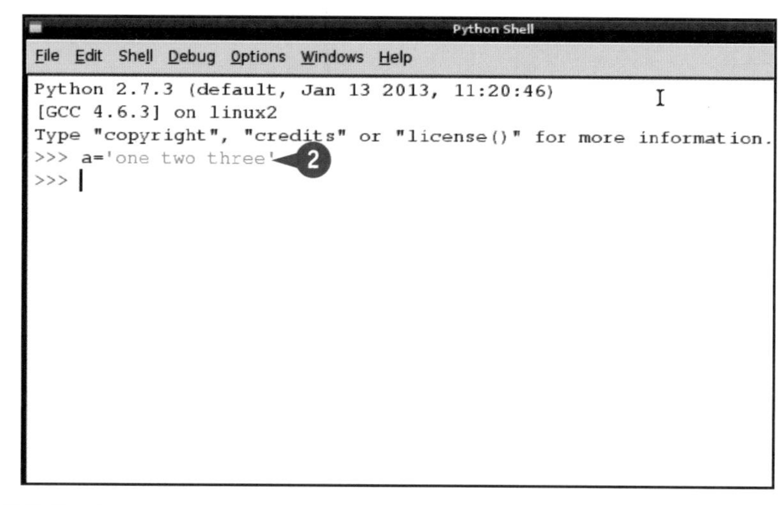

❸ 输入 `a.find('one')` 并按下 Enter。

Ⓐ Python 会输出结果 0。这代表单词“one”开始于字符串的第一个字符。

❹ 输入 `a.find('two')` 并按下 Enter。

Ⓑ Python 会输出结果 4。这代笔单词“two”从字符串的第四个字符开始。

注意： 在 Python 中，跟在“.”后面的单词被称为方法，会进行某些操作。每种变量类型都有很多不同的默认操作可以使用。

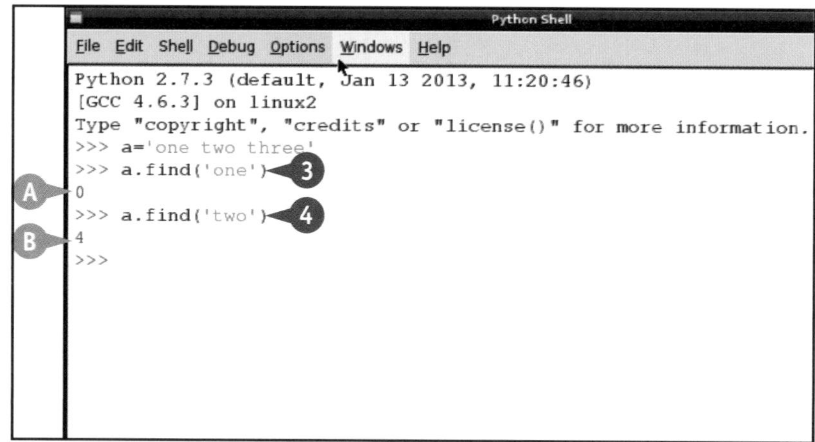

5 输入 a.find('beer') 并按下 Enter。

C Python 会输出结果 -1。

注意：如果 find 方法返回 -1，则代表它无法在字符串中找到你指定的单词。

6 输入 b=a.split(' ') 并按下 Enter。

7 输入 b 并按下 Enter。

D Python 会输出变量 b，其内容是被字符串 a 中被分割出的单词。

注意：split 方法会使用你指定的分隔符对字符串进行分割，并将得到的列表作为返回值。

8 输入 b[1] 并按下 Enter。

E Python 会输出列表中索引位于 1 的单词，也就是第 2 个单词。

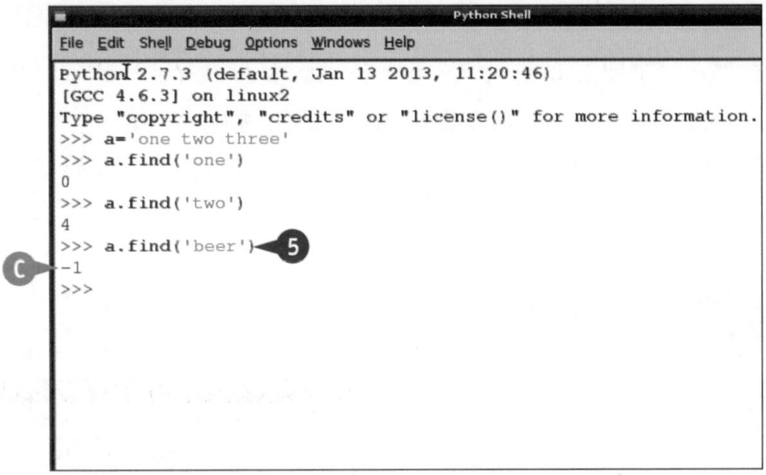

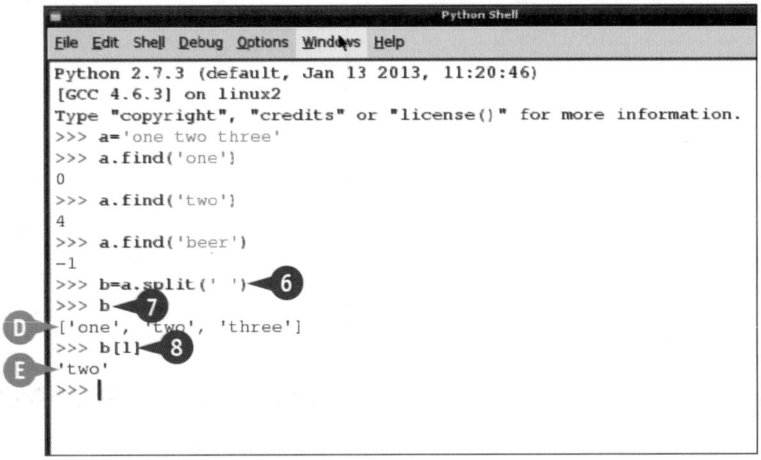

```
Python Shell
File Edit Shell Debug Options Windows Help
Python 2.7.3 (default, Jan 13 2013, 11:20:46)
[GCC 4.6.3] on linux2
Type "copyright", "credits" or "license()" for more information.
>>> a='one two three'
>>> a.find('one')
0
>>> a.find('two')
4
>>> a.find('beer')
-1
>>>
```

```
Python Shell
File Edit Shell Debug Options Windows Help
Python 2.7.3 (default, Jan 13 2013, 11:20:46)
[GCC 4.6.3] on linux2
Type "copyright", "credits" or "license()" for more information.
>>> a='one two three'
>>> a.find('one')
0
>>> a.find('two')
4
>>> a.find('beer')
-1
>>> b=a.split(' ')
>>> b
['one', 'two', 'three']
>>> b[1]
'two'
>>>
```

建议

如何分割多行的文本内容？

像很多其他编程语言一样，Python 在处理字符串时，支持使用转义字符，从而让一些特定字符不再代表其字面上的意思。对于多行的文本来说，每行之间都由换行符隔开，其转义字符是 \n。所以使用 astring.split("\n") 输出列表的内容就是字符串的每一行。

我从哪里可以了解更多有关各种方法的信息？

关于各种变量类型所支持的方法，可以参考 Python 的标准库 http://docs.python.org.2.library/index.html。不过你并不需要记住所有方法的细节，通常来说，你只需在使用时查询方法的相关详细信息就可以了。例如可以从 http://docs.python.org/2/library/stdtypes.html 中查询到所有和字符串操作相关的方法信息。

字符串和数字的转化

你可以将字符串和数字相互转换，例如将字符串'1000'转成数字1000。这个功能要求目标字符串中只能包含数字字符，而像是“a thousand.”这样的字符串就不符合要求了。

你可以使用模板字符串来控制数字的输出格式，例如在小数点后面保留几位，以及是否包括正负号等。本例会介绍一些基本的功能。

字符串和数字的转换

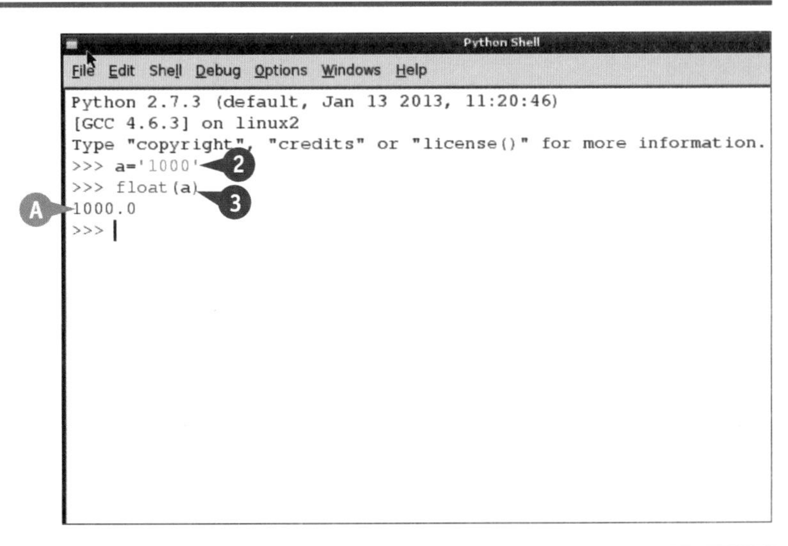

1 登录桌面环境并打开IDLE。

2 输入 a='1000' 并按下 Enter。

3 输入 float(a) 并按下 Enter。

A Python 会将该字符串转换为浮点数并输出。

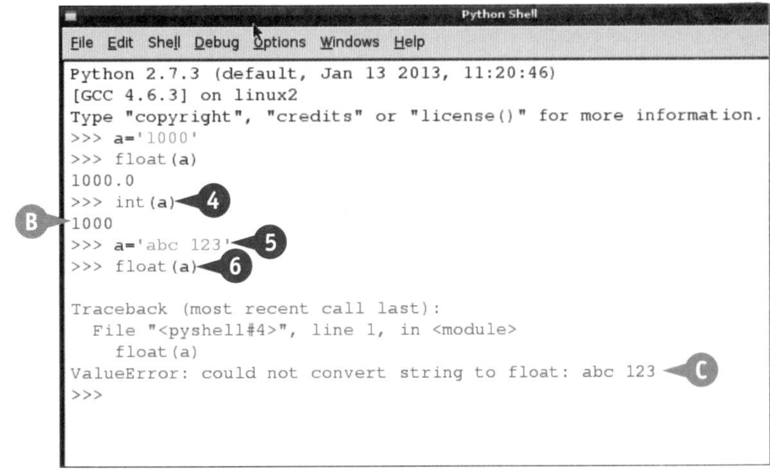

4 输入 int(a) 并按下 Enter。

B Python 会将该字符串转换为整数并输出。

注意：你可以和使用其他数字一样来使用上面的返回结果。

5 输入 a='abc 123' 并按下 Enter。

6 输入 float(a) 并按下 Enter。

C Python 只能转换全部由数字组成的字符串，包含其他字符的话则无法成功进行转换。

7 输入 a=10 并按下 Enter 。

注意： a 现在是一个整数值。

8 输入 str(a) 并按下 Enter 。

D Python 会将变量 a 的值转化为字符串。

注意： 你可以像操作所有其他字符串一样来操作上面的返回结果，但却不再能对其进行数学计算了。

9 输入 a=123.45678 并按下 Enter 。

10 输入 ('%.1 f'% a) 并按下 Enter 。

E Python 会将 a 转化为值包含一位小数的字符串值。

注意： 单引号中的内容为格式字符串。

11 输入 (' %+.2f'% a) 并按下 Enter 。

注意： 位于单引号内的模板字符串定义了输出字符串的格式，“%”在这里代表“后面是进行格式化的变量”，而不是百分号。

F Python 会将变量 a 转化为 前面有一个空格、带有正负号并且具有两位小数的字符串。

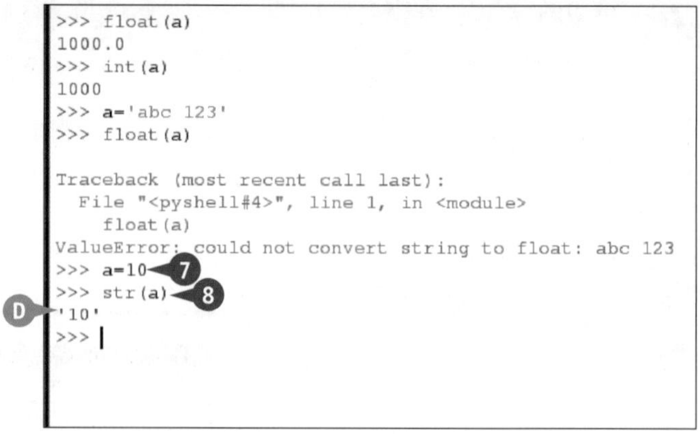

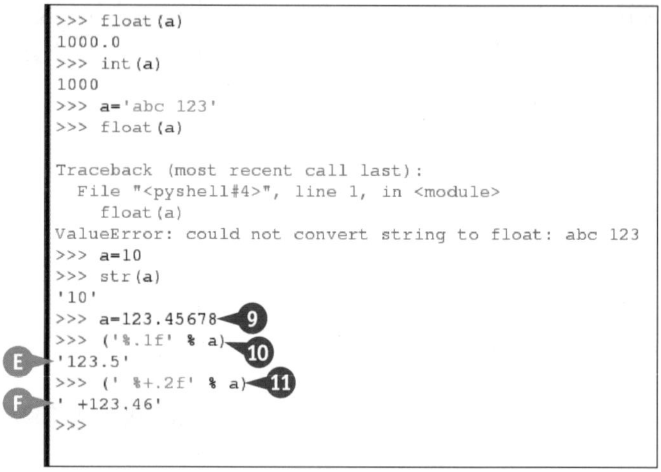

```
>>> float(a)
1000.0
>>> int(a)
1000
>>> a='abc 123'
>>> float(a)

Traceback (most recent call last):
  File "<pyshell#4>", line 1, in <module>
    float(a)
ValueError: could not convert string to float: abc 123
>>> a=10        ⑦
>>> str(a)      ⑧
'10'            Ⓓ
>>>
```

```
>>> float(a)
1000.0
>>> int(a)
1000
>>> a='abc 123'
>>> float(a)

Traceback (most recent call last):
  File "<pyshell#4>", line 1, in <module>
    float(a)
ValueError: could not convert string to float: abc 123
>>> a=10
>>> str(a)
'10'
>>> a=123.45678       ⑨
>>> ('%.1f' % a)      ⑩
'123.5'               Ⓔ
>>> (' %+.2f' % a)    ⑪
' +123.46'            Ⓕ
>>>
```

建议

为什么要使用模板字符串呢？

使用模板字符串，你可以向用户输出更加清晰的信息，从而大大提升数据的可读性。例如，你准备处理汇率换算问题，那么结果应该只保留两位小数（也就是“分”）；而对于温度传感器的读数，使用一位小数会更加合适。

从哪里可以获取更多有关模板字符串的信息呢？

模板字符串非常强大，但使用起来却有些难度。更多信息可以参考 Python 官方提供的文档 http://docs.python.org/2/library/string.html 。另外，除了模板字符串外，Python 还包含格式化字符串（format strings），它的功能更加强大，但使用也更加复杂一些。

使用文件

你可以从文件中读取内容，也可以向文件写入内容。使用文件可以更安全地保存数据，如果你将数据保存在变量中，当程序退出或意外终止时，数据也就随之丢失了。

为了使用文件，你必须首先正确地打开它，并且在正确读写之后将其关闭，从而保证数据得以保存。你只能向文件进行文本信息的读写，除了读取和覆盖式的写入外，你还可以选择向文件的末尾追加新的内容。

使用文件

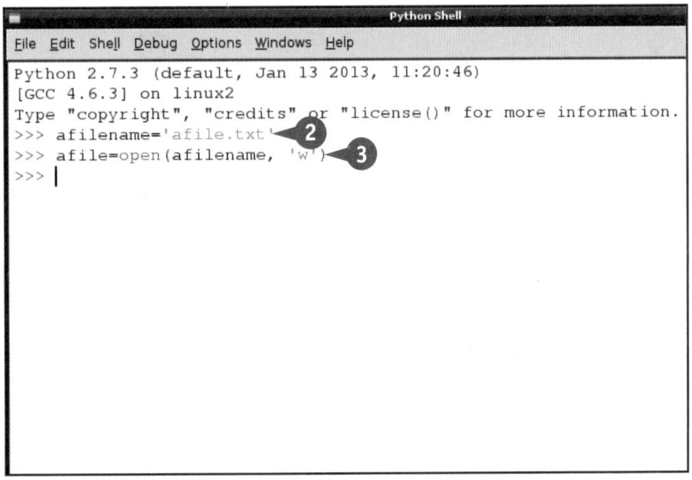

1. 登录桌面环境并打开 IDLE。
2. 输入 `afilename ='afile. txt'` 并按下 Enter 。

注意：你必须首先为文件命名，名称必须是一个字符串。

3. 输入 `afile= open (afilename, 'w')` 并按下 Enter 。

注意：afile 是一个文件对象，你可以通过其自带的方法，来实现很多有用的功能。

注意：w 代表"如果文件不存在则创建一个新文件，并清空其内容，等待新的写入操作"。

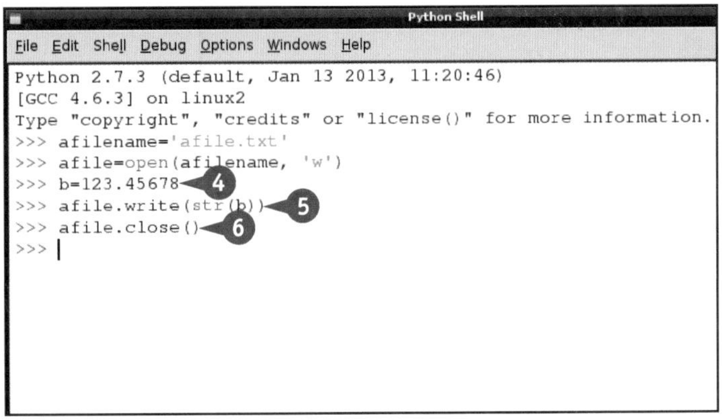

4. 输入 `b=123.45678` 并按下 Enter 。
5. 输入 `afile.write(str(b))` 并按下 Enter 。
6. 输入 `afile.close()` 并按下 Enter 。

   Python 会将变量 b 的内容作为字符串写入 afile.txt 文件中。

注意：Python 默认会将文件创建在 home/pi 目录中，你也可以指定其他目录。

Python Shell

File Edit Shell Debug Options Windows Help

```
Python 2.7.3 (default, Jan 13 2013, 11:20:46)
[GCC 4.6.3] on linux2
Type "copyright", "credits" or "license()" for more information.
>>> afilename='afile.txt'
>>> afile=open(afilename, 'w')
>>> 
```

Python Shell

File Edit Shell Debug Options Windows Help

```
Python 2.7.3 (default, Jan 13 2013, 11:20:46)
[GCC 4.6.3] on linux2
Type "copyright", "credits" or "license()" for more information.
>>> afilename='afile.txt'
>>> afile=open(afilename, 'w')
>>> b=123.45678
>>> afile.write(str(b))
>>> afile.close()
>>> 
```

❼ 单击 **File Manager** 图标（▬）。

Ⓐ 系统会打开 File Manager 程序，并定位到你的家目录。

❽ 双击 **afile.txt** 文件的图标。

Ⓑ 系统会使用LeafPad打开该文件。

Ⓒ 文件的内容正是你在第 4 到 6 步中写入的那个变量的值。

❾ 单击 Python Shell 窗口，然后输入 `afile=open (afilename, 'r')`，并按下 Enter 。

❿ 输入 `b=afile.read()` 并按下 Enter 。

⓫ 输入 `b` 并按下 Enter 。

Ⓓ 会被赋值为文件的内容（转为字符串）。

注意： 在这里你可以使用 `float(b)` 将 b 的值转换为数字。

⓬ 输入 `afile.close()` 并按下 Enter 。

注意： 你必须保证在访问完文件后，将其正确关闭，否则其保存的内容有可能会发生损坏。

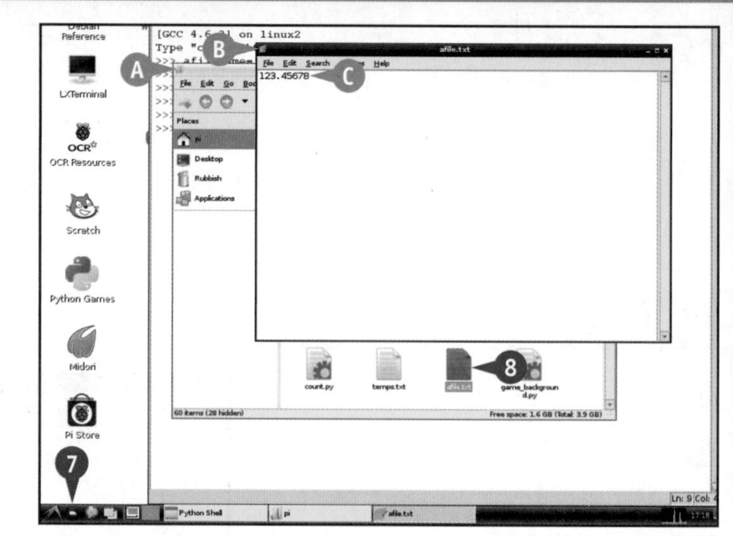

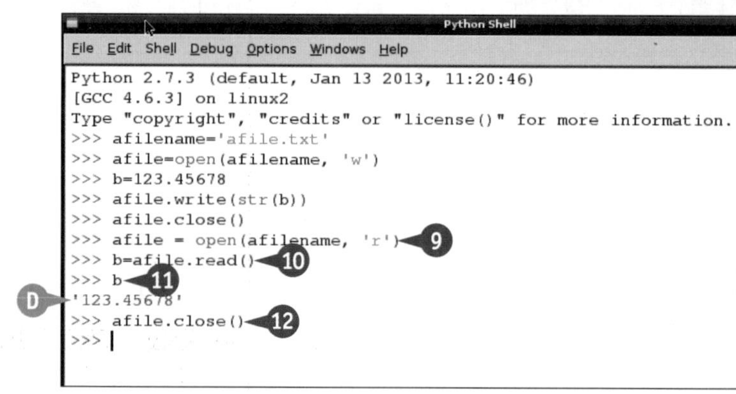

建议

“写入”（write）与“追加”（appending）有什么区别呢?

如果使用 w 操作符来打开文件，那么其内容会在你进行写入时全部清空。而如果使用 a+ 操作符打开文件，则文件的旧内容会得以保存，写入的新内容会被追加到旧内容的结尾处。所以如果希望保存的是传感器的数据日志记录，使用 a+ 操作符显然是更好的选择。

使用rw选项的话会怎么样呢?

加上 r 操作符的话，则你只能对已经存在的文件进行写入。否则 Python 会向你报出错误信息。

创建并运行Python脚本

你可以使用 IDLE 程序来创建、编辑并执行 Python 脚本。当创建脚本时，请对文件使用 .py 后缀。你可以随时使用 IDLE 打开脚本，并对其进行编辑、修改。你也可以在 Linux 命令行中运行脚本，并且观察其运行的输出内容。

本例创建了一个简单的 Python 脚本，可以记录你运行它的次数，将结果保存到文件中并通过 `print` 命令将结果进行打印输出。由于这是一个非常简略的示例，所以需要你自己创建用来保存计数的文件。

创建并运行Python脚本

注意：你可以从本书的网站 www.wiley.com/go/tyvraspberrypi 上找到本节示例中所使用的全部代码。

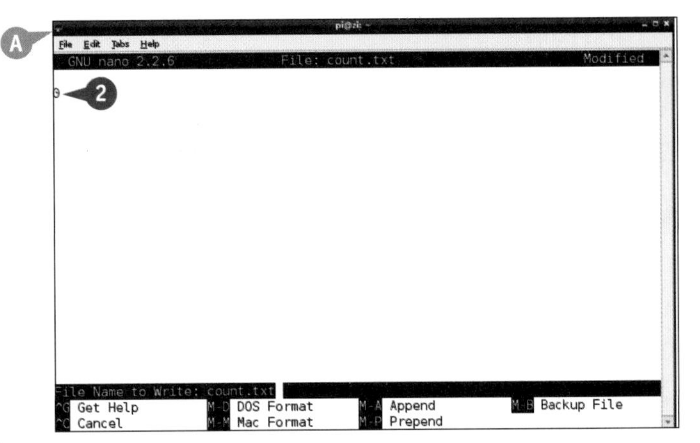

❶ 在命令行或 LXTerminal 终端中，输入 `nano count.txt` 后，然后按下 Enter 。

Ⓐ Linux 会创建名为count.txt的新文件，并在 `nano` 中打开它。

❷ 输入 0。

❸ 按下 Ctrl + O 后再按下 Enter 以及 Ctrl + X 来保存并退出。

注意：第 1 到 3 步创建了记录计数的 count.txt 文件，并将计数值初始化为 0 。

❹ 登录桌面环境，双击 IDLE 的图标并打开它。

❺ 单击 File。

❻ 单击 New Window。

Ⓑ Python 会为你的脚本打开一个新的窗口。

❼ 将右边图中的代码输入脚本文件中。

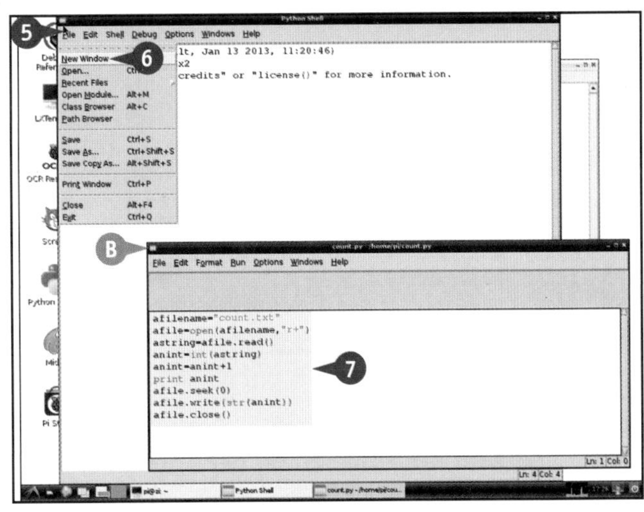

8 单击 File。

9 单击 Save As。

保存对话框会显示出来。

10 输入 count.py 作为文件名。

11 单击 Save。

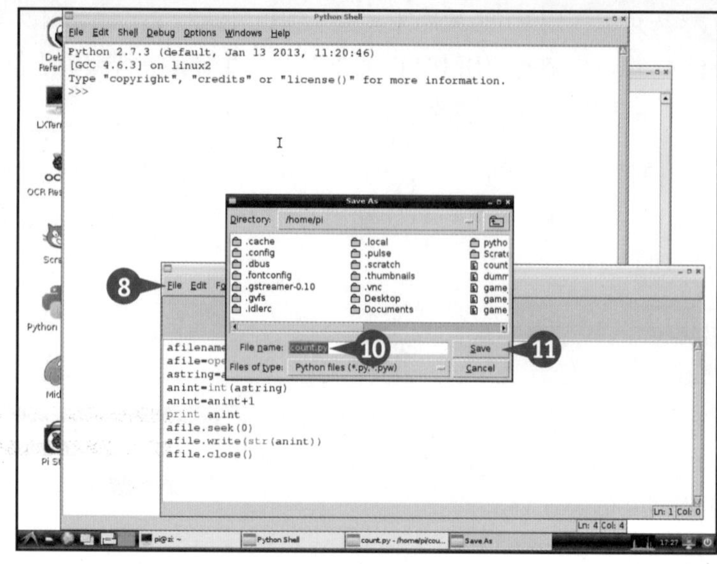

12 单击 Run。

13 单击 Run Module。

注意：或者也可以按下 F5 。

C Python 会运行你的脚本，并将结果输出到 Python Shell 窗口中。

注意：你也可以重复执行第 13 步。

14 双击 LXTerminal 图标打开终端。

15 输入 `python count.py` 并按下 Enter 。

D Python 会运行你的脚本，并将结果输出到命令行中。

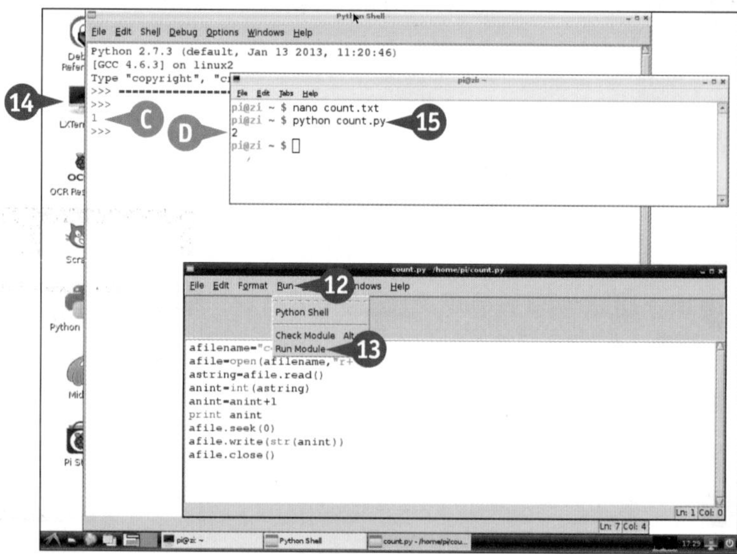

建议

RESTART是什么意思？

当你在 IDLE 中运行脚本时，Python 会重置其默认值，输出的“=====RESTART=====”正是关于这个的提示，实际上你完全可以无视它的存在。

脚本中的 afile.seek(0)做了什么呢？

当使用 `r+` 操作符打开文件时，你可以对其进行读和写操作，旧内容并不会受到任何影响，新内容会被追加到它的结尾处，而这显然不符合我们的计数需求。使用 `seek(0)` 可以让文件重新从开头处进行写入，当你写入内容时，旧内容会被正确替换掉。你可以删掉这一行，然后重新运行脚本，看看结果会有什么不同之处。

第11章

用Python管理数据

Python具有一些强大的内置工具，用于管理数据结构和进行条件判断，从而创建可以复用的代码组件。

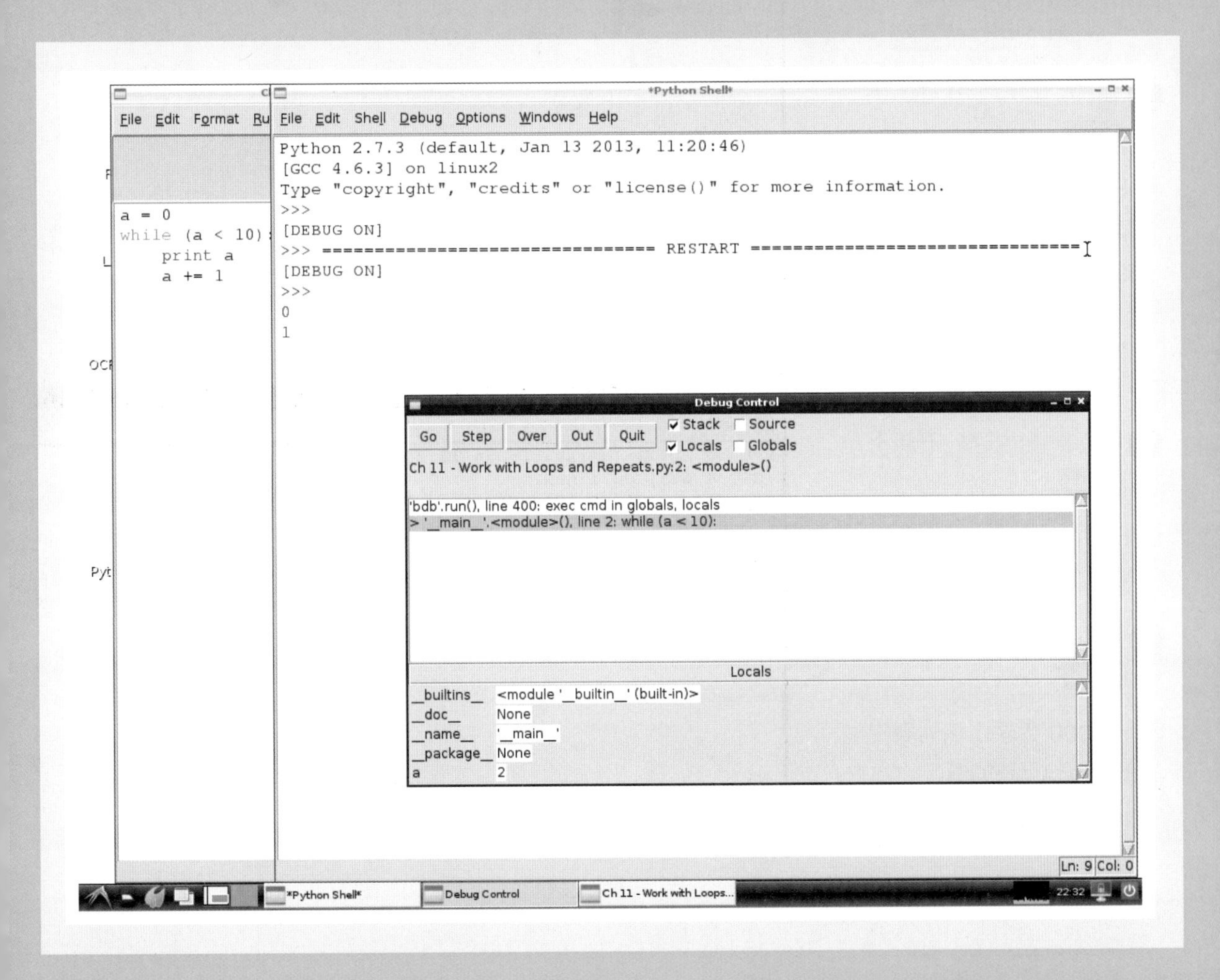

初识列表

列表（list）用来保存成组的数据，你可以向其中放入数字、字符串以及其他后面会介绍到的复杂数据结构，你还可以通过数据的索引或值来从列表中找到它们。

要创建一个列表，首先要将所有数据元素放入一对中括号中，并将每个元素用逗号隔开。列表是可变的数据结构，意味着你可以随时改变其中的内容元素组成。

初识列表

❶ 登录桌面环境并打开IDLE程序。

❷ 输入alist = [1, 2,3, 'one','two', 'three']并按下Enter。

❸ 输入alist并按下Enter。

Ⓐ Python会将列表的内容输出到终端中，并使用中括号将它们包围起来。

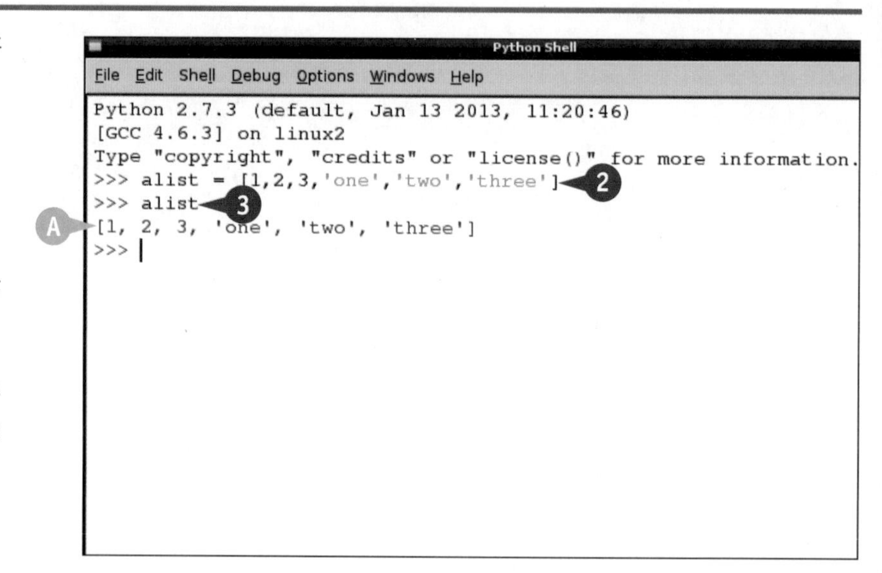

❹ 输入alist[0] 并按下Enter。

Ⓑ Python会输出该列表中第一个元素的值。

❺ 输入alist[4] 并按下Enter。

Ⓒ Python会输出该列表中的第5个元素的值。

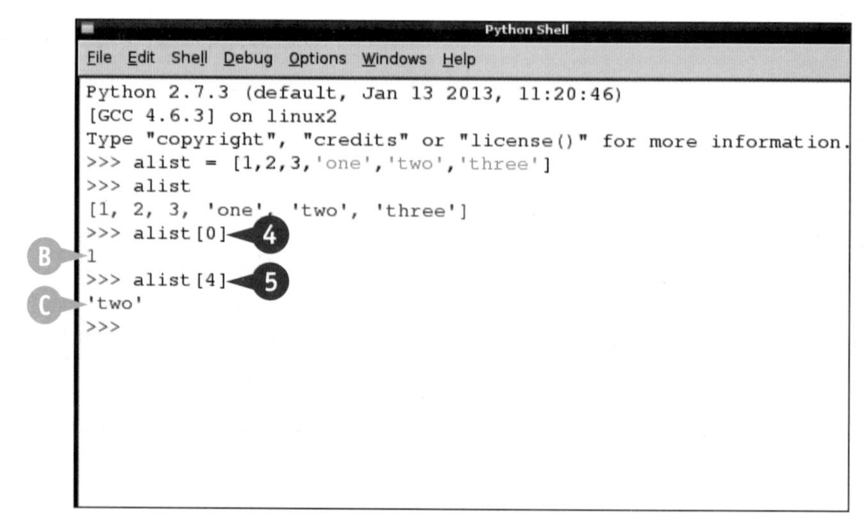

6 输入alist[1] = alist[1]+10 并按下Enter。

7 输入 alist 并按下Enter。

D 列表中第二个元素的值会随之发生改变。

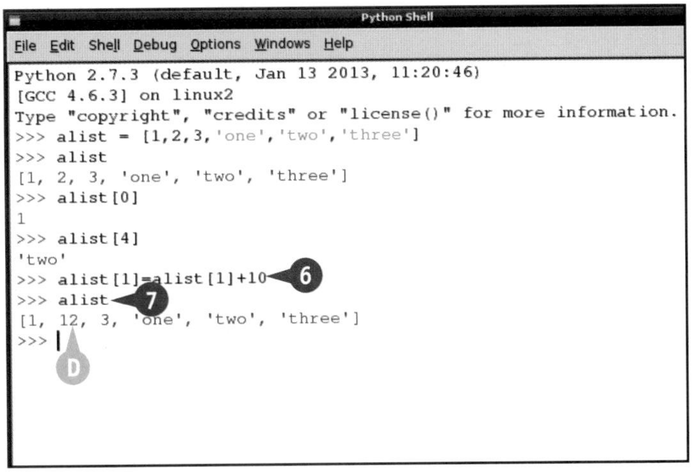

```
Python Shell
File Edit Shell Debug Options Windows Help
Python 2.7.3 (default, Jan 13 2013, 11:20:46)
[GCC 4.6.3] on linux2
Type "copyright", "credits" or "license()" for more information.
>>> alist = [1,2,3,'one','two','three']
>>> alist
[1, 2, 3, 'one', 'two', 'three']
>>> alist[0]
1
>>> alist[4]
'two'
>>> alist[1]=alist[1]+10
>>> alist
[1, 12, 3, 'one', 'two', 'three']
>>>
```

8 输入 alist = alist+alist 并按下Enter。

9 输入 alist 并按下Enter。

E “+”可以将一个列表连接到另一个的后面。

注意：这称为列表的拼接操作。

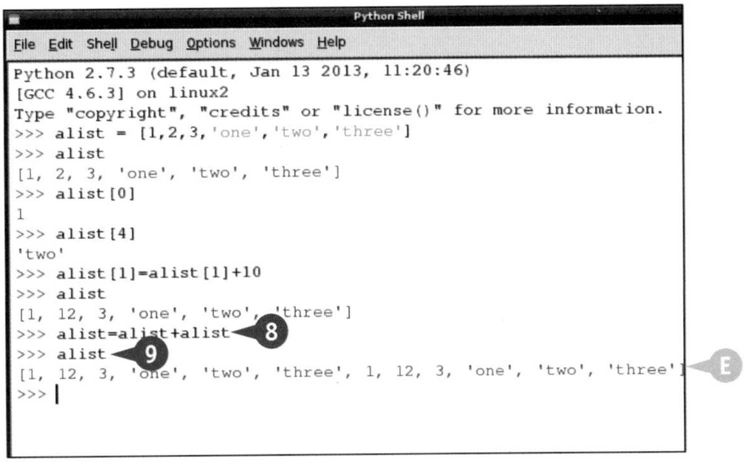

```
Python Shell
File Edit Shell Debug Options Windows Help
Python 2.7.3 (default, Jan 13 2013, 11:20:46)
[GCC 4.6.3] on linux2
Type "copyright", "credits" or "license()" for more information.
>>> alist = [1,2,3,'one','two','three']
>>> alist
[1, 2, 3, 'one', 'two', 'three']
>>> alist[0]
1
>>> alist[4]
'two'
>>> alist[1]=alist[1]+10
>>> alist
[1, 12, 3, 'one', 'two', 'three']
>>> alist=alist+alist
>>> alist
[1, 12, 3, 'one', 'two', 'three', 1, 12, 3, 'one', 'two', 'three']
>>>
```

建议

我可以使用数学运算符来对列表中的每个元素进行特定的计算操作吗?

不可以。如果 a 是一个整数列表，a+10 会返回错误信息。为了对列表中的每个元素进行操作，请使用 for 循环。我们会在后面的内容中介绍到它。

列表中可以包含列表吗？

是的，你可以将列表保存为另一个列表中的元素，这称为列表的嵌套。嵌套的层数可以根据你的需求而不断增加。

使用列表方法

通过使用列表对象自带的方法，你可以操作列表完成一些更加复杂的任务，例如获得列表中元素的总数、对列表进行拼接操作等。

列表方法可以让你大大提高我们编写程序的效率。

使用列表方法

1. 登录桌面环境，打开 IDLE 程序。
2. 输 入 alist=[1,2,3,'one','two','three'] 并按下 Enter。
3. 输入alist. append('four') 并按下 Enter。
4. 输入 alist 并按下 Enter。

A append() 方法可以将一个新元素追加到列表的结尾处。

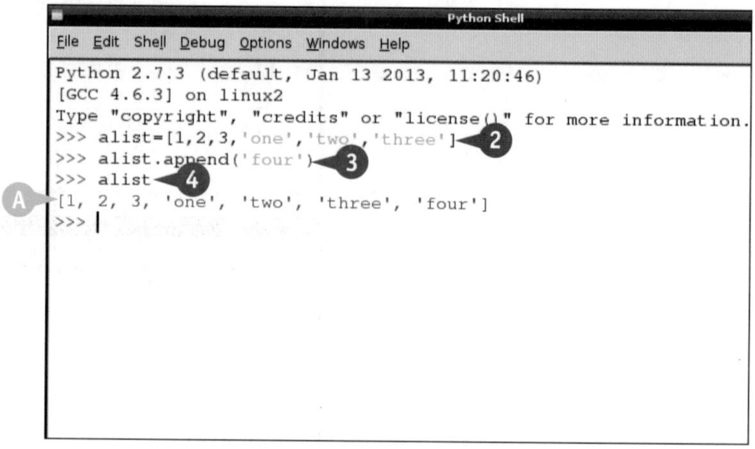

```
Python Shell
File Edit Shell Debug Options Windows Help
Python 2.7.3 (default, Jan 13 2013, 11:20:46)
[GCC 4.6.3] on linux2
Type "copyright", "credits" or "license()" for more information.
>>> alist=[1,2,3,'one','two','three']
>>> alist.append('four')
>>> alist
[1, 2, 3, 'one', 'two', 'three', 'four']
>>>
```

5. 输 入 alist.insert(3,4) 并按下 Enter。
6. 输入 alist 并按下 Enter。

B insert() 会将新元素“4”插入到第四个索引处（还记得吗?列表的索引值是从 0 开始的）。

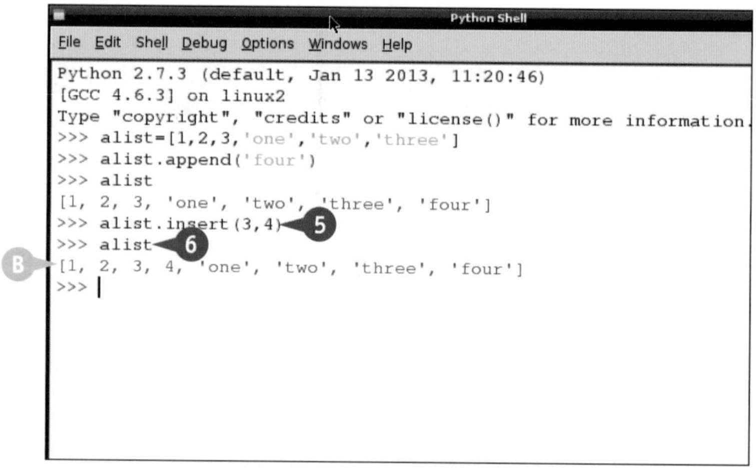

```
Python Shell
File Edit Shell Debug Options Windows Help
Python 2.7.3 (default, Jan 13 2013, 11:20:46)
[GCC 4.6.3] on linux2
Type "copyright", "credits" or "license()" for more information.
>>> alist=[1,2,3,'one','two','three']
>>> alist.append('four')
>>> alist
[1, 2, 3, 'one', 'two', 'three', 'four']
>>> alist.insert(3,4)
>>> alist
[1, 2, 3, 4, 'one', 'two', 'three', 'four']
>>>
```

7 输入 alist.remove(4) 并按下 Enter 。

8 输入 alist 并按下 Enter 。

C remove() 方法通过指定值来从列表中删除对应的元素。

注意：remove() 只会从列表中删除第一个符合给定条件的元素。

9 输入 alist.reverse() 并按下 Enter 。

10 输入 alist 并按下 Enter 。

D reverse 方法会将列表中元素的顺序整个反转过来。

11 输入 alist.sort() 并按下 Enter 。

12 输入 alist 并按下 Enter 。

E sorts() 方法会对列表进行排序。

注意：sort() 会对数字按大小进行排序，字符串总会排在数字之后，并且按照字母顺序进行排序。

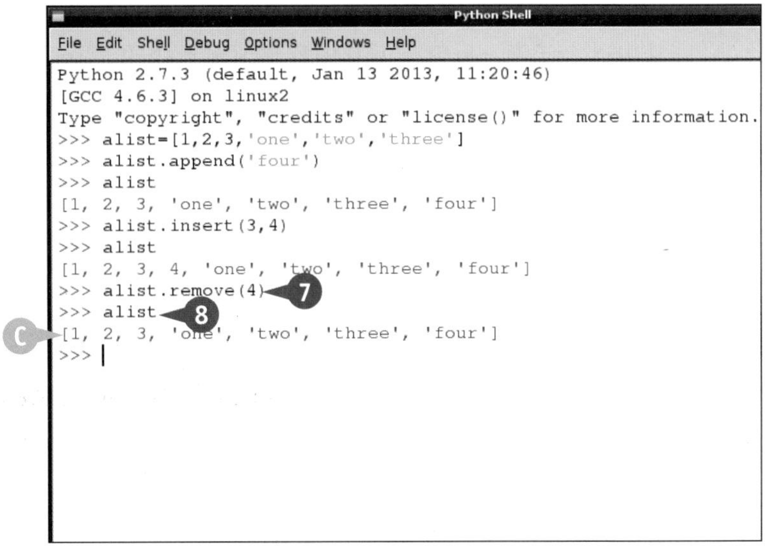
Python Shell
File Edit Shell Debug Options Windows Help
Python 2.7.3 (default, Jan 13 2013, 11:20:46)
[GCC 4.6.3] on linux2
Type "copyright", "credits" or "license()" for more information.
>>> alist=[1,2,3,'one','two','three']
>>> alist.append('four')
>>> alist
[1, 2, 3, 'one', 'two', 'three', 'four']
>>> alist.insert(3,4)
>>> alist
[1, 2, 3, 4, 'one', 'two', 'three', 'four']
>>> alist.remove(4)
7
>>> alist
8
C
[1, 2, 3, 'one', 'two', 'three', 'four']
>>>

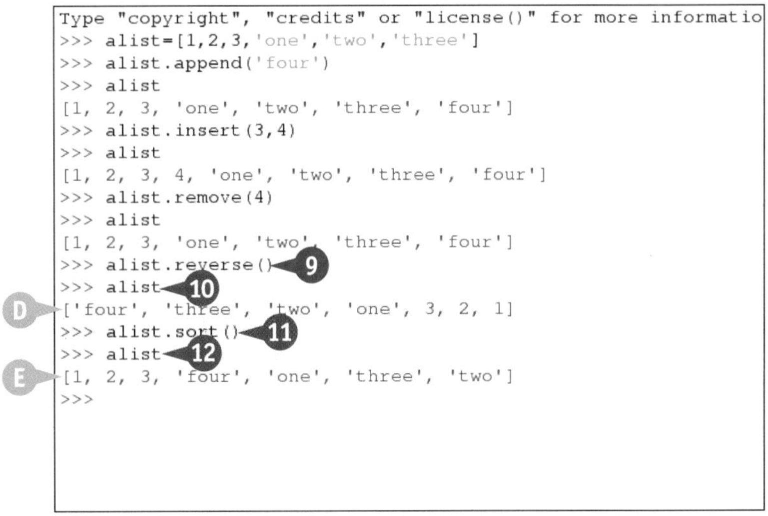
Type "copyright", "credits" or "license()" for more informatio
>>> alist=[1,2,3,'one','two','three']
>>> alist.append('four')
>>> alist
[1, 2, 3, 'one', 'two', 'three', 'four']
>>> alist.insert(3,4)
>>> alist
[1, 2, 3, 4, 'one', 'two', 'three', 'four']
>>> alist.remove(4)
>>> alist
[1, 2, 3, 'one', 'two', 'three', 'four']
>>> alist.reverse()
9
>>> alist
10
D
['four', 'three', 'two', 'one', 3, 2, 1]
>>> alist.sort()
11
>>> alist
12
E
[1, 2, 3, 'four', 'one', 'three', 'two']
>>>

建议

从哪里可以获得更多有关列表方法的信息呢？

关于列表方法的完整参考信息及示例，可以参考 http://docs.python.org/2/tutorial/datastructures.html#more-on-lists。你也可以在列表后输入“.”接上一个字母，然后 IDLE 会弹出一个菜单提示你所有符合条件的方法，这项功能称为代码补全。很多对象都具有自己的方法集合，通过使用代码补全，你可以节省很多不必要的键盘输入。

堆栈是什么呢？

堆栈就像是叠起来的一摞书，你可以用 append() 方法在其顶部添加元素，而使用 pop() 则可移除最顶部的元素。堆栈非常适合用来实现撤销操作之类的功能。

使用元组

在Python 中，元组（tuple）用来存储“固态”的数据，你既不能向一个元组中增加元素，也不能从中移除元素，也就是说其内容是恒定不变的。不过你可以随时从元组中取出数据元素，也可以查询某个元素是否存在于元组中。与列表相比，元组具有更高的读取速度，所以当你有一组不会发生改变的数据时，使用元组将会是更好的选择。

元组由一对括号所包围，其中的元素用逗号隔开。因为使用了括号，为了和其他 Python 语法区别开来（如函数、方法的调用等），所以当元组中只有一个元素时，其后面也依然会保留一个逗号。

使用元组

1. 登录桌面环境并打开IDLE程序。
2. 输入atuple=(1,2,3, 'one', 'two','three')并按下Enter。
3. 输入 atuple 并按下Enter。

Ⓐ Python 会将该元组的内容输出到终端中。

```
Python Shell
File Edit Shell Debug Options Windows Help
Python 2.7.3 (default, Jan 13 2013, 11:20:46)
[GCC 4.6.3] on linux2
Type "copyright", "credits" or "license()" for more information.
>>> atuple = (1, 2, 3, 'one', 'two', 'three')
>>> atuple
(1, 2, 3, 'one', 'two', 'three')
>>>
```

4. 输入 atuple.append('four')并按下Enter。

Ⓑ Python 会报出一条出错信息。

注意：你无法像使用列表那样，通过各种设值方法来改变元组中的元素内容。

```
Python Shell
File Edit Shell Debug Options Windows Help
Python 2.7.3 (default, Jan 13 2013, 11:20:46)
[GCC 4.6.3] on linux2
Type "copyright", "credits" or "license()" for more information.
>>> atuple = (1, 2, 3, 'one', 'two', 'three')
>>> atuple
(1, 2, 3, 'one', 'two', 'three')
>>> atuple.append('four')

Traceback (most recent call last):
  File "<pyshell#2>", line 1, in <module>
    atuple.append('four')
AttributeError: 'tuple' object has no attribute 'append'
>>>
```

5 输入1 in atuple并按下Enter。

6 输入'one' in atuple并按下Enter。

7 输入'four' in atuple并按下Enter。

D 当元素存在于元组中时，Python会返回True，否则返回False。

```
(1, 2, 3, 'one', 'two', 'three')
>>> atuple.append('four')

Traceback (most recent call last):
  File "<pyshell#2>", line 1, in <module>
    atuple.append('four')
AttributeError: 'tuple' object has no attribute 'append'
>>> 1 in atuple
True
>>> 'one' in atuple
True
>>> 'four' in atuple
False
>>>
```

8 输入anothertuple = atuple + atuple并按下Enter。

9 输入anothertuple并按下Enter。

E Python会使用两个元组的值进行合并，从而得到一个新元组。

注意：尽管无法修改单一元组内的元素，但是你可以用两个元组拼成新的元组。

10 输入anothertuple[-1]并按下Enter。

F Python会将元组中最后一个元素的值输出出来。

```
(1, 2, 3, 'one', 'two', 'three')
>>> atuple.append('four')

Traceback (most recent call last):
  File "<pyshell#2>", line 1, in <module>
    atuple.append('four')
AttributeError: 'tuple' object has no attribute 'append'
>>> 1 in atuple
True
>>> 'one' in atuple
True
>>> 'four' in atuple
False
>>> anothertuple = atuple + atuple
>>> anothertuple
(1, 2, 3, 'one', 'two', 'three', 1, 2, 3, 'one', 'two', 'three')
>>> anothertuple[-1]
'three'
>>>
```

建议

我可以将元组转化为列表吗？

可以。使用列表的方法list(tuple)，就可以利用一个元组的值创建列表了。反过来也行得通，tuple(list)可以从列表转换得到元组。不过转换过程效率并不高，所以除非必要，否则应该避免使用它们。元组最好只用于存储不变的内容，而不是列表的半成品。

我怎么才能弄清楚括号的内容是否代表一个元组呢？

如果一对括号的前面是“=”，那么你面对的就是一个元组。Python在很多语法中都会使用圆括号，就像之前见过的，对象的方法使用方法名加圆括号来进行调用，而有时候括号内还有逗号分隔的多个参数。另外，函数的调用也会用到圆括号，我们会在后面的章节中介绍有关它的内容。

使用词典

词典（dictionary）用来保存成对数据的集合。就像在列表中我们通过索引值来取得元素一样，在词典中我们使用“键”（key）来完成任务。键可以是字符串或数字，而键所指向的数据元素我们称之为值。

词典是关联型数据结构，意味着它通过键和值之间的链接来维系数据的关系，这提供了灵活高效的数据存取途径。与使用数组或列表不同，你可以直接通过给定的键从词典中取出对应值，而无需按索引顺序遍历整个数据结构。

使用词典

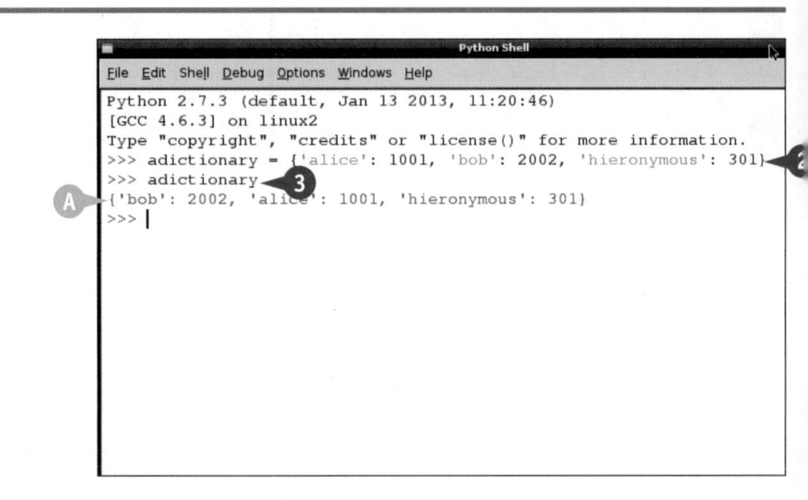

1 登录桌面环境，并打开 IDLE 程序。

2 为了创建词典，首先输入一个变量名，然后接上一个 =，再在一对大括号中输入用逗号分开的键值对。

注意： 使用逗号分隔键值对，同时在键和值之间使用冒号进行分隔，字符串的键要用引号包围。

3 输入刚才创建的词典变量的名字，然后按下 Enter。

A Python 会将词典的键值对结构展现出来。

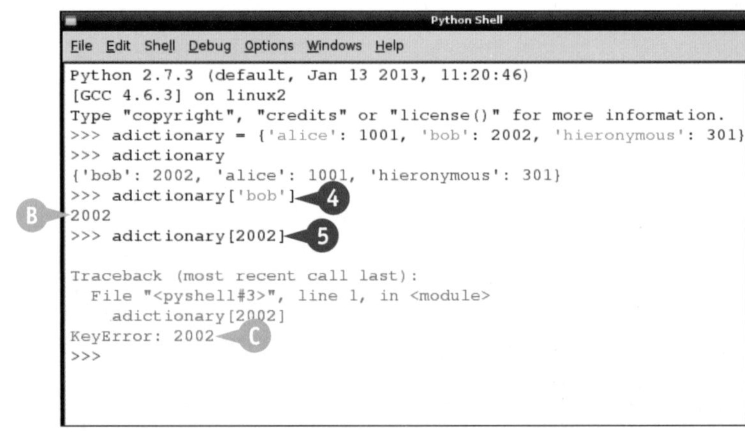

4 输入词典变量名，接上用中括号包围的键名。

B Python 会将该键所对应的值输出到终端中。

5 输入你的词典变量名，接上用中括号包围的某个值。

C Python 会报出一条出错信息。

6 输入你的词典变量名，接上 .keys()，并按下 Enter 。

D Python 会将词典的所有键作为一列表输出到终端中。

7 输入你的词典变量名，接上 .values()，然后按下 Enter 。

E Python 会将词典中的值转为一个列表输出到终端中。

注意：你可以通过上述两个方法将词典的键和值“提取”出来。

8 输入你的词典变量名接上 .has_key('akeyname')，并按下 Enter 。

F 如果“akeyname”这个键存在于词典中，Python 会返回 True，否则返回 False。

9 输入你的词典名，接上 .items() 并按下 Enter 。

G Python 会将词典中的所有元素（键值对）转成一个列表，其中每个元素都是由键和值组成的元组。

```
>>> adictionary
{'bob': 2002, 'alice': 1001, 'hieronymous': 301}
>>> adictionary['bob']
2002
>>> adictionary[2002]

Traceback (most recent call last):
  File "<pyshell#3>", line 1, in <module>
    adictionary[2002]
KeyError: 2002
>>> adictionary.keys()
['bob', 'alice', 'hieronymous']
>>> adictionary.values()
[2002, 1001, 301]
>>>
```

```
>>> adictionary
{'bob': 2002, 'alice': 1001, 'hieronymous': 301}
>>> adictionary['bob']
2002
>>> adictionary[2002]

Traceback (most recent call last):
  File "<pyshell#3>", line 1, in <module>
    adictionary[2002]
KeyError: 2002
>>> adictionary.keys()
['bob', 'alice', 'hieronymous']
>>> adictionary.values()
[2002, 1001, 301]
>>> adictionary.has_key('bob')
True
>>> adictionary.items()
[('bob', 2002), ('alice', 1001), ('hieronymous', 301)]
>>>
```

建议

我应该在什么时候使用词典呢？

顾名思义，我们可以想象一下现实中的词典，词条（键）与释义（值）之间是一对一的关系。你可以使用元组来创建通用的键集合，然在多个词典对象中使用它们来存储各自不同的值集合。

词典中键和值的顺序重要吗？

不，与列表不同，词典中的元素并不严格按照一定的顺序来存储。如果你对词典中的键 / 值（后面的章节会介绍相关内容）进行遍历的话，Python 并不会承诺每次的顺序都保证一致。

关于循环和条件判断

包括Python在内的所有编程语言，都包含了实现循环和条件判断的多种语法。通过使用这些语法，你可以让程序针对任务自行作出决策，从而使其变得更加智能。例如你可以让程序读取外部摄像头的图像，当发现环境变暗时自动开启电灯等。循环和条件判断经常使用伪代码来表示，因为其看起来更像人类语言，所以比真正的Python代码更容易理解。本节我们会使用伪代码来进行示例，你可以在后面找到对应的真正Python代码。

关于Python编程窗口

为了在代码中使用循环和条件判断，你通常需要一次性编写多行的代码。然而就像使用传统的Linux命令一样，Python的shell每次只会读取并解释执行一行代码，这样我们就无法在shell窗口中很好地完成多行代码的编写了。所以你必须打开另一个窗口，在其中编写Python代码语句，并将其保存到文件中。如果希望运行该脚本，请按下F5，然后结果会被输出到Python的shell窗口中。

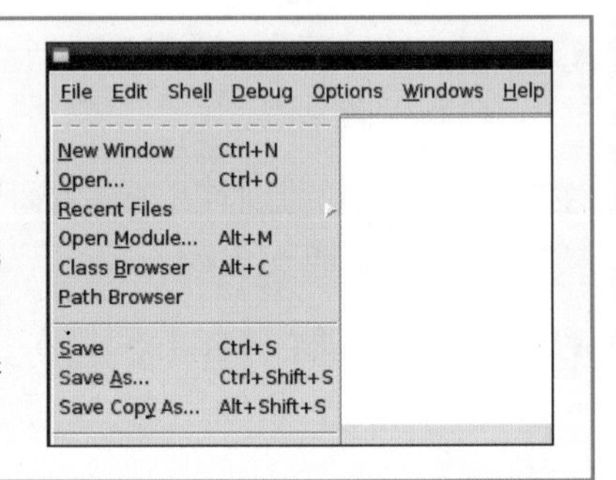

关于if语句

你可以使用 `if` 语句来完成很方便的条件判断，只有当指定条件符合时才会执行相应的代码内容。你还可以通过使用 `else` 语句，来执行与 `if` 条件相反的代码分支。不仅如此，Python还包含了 `elif` 语句（如果之前的条件不符合，那么继续判断另一个条件），你可以通过串联 `elif` 来进行一系列的判断，直到代码遇到符合要求的条件为止。

```
if (test condition)
    do something...
else
    do something else...
```

关于循环

你经常会遇到这种情况，一段同样内容的程序代码需要进行多次执行，例如希望程序对一个列表中的每个元素进行相同的操作等。Python中包含了多种用于创建循环并对其进行控制的语法，其中最常用的就是 `for` 和 `while` 语句了。

```
code...
loop start
    do something over and over
more code...
```

关于for语句

```
for (range) repeats
    do something

for each item in a list/tuple/dictionary
    do something
```

通过 for 语句，你可以很方便地对列表这样的数据集合进行遍历操作，从而对其内部元素进行批量的操作。你可以使用 in 语句来制定目标数组、列表或元组。如果希望只对数据集合中的部分元素进行操作，你还可以使用 range 来指定其范围，其值从 0 开始计数。当然，你也可以自行改变起始点和行为，甚至还可以让遍历按照相反的顺序来进行。

关于while语句

```
while (a test is true)
    do something...
then continue as normal
```

通过 while 语句，你可以重复地执行某些操作，直到符合相关条件为止。当你事先不知道自己的代码将会循环多少次或者有多少数据需要进行处理时，使用 while 语句就会非常有帮助。例如在游戏编程中，你可以通过 while 语句来监听来自键盘和鼠标的用户输入，从而做出正确的响应。

关于break语句

```
while (a test is true)
    do something...
     if (another test is true)
          break out of the while test
then continue as normal
```

有时候你需要在特定时间点跳出代码的循环执行，例如在列表中遍历并找到目标元素时，后面的循环就没有进行的意义了，这时候你可以通过 break 语句来跳出循环，从而提高程序的执行效率。

关于代码缩进

```
test or loop
    indented code
    belongs to the test/loop
continue as normal
```

当你使用 while、if、for 等语句时，你必须告诉 Python 之后哪些代码会处于循环和条件判断的控制范围内，哪些是这些结构之外的后续代码语句。为了实现这个目的，你需要通过按下 Tab 来对代码进行缩进，IDLE 会自动用 4 个空格来取代 tab 字符。另外，你可以嵌套执行循环和条件判断，所以这可能需要进行更多次的缩进。除此之外，缩进还可以让你的代码结构更加清晰，从而大大提升其可读性，进而提升开发和调试的效率。

进行条件判断

通过if语句，你可以根据是否符合给定条件来执行不同的代码语句。为了让if语句能够进行工作，你需要将希望进行判断的条件置于其后面的一对括号中，并跟上一个冒号。这样当你按下回车键时，Python 会自动地对下一行进行缩进，随后输入的代码都隶属于本次条件判断中，只有当条件符合时才会执行到。

当编写完条件判断的内部代码后，新起一行并使用退格键删除缩进，之后输入的代码就不再隶属于上面的条件判断了，它会在条件判断完成后继续被执行。另外，你还可以通过使用 else 语句，来指定条件不符合时所执行的代码内容。

进行条件判断

❶ 登录桌面环境，并打开 IDLE 程序。

❷ 单击 File。

❸ 单击 New Window。

Ⓐ Python 会为你打开一个新窗口用于代码的编写。

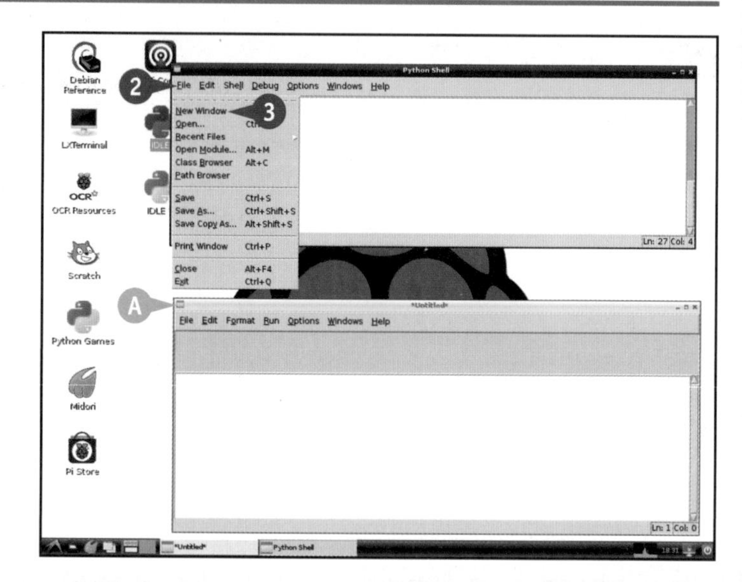

❹ 输入 `a = 3` 并按下 Enter。

❺ 输入 `if (a == 3):` 并按下 Enter。

Ⓑ Python 会自动地为下一行代码进行缩进。

注意： 记得不要丢掉 if 语句后面的冒号。

注意： 你必须使用“==”来进行条件判断，而不是用来进行赋值操作的“=”。

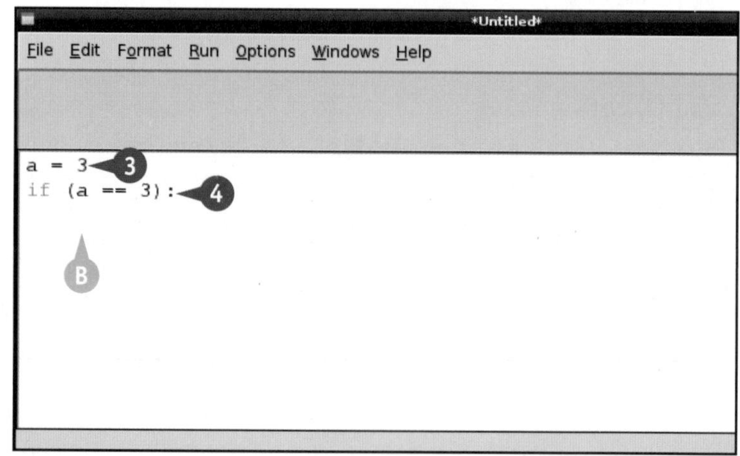

❻ 输入 `print'A is 3'` 并按下 Enter。

❼ 按下 F5。

在执行前需要对脚本文件进行保存。

❽ 按下 Enter 或单击 OK。

文件保存对话框会被显示出来。

❾ 输入文件名，并使用 .py 作为后缀。

❿ 单击 来保存文件。

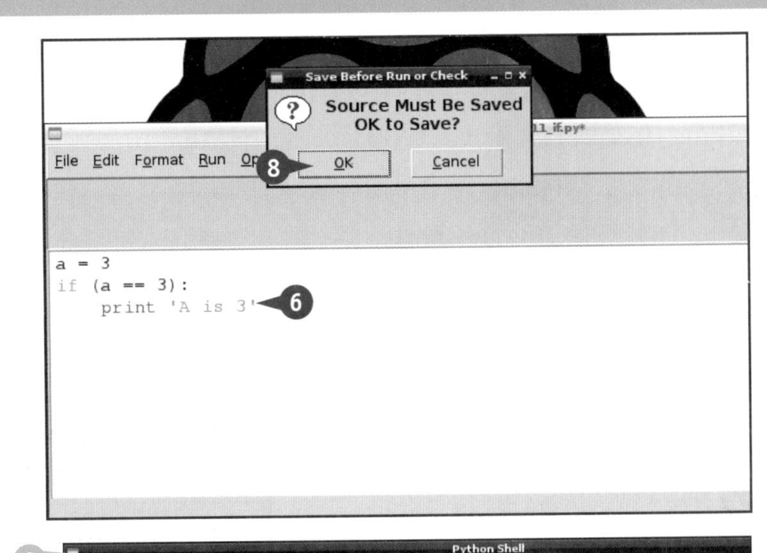

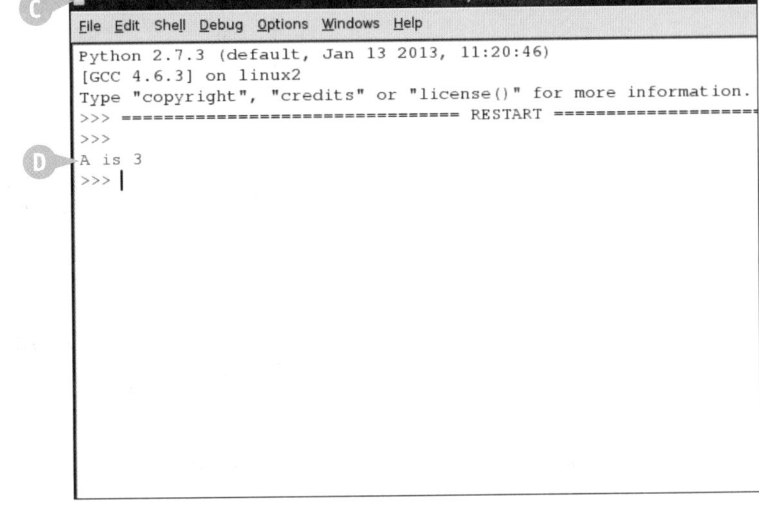

Ⓒ Python 会打开一个新的 shell 窗口。

Ⓓ 在这个窗口中，会显示脚本的各种输出和执行结果。

注意：在本例中，`a` 的值等于 `3`，条件判断通过，所以 Python 会执行判断内部的代码。如果想看看条件不符合时会如何，只需要修改第一行的赋值语句就可以了。

建议

我可以在if语句的括号内输入什么内容呢？

为了对两个值进行比较，你可以使用 >、>=、==、<= 以及 < 操作符，它们分别代表大于、大于等于、等于、小于等于以及小于。

如何使用 else 语句？

为了添加 `else` 语句，按下 Backspace 来取消之前引入的缩进，并输入 `else`，记得不要丢掉其后面的冒号，然后按下 Enter，Python 会对下面的新行进行缩进。当完成 `else` 条件的代码编写后，按下 Backspace 来取消缩进，从而完成对整个条件判断的编写。你可以在本书的网站 www.wiley.com/go/tyvraspberrypi 上找到使用 else 语句的示例。

使用循环

通过使用 for 语句，你可以按照特定次数来执行同一段程序代码，并且还可以通过使用 range 语句来指定执行的范围。注意，range 的最后一个值不会被包括在范围内，所以 range(0,10) 代表着 0 ~ 9 号元素，而不是 0 ~ 10 号元素。

通过使用 while 语句，你可以在某些条件得到满足之前，不停地重复执行一段程序代码。当你事先并不知道循环执行的次数时，while 会显得特别有帮助，它同样适合于进行事件监听，例如来自键盘和鼠标的用户输入。

使用循环

1. 登录桌面环境，并打开 IDLE 程序。
2. 单击 **File**。
3. 单击 **New Window**。

   Python 会为你打开新的窗口，用于代码的编写。

4. 输入 for a in range (0,10): 并按下 Enter 。
5. 输入 print a 并按下 Enter 。
6. 按下 F5 。

   在执行脚本代码前，需要对其先进行保存。

7. 按下 Enter 或单击 **OK**。

   文件保存对话框会被显示出来。

8. 输入文件名，并注意使用 .py 作为后缀。
9. 单击 **OK** 来保存文件。

Ⓐ Python 会打开一个新 shell 窗口，并输入从 0 到 9 的数值。

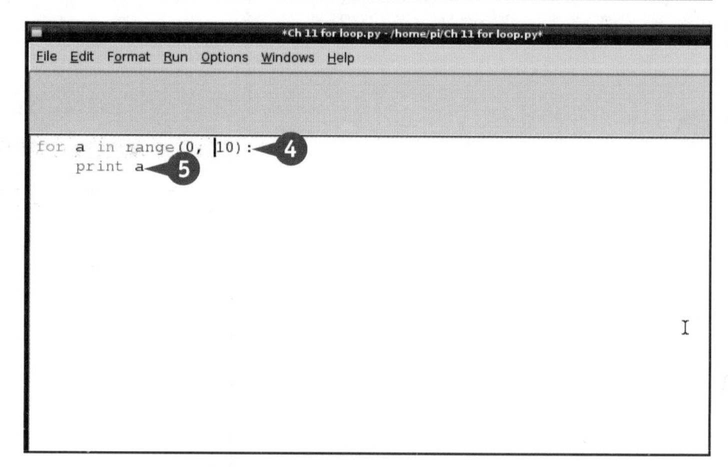

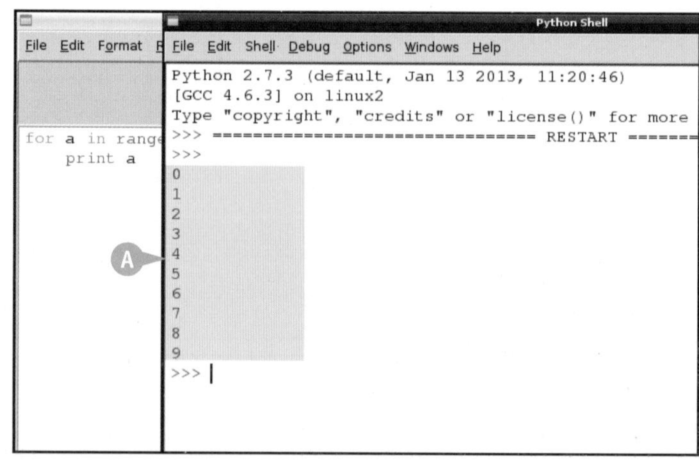

注意: range 中的第二个参数代表截至值，循环中并不会将其包括进来，所以此处输出的最后一个值是 9，而不是 10。

10 鼠标选中全代码并按下 Delete 。

将之前的代码删除。

11 输入 `a = 0` 并按下 Enter 。

12 输入 `while (a < 10):` 并按下 Enter 。

Python 会将冒号后面的代码行进行缩进。

13 输入 `print a` 并按下 Enter 。

14 输入 `a += 1` 并按下 Enter 。

注意： `a += 1` 是 `a = a + 1` 的简写方式。

15 按下 F5 并使用 .py 后缀来保存脚本文件。

B Python 会使用 `while` 语句来取代之前的 `for` 语句，进行 0 到 9 的数字输出。

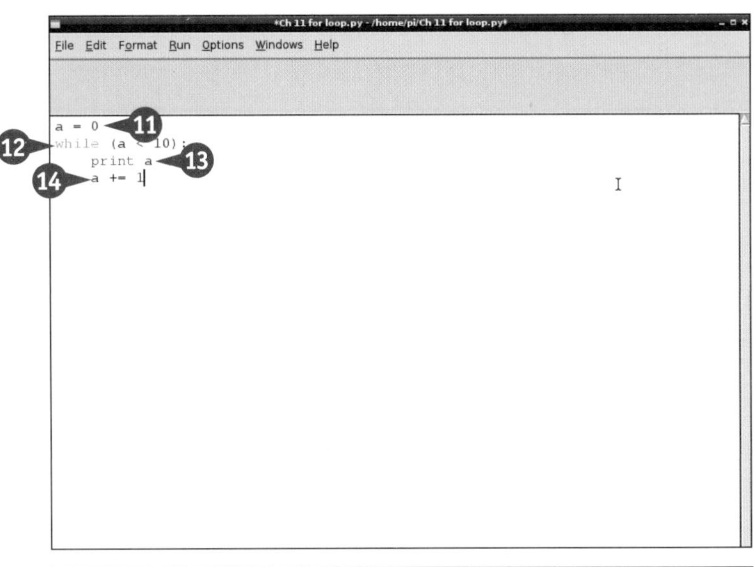

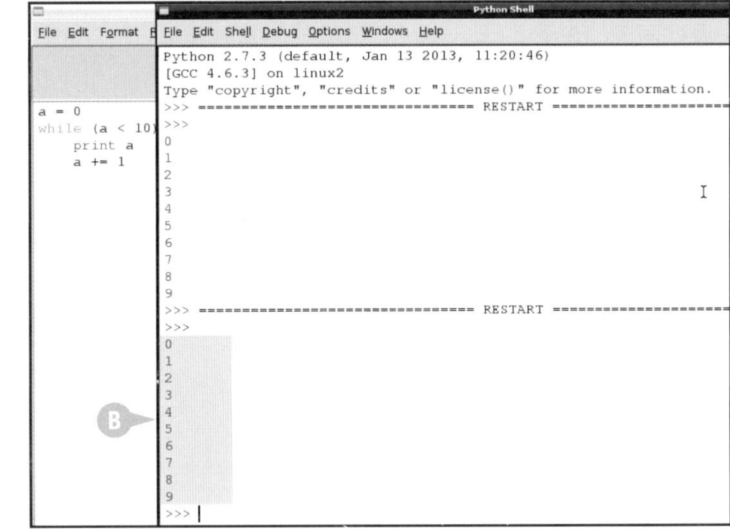

建议

我可以如何遍历一个数组或列表呢？

你可以使用 `range()` 来指定特定的索引值集合，然后就可以对数组或列表对象进行遍历。但使用枚举是更加高效和简便的方法，输入 `for temporaryVariable inarray:`，Python 会每次选中数组或列表中的一个元素，并将其赋值给临时变量（此处的 temporaryVariable），你甚至不需要知道数组或列表的长度，枚举会持续执行，直到数组或列表的结尾处才自动结束。

使用枚举局限于数组或列表吗？

不，枚举还可用于元组或词典。对于词典的枚举，你可以通过两个临时变量，分别对应键和值。对于元组和词典的遍历，你可以从本书的网站 www.wiley.com/go/tyvraspberrypi 中找到相对应的示例。

关于函数和对象

通过使用 Python 的一些高级特性，你可以对代码逻辑进行封装，并在之后进行复用。函数（Functions）可以实现代码的复用，而对象（Object）则可用于代码逻辑和数据的封装。

关于函数

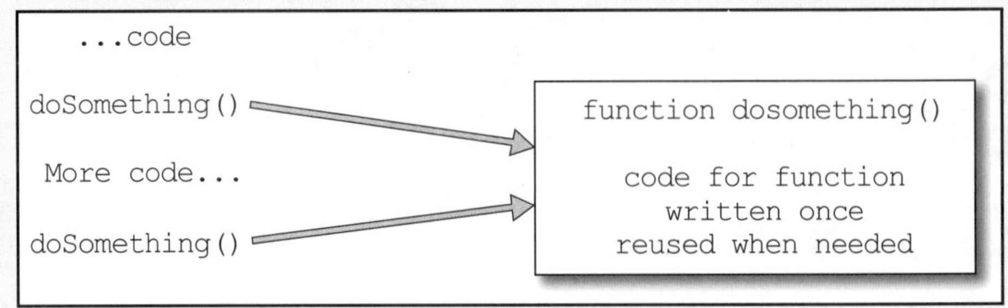

在复杂的程序项目中，你经常需要在不同地方执行相同的代码操作，例如在游戏编程中，判断物体是否与其他物体发生碰撞等。重复输入相同的代码显然是不明智的，所以你应该选择将其封装到函数里，这样只需维护此处的代码实现，就可以正确无误地在项目各处使用它了。

关于参数的传递

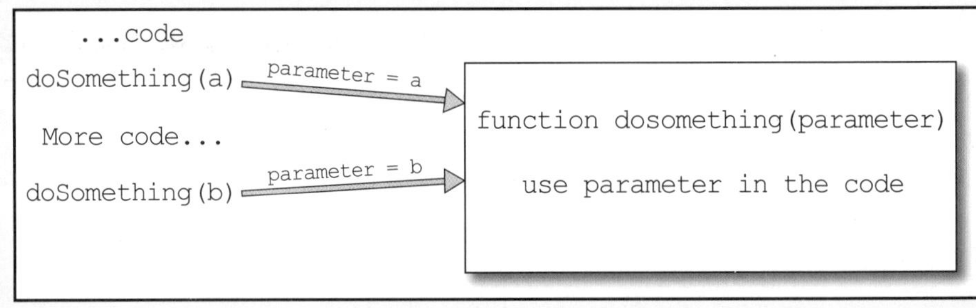

根据面向的任务不同，有些函数在执行时，并不需要你提供额外的信息。例如，用于返回当前日期和时间的函数就不需要外界提供任何的输入。但另一些函数的行为则依赖于执行时你提供给它们的信息，这称为参数传递。函数可以接受任意数量的参数，但一般来说并不应该设置过多的参数个数，因为会对函数的使用者造成理解上的困扰。这种时候使用数据对象（可以是以词典或其他数据结构的形式）来进行信息的传递往往是更好的选择。

关于函数的作用域

当你定义了函数的一个参数，那么它的值对于函数体内的任何代码都是可见的。而对于你在函数体内部定义的变量，它们会被当作私有变量进行对待，也就是说在函数体之外的代码，是无法访问到它们的。使用私有变量的好处是你无需保证在全局环境下，每个变量都具有独一无二的名字。

aVariable = 1

function doSomething()
aVariable = 10

Same variable name - but no connection!

关于返回值

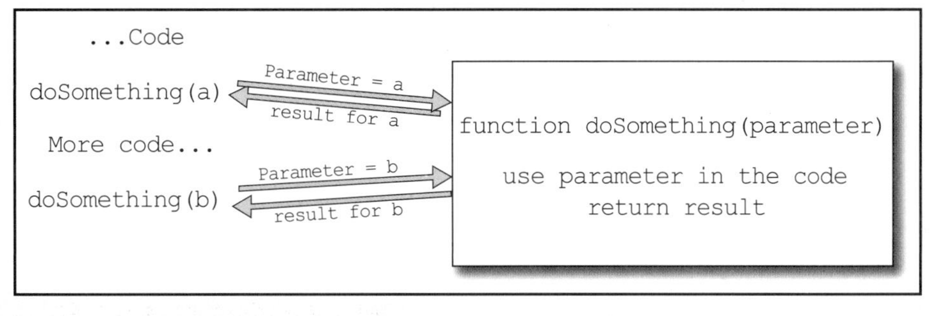

函数经常会返回一个值（当然你可以让函数没有返回值，但具有返回值的函数通常更加常见，并且易于使用），你可以使用 return 语句来进行值的返回，这会跳出函数并忽视之后的所有代码。

关于函数的定义

为了创建一个函数，输入 def 加上函数名，其后跟上一对括号用于放置参数，然后在其下面缩进的行内输入函数的逻辑代码，当遇到 return 时，Python 会认定函数会在此结束，因此其后面的代码都不再会被执行到。

```
def functionName(parameters):
    code...
    return value
```

关于类

你可以通过创建类（Class）来对数据和执行逻辑进行封装。类就像一个函数一样，其中包含了你可以访问的一系列变量以及可以调用的一系列方法函数。当你希望创建多个行为类似的对象时，类就显得非常有用了。例如，你可以在游戏中创建一个角色的类，为每个角色对象设置不同的颜色值信息，但却让它们采用相同的逻辑来移动自己的位置。

```
class className(parameters):
    Variables...
    methods...
```

关于实例

通过在类名后面加上一对括号，你可以得到该类的一个实例对象，然后就可以对其进行自身的属性设置了。当你从同一个类创建多个实例对象时，它们相互之间共享了相同的方法函数（在创建类的时候定义），而各自又可以具有不同的属性值，使得你能够对它们进行区分。Python 使用 “.” 来访问对象的属性和方法，例如你可以创建一个 myTile 对象用于代表游戏中的地图块，它具有自己的 x 和 y 轴坐标，为了获取这些信息，你可以使用 myTile.x 和 myTile.y 来访问它们。

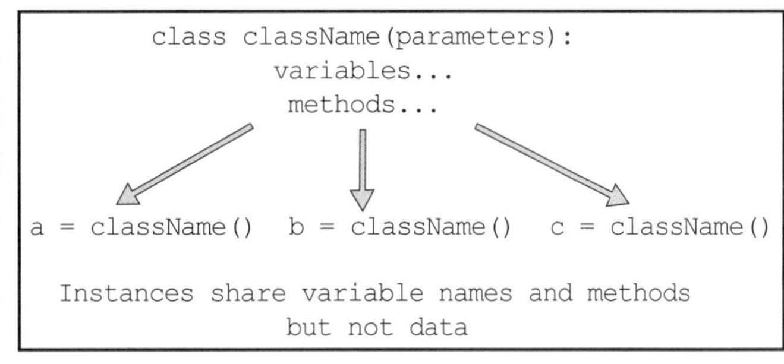

创建函数

你可以使用 def 关键词来创建一个新函数，在其后面加上函数名，然后在一对括号内加上一个或多个参数（也可以没有参数），再加上一个冒号即可。

你可以通过函数名来进行函数的调用，如果希望传递参数，只需将它们放在函数名后的括号里即可。如果函数中用 return 语句定义了返回值，那么你也可以通过一个变量来获得它，否则函数将会返回一个特殊值 none。本例创建了一个用于将输入的数字值翻倍的函数。

创建函数

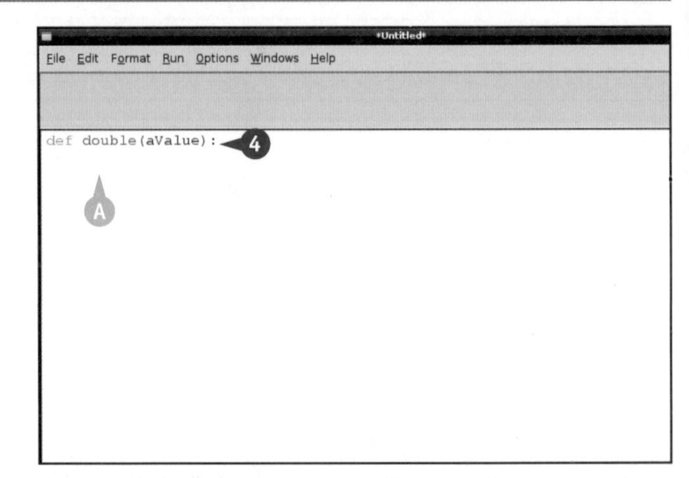

1 登录桌面环境，并打开 IDLE 程序。

2 单击 **File**。

3 单击 **New Window**。

Python 会打开一个新窗口，让你进行代码的编写。

4 输入 def double (aValue): 并按下 Enter 。

A Python 会自动缩进下一行，等待函数体的输入。

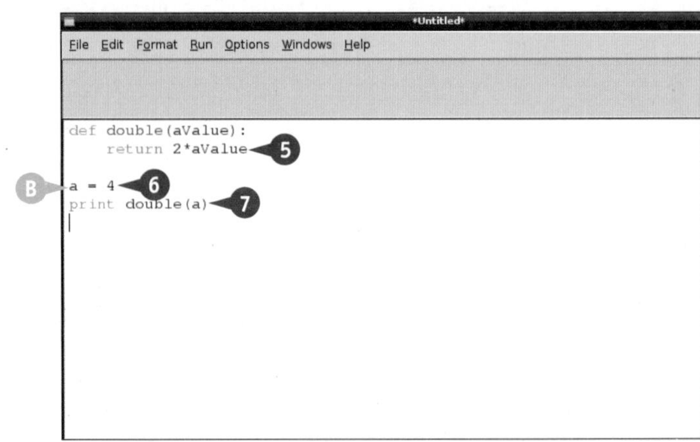

5 输入 return 2*aValue 并按下 Enter 。

B Python 会在 return 语句之后结束函数体的定义，并取消之前引入的缩进。

6 按下 Enter ，输入 a=4 并按下 Enter 。

注意： 第一个 Enter 并非必需的，但合理使用空行会让你的代码结构更加清晰。

7 输入 print double(a) 并按下 Enter 。

注意： 如果你在函数内部定义了任何的变量，那么它们都只存在于函数内部，在其他地方无法对其进行访问。也就是说它们只位于该函数的作用域中。

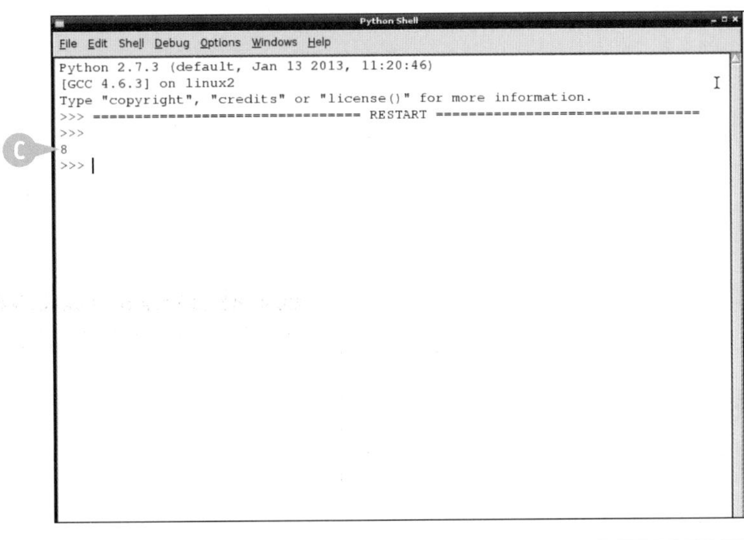

❽ 按下F5。

脚本在执行之前，需要你对其进行保存。

❾ 按下Enter或单击 OK。

文件保存对话框会被显示出来。

❿ 输入文件名，并注意加上 .py 后缀。

⓫ 单击 OK 来保存文件。

Ⓒ Python 会打开一个新的 shell 窗口，并将函数执行的结果输出到终端。

⓬ 将a = 4改为a = 'string'。

⓭ 重复第 8 步到第 11 步来保存对脚本文件的修改。

Ⓓ Python 会对一个字符串值调用该函数，结果是字符串的内容被重复了一次。

注意：在本例中，“*”操作既可以作用于数字值，也可以作用于字符串值。但这并不保证其他操作也可以兼容这两种不同的数据类型。

建议

前面的例子中也用到过函数吗？

是的，每当你看到成对的圆括号时，Python 几乎都是在调用某个函数（当然也包括元组之类的特例）。例如在前面有关列表的章节中，我们看到的所有列表方法几乎都是对某个函数的调用操作。

函数可以在执行完毕后一次返回多个值吗？

不，Python 只支持单个返回值，但其返回值除了可以是单个数字或字符串以外，还可以是数组、列表、元组等复杂数据结构，可以利用这些对象来存储更加复杂的信息。

定义一个类

你可以通过 class 关键词来进行类的定义，并为其添加需要的变量和方法。当类被定义完毕之后，你就可以使用它来创建任意数量的实例对象了，每个都可以保存各自的数据。

类中经常包含一个特殊的函数“__init__”，它会在创建实例对象时被自动调用。通过该方法，你可以设置该类对象的共用变量值等。在类中使用 self 变量来代表“当前这个对象”。

定义一个类

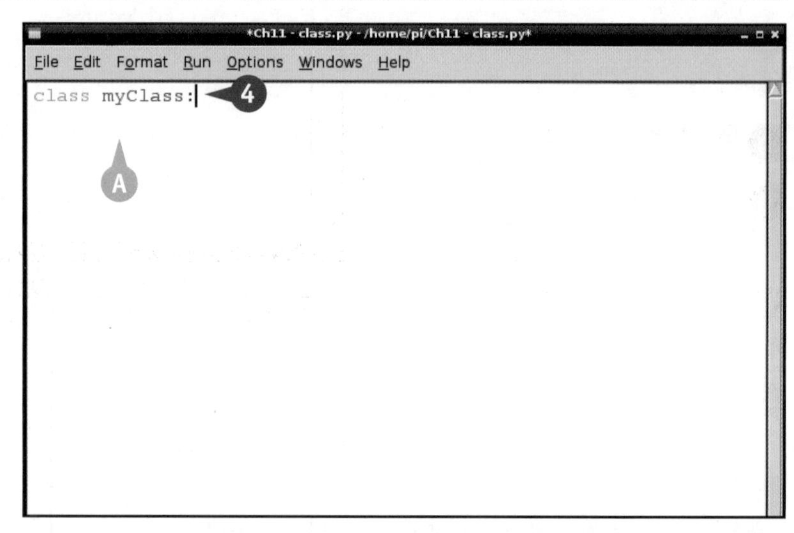

1 登录桌面环境，并打开 IDLE 程序。

2 单击 File。

3 单击 New Window。

Python 会打开一个新窗口，供你进行代码的编辑。

4 输入 class myClass: 并按下 Enter 。

A Python 会将下一行进行自动的缩进。

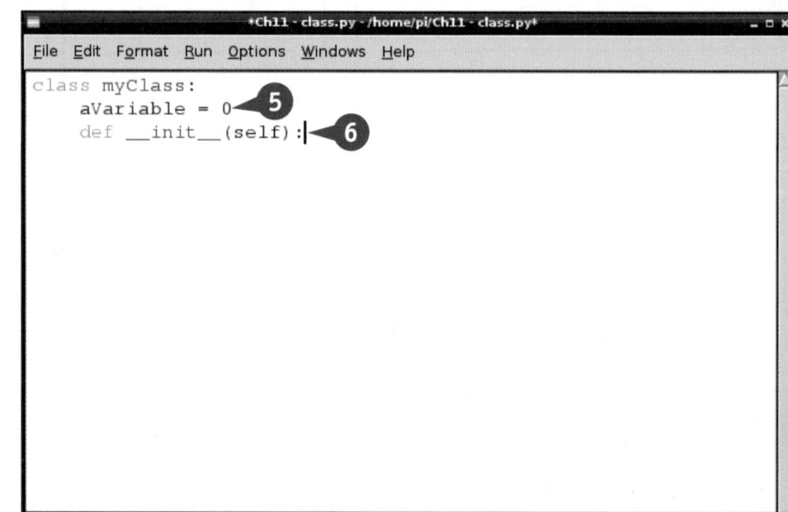

5 输入 aVariable = 0 并按下 Enter 。

注意： 这一行为该类创建了一个名为 aVariable 的变量，并将其值设为 0。

6 输入 def__init__(self): 并按下 Enter 。

注意： 这一行定义了特殊的 __init__ 方法，不要忘了在其后的括号中加上 self 关键字。

Ⓑ Python 会对下一行再次进行的缩进。

❼ 输入 `self.myName = 'A new instance'` 并按下 Enter 。

注意：你可以在类的方法中编写任意量的代码。本例中只是简单地创建了一个名为 myName 的变量，并为其赋值了一个字符串。

❽ 输入 Backspace 来取消一层缩进。

❾ 输入 `def changeName(self, newName):` 并按下 Enter 。

❿ 输入 `self.myName = newName` 并按下 Enter 。

注意：接下来的两行定义了一个新方法，让你能为 myName 变量设置新的值。

⓫ 按照前面章节中进行过的步骤，保存脚本文件。

Python 会完成类的创建，这次并没有进行任何输出。

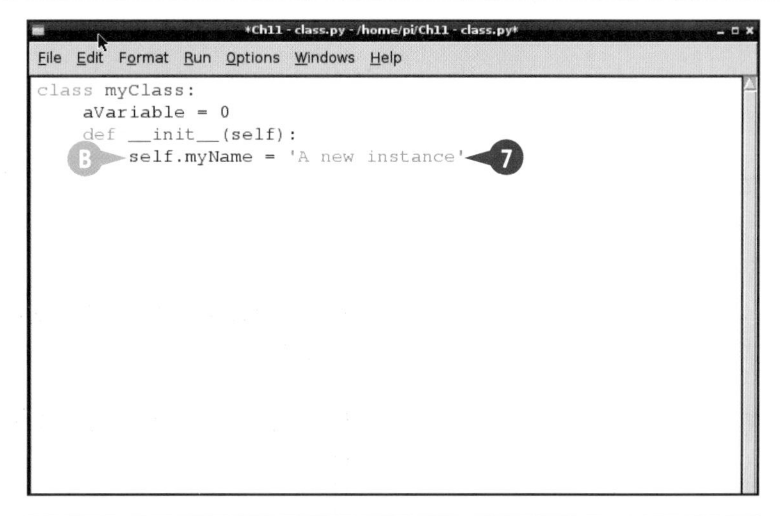

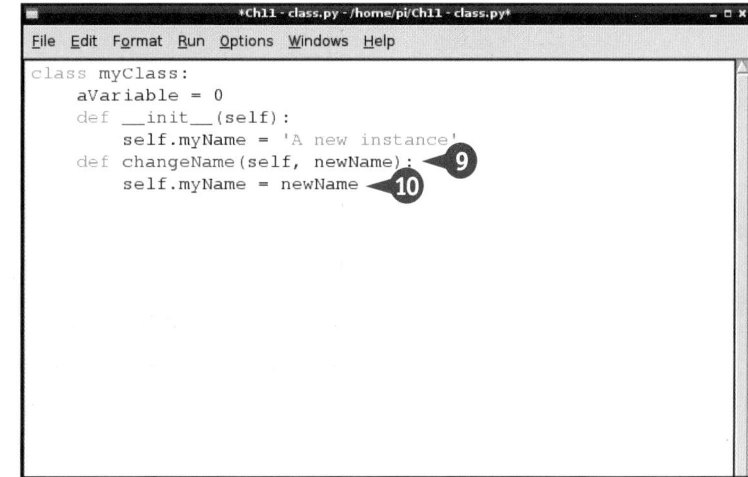

建议

我可以向__init__传递参数吗？

可以，你可以在 `self` 之后加上用逗号隔开的其他参数，然后你就能在 `__init__` 方法中使用它们了。另外需要注意的是，当创建实例时，你并不需要为 self 变量指定值，Python 会自动替你完成该项工作。

在 __init__ 内部创建变量或在其外部创建变量，两者之间有什么区别吗？

如果在 `__init__` 外部创建变量，你只能为其设置一个固定的值。而如果是在 `__init__` 内部的话，就可以通过传递参数来指定变量的值，这样 `__init__` 内的代码就可以在设置初始值之前定义各种相关操作，这大大增加了代码的灵活性。

使用类

为了使用类，你需要在类名之后加上一对圆括号。如果你为该类预先定义了 __init__ 方法，那么不要忘记在括号中传递相应的参数。如果你的 __init__ 函数定义了返回值，那么实例化的时候就会返回该值，否则返回特殊的空值 none。

在创建完类的实例对象之后，你就可以通过"."来访问其变量和方法了。如果你定义的方法需要参数，那么就在函数名之后的括号中传递它们。你无需自己指定 self 变量的值，Python 会自动对其进行设置。

使用类

1 接着上一节的内容，打开 shell 窗口，在 shell 窗口中输入 anInstance = myClass() 并按下 Enter。

2 Python 会创建该类的一个新实例对象。

注意： 在创建实例时，Python 并不会输出任何的提示信息。

```
Python Shell
File Edit Shell Debug Options Windows Help
Python 2.7.3 (default, Jan 13 2013, 11:20:46)
[GCC 4.6.3] on linux2
Type "copyright", "credits" or "license()" for more information.
>>> ================================ RESTART ===================
===
>>>
>>> anInstance = myClass()   ❷
>>> |
```

3 输入 print anInstance.aVariable 并按下 Enter。

A Python 会输出 0，也就是你之前在定义类时，为 aVariable 变量所指定的默认值。

4 输入 print anInstance.myName 并按下 Enter。

B Python 会输出"A new instance"，也就是你在定义类时，为 myName 变量所指定的默认值。

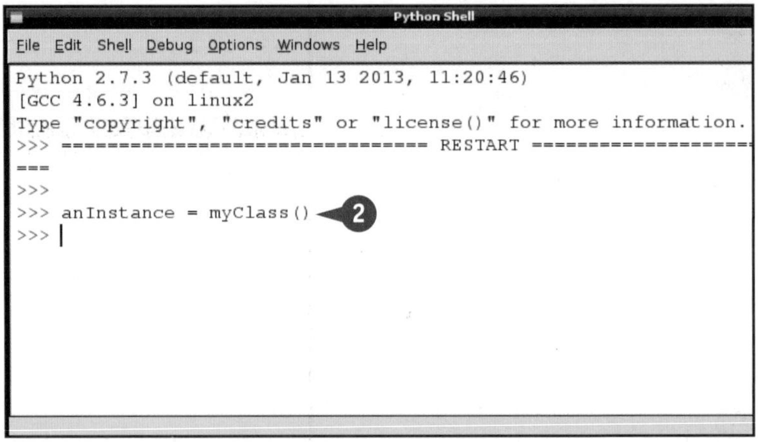

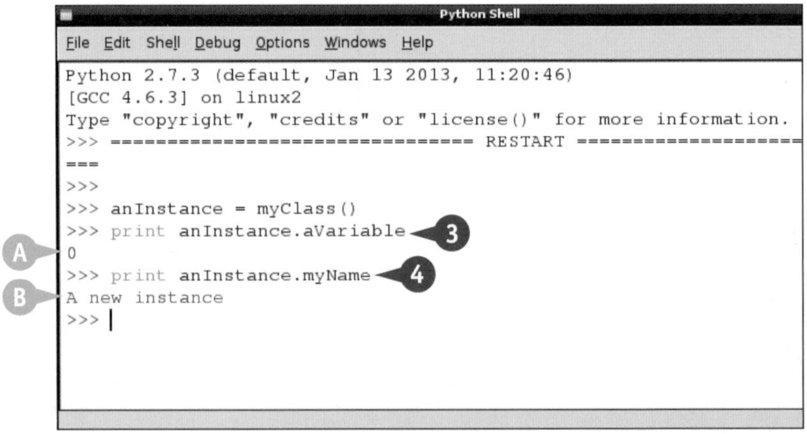

```
Python Shell
File Edit Shell Debug Options Windows Help
Python 2.7.3 (default, Jan 13 2013, 11:20:46)
[GCC 4.6.3] on linux2
Type "copyright", "credits" or "license()" for more information.
>>> ================================ RESTART ===================
===
>>>
>>> anInstance = myClass()
>>> print anInstance.aVariable   ❸
0   Ⓐ
>>> print anInstance.myName   ❹
A new instance   Ⓑ
>>> |
```

注意：如果你尝试打印输出一个并未在类中定义的变量，那么 Python 将会返回错误信息。

5 输入 anInstance.aVariable=10 并按下 Enter 。

6 输入 print anInstance.aVariable 并按下 Enter 。

C Python 会输出 10，因为你已经手动改变了 aVariable 变量的值。

7 输入 anInstance.changeName('Something else') 并按下 Enter 。

Python 会执行之前你定义的 changeName 方法，参数是你希望为 myName 变量所设置的新值。

8 输入 print anInstance.myName 并按下 Enter 。

D Python 会输出 myName 刚刚被设置的新值。

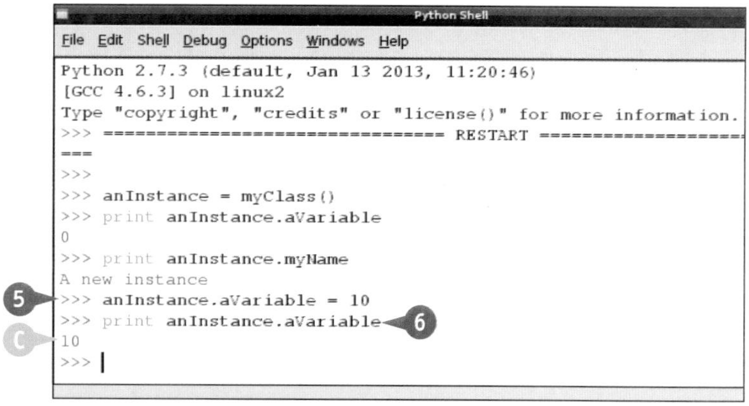

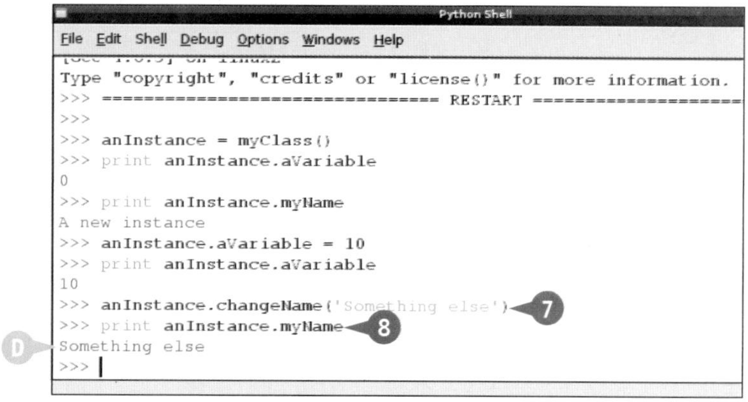

```
Python Shell
File Edit Shell Debug Options Windows Help
Python 2.7.3 (default, Jan 13 2013, 11:20:46)
[GCC 4.6.3] on linux2
Type "copyright", "credits" or "license()" for more information.
>>> ================================ RESTART ================================
>>>
>>> anInstance = myClass()
>>> print anInstance.aVariable
0
>>> print anInstance.myName
A new instance
>>> anInstance.aVariable = 10
>>> print anInstance.aVariable
10
>>>
```

```
Python Shell
File Edit Shell Debug Options Windows Help
Type "copyright", "credits" or "license()" for more information.
>>> ================================ RESTART ================================
>>>
>>> anInstance = myClass()
>>> print anInstance.aVariable
0
>>> print anInstance.myName
A new instance
>>> anInstance.aVariable = 10
>>> print anInstance.aVariable
10
>>> anInstance.changeName('Something else')
>>> print anInstance.myName
Something else
>>>
```

建议

实例对象是独一无二的吗?

是的，当你创建了类的一个新实例对象，Python 会去执行 __init__ 方法，并设置你定义的变量，所以任何实例在创建时都是相同的。但是，之后它们就是相互独立的个体了，你可以改变某个实例对象的状态值，而这并不会对其他实例变量产生任何影响。

我可以删除一个实例对象吗？

可以，不过对于小的软件项目来说，通常你不需要关注实例的删除。而如果你定义了一个复杂的类，并创建了非常多的实例化对象，那么为了节省内存资源，可以使用 del 命令来进行对象的删除。

加载模块

你可以使用模块来对代码进行包装和重用，并且还能拓展 Python 的功能。模块是事先编写的 Python 代码，事实上许多 Python 功能只有通过 `import` 语句加载特定的模块才能实现。import 语句通常位于脚本文件的最开头处。

为了使用模块中的某些功能，通过 `import` 加上模块名来完成加载，随后通过“.”来访问其提供的功能方法。例如你通过 `import` 加载了 `math`（数学计算）模块，那么就可以通过 `math.` 加上方法名来调用其功能了。另外，你还可以使用 `from` 语句来调用模块的特定某些功能方法。

加载模块

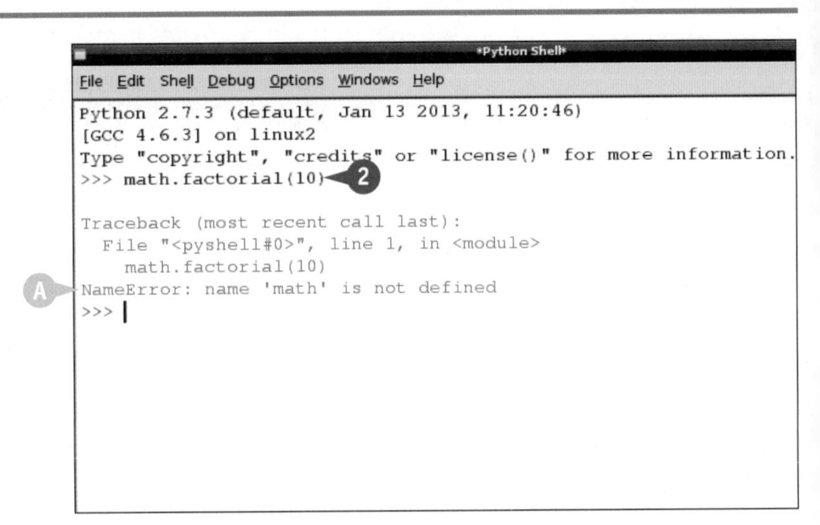

❶ 登录桌面环境，并打开 IDLE 程序。

❷ 输 入 `math.factorial(10)`，并按下 Enter。

Ⓐ Python 会输出一条错误信息。

注意: 你必须首先加载 math 模块，才能调用其 `factorial` 方法，否则系统就会报错。

注意: `factorial` 会计算一个数字的阶乘值，例如 10 的阶乘值是 10 × 9 × 8 × ··· ×2 × 1，这个方法经常应用于统计计算中。

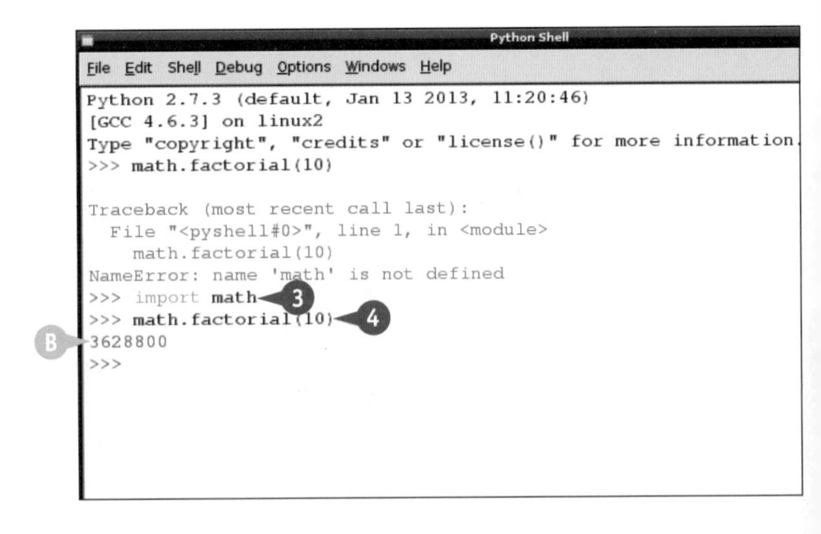

❸ 输入 `import math` 并按下 Enter。

Python 会加载 `math` 模块，加载成功后并不会返回信息。

❹ 输入 `math.factorial(10)` 并按下 Enter。

Ⓑ factorial 会正确地进行执行。

5 输入 from decimal import * ，并按下 Enter 。

Python 会加载 decimal 模块中的全部方法。

6 输入 1.0/81 并按下 Enter 。

C Python会执行内置的算术计算，并将结果输出到终端中。请注意，其只具有有限的计算精度。

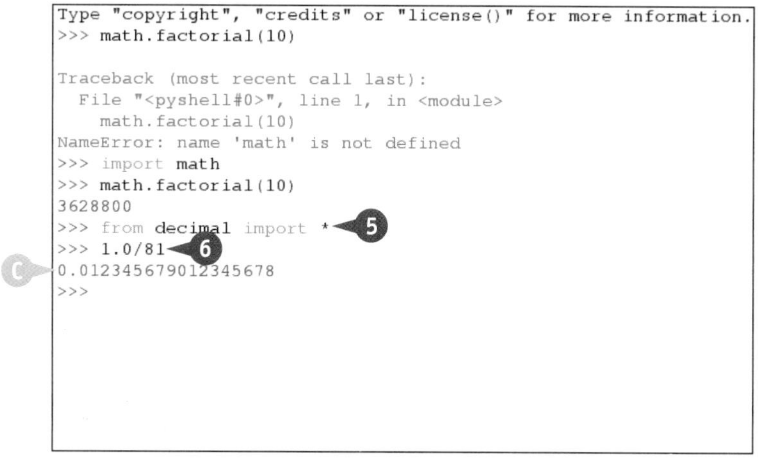

7 输入 getcontext().prec=100 ，并按下 Enter 。

注意：本行会使用 decimal 模块，将计算精确到小数点后 100 位。相关细节请参考Python的在线文档。

8 输入Decimal(1) / Decimal(81) 并按下 Enter 。

D Python 使用 decimal 模块将计算的精确提升到小数点后 100 位，并使用特殊的 Decimal 形式输出（你依然可以对其进行常规的计算操作）。

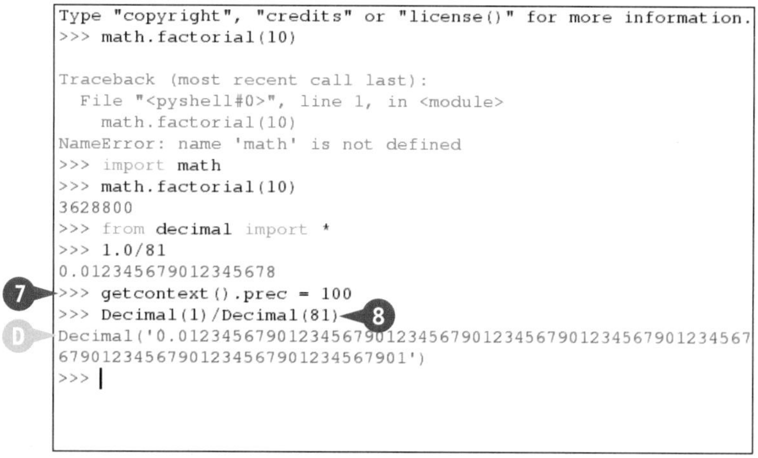

```
Type "copyright", "credits" or "license()" for more information.
>>> math.factorial(10)

Traceback (most recent call last):
  File "<pyshell#0>", line 1, in <module>
    math.factorial(10)
NameError: name 'math' is not defined
>>> import math
>>> math.factorial(10)
3628800
>>> from decimal import *
>>> 1.0/81
0.012345679012345678
>>>
```

```
Type "copyright", "credits" or "license()" for more information.
>>> math.factorial(10)

Traceback (most recent call last):
  File "<pyshell#0>", line 1, in <module>
    math.factorial(10)
NameError: name 'math' is not defined
>>> import math
>>> math.factorial(10)
3628800
>>> from decimal import *
>>> 1.0/81
0.012345679012345678
>>> getcontext().prec = 100
>>> Decimal(1)/Decimal(81)
Decimal('0.01234567901234567901234567901234567901234567901234567
67901234567901234567901234567901')
>>>
```

建议

从哪里可以获取完整的模块列表?

登录 http://docs.python.org/2/library 可以获取完整的列表。如果只希望获得其中最常用模块的信息及其实例，那么可以参考 http://docs.python.org/2/tutorial/stdlib.html，在这其中你可以多关注一下 Pygame。我们会在第 12、13 章中介绍这个用于游戏编程的 Python 拓展包。

我该在什么情况下使用 from?

使用 from 可以节省内存资源，并且还能让你的程序更快地启动。加载一个模块是需要花费一定时间的，如果你一次加载很多模块的话，Python 会在程序正式运行程序前卡住一段时间。为了缩短加载时间，你可以改为只加载模块中那些实际使用到的功能，使用 from [module name] import * 语句，可以节省加载其他不必要功能所花费的时间。

使用pickle

在Python 中，你可以通过 pickle 模块来保存或加载实例对象、数组、列表、元组以及其他的复杂数据结构。从技术角度来讲，这称为序列化，它将复杂数据转化为简单的格式，从而可以在硬盘上对其进行存储或读取加载。如果没有 pickle 的话，你就需要在每次程序运行时重新对各种变量进行各自的初始化和赋值操作。

在使用 pickle 之前，你需要先正确加载其模块。当然，和加载的过程一样，pickle 的基本使用也是非常简单的。

使用pickle

1 登录桌面环境，并打开 IDLE 程序。

2 输入 import pickle 并按下Enter。

Python会加载pickle 模块，但并不会输出什么其他信息。

```
Python Shell
File  Edit  Shell  Debug  Options  Windows  Help
Python 2.7.3 (default, Jan 13 2013, 11:20:46)
[GCC 4.6.3] on linux2
Type "copyright", "credits" or "license()" for more information.
>>> import pickle   ②
>>> |
```

3 输入 aDict = {'a': 1, 'b': 15, 'z': -99} 并按下Enter。

注意： 这一行会创建一个词典对象，供 pickle 随后进行存储。

4 输入pickle. dump(aDict, open ("aDict.pickle", "wb")), 并按下Enter。

Python 会将该词典对象进行序列化，并保存到你的 home 目录下。

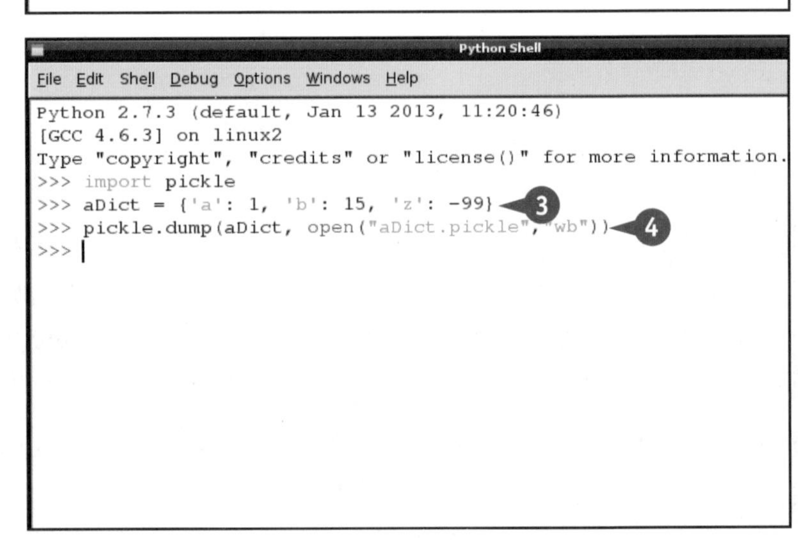

5 单击File Manager图标（ ）。

6 向下滚动，会发现该文件已经被正确保存在你的home目录中了。

注意："wb"代表"write binary"（写入二进制内容），你无法使用Leafpad等编辑器打开它，因为其包含二进制内容。

7 单击重新选择shell窗口，并隐藏File Manager。

8 输入`aDict = ""`。

注意：本行创建了一个空词典。

9 输入`aDict =pickle.load(open("aDict. pickle", "rb"))`并按下Enter。

10 输入`aDict`，并按下Enter。

A pickle会重新加载词典的内容。

注意："rb"代表"read binary"（读取二进制内容），也就是"write binary"的反向操作。如果你在写入时加上了"b"参数，那么也必须加上"b"参数才能完成读取。

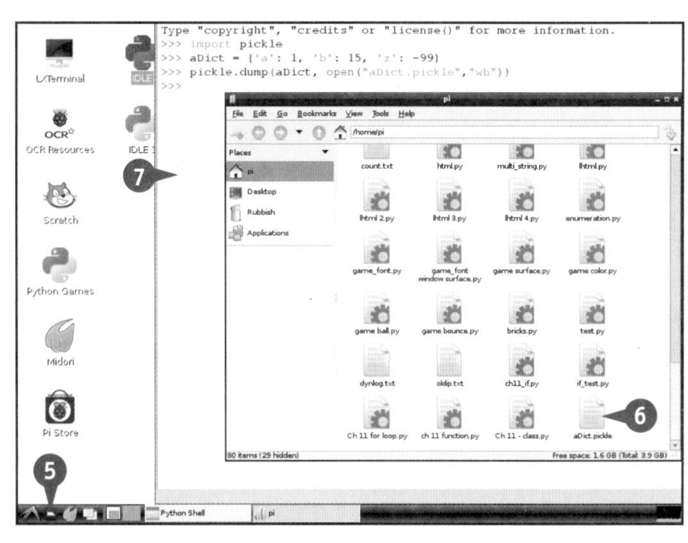

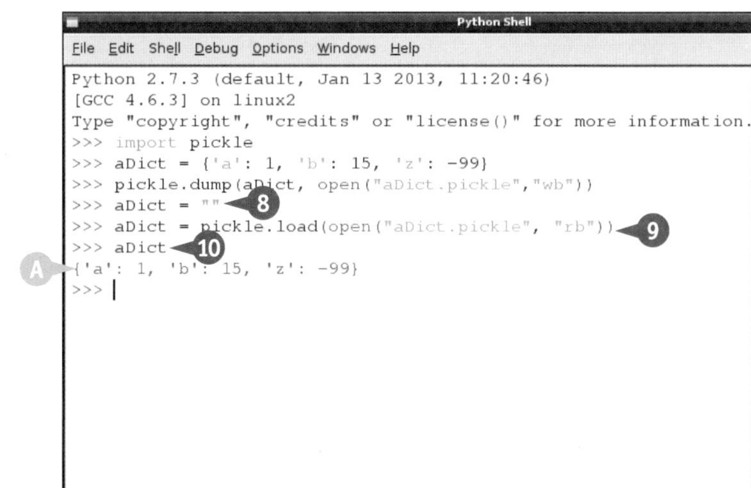

建议

如果我在存储过对象后，又改变了它的内容会怎么样呢?

默认假设数据的结构不会发生改变。如果你在之后修改了其结构，那么`pickle`会尝试去对修改的内容进行兼容，但为了保证稳妥，尽量不要在存储对象之后对其结构进行任何修改。

cPickle是什么呢？

相对`pickle`来说，`cPickle`运行的速度要更快，但是也更加不稳定。如果你要存储体积巨大的数据，那么可以考虑使用`cPickle`，否则`pickle`已经完全可以满足需求。另外需要注意的是，cPickle并不能兼容非英语字符，而`pickle`则没有问题。如果希望使用`cPickle`，请在代码开头输入`import cPickle`即可。

使用调试器

在计算机编程领域，bug 指代码中那些影响程序运行的错误。通过使用 IDLE 自带的调试器程序，你可以逐行地跟进程序的执行步骤，并观察变量和实例对象的值变化，从而定位 bug。

IDLE 的调试器使用起来非常简单，但其功能并不是非常完备。为了启动它，需要在主菜单中单击 **Debug**，然后选择 **Debugger**。你可以通过面板上的五个按钮来控制调试器的行为，变量的当前值会显示在窗口的下方。

使用调试器

❶ 登录桌面环境，并打开 IDLE 程序。

❷ 单击 **Debug**。

❸ 单击 **Debugger**。

Ⓐ Python 会打印输出一条 `[DEBUG ON]` 信息。

Ⓑ Debug Control 窗口被会显示出来。

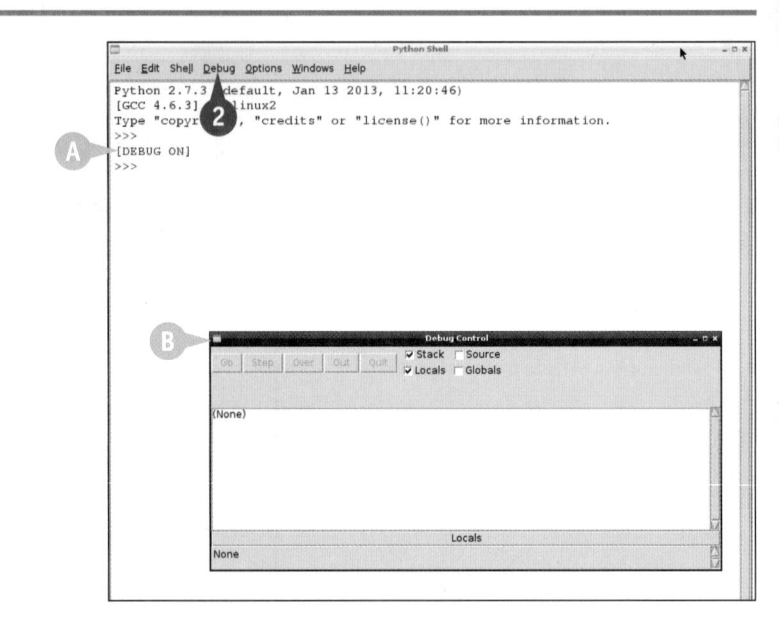

❹ 保存上一节使用的脚本文件，或者重新打开并加载该文件。

❺ 按下 F5 来执行脚本代码。

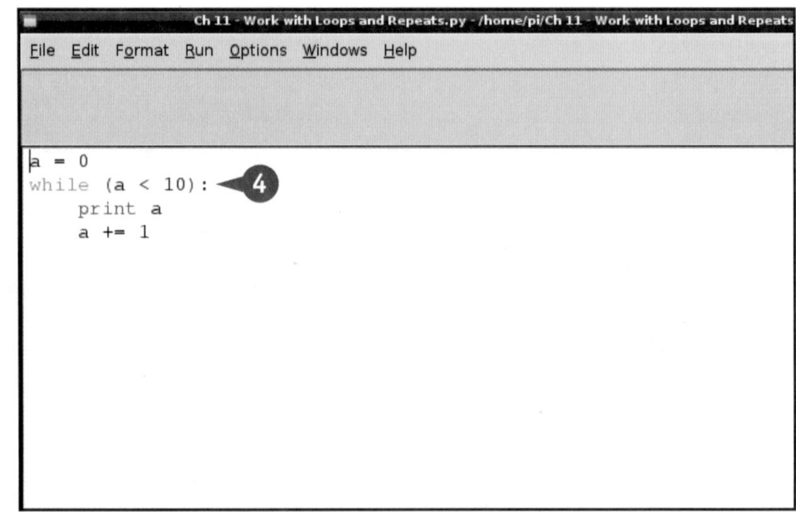

Python 会加载脚本的全部代码，并停止于第一行处。

6 单击 **Over** 可以逐行地继续运行后面的代码。

C 当前行的内容显示在调试器的主窗口中。

D 变量及其当前的值会被显示在调试器窗口的底部。

注意：本例中只有一个变量，但对于一个典型的 Python 项目来说，这里应该会显示出大量的当前变量信息。

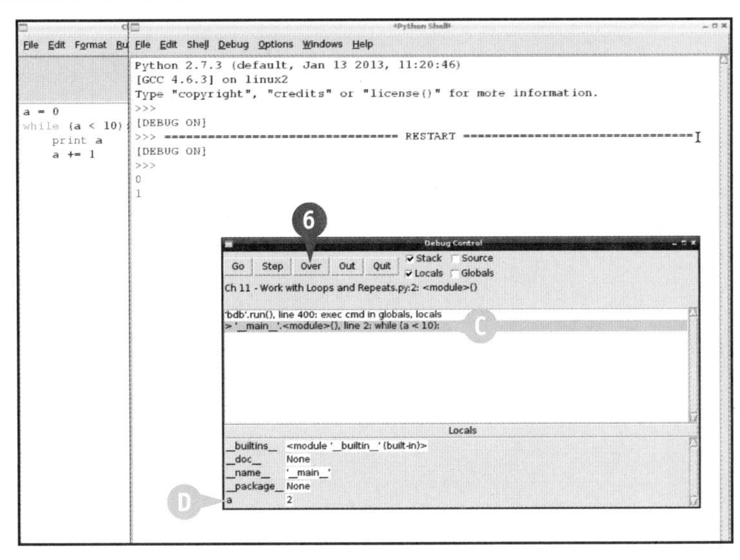

7 单击 Source 多选框（☐会变为☑）。

8 多次单击 Over。

E Python 会在源代码中高亮显示当前行，所以你可以随时弄清自己在整个脚本中的位置。

注意：Python 会在代码运行期间锁定主 shell 窗口。

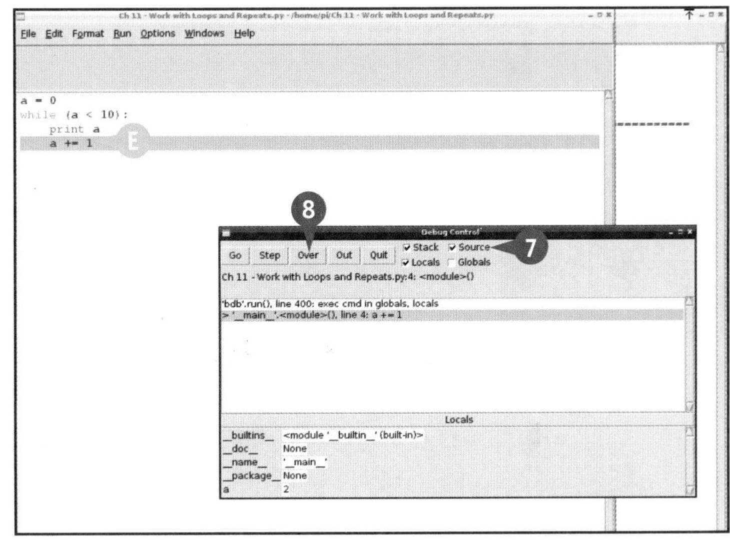

建议

“全局”和“局部”是什么意思?

“全局”和“局部”用于描述变量的类型。全局变量的定义对于你的 Python 项目是全局可见的，每个函数都可以直接访问并对其进行赋值操作。局部变量则只定义于当前函数或类的方法中，对代码中的其他部分来说则是“不可见”的。从技术角度来讲，局部变量位于特定的作用域中。关于作用域可以参见前面章节中的详细介绍。如果代码当前没有局部变量，调试器则会将 Local 栏空出来。

调试器的其他按钮是做什么的？

Go 按钮会让代码无间断地运行，Step 用于跳入函数或方法体中，而 Out 则让代码运行到当前函数或循环体的结尾处。

第12章

初识Pygame

Pygame模块为Python补充了很多专用于游戏编程的功能，通过合理利用这些增加的新功能，可以使我们更加容易地创造自己的游戏项目。

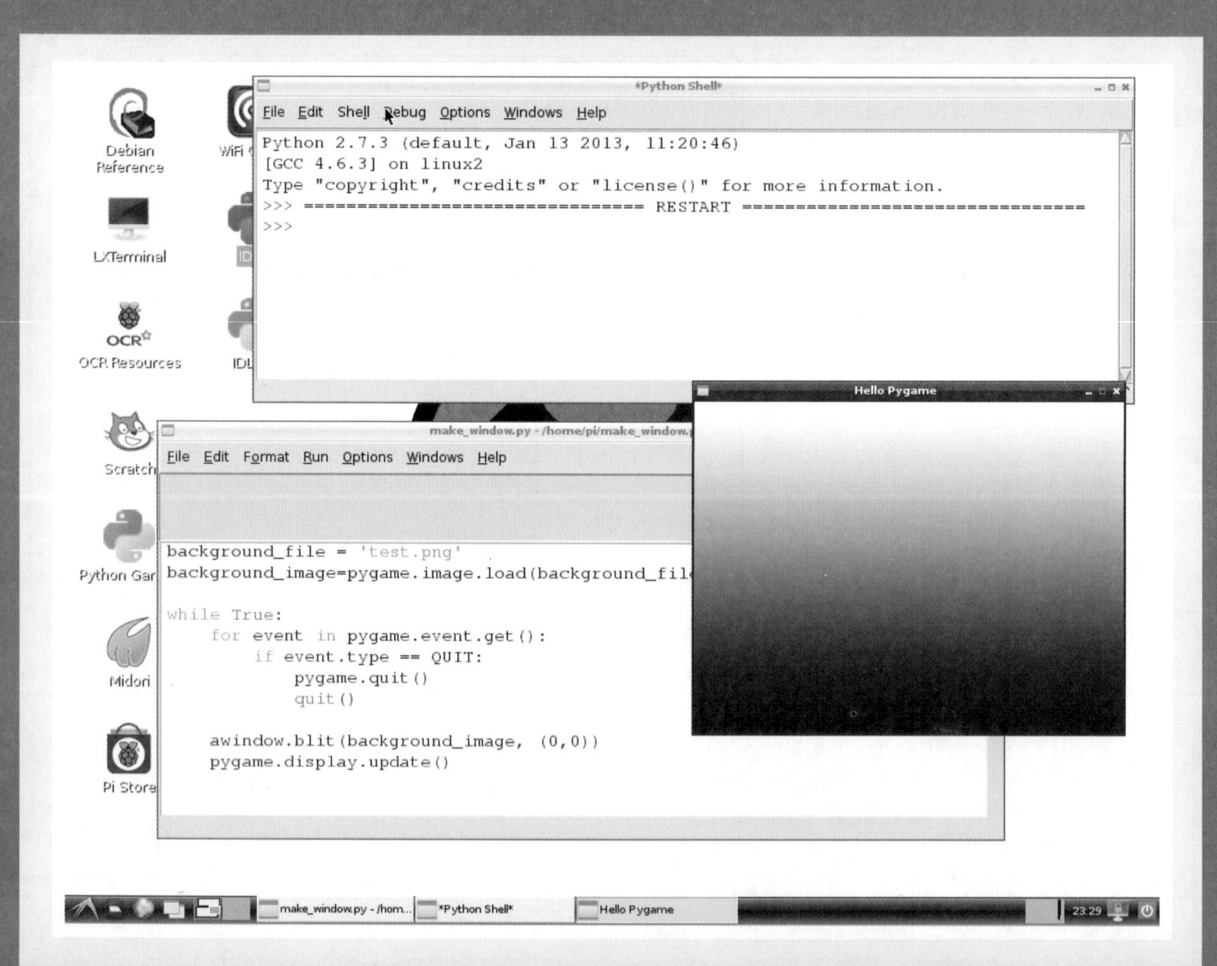

Pygame简介

你可以通过 Pygame 这个模块来进行基于 Python 的游戏编程。确切来说，Pygame 是一个游戏开发工具包，包括了很多有用的功能特性。借助 Pygame 的帮助，对于在屏幕上创建窗口、游戏背景绘制以及监听鼠标 / 键盘等这类操作，都会变得非常容易。

关于计算机游戏

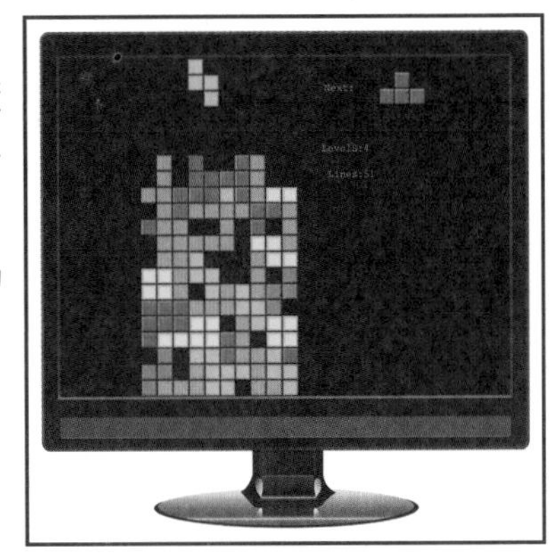

对于几乎所有计算机游戏来说，其本质都是在窗口中绘制图形、检查游戏内物体之间的碰撞、监听来自鼠标 / 键盘的用户输入以及根据各种预设条件的判断结果，来决定游戏下一帧的图形绘制等。而游戏引擎的任务就是不停地循环执行这一过程，从而形成屏幕上连贯、流畅的游戏画面。

关于使用Pygame进行游戏编程

通过 Pygame，你无需自己去完成很多有关游戏引擎的底层编程工作，包括图像绘制、碰撞检测以及事件监听等。Pygame 可以帮你很快地完成一个基本游戏框架的搭建，从而让你将主要精力投入到游戏的核心玩法与内容开发上去。

关于Pygame和Scratch

你可以将 Pygame 想象成加强版的 Scratch。与 Scratch 中脚本块的拼装不同，在 Pygame 中，你可以编写自己的逻辑代码，所以控制能力就得到了大大的加强。但是在基本的精灵绘制和碰撞检测等基本方面，两者在理念上是非常相似的。

关于精灵和图形

精灵是一个可以在屏幕上移动，并对玩家交互行为作出响应的图像对象。我们可以对精灵进行分组，从而批量地对它们进行控制。精灵还具有自身的 behavior（行为），一个用于控制其行为的特殊方法，可以用于碰撞检测及精灵的状态更新等。虽然 Pygame 本身还支持了很多复杂的图形与特效绘制方法，但基础的精灵技术在使用上非常简单，已经足以应对大多数简单的游戏制作需求。

关于事件

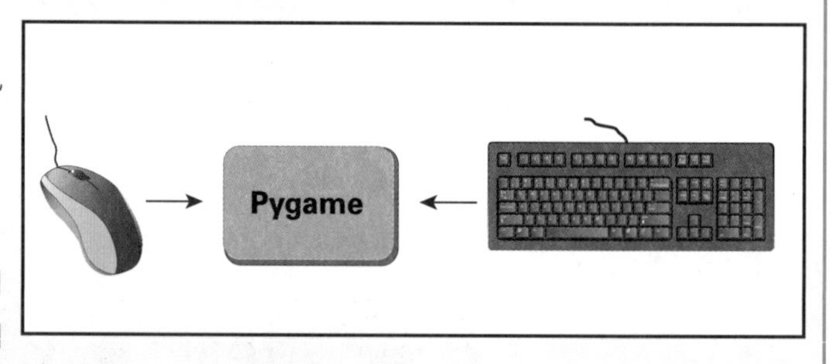

在 Pygame 中，事件包括了来自用户的鼠标 / 键盘输入行为。同时还包括很多窗口事件，例如当用户单击窗口的关闭图标，Pygame 会收到一个 `QUIT`（退出）事件。当用户通过鼠标拖动来改变窗口大小时，同样会产生事件。Pygame 会将收到的事件加入队列中，所以并不用担心事件因为得不到执行而丢失。你还可以通过代码创建事件，从而模拟用户的操作行为。

关于树莓派上的Pygame

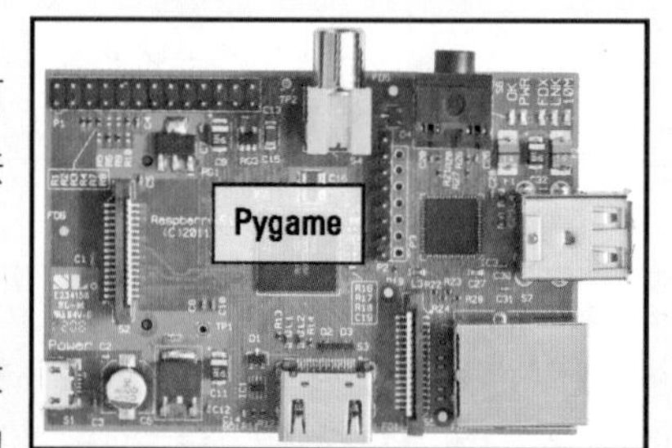

需要注意的是，对 Pygame 模块的一些特性来说，在树莓派上会打些折扣，例如音乐和混音操作，由于树莓派先天存在的局限便无法得到很好的支持。树莓派在性能上要远远落后于你的 PC 及 Mac，所以对具有复杂图形特性的游戏来说，可能运行起来会不太流畅。另外，虽然理论上你可以在树莓派上使用游戏手柄等外设，但其设置过程却要复杂很多。尽管如此，你依然可以通过 Pygame 模块的帮助，来制作一些有趣的游戏，并且可以学到很多和游戏编程有关的知识、技能。

创建窗口

Pygame 模块已经预装在 Raspbian 上，所以只需对其进行加载就可以开始使用了。

你可以通过 `pygame.display.set_mode()` 方法来进行窗口的创建（向其传递两个数字参数分别代表窗口的宽和高）。另外，你还可以通过 `pygame.display.set_caption()` 方法来设置窗口标题栏中的文字内容。

创建窗口

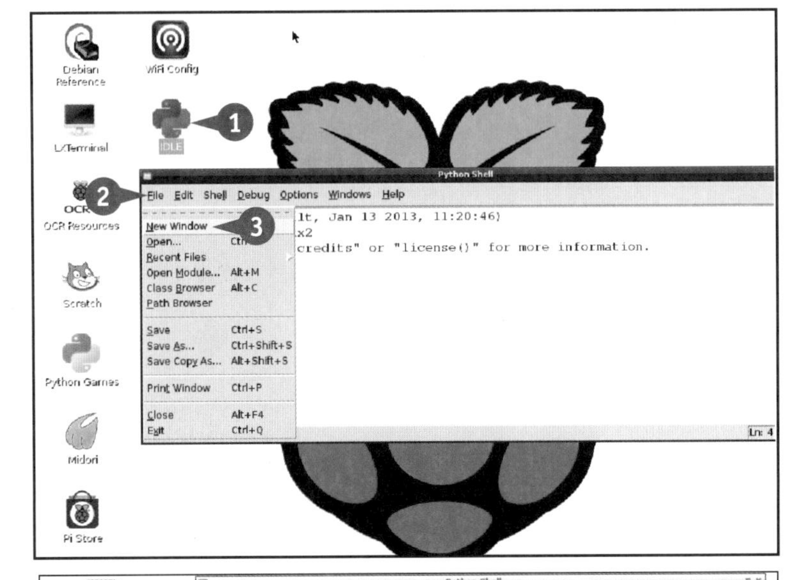

1 登录桌面环境，并打开 IDLE 程序。

2 单击 File。

3 单击 New Window 来创建一个新的 Python 模块。

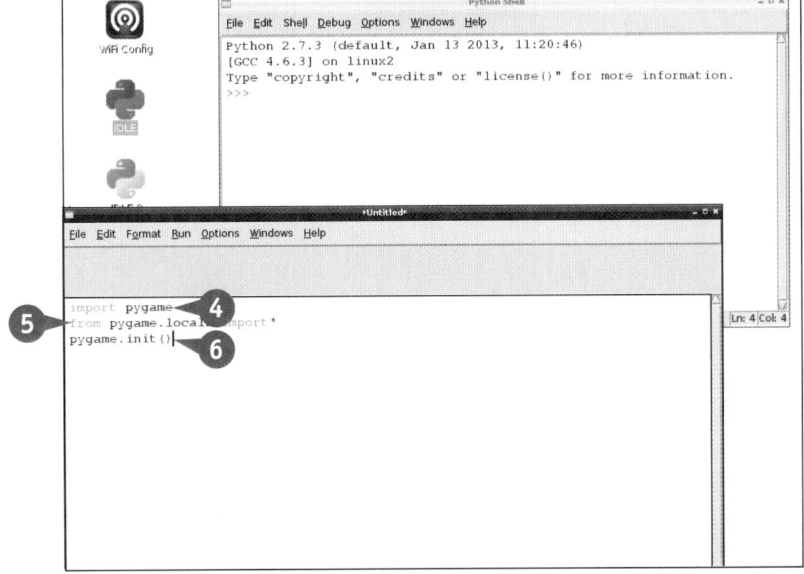

4 输入 `import pygame`。

5 输 入 `from pygame.locals import *`。

6 输入 `pygame.init()`。

注意： 上面的代码加载了 Pygame 模块，并完成了其初始化。

❼ 输入 awindow=pygame.display.set_ mode((400, 300))。

注意：传递的两个参数指定了新建窗口的高和宽。

❽ 输入 pygame.display. set_caption('Hello Pygame')。

❾ 单击 **File**。

❿ 单击 **Save As**。

⓫ 在文件名框中输入 **make_window.py**。

⓬ 单击 **Save**。

⓭ 单击 **Run**。

⓮ 单击 **Run Module**。

注意：也可以按下 F5 。

Ⓐ Python 和 Pygame 会创建一个空的游戏窗口，并显示你在第 8 步中设置的标题。

注意：为了结束程序，在 Python shell 窗口中单击 **File** 和 **Exit**。

注意：单击右上角的关闭按钮（ ）什么也不会发生。

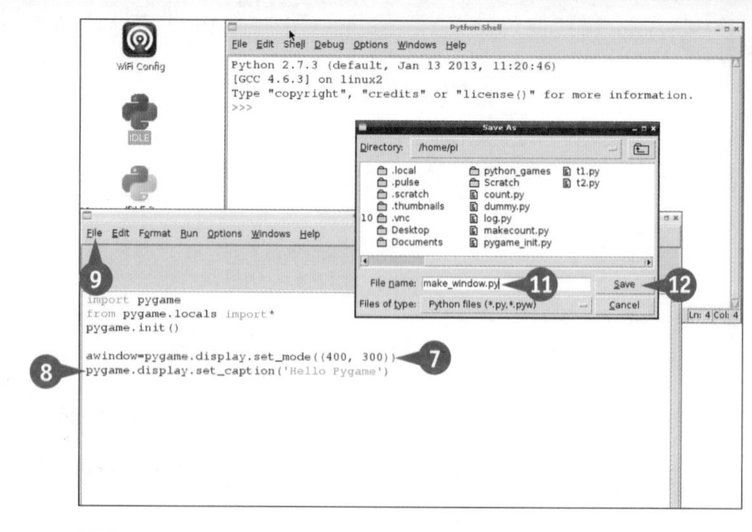

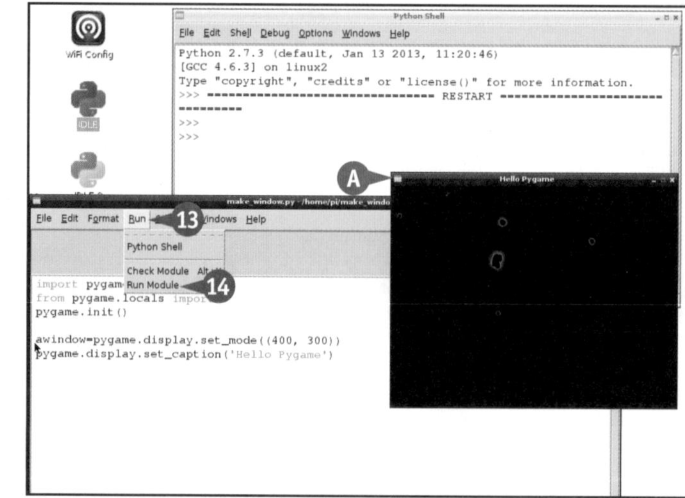

建议

为什么在第7步中使用了两层圆括号？

额外的一层括号让你能够传递用于控制显示模式的其他参数，例如让显示区域可以进行尺寸的重定义等。一般来说，你可以忽略这些选项，因为 Pygame 模块默认会采取最优的设置。如果希望了解这方面的更多技术细节，可以参考在线文档 www.pygame.org/docs/ref/display.html。

有什么更好的方法可以进行退出吗？

是的，你可以添加代码，用来检查用户是否单击游戏窗口的退出按钮。具体细节可以参考下一节的内容。

关闭窗口

你可以使用一个事件循环来监听用户单击窗口关闭按钮的行为。几乎所有的游戏都包含一个事件循环，用来监听用户的鼠标单击和键盘按键等操作事件。这个循环会随着游戏开始一同启动，其中包含了对各种事件的监听操作以及如何做出响应的回调代码。

本节的示例增加了一个事件循环，并对 QUIT 事件进行监听，该事件在用户单击窗口的关闭按钮时发生。相关的处理代码会退出 Pygame 以及 Python 的 shell，并正确地关闭游戏窗口。

关闭窗口

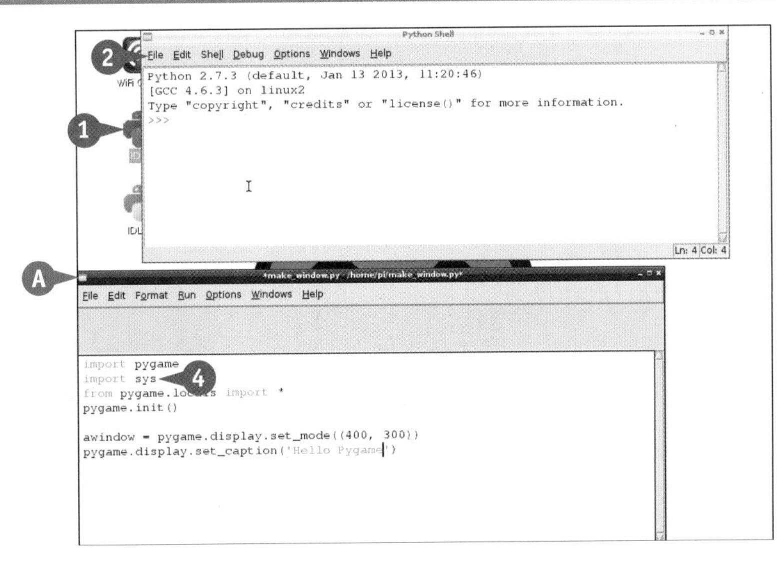

1. 登录桌面环境，并打开 **IDLE** 程序。
2. 单击 **File**。
3. 单击 **Open**，并加载我们之前编写的 make_window.py 脚本文件。

Ⓐ Python 会加载该文件。

4. 输入 `import sys`。

注意：第 4 步加载了 sys 模块，该模块包含了我们在本例中所需要的 `quit()` 方法。

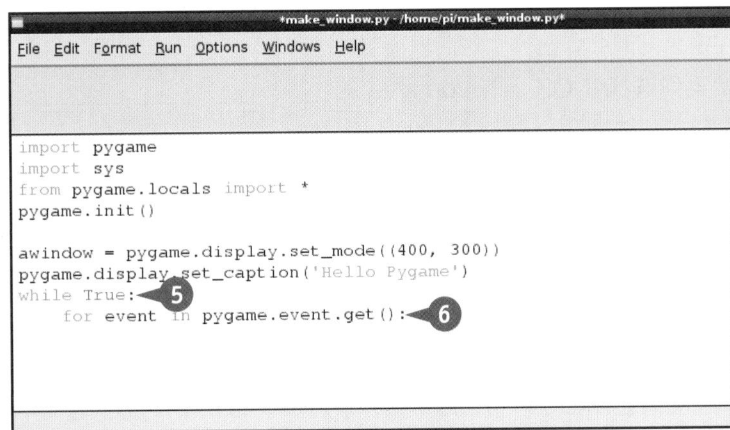

5. 输入 `while True:`。

   IDLE 会将下一行代码自动进行缩进。

6. 输入 `for event in pygame.event.get():`。

注意：第 5 到 6 步创建了一个永久保持运行状态的循环结构，每次循环时都会检查特定事件是否被触发。

7 输 入 if event.type == QUIT:。

8 输入 pygame.quit()。

9 输入 quit()。

注意： 第 7 到 9 步的代码用来检查 QUIT 事件。当确认收到该事件时，则会停止 Pygame 并退出 Python。

```
import pygame
import sys
from pygame.locals import *
pygame.init()

awindow = pygame.display.set_mode((400, 300))
pygame.display.set_caption('Hello Pygame')
while True:
    for event in pygame.event.get():
        if event.type == QUIT:
            pygame.quit()
            quit()
```

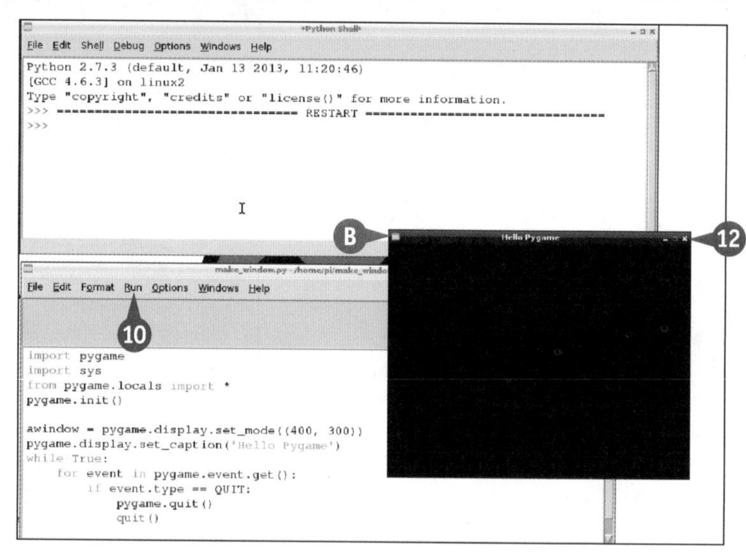

10 单击 **Run**。

11 单击 **Run Module**。

注意： 或者也可以按下 F5 来运行代码。

B Pygame 会创建一个窗口。

12 单击 **Close** 关闭按钮（ ），窗口会被正确关闭。

注意： 同时会弹出一个对话框窗口。如果你选择了 **OK**，Python shell 的窗口也会被关闭。

建议

为什么要用这些代码来关闭Python shell的窗口？

通常你会在命令行中，通过输入 python 命令来启动一个游戏，IDLE 只用来编写游戏的源代码，并不用来启动它。而在 IDLE 中关闭窗口还是挺麻烦的，但上面的代码则可以更加安全、方便地关闭窗口。

为什么这个游戏会大大提升处理器的负载？

当你在代码中增加了一个事件循环，它就会以尽量高的频率不停运行。这个循环会试图利用全部的处理器性能。在游戏中常常会使用事件计时器或可暂停循环，来取代这种简单粗暴的事件循环，详细信息可以参见后面的章节。

加载背景图片

你可以使用 pygame.image.load() 方法来进行游戏背景图片的加载及显示。Python 可以加载任何常见的图片格式，如 JPED、GIF 以及 PNG。你可以在任何图片编辑程序中对图片进行修改调整，例如使用 Photoshop、GIMP 等。

为了让图片出现在背景上，你必须首先“blit”它（没有对应很好的中文翻译，一般直接使用英文原文——译者注），这意味着首先将其材质复制，并通知 Pygame 来进行更新显示。游戏引擎通常会在显示窗口将所有画面内容进行重新绘制（通常从背景开始），这个过程会在每一次进入主事件循环的时候进行。

加载背景图片

注意： 你可以在本书的网站 www.wiley.com/go/ tyvraspberrypi 上找到本例所使用的完整代码。

1. 登录桌面环境，并打开 IDLE 程序。
2. 加载我们之前所编写的 make_window.py 文件。
3. 输入 background_ file = 'test.png'。
4. 输入 background_ image= pygame.image. load(background_ file).convert()。

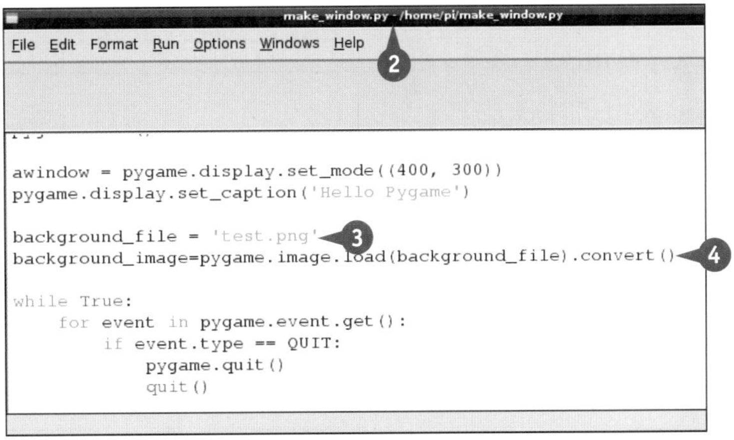

注意： 在继续下面步骤之前，你必须首先用图片编辑程序创建一张名为 test.png 的图片，然后将其放到 Pygame 的路径下。

5. 输入 awindow. blit (background_ image, (0,0))。
6. 输入 pygame.display. update()。

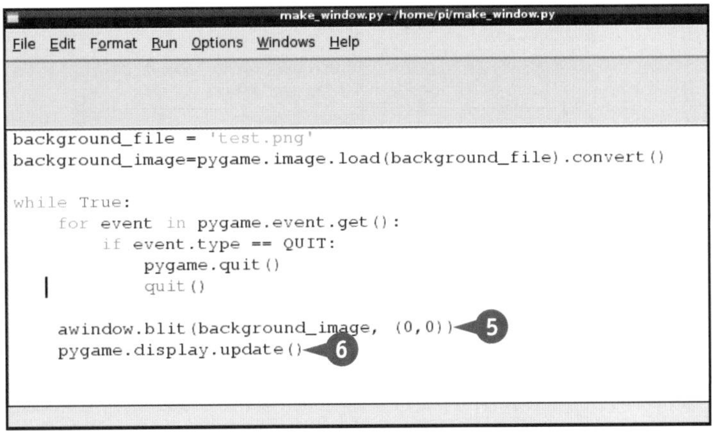

make_window.py - /home/pi/make_window.py

File Edit Format Run Options Windows Help

```
awindow = pygame.display.set_mode((400, 300))
pygame.display.set_caption('Hello Pygame')

background_file = 'test.png'
background_image=pygame.image.load(background_file).convert()

while True:
    for event in pygame.event.get():
        if event.type == QUIT:
            pygame.quit()
            quit()
```

make_window.py - /home/pi/make_window.py

File Edit Format Run Options Windows Help

```
background_file = 'test.png'
background_image=pygame.image.load(background_file).convert()

while True:
    for event in pygame.event.get():
        if event.type == QUIT:
            pygame.quit()
            quit()

    awindow.blit(background_image, (0,0))
    pygame.display.update()
```

注意：第 3 到 4 步选择了背景图片文件，并对其进行加载，从而使其能被正确显示。

注意：第 5 步让 Pygame 准备就绪，将图片定位于显示区域的左上角。

注意：你几乎会在任何游戏中用到第 6 步操作，否则的话 Pygame 并不会对背景进行重新绘制。

7 单击 **Run**。

8 单击 **Run Module**。

注意：也可以按下 F5 来运行脚本。

A Pygame 会加载背景图片，并将其显示在窗口中。

make_window.py - /home/pi/make_window.py

File Edit Format Run 7 s Windows Help

Python Shell

Check Module Alt+X

Run Module 8

```
background_f                g'
background_image=pygame.image.load(background_file).convert()

while True:
    for event in pygame.event.get():
        if event.type == QUIT:
            pygame.quit()
            quit()

    awindow.blit(background_image, (0,0))
    pygame.display.update()
```

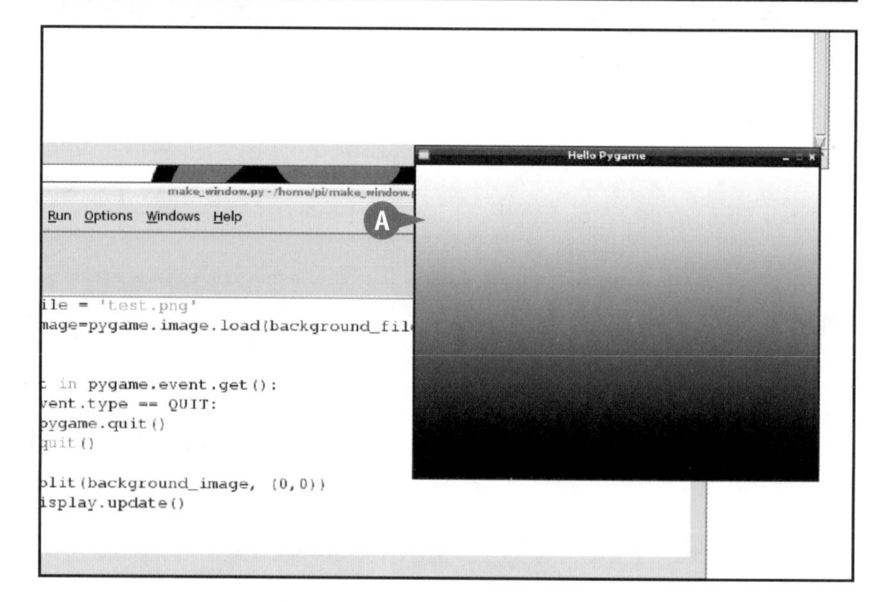

建议

背景图片的尺寸需要和游戏窗口保持一致吗？

是的，为了保证游戏的运行效率，请尽量使用和游戏窗口大小一致的背景图片，否则 Pygame 将会花费额外的运算性能用于将图片缩放至合适的尺寸。文件本身的内容并不会对性能造成什么影响，你可以使用照片或者其他自己制作的图片文件。

我可以改变(0,0)的值吗？

在 Pygame 中，点 (0,0) 代表了显示区域左上角的 X、Y 坐标。如果你使用了其他的坐标点值，例如 (20,20)，Pygame 会将背景图片的绘制点进行位移，这通常并不是你所希望的。不过，如果你使用一张超大的背景图片，那么也许可以通过这项技术来指定特定区域作为背景。

读取鼠标信息

你可以通过 pygame.mouse.get_ pos() 方法来读取鼠标指针当前的坐标信息，并将其存入一个元组中。为了将元组内的一对值分开，只需使用两个变量进行赋值即可（参见第 11 章）。你可以通过从游戏主循环中取到的鼠标坐标，来控制窗口内的游戏行为。

你可以通过 pygame.mouse.get_ pressed() 来读取鼠标按键的状态（值“1”代表该按键被按下）。你需要根据自己的项目具体需求，来决定如何监听以及监听哪些交互事件。

读取鼠标信息

1 登录桌面环境，并打开 **IDLE**。

2 加载之前我们所编写的 make_window.py 脚本文件。

3 输入 mouse_x, mouse_y = pygame.mouse.get_pos()。

4 输入 print mouse_x, mouse_y。

5 单击 **Run**。

6 单击 **Run Module**。

注意：你也可以按下 F5 来运行脚本代码。

A Pygame 会读取鼠标光标当前的位置信息。你的脚本代码会在 shell 窗口中打印出实时的 x 和 y 坐标信息。

注意：这个示例使用 print 函数来显示 x 和 y 坐标信息，这会稍微拖慢游戏的运行速度。对于真实游戏项目来说，一般不会选择在时间循环中进行文本的输出。

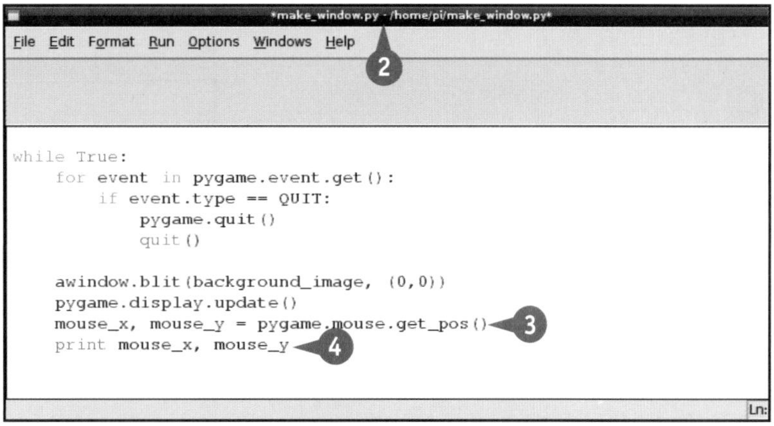

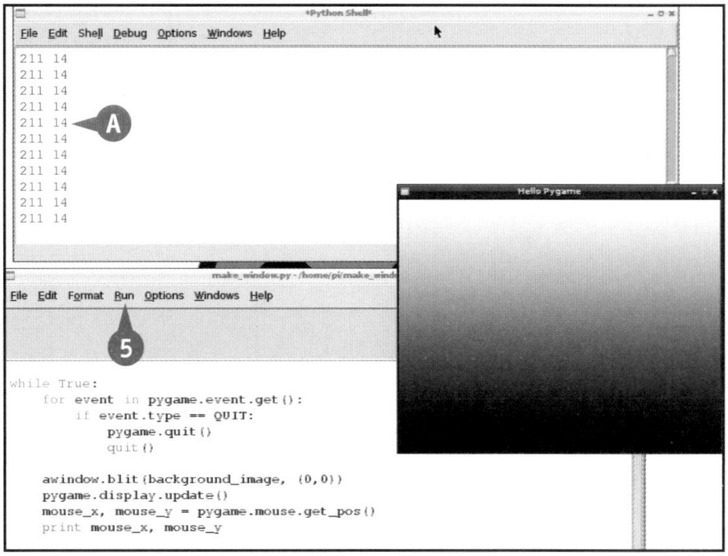

```
while True:
    for event in pygame.event.get():
        if event.type == QUIT:
            pygame.quit()
            quit()

    awindow.blit(background_image, (0,0))
    pygame.display.update()
    mouse_x, mouse_y = pygame.mouse.get_pos()
    print mouse_x, mouse_y
```

```
211 14
211 14
211 14
211 14
211 14
211 14
211 14
211 14
211 14
211 14
211 14
```

7 输 入 left_button, mid_button, right_button = pygame.mouse. get_pressed()。

8 输入 if right_button:。

注意： 这是代码 if right_button == True: 的缩写。

9 输入 pygame.quit() ，用来退出 Pygame。

10 输入 quit()，用来退出应用。

11 单击 **Run**。

12 单击 **Run Module**。

注意： 你也可以按下 F5 来运行脚本代码。

13 单击鼠标右键。

B 当你单击鼠标右键时，会发现游戏退出了。

注意： 你可以在本书的网站 www.wiley.com/go/ tyvraspberrypi 上找到本节示例所使用的完整代码。

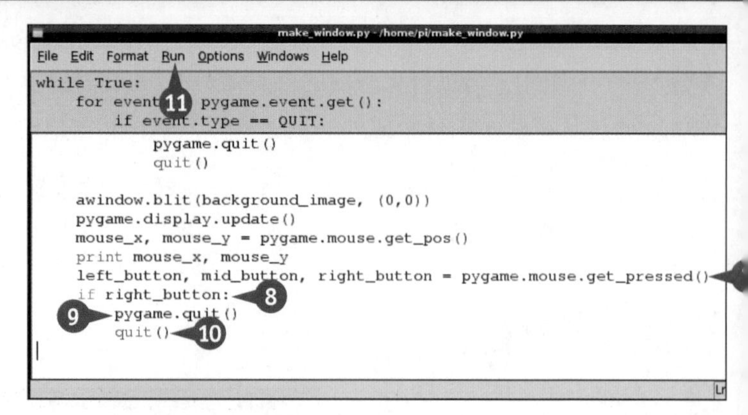

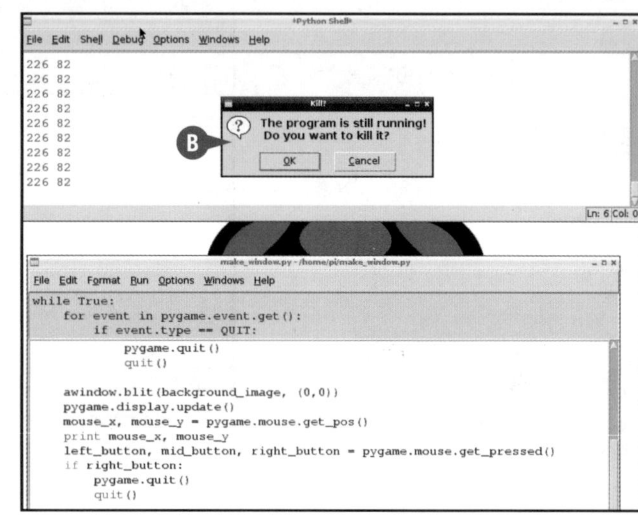

建议

pygame.mouse.get_rel()方法用来做什么呢？

使用 pos() 可以取得鼠标光标的绝对位置坐标，而使用 get_rel() 则可以检查当前点距离上个鼠标位置检查点的相对位移。你可以通过它来估算鼠标光标的移动速度：其得到的数值越大，则代表用户在越快地移动他们的鼠标光标。

为什么需要读取鼠标事件？

相对于在事件循环中，每次去主动检查鼠标的状态信息，通过鼠标的移动事件或单击事件可以带来更高的运行效率。但是采用事件循环方式可以让你的代码结构更加简洁，并且更容易地进行开发和调试。两者之间没有哪个是绝对正确的，请根据自己的需求进行抉择。

响应键盘事件

你可以通过监听键盘事件来响应其输入行为。每当用户按下键盘上的某一个按键，Python 都会产生一个对应的 KEYDOWN 事件，你可以在游戏的事件循环中对其进行监听，从而获知用户按下了哪个按键，并作出正确的反馈行为。

KEYDOWN 事件中包含了关于按键的各种有用信息，你可以通过 event.key 来获知按键对应的编码，而 event.unicode 则可以取得按键所代表的字符。

响应键盘事件

注意：你可以在本书的网站 www.wiley.com/go/ tyvraspberrypi 上找到本节示例所使用的完整代码。

1. 登录桌面环境，并打开 **IDLE** 程序。
2. 加载我们所之前所编写的 make_window.py 脚本文件。

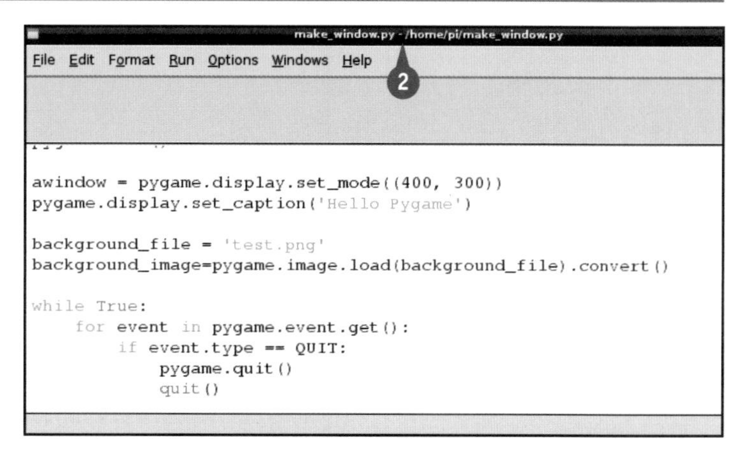

3. 在代码的事件循环中，输入 if event.type == KEYDOWN:。
4. 输入print event.key, event.unicode。
5. 将文件保存为 game_keys.py。
6. 单击 **Run**。
7. 单击 **Run Module**。

注意：也可以按下 F5 来运行脚本代码。

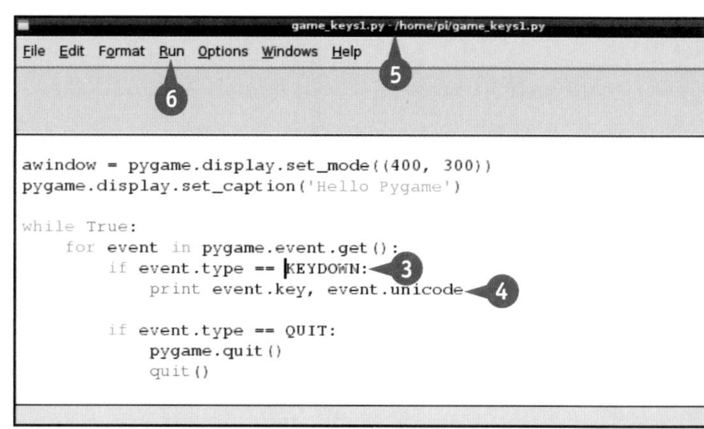

8 按下 K E Y S 和 Spacebar。

A Pygame 会打印出每一个按键所对应的编码和字符值。

注意：空格键的字符值并没有出现在屏幕上。

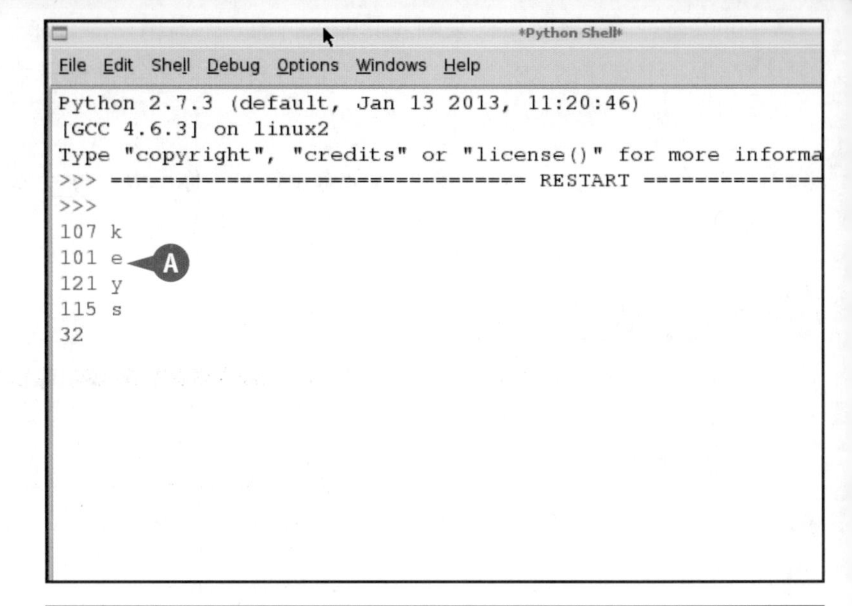

9 按下 Caps lock。

B Pygame 会打印出大写锁键对应的编码。

10 按下任意字母按键。

C Pygame 会打印出这些按键的编码，以及其对应的大写字符值。

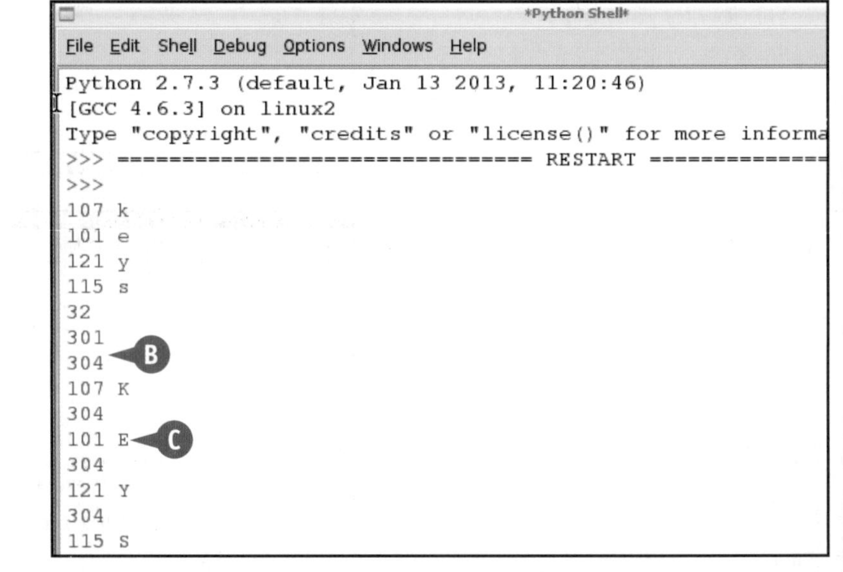

建议

键盘按键的编码都是什么呢？

可以参考文档 www.pygame.org/docs/ref/key.html，上面有关于全部键盘按键的编码信息。需要注意的是，对于不同型号的计算机，键盘的按键数量可能有所不同。如果使用按键编码的话，则应该可以兼容所有的机器型号。

存在KEYUP 事件吗？

是的，其使用方法和 KEYDOWN 几乎完全相同。通过结合使用这两个事件，你可以控制一系列的按键行为。但通常你可以选择更好的方法来完成这一任务，具体细节可以参考下一节的内容。

扫描键盘

你可以通过 pygame.key.get_pressed() 来“扫描”键盘的当前状态，它会返回一个长长的列表，我们只需对这个列表的内容进行枚举，就可以获知键盘上每个按键的当前状态（其中“1”代表按下状态，“0”则代表松开状态）。每个按键都具有其自身的编码，就像我们上一节在使用 event.key 时所看到的那样，而通过 Pygame 模块所提供的 pygame.key.name(key_number) 方法，就可以将编码转变为按键键帽所实际对应的值了。

不过需要注意，用 pygame.key.name() 得到的键帽值，并不等于 KEYDOWN 事件返回的按键字符值，例如按下键盘上的特殊功能按键 Insert 、 Delete 、 F1 到 F12 等，是可以得到正确键帽值的，但同时却只能得到空的字符值。

扫描键盘

注意： 你可以在本书的网站 www.wiley.com/go/ tyvraspberrypi 上找到本节示例所用的完整代码。

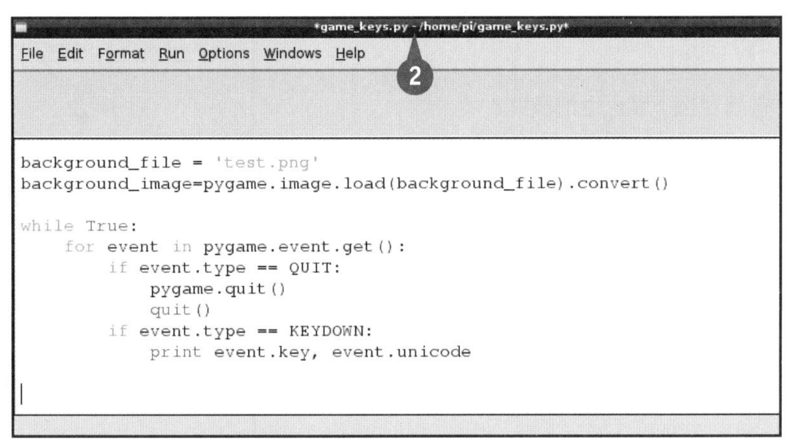

1 登录桌面环境，并打开 IDLE 程序。

2 加载我们之前所编写的 game_keys.py 脚本文件。

3 在脚本代码的事件循环中，输入 pressed_keys = pygame.key.get_pressed()。

4 本行代码会按顺序读取键盘按键列表里的值。

5 输入 if pressed: 来检查当前按键是否处于按下状态。

6 本行代码会将当前被按下按键的编码转换成其键帽值。

```
*game_keys.py - /home/pi/game_keys.py*
File Edit Format Run Options Windows Help

while True:
    for event in pygame.event.get():
        if event.type == QUIT:
            pygame.quit()
            quit()
        if event.type == KEYDOWN:
            print event.key, event.unicode

        pressed_keys = pygame.key.get_pressed()                    ③
        for this_key, pressed in enumerate(pressed_keys):          ④
            if pressed:                                             ⑤
                key_name = pygame.key.name(this_key)               ⑥
```

7 本行代码会过滤出大写锁（Caps lock）和 Num lock 的按下状态。

8 本行代码会输出它们的编码及其键帽值。

9 将脚本文件保存为 game_keys_ scanned.py。

10 单击 **Run**。

11 单击 **Run Module**。

注意：你也可以按下 F5 来运行脚本代码。

12 随意按下键盘上的按键。

A Pygame 会列出它们的编码及键帽值。

注意：此处的编码值与按键事件中返回的相一致，而键帽值则不一定等于按键事件返回的按键字符值。

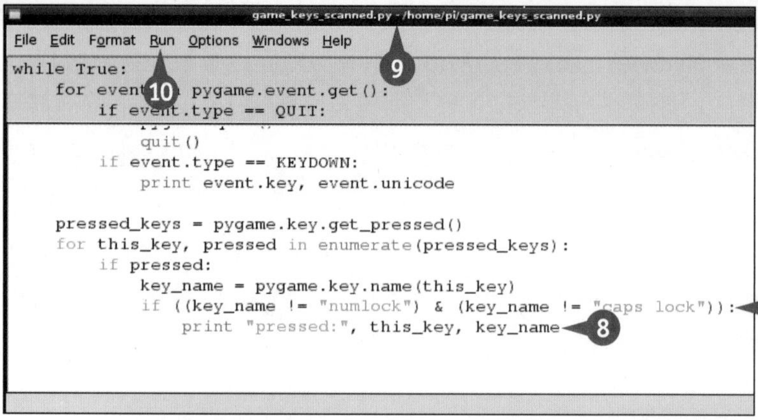

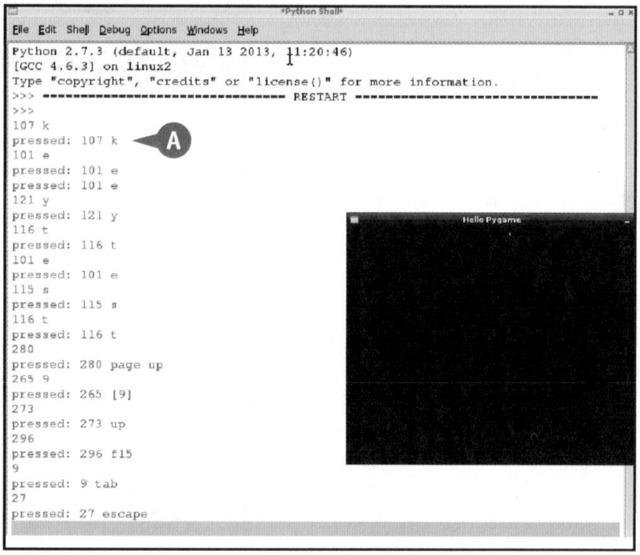

game_keys_scanned.py - /home/pi/game_keys_scanned.py

File Edit Format Run Options Windows Help

```
while True:
    for event in pygame.event.get():
        if event.type == QUIT:
            quit()
        if event.type == KEYDOWN:
            print event.key, event.unicode

    pressed_keys = pygame.key.get_pressed()
    for this_key, pressed in enumerate(pressed_keys):
        if pressed:
            key_name = pygame.key.name(this_key)
            if ((key_name != "numlock") & (key_name != "caps lock")):
                print "pressed:", this_key, key_name
```

Python Shell

File Edit Shell Debug Options Windows Help

```
Python 2.7.3 (default, Jan 13 2013, 11:20:46)
[GCC 4.6.3] on linux2
Type "copyright", "credits" or "license()" for more information.
>>> ================================ RESTART ================================
>>>
107 k
pressed: 107 k
101 e
pressed: 101 e
pressed: 101 e
121 y
pressed: 121 y
116 t
pressed: 116 t
101 e
pressed: 101 e
115 s
pressed: 115 s
116 t
pressed: 116 t
280
pressed: 280 page up
265 9
pressed: 265 [9]
273
pressed: 273 up
296
pressed: 296 f15
9
pressed: 9 tab
27
pressed: 27 escape
```

Hello Pygame

建议

示例中的代码为什么要过滤Num Lock和Caps Lock键呢？

正如其名字所暗示的，Caps lock 和 Num lock 属于状态锁定按键，如果你不进行过滤，它们会出现在每一次事件循环检查中，从而对我们查看其他按键的状态造成困难。

读取按键事件状态和扫描键盘按键使用上有什么区别吗？

事件是一次性的，也就是针对用户按下按键的那个瞬间。使用按键事件来操作游戏中那些瞬时操作，例如武器射击等。而键盘扫描则可以记录按键的按下状态，所以适合用于游戏中类似按住方向键让角色进行持续转向之类的操作。

创建定时循环

通过 Pygame 的时钟，你可以在代码中创建按照特定时间周期执行的循环。如果不借助时钟的话，Pygame 会尽其所能地以最快频率来执行循环，从而轻易地耗尽系统的运算资源，并且还可能造成树莓派本身的过热。

使用 `pygame.time.Clock()` 方法来创建时钟，而 `clock.tick(number)` 则用来设置时钟的更新频率，60 或 30 是两个比较常用的参考数值。前者会消耗较高的性能，但会带来较好的画面流畅度；后者则牺牲了一些流畅度，以换取对性能的节省。

创建定时循环

注意： 你可以在本书的网站 www.wiley.com/go/tyvraspberrypi 上找到本节示例所使用的全部代码。

1. 登录桌面环境，并打开 IDLE 程序。
2. 找到并加载我们之前编写过的 make_window.py 脚本文件。
3. 单击 Run。
4. 单击 Run Module。

注意： 也可以按下 F5 来运行脚本代码。

Ⓐ 当你运行游戏时，注意右下角的处理器性能示意图，其状态会长时间保持在 100% 的水平。

5. 单击 Close 按钮（✖），从而退出游戏程序。

make_window.py - /home/pi/make_window.py

File Edit Format Run Options Windows Help

```
awindow = pygame.display.set_mode((400, 300))
pygame.display.set_caption('Hello Pygame')

background_file = 'test.png'
background_image=pygame.image.load(background_file).convert()

while True:
    for event in pygame.event.get():
        if event.type == QUIT:
            pygame.quit()
            quit()
```

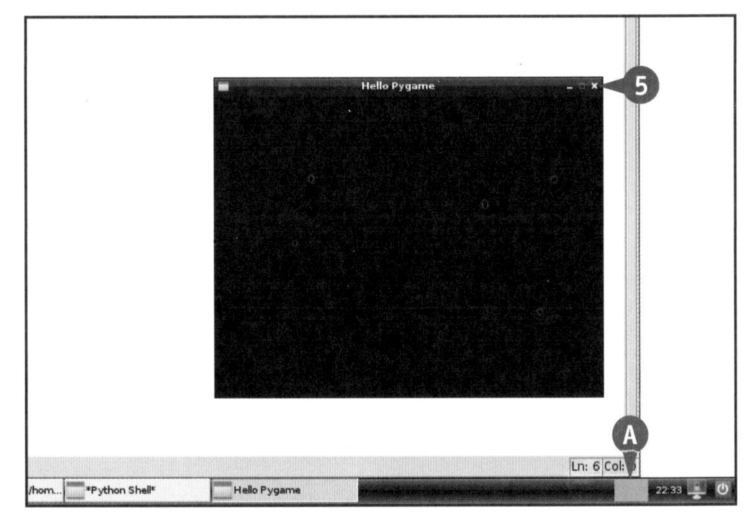

❻ 输入 clock = pygame.time.Clock()。

注意： 第 6 步的代码对时钟 / 定时器进行了初始化。

❼ 输入 clock.tick(30)。

注意： 第 7 步的代码设置了时钟的触发间隔。

注意： 你必须在循环体内部对这一行进行设置。

❽ 将文件保存为 game_clock.py。

❾ 单击 **Run**。

❿ 单击 **Run Module**。

注意： 也可以按下 F5 来运行脚本代码。

Ⓑ 观察右下角的处理器性能示意图，现在其状态应该会比较稳定地维持在 30% 左右的水平。

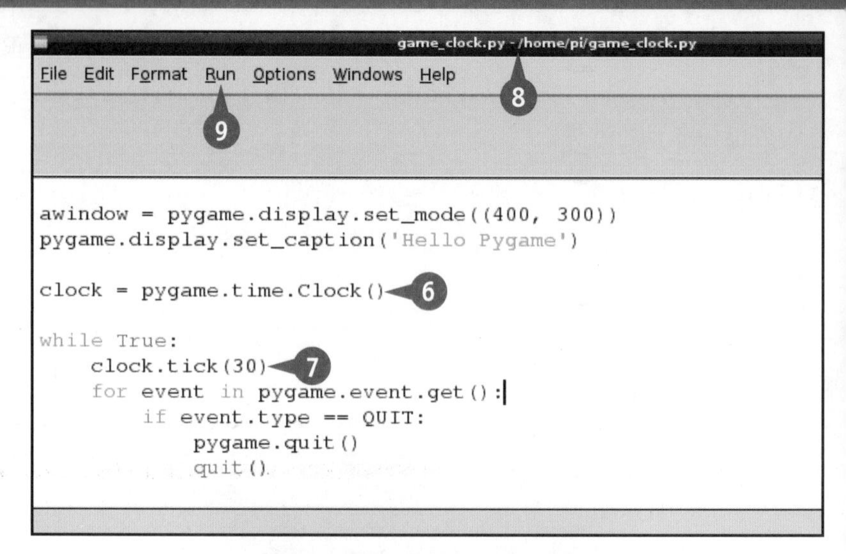

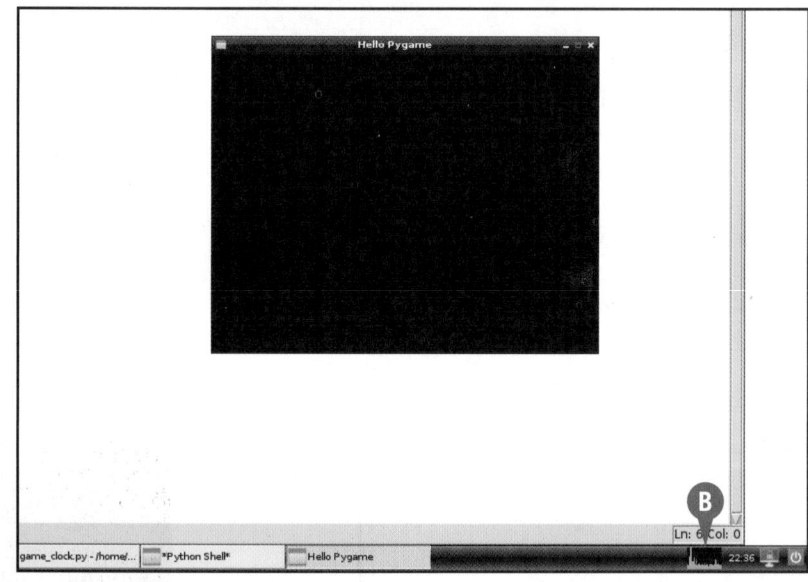

建议

刷新频率是什么呢？

时钟的 tick 参数决定了游戏会以什么频率来对画面进行刷新，这也称为游戏的刷新频率，如果你的游戏同时运行很多任务的话，那么它可能会花 2 ~ 3 个 tick 周期来完成对整个屏幕的重绘刷新。实际的刷新频率采用 fps（帧每秒）作为单位，你可以通过 pygame.time.Clock.get_fps() 来查看它。

从上面的示例来看，时钟的tick数值等于处理器的使用率百分比吗？

并不是这样，在本例中这两个数值恰巧比较接近而已，实际上两者之间并不存在必然的联系。

第13章

使用Pygame绘制图像

通过使用Pygame模块的基础功能，再加上一些Python编程，我们就可以创造出自己的简单游戏了。

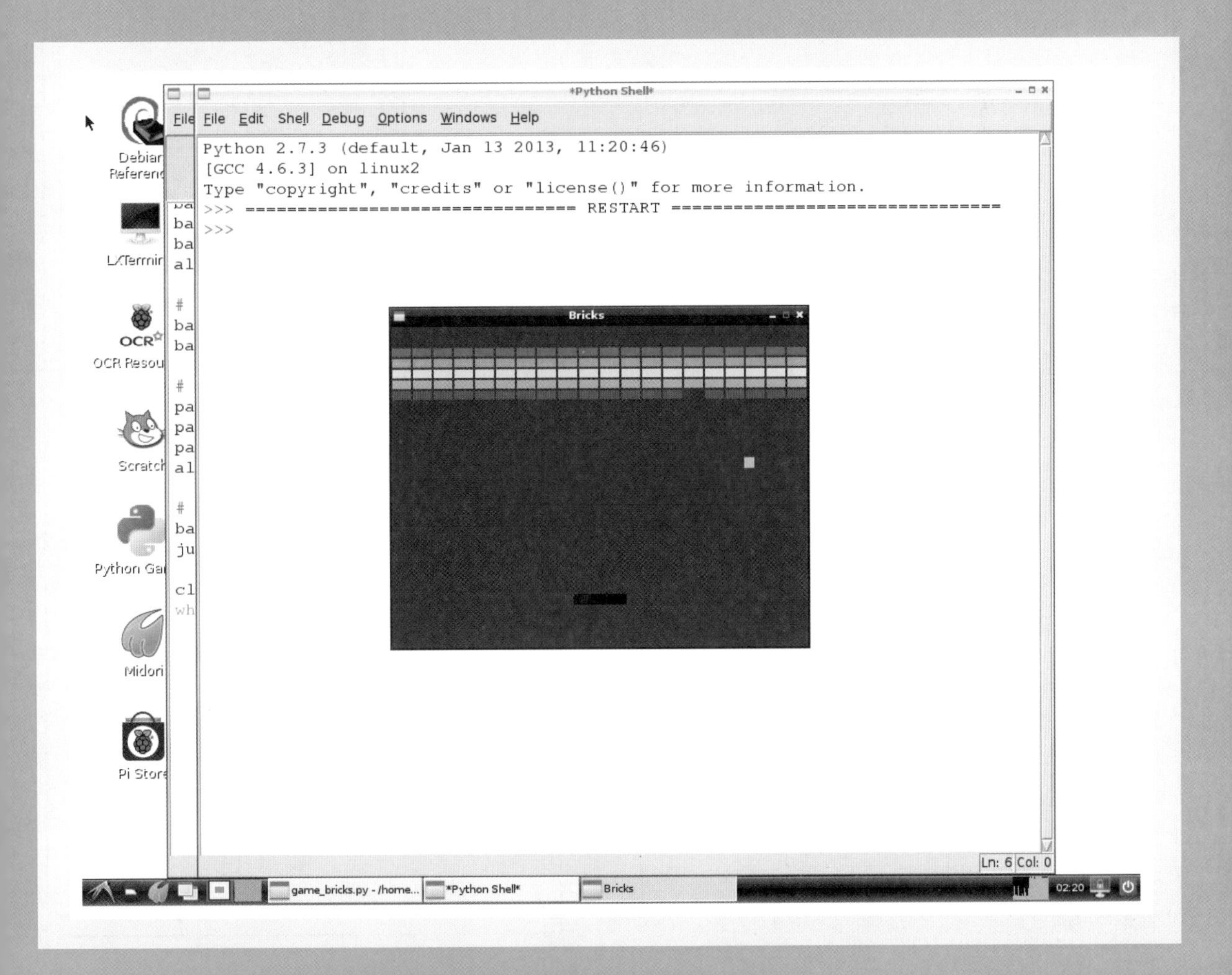

关于图像和动画

Pygame 的设计目的就是为了让图形和动画创建变得更容易。对大多数游戏来说，其运行的大部分时间都花在了响应玩家输入以及对图像的刷新绘制上，并且不断地重复这一循环行为，每一次循环都会重新绘制屏幕上的所有图像。

关于表面

在 Pygame 中，表面（surface）是内存中你可以进行绘图的区域，Pygam 的图片加载就是通过调用 pygame.image.load 方法来实现的，这将会返回一个可用的表面对象。尽管图片源文件的格式可能各不相同，但表面对象则会将这些差异隐藏、封装起来。你可以对一个表面对象进行绘制、填充、变形以及复制等多种操作。事实上，你的整个屏幕也只不过是一个大的表面对象而已。

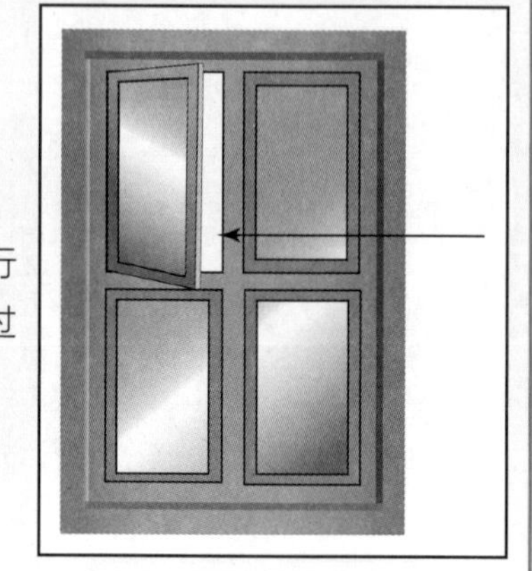

关于Blit

Blit 操作可以将表面的内容复制给其他表面对象（blit 这个单词本身是 block image transfer 的缩写）。Pygame 为这种画面复制提供了很多的实用方法，从而实现各种复杂的游戏效果。多数 blit 操作只会使用源表面的内容来对目标表面进行覆盖，但也有一些方法让你可以实现更特殊的绘制效果。

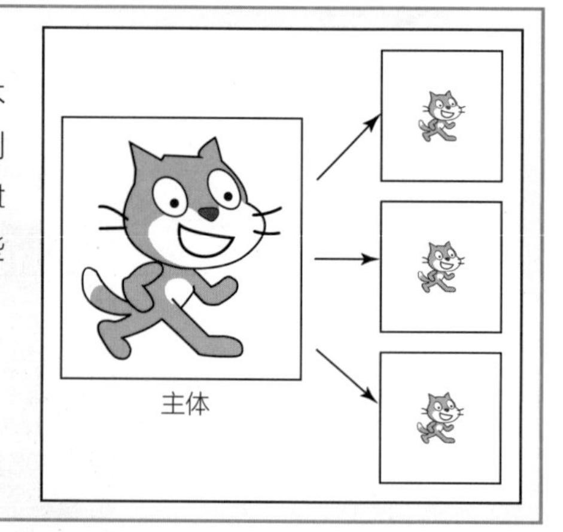

关于颜色

Pygame 模块通过将三原色（RGB，红、绿、蓝）按不同比例进行组合，从而实现各种自定义颜色的呈现。而在 RGBA 中，通过使用最后的 alpha 参数值，你还可以设置颜色的透明度。三原色各自的数值可以从 0 ~ 255 这个范围之间进行取值（由暗至亮），例如 (255,255,255) 代表白色，(255,0,0) 代表红色，而 (0,0,0) 则代表黑色。如果你将 alpha 值设置为 128 的话，那么得到的颜色将会是半透明的。

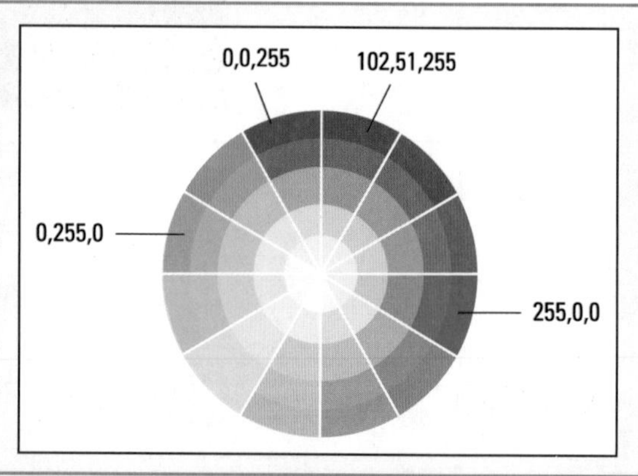

关于形状

Pygame 中包含了一系列用于处理基本图形的方法，包括圆形、矩形、多边形、线段和圆弧等。当我们进行图形的绘制时，还可以定义绘制线条的粗细，当其值为设为 0 时，Pygame 则会使用选定的颜色对图形进行填充。

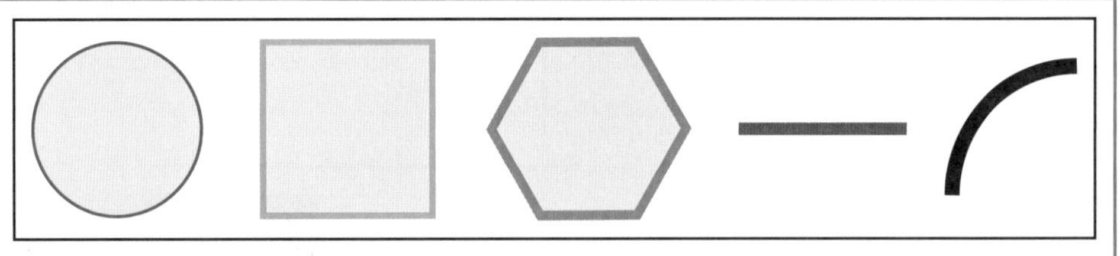

关于字体

字体定义了文字在屏幕上显示的外观，树莓派上的 Raspbian 本身只内置了比较有限的字体库，其中包含了 Droid Sans、Déjà Vu Serif、Liberation Sans 以及 Free Sans 等几种常见字体。我们可以使用这些字体在游戏中显示文本内容，例如游戏的得分信息等。我们无法直接在 Pygame 窗口中输出文字，而需要首先创建一个表面，并通过文本对象来在其上进行文字的绘制，最后还需要将包含文字的表面 blit 到主窗口中。

AntiqueOliveStd
BaskervilleCyrLTStd
CaflischScriptWebPro
DanteMTStd
EurostileLTStd

关于游戏图形

所有游戏都会具有一个不停执行的主循环，循环体中的代码会检查玩家的输入操作，比如是否按下了某个按键或者是否移动了鼠标等。然后，代码往往会去检查包括物体碰撞在内的各种游戏事件，并根据这些信息的状态，来决定接下来游戏中各种物体应该被如何进行绘制，最后，也就是根据刚才的计算结果来真正进行游戏的图形绘制。在这一切完成之后，我们的游戏会进入下一个循环中，如此反复，通常设置每秒执行 30 或 60 次循环，就可以保证游戏运行的流畅度。

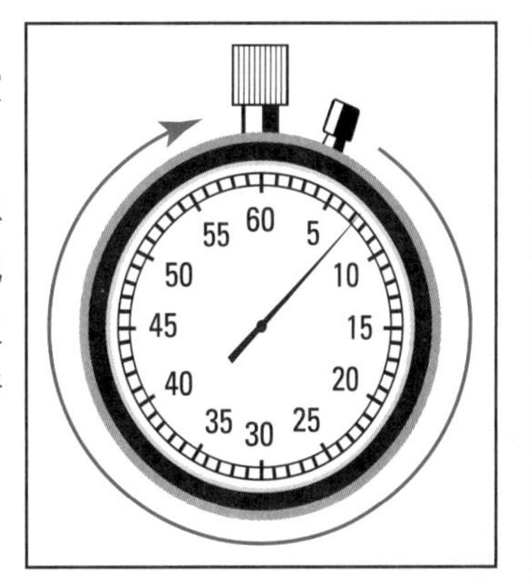

关于精灵和图片

Pygame 中包含了特殊的类和方法，用于简化游戏编程的整个过程。你可以通过使用图片来让游戏变得更加真实、生动，也可以通过使用精灵来完成简单的绘制及碰撞检测。

关于图片

一张图片其实就是由一系列像素组成的矩形区域，每个像素都具有自己的颜色值（还记得吗，通过 RGB 来进行定义，同时你还可以通过 alpha 属性来定义其透明度）。在 Pygame 的世界中，任何图片都总会被保存在一个表面对象中。

关于Pygame中的图片格式

将图片按照像素网格原封不动地来进行保存的话，会得到巨大的文件体积，并且处理起来会非常没有效率。事实上，所有的文件图片格式都会经过一些特定的压缩算法，从而得到更加轻量、易用的最终文件。其中，有损压缩会对图片的细节造成不可逆的损失，但换来的往往是更高的压缩比率以及处理速度；而与之对应的，无损压缩则可以忠实地保留图片的全部细节信息。Pygame 模块可以处理的无损压缩格式包括 PNG、GIF 以及 TIF，而有损压缩格式则主要是 JPG。事实上，Pygame 还支持其他一些图片的压缩格式，例如 TGA、BMP 以及 LBM 等，但它们大多比较过时，因此很少再被用到了。

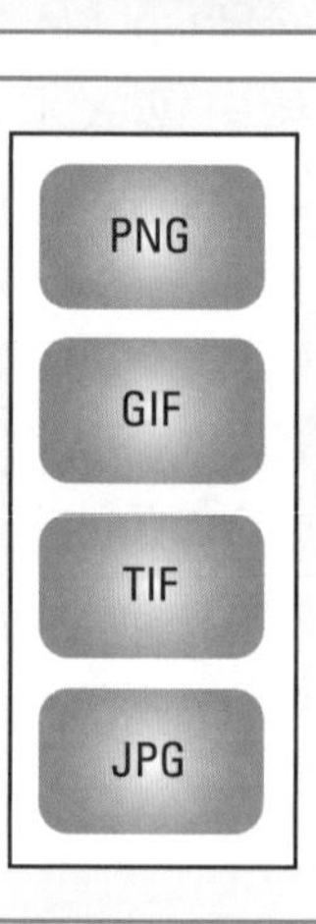

关于矩形

矩形也就是我们通常所指的方形。在矩形区域内，你可以使用 x 和 y 坐标来定义位置信息，它们的原点在矩形的左上角。在 Pygame 的世界中，精灵之间通过矩形区域来进行碰撞检测。Pygame 提供了专门的 pygame.Rect 类，用以提供很多有关矩形的实用绘图方法。

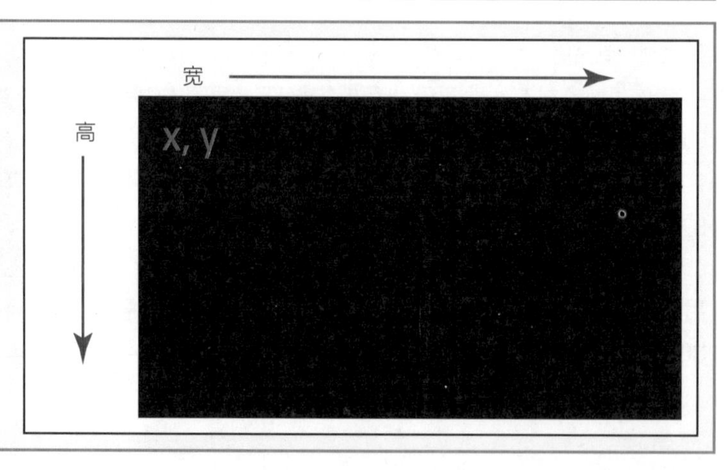

关于精灵

关于精灵的概念，我们在 scratch 的章节中已经详细介绍过了，该对象可以用来存储图片，并提供了很多辅助方法，例如碰撞检测等。默认情况下，Pygame 中的精灵会存储一个表面，你可以通过读取图片文件或手工绘制来对其进行填充。另外，你还可以对精灵进行分组，这样就可以让代码批量地对精灵的行为作出修改了。

关于向量

通过一些数学上的向量计算，你可以对游戏中精灵的运动速度和方向作出精确的控制。Pygame 模块本身并没有提供向量相关的专门类，所以你必须创建自己的向量计算代码。例如，通过分别计算精灵在 x 轴和 y 轴上的速度变化，我们可以让精灵产生出比较复杂的运动轨迹。

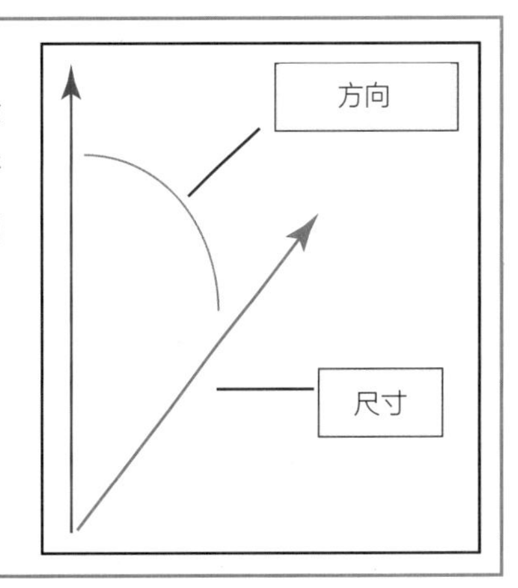

关于碰撞和反弹

大多数游戏事件，都是关于游戏中物体的碰撞行为的。Pygame 提供了专门用于管理碰撞的功能，只需一行代码，你就能对游戏中某一组精灵的碰撞行为进行控制了。当然你也可以通过代码来手工进行碰撞检测及其响应处理，这需要通过精灵的位置及体积信息来判断它们相互之间是否发生了边界上的接触。一般来说，精灵之间在碰撞后发生反弹是比较常见的行为，为了实现反弹，只需在碰撞之后反转精灵的 x 轴和 y 轴速度值即可。

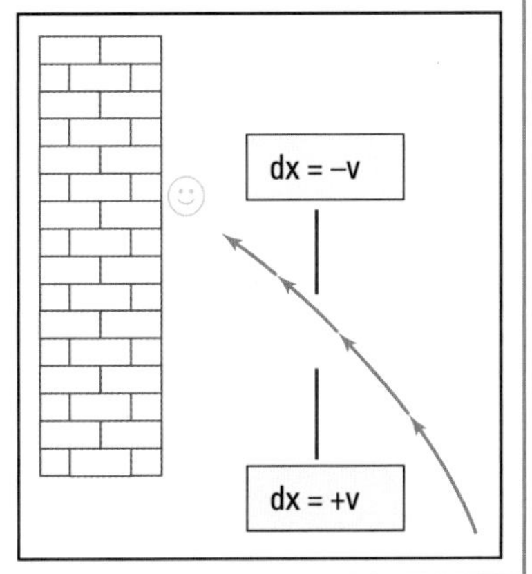

初识表面

在Pygame 的世界中，你可以通过表面来进行图形的绘制。事实上，这也是你唯一的办法，因为 Pygame 并不允许直接在窗口中进行任何绘制。

通过使用 pygame.display.get_surface() 方法，我们可以拿到游戏主窗口所对应的表面，然后创建自己的表面并将它们绘制进去（使用 pygame.Surface() 方法加上长、宽属性来进行表面的创建）。

表面对象具有很多属性和选项，你可以读取其内部的任一像素 或区域，对其进行颜色填充等。但对于简单的游戏类型来说，可能并不需要用到全部这些高阶功能。

初识表面

1. 登录桌面环境，并打开 IDLE 程序。
2. 单击 File。
3. 单击 New Window 来打开新的代码窗口。
4. 输 入 import pygame, sys 并按下 Enter 。
5. 输 入 from pygame. locals import * 并按下 Enter 。
6. 输 入 pygame.init() 并 按 下 Enter 。

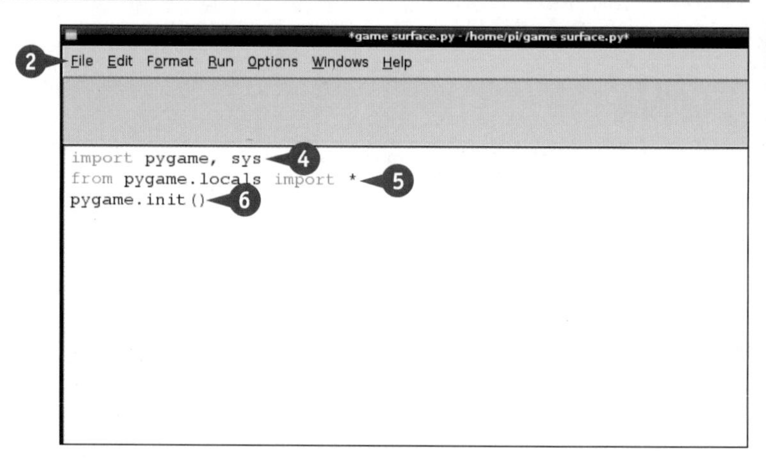

注意：第 5 步到第 6 步完成了对 Pygame 模块的加载。

7. 输 入 awindow = pygame. display. set_mode((400, 300)) 并按下 Enter 。
8. 输入 pygame.display. set_caption('Hello Pygame') 并按下 Enter 。

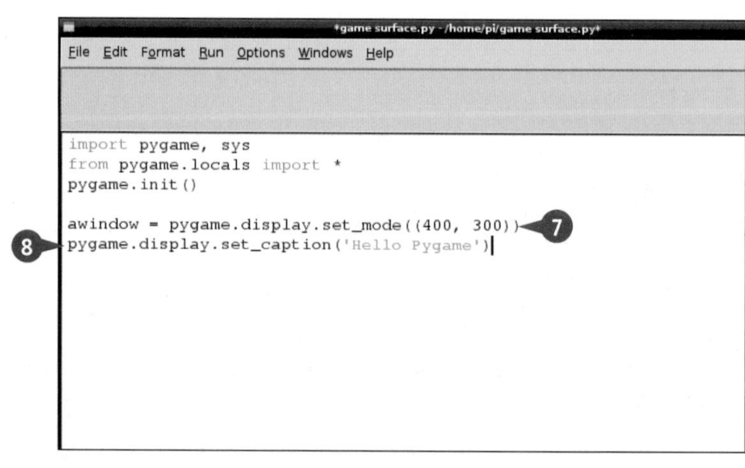

注意：第 7 步到第 8 步创建了游戏的主窗口，并对其标题进行了设置。

⑨ 输入 surface = pygame.display.get_surface() 并按下 Enter。

⑩ 输入surface.fill((255,255,255)) 并按下 Enter。

注意： 第 9 步到第 10 步取得了主窗口所对应的表面，并将其背景填充为黑色。

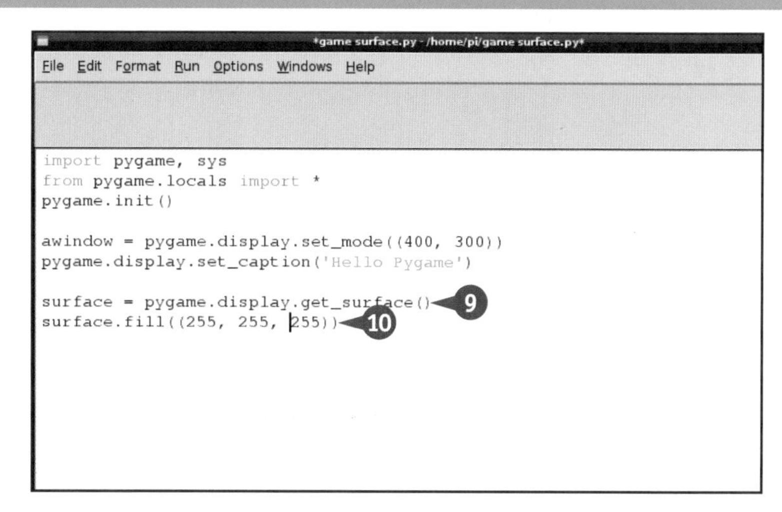

⑪ 按下 F5 运行脚本，并将脚本文件保存为 game_surface.py。

Ⓐ 我们的脚本代码会完成窗口的创建，并为其填充黑色的背景。

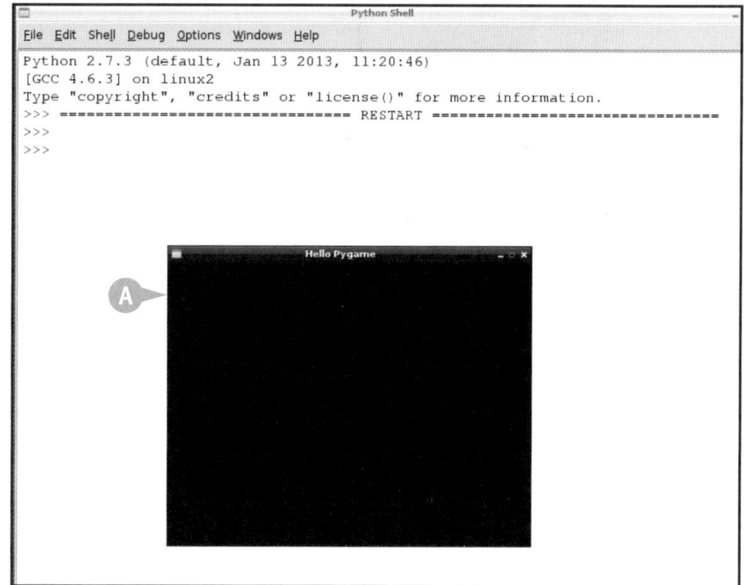

建议

表面必须是可见的吗？

不，只有在你将一个表面的内容 blit 之后，它在屏幕上才是可见的。如果没有完成 blit，那么该表面将处于隐藏状态。你可以利用这一点，在对表面完成全部复制的图形绘制之后，才将其显示到屏幕上。

什么是双缓冲技术？

如果使用参数 FULLSCREEN、DOUBLEBUF 和 HWSURFACE 来创建窗口的话，那么 Pygame 会创建两个表面，在任何时点 Pygame 只会显示其中一个，而同时你可以对另一个隐藏的表面进行绘制。通过 pygame.display.update() 方法可以在两个表面之间进行切换，从而实现画面的更新。这可以让游戏画面更加流畅，但你必须使用 FULLSCREEN 参数让游戏全屏显示才可以。

定义颜色

你可以使用 pygame.Color 对象来进行颜色的定义，只需分别在 0 ~ 255 之间对三原色（红、绿、蓝）进行设置即可。同时你也可以使用第四个参数 alpha 来定义颜色的透明度。

pygame.Color() 的使用方法有两种：你可以创建颜色变量，并将它们运用于任何需要颜色值的函数和方法中；你也可以在需要使用颜色的地方，直接调用 pygame.Color() 方法，并通过传入参数来获得定义的颜色。

定义颜色

注意：你可以在本书的网站 www.wiley.com/go/tyvraspberrypi 上找到本节示例所使用的全部代码。

1. 登录桌面环境，并打开 IDLE 程序。
2. 输入用于加载 Pygame 模块的相关代码。
3. 输入用于创建窗口的填充背景颜色的相关代码。
4. 定义三个变量 r、g、b 用于之后对颜色进行控制。
5. 输入用于运行游戏主循环的相关代码。
6. 输入用于退出游戏的相关代码，其会在用户单击窗口的关闭按钮时生效。

game color.py - /home/pi/game color.py

File Edit Format Run Options Windows Help

```
import pygame, sys
from pygame.locals import *        ❷
pygame.init()

awindow = pygame.display.set_mode((400, 300))
pygame.display.set_caption('Hello Pygame')      ❸
surface = pygame.display.get_surface()

r = 0
g = 0    ❹
b = 0
```

```
import pygame, sys
from pygame.locals import *
pygame.init()

awindow = pygame.display.set_mode((400, 300))
pygame.display.set_caption('Hello Pygame')
surface = pygame.display.get_surface()

r = 0
g = 0
b = 0

clock = pygame.time.Clock()
while True:                    ❺
    clock.tick(30)
    for event in pygame.event.get():
        if event.type == QUIT:
            pygame.quit()      ❻
            quit()
```

7 输入根据 r、g、b 值进行颜色创建的相关代码。

注意：这里的“%”会将后面的值转化为 0 ~ 255 的范围。

8 输入代码来更新 r、g、b 三者的值。

注意：第 8 步的意思是让颜色值渐进地发生变化。

9 输入相应代码，使用当前的颜色值来填充表面，并更新窗口上的显示。

注意：有关第 2 步到第 9 步的详细信息，请参考第 12 章。

10 按下 F5 运行脚本，并将文件保存为 game_color.py。

A 我们的脚本会使用循环来逐渐地改变颜色值，并用其填充整个游戏窗口。

```
r = 0
g = 0
b = 0

clock = pygame.time.Clock()
while True:
    clock.tick(30)
    for event in pygame.event.get():
        if event.type == QUIT:
            pygame.quit()
            quit()

    color = pygame.Color(r % 255, g % 255 ,b % 255)   ← 7
    r = r + 1
    b = b + 2   ← 8
    g = g + 3

    surface.fill(color)
    pygame.display.update()   ← 9
```

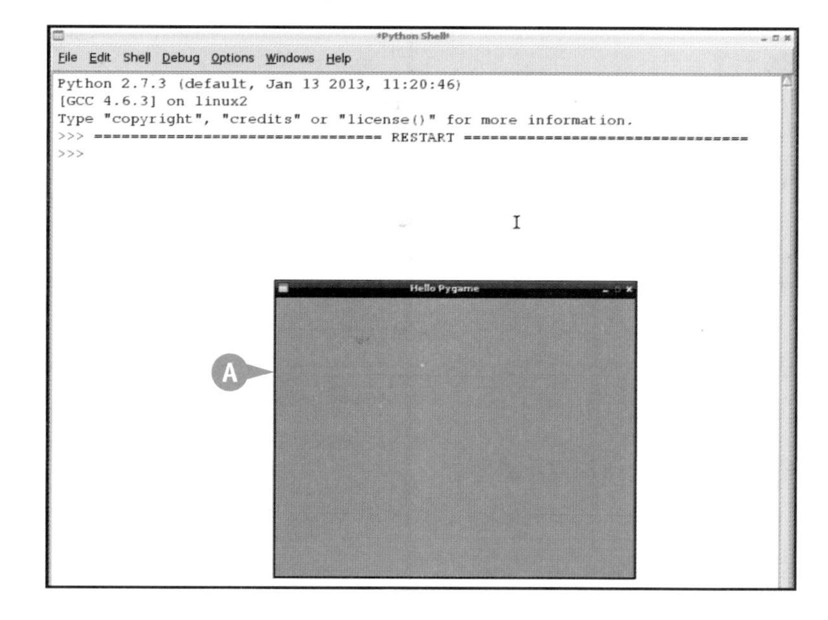

建议

在Pygame 中包含预定义的颜色吗？

是的，但其使用起来并不是太直观，你可以从链接 http://sites.google.com/site/ meticulosslacker/ pygame-thecolors 中来获取相关介绍，也可以创建自己的自定义颜色，并将它们保存到模块中，供日后使用。

我该怎么使用alpha值来控制透明度呢？

alpha 值通常可以用来创建两类效果，相对于让精灵在画面上突然消失或出现，你还可以通过设置渐变的 alpha 值来实现显现和淡出效果。另外，通过增加 alpha 遮罩，你还可以改变精灵的边缘形状，否则不借助遮罩的话，其形状只能是标准的矩形或者（椭）圆形。

绘制形状

通过pygame.draw() 方法,你可以在表面上绘制基本的形状,包括矩形、圆形、椭圆形、多边形、线段以及弧线等，例如 pygame.draw.circle() 就可以进行圆形的绘制。如果你指定了绘制的线条宽度，那么 pygame 会将形状描边勾勒出来，否则的话则会对整个形状区域进行颜色的填充。你无法在一次绘制或填充中，使用不同的颜色值。本节的示例使用 randint() 方法来绘制颜色和大小随机的矩形。

绘制形状

注意：你可以在本书的网站 www.wiley.com/go/tyvraspberrypi 上找到本节示例所使用的全部代码。

1. 登录桌面环境，并打开 IDLE 程序。
2. 输入用于加载 Pygame 模块的相关代码。
3. 输入用于从 random 模块加载 randint 方法的代码。

注意：randint 是一个随机整数生成器。

4. 输入用于创建窗口并填充背景颜色的代码。
5. 输入用于创建游戏主循环的代码，以及监听游戏退出事件的代码。
6. 输入相关代码，将表面填充为白色。
7. 输入相关代码，用于创建随机的 r、g、b 值，从而形成随机的颜色。

game shapes.py - /home/pi/game shapes.py

File Edit Format Run Options Windows Help

```
import pygame
import sys
from pygame.locals import *
from random import randint
pygame.init()

awindow = pygame.display.set_mode((400, 300))
pygame.display.set_caption('Hello Pygame')
surface = pygame.display.get_surface()
```

```
from random import randint
pygame.init()

awindow = pygame.display.set_mode((400, 300))
pygame.display.set_caption('Hello Pygame')
surface = pygame.display.get_surface()

clock = pygame.time.Clock()

while True:
    clock.tick(30)
    for event in pygame.event.get():
        if event.type == QUIT:
            pygame.quit()
            quit()
    surface.fill((255, 255, 255))
    r = randint(0, 255)
    g = randint(0, 255)
    b = randint(0, 255)
```

8 输入相关代码，用于将设置的 r、b、g 值转化为对应的颜色对象。

9 输入相关代码，使用生成的随机颜色，在画面的随机位置上进行矩形的绘制。

10 输入相关代码来更新游戏的画面。

```
while True:
    clock.tick(30)
    for event in pygame.event.get():
        if event.type == QUIT:
            pygame.quit()
            quit()
    surface.fill((255, 255, 255))
    r = randint(0, 255)
    g = randint(0, 255)
    b = randint(0, 255)
    color = pygame.Color(r, g, b)
    pygame.draw.rect(surface, color, (randint(0, 400),
                                      randint(0, 300),
                                      randint(10, 100),
                                      randint(10, 100)),
                                      0)
    pygame.display.update()
```

11 输入 F5 运行脚本，并将脚本文件保存为 game_shapes.py。

A Python 会在画面上不停地绘制颜色和位置随机的矩形图形。

注意： 由于主窗口的表面会在每次循环时被填充为白色，所以颜色和位置随机的矩形会不断闪现，而不会充满整个窗口。

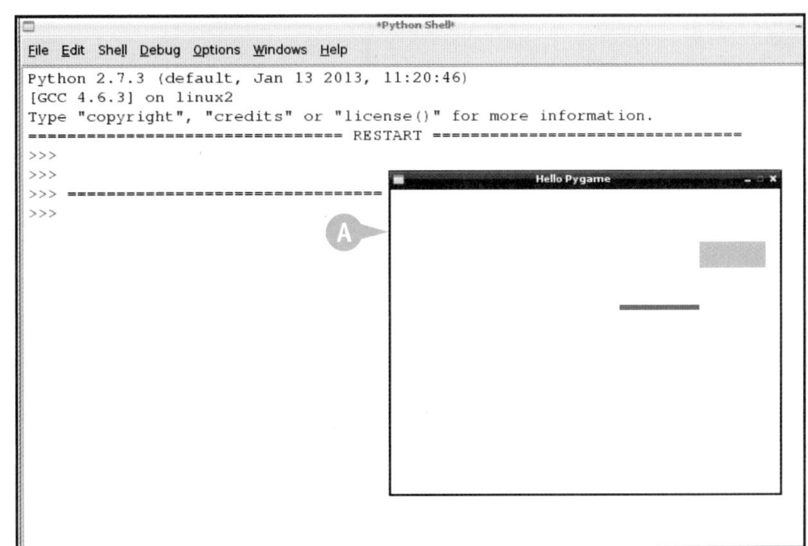

建议

锁定表面（surface locking）有什么作用呢？

你可以在绘制前将一个表面锁定起来，只需使用 pygame.surface.lock() 方法即可。锁定表面可以加速游戏的绘制，从而提升整体性能。使 pygame.surface.unlock() 方法可以对锁定的表面进行绘制后解锁。需要注意的是，在 blit 一个表面之前，一定要先对其进行解锁。

抗锯齿技术是什么意思？

抗锯齿技术常用于图形类软件中，为的是让线条和形状的边缘看起来更加平滑。没有采用抗锯齿技术的话，顾名思义，线条和形状边缘会呈现出锯齿状，让人看起来有些不舒服。Pygame 提供了专门的 pygame.draw.aalines() 方法，用于绘制抗锯齿的线条。但是，它并没有为其他形状提供相应的抗锯齿选项。

关于动画效果

通过随着时间变化，渐进地修改对象的某一属性，你可以实现各种动画效果。最简单的动画效果就是平移。为了移动一个对象，你需要在每次游戏主循环中适当修改其 x、y 坐标值。

游戏对象通常按照固定的速度和角度进行运动。为了控制其移动速度，就需要使用额外的变量来控制对象 x、y 坐标的变化速度，这些变量通常被称为 dx 和 dy（d 是 delta 的简称，代表变化量）。我们可以在每次游戏主循环中，使用它们来修改 x、y 坐标的变化情况。

关于动画效果

注意： 你可以在本书的网站 www.wiley.com/go/ tyvraspberrypi 上找到本节示例所用到的全部代码。

1. 登录桌面环境，并打开 IDLE 程序。
2. 输入用于加载 Pygame 模块的相关代码。
3. 输入相关代码，创建一个具有标题的窗口对象，并取得其所属的表面。

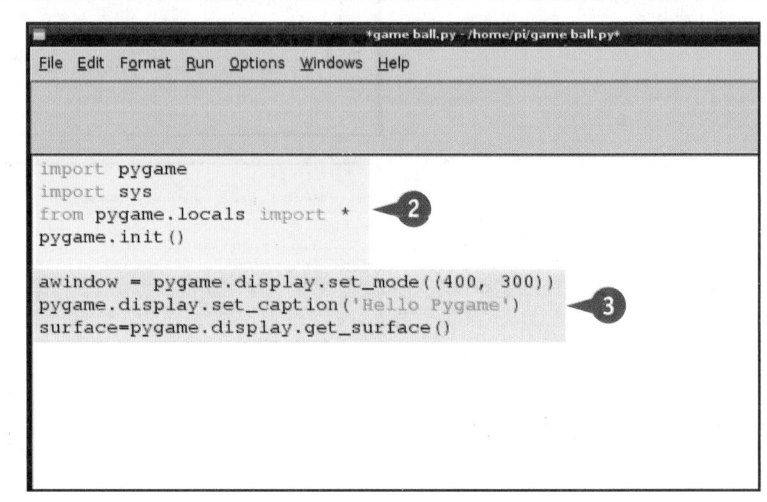

4. 创建一个颜色对象，并将其设置为灰色。
5. 输入相关代码，来对乒乓球对象的位置坐标、速度变化量以及尺寸信息进行初始化设置。

注意： ball_dx 和 ball_dy 分别用来存储乒乓球在 x 和 y 坐标上的速度变化值。

6. 输入相关代码，创建游戏的主循环，并使其监听游戏的退出事件。

```
surface=pygame.display.get_surface()

color_gray = pygame.Color(100,100,100)  ← 4

ball_x = 0
ball_y = 0
ball_dx = 1.5                           ← 5
ball_dy = 1.5
ball_width = 10
ball_height = 10

clock = pygame.time.Clock()

while True:
    clock.tick(30)
    for event in pygame.event.get():    ← 6
        if event.type == QUIT:
            pygame.quit()
            quit()
```

7 输入相关代码，将窗口填充为白色。

8 输入相关代码来绘制我们的乒乓球（实际上这里用一个方块来表示）。

9 输入用于刷新画面显示的相关代码。

10 输入用于计算下一次循环时控制乒乓球位置信息的代码。

```
awindow = pygame.display.set_mode((400, 300))
pygame.display.set_caption('Hello Pygame')
surface=pygame.display.get_surface()

color_gray = pygame.Color(100,100,100)

ball_x = 0
ball_y = 0
ball_dx = 1.5
ball_dy = 1.5
ball_width = 10
ball_height = 10

clock = pygame.time.Clock()

while True:
    clock.tick(30)
    for event in pygame.event.get():
        if event.type == QUIT:
            pygame.quit()
            quit()
    surface.fill((255,255,255))
    pygame.draw.rect(surface, color_gray, (ball_x, ball_y, ball_width, ball_heig
    awindow.blit(surface, (0,0))
    pygame.display.update()
    ball_x += ball_dx
    ball_y += ball_dy
```

11 按下F5来运行脚本，并将脚本文件保存为ball_game.py。

A Pygame会创建一个窗口，并使用白色填充其背景，然后一个乒乓球会从窗口的左上角开始移动。

注意：我们没有添加碰撞和反弹有关的代码，所以乒乓球会一直移动，直至从窗口中消失。

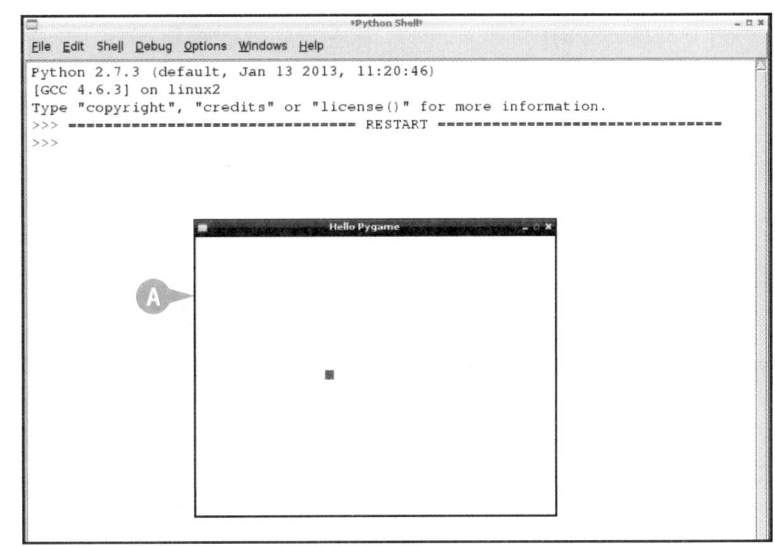

建议

如何修改对象的其他属性来产生动画效果？

你可以按照上述方法来修改对象的任何属性，从而形成相应的动画效果。通过设置属性在每次游戏循环中的变化量，你可以控制对象的动画行为。

如何制作更加复杂的动画效果呢？

商业游戏通常采用两种方式来创建复杂的动画效果。第一种，使用AI（artificial intelligence，人工智能）来让游戏对象对周围环境及其他对象的行为产生反应。例如，某个对象可以追踪其他对象的轨迹来进行移动等。第二种，使用专门的物理引擎来控制复杂的动画效果，例如让游戏对象对重力加速度做出反应等。不过，两种方式都超出了本书所能涵盖的范围。

反弹行为

通过游戏对象之间的碰撞检测，再加上一些简单的数学计算，你可以让运动的游戏对象在接触到彼此或屏幕边缘时发生相应的反弹行为。

例如你的游戏窗口尺寸为 400 像素，当对象的 x 坐标值大于等于 400 时，就代表其与窗口的右边界发生了碰撞。为了使对象反弹，请根据碰撞的情况来设置 dx 和 dy 减 1，这会反转对象的移动方向。

反弹行为

1. 登录桌面环境，并打开 IDLE 程序。
2. 加载我们之前所编写的 game_ball.py 脚本文件。
3. 将 ball_dx 变量和 ball_dy 变量的值修改为 3，这会让乒乓球运动得更快。

```
screen_width = 300
screen_height = 400

awindow = pygame.display.set_mode((screen_height, screen_width))
pygame.display.set_caption('Hello Pygame')
surface=pygame.display.get_surface()

color_gray = pygame.Color(100,100,100)

ball_x = 0
ball_y = 0
ball_dx = 3
ball_dy = 3     ❸
ball_width = 10
ball_height = 10

clock = pygame.time.Clock()

while True:
```

4. 输入用于检测乒乓球是否超出窗口左边界的代码。
5. 输入乒乓球在越界之后回到边界处的代码。

注意：第 5 步用来避免一些动画方面的错误。

6. 输入用于在碰撞时反转乒乓球水平速度的代码。
7. 重复第 4 步到第 6 步，不过这次将 x 修改为 y，从而控制乒乓球在碰撞到窗口上边框时的反弹行为。

```
while True:
    clock.tick(30)
    for event in pygame.event.get():
        if event.type == QUIT:
            pygame.quit()
            quit()
    surface.fill((255,255,255))
    pygame.draw.rect(surface, color_gray, (ball_x, ball_y, ball_
    awindow.blit(surface, (0,0))
    pygame.display.update()
    ball_x += ball_dx
    ball_y += ball_dy
    if (ball_x <= 0):     ❹
  ❺     ball_x = 0
        ball_dx = -ball_dx     ❻
    if (ball_y <= 0):
        ball_y = 0     ❼
        ball_dy = -ball_dy
```

❽ 复制并修改前面的代码，使乒乓球可以在碰撞窗口右边框时发生反弹。

❾ 复制并修改第 7 步的代码，使乒乓球在碰撞到窗口下边框时发生反弹。

注意： 由于乒乓球的定位点默认在其左上角，所以在碰撞窗口右边框和下边框时，为了使其正确进行反弹，实际上还需要引入乒乓球本身的尺寸作为偏移量才可以。

```
            quit()
    surface.fill((255,255,255))
    pygame.draw.rect(surface, color_gray, (ball_x, ball_y, ball
    awindow.blit(surface, (0,0))
    pygame.display.update()
    ball_x += ball_dx
    ball_y += ball_dy
    if (ball_x <= 0):
        ball_x = 0
        ball_dx = -ball_dx
    if (ball_y <= 0):
        ball_y = 0
        ball_dy = -ball_dy
    if (ball_x >= screen_height - ball_height):
        ball_x = screen_height-ball_height          ❽
        ball_dx = -ball_dx
    if (ball_y > screen_width - ball_width):
        ball_y = screen_width-ball_width            ❾
        ball_dy = -ball_dy
```

❿ 按下 F5 来运行脚本，并将脚本文件保存为 game_bounce.py。

Ⓐ 现在我们的乒乓球会在游戏窗口中不停地四处反弹。

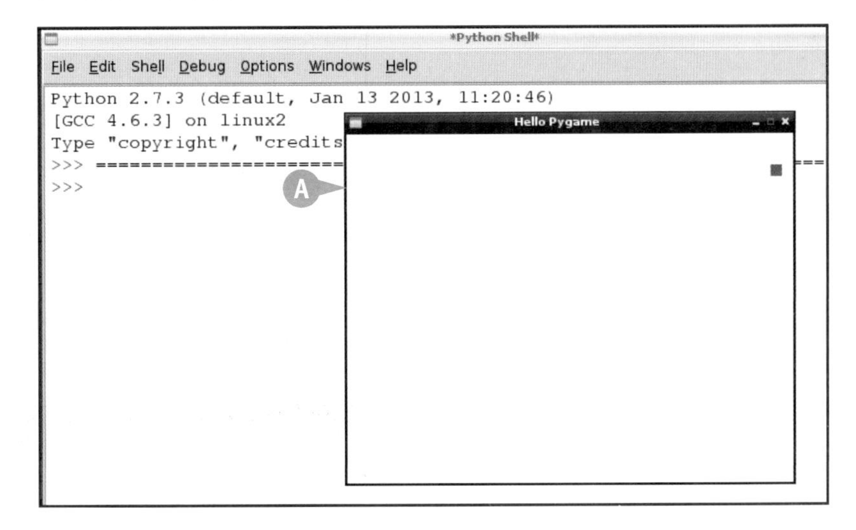

建议

为什么乒乓球在发生反弹时偶尔会超出窗口的边界？

绝大多数物体都具有自己的长宽尺寸，而其定位坐标点位于左上角，为了创造看起来更加真实的碰撞行为，需要添加适当的偏移量才可以。在碰撞窗口下边框时，需要减去物体本身的高度值；而在碰撞窗口右边框时，则需要减去物体的宽度值才可以。

如何创造更加随机的反弹行为呢？

有些游戏会在碰撞时引入更多的变量系数，从而使反弹行为变得更加多样化。例如在弹球游戏中，反弹的方向和速度，需要根据碰撞的位置以及球的速度等多种因素来决定（甚至还可以引入一些随机变量来增加游戏的变数）。具体实现可以参考网上关于游戏物理学方面的相关教程。

添加文字

在针对文字进行操作前，你需要先用 pygame.font.init() 来初始化字体。我们可以使用 pygame.font.get_fonts() 来列出系统支持的字体，而 pygame.font.SysFont() 则用来完成对系统字体的加载，该方法接受两个参数：一个是代表字体名称的字符串值，另一个是代表字体大小（单位为像素）的整数值。

要将文字正确放到表面中，需要使用字体对象的 render() 方法（render，渲染）。这会创建一张用于保存文字的图片，然后你就可以将该表面 blit 到游戏的主界面中了。另外，使用 text.get_rect() 方法，则可以得到字体框的长宽尺寸等相关信息。

添加文字

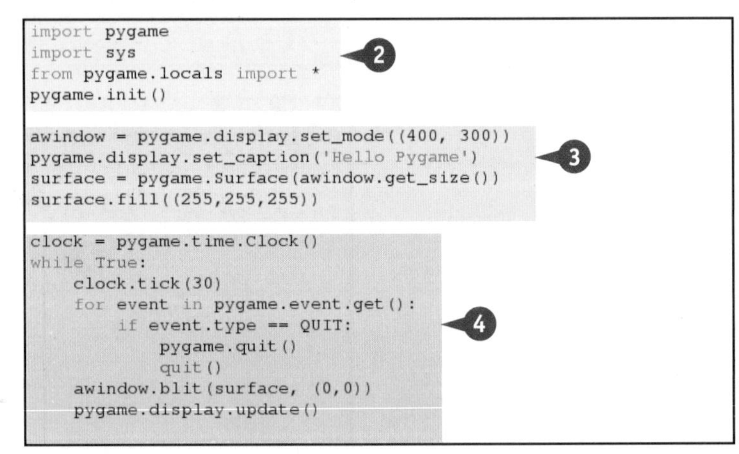

```
import pygame
import sys
from pygame.locals import *
pygame.init()

awindow = pygame.display.set_mode((400, 300))
pygame.display.set_caption('Hello Pygame')
surface = pygame.Surface(awindow.get_size())
surface.fill((255,255,255))

clock = pygame.time.Clock()
while True:
    clock.tick(30)
    for event in pygame.event.get():
        if event.type == QUIT:
            pygame.quit()
            quit()
    awindow.blit(surface, (0,0))
    pygame.display.update()
```


注意：你可以在本书的网站 www.wiley.com/go/ tyvraspberrypi 上找到本节示例所使用的全部代码。

1 登录桌面环境，并打开 IDLE 程序。

2 输入用于加载 Pygame 模块的相关代码。

3 输入相关代码，用于创建游戏主窗口的表面，并将其背景填充为白色。

4 输入代码，用于创建游戏定时循环，并将游戏的主表面加入到窗口中。

5 输入用于初始化 font（字体）模块的代码。

6 输入相关代码，获取系统可用字体的列表。

7 输入用于将字体列表内容打印输出的代码。

注意：第 5 步到第 7 步用于加载并输出系统中的所有可用字体。通常并不需要进行这一步骤，除非你想查看一下某些特定字体是否被支持。

game_font.py - /home/pi/game_font.py

File Edit Format Run Options Windows Help

```
import pygame
import sys
from pygame.locals import *
pygame.init()

awindow = pygame.display.set_mode((400, 300))
pygame.display.set_caption('Hello Pygame')
surface = pygame.Surface(awindow.get_size())
surface.fill((255,255,255))

pygame.font.init()
fonts = pygame.font.get_fonts()
print fonts
```

5 6 7

❽ 输入相关代码来加载 Raspbian 已经预装的 droidsans 字体。

❾ 输入用于将文字渲染到表面上的代码。

❿ 找到文字的中心位置点。

注意： 在 Python 中，你可以将函数 / 方法的输出直接作为参数，供另一个函数 / 方法使用。

⓫ 输入相关代码，用于将文字对象的内容加入游戏的表面中。

⓬ 按下 F5 运行脚本，并将脚步文件保存为 game_font.py。

Ⓐ Python 会首先输出一系列可用字体的名称。

Ⓑ Python 会使用你选择的字体，将文字内容加入到游戏窗口的上方，并且使其居中对位。

```
import pygame
import sys
from pygame.locals import *
pygame.init()

awindow = pygame.display.set_mode((400, 300))
pygame.display.set_caption('Hello Pygame')
surface = pygame.Surface(awindow.get_size())
surface.fill((255,255,255))

pygame.font.init()
fonts = pygame.font.get_fonts()
print fonts
dfont = pygame.font.SysFont('droidsans', 20)   ❽
text = dfont.render('Test', 1, (0,0,0))   ❾
textpos = text.get_rect(centerx = surface.get_width()/2)   ❿
surface.blit(text, textpos)   ⓫

clock = pygame.time.Clock()
while True:
```

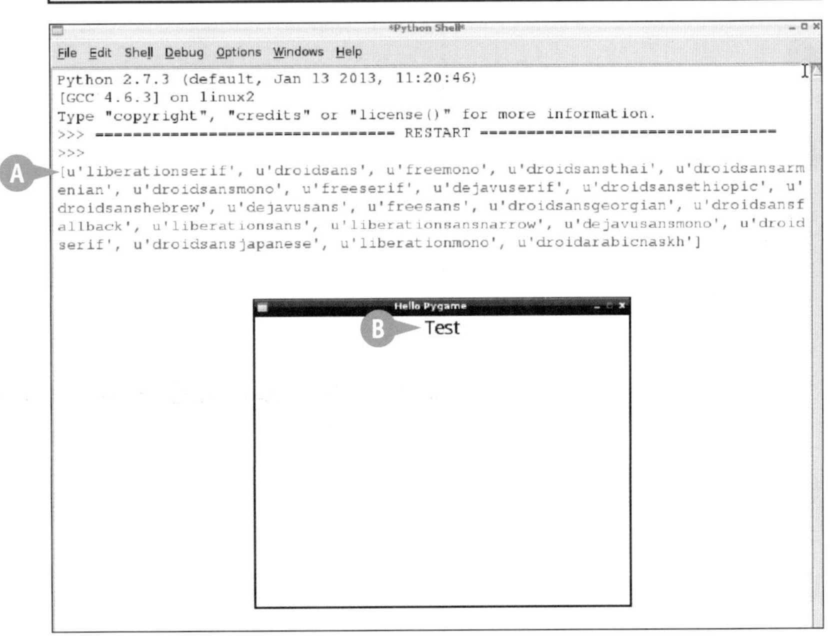

建议

我可以使用非标准字体吗？

是的，可以用 pygame.font.Font() 方法，取代 pygame.font.SysFont() 方法进行字体加载，只需将目标字体所在的路径作为参数传递给它，然后就能像之前一样来使用字体了。

我可以为字体添加特殊效果吗？

是的，你可以为字体设置加粗、下划线、斜体等效果，只需正确地调用 pygame.font.Font() 方法以及 pygame.font.SysFont() 方法就可以了。关于使用上的细节，请参考 www.pygame.org/docs/ref/font.html 。

图片的加载与显示

你可以使用 `pygame.image.load()` 方法从文件加载图片。Pygame 可以很好地对图片文件的格式进行识别，当然你也可以自己注明所使用的文件格式后缀。该方法会在加载完毕后自动为图片创建一个表面，然后就可以通过标准方法来将其 blit 到游戏窗口中了。

在进行 blit 之前，你还可以执行其他可选的操作，例如使用 `surface.convert()` 方法来优化图片的显示质量，或者使用 `convert_alpha()` 方法来加载支持透明度的 png 格式文件。

图片的加载与显示

注意：你可以在本书的网站 www.wiley.com/go/tyvraspberrypi 上找到本节示例所使用的全部代码。

1. 登录桌面环境，并打开 IDLE 程序。
2. 输入用于加载 Pygame 模块的相关代码。

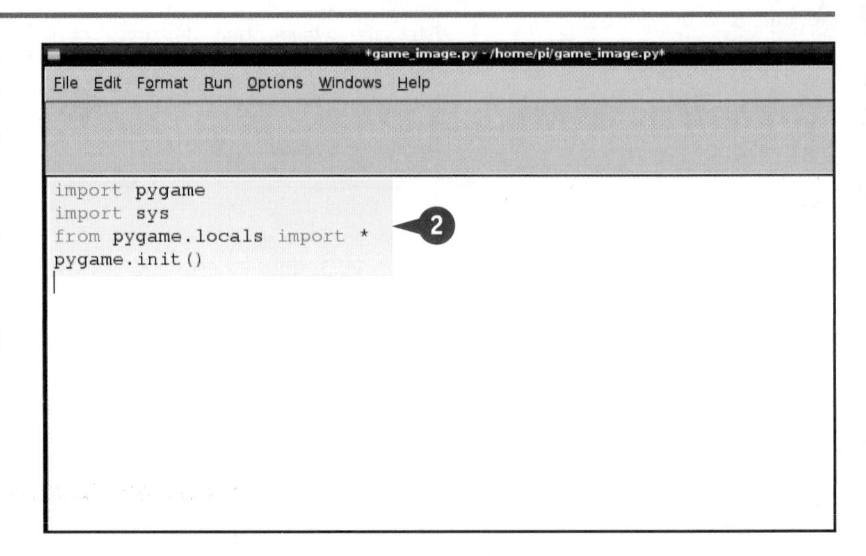

3. 输入用于创建游戏窗口的代码。
4. 输入用于设置窗口标题的相关代码。

注意：第 4 步是可选的。

5. 输入相关代码，用于创建游戏的主循环，并监听窗口的退出事件。

game_image.py - /home/pi/game_image.py

File Edit Format Run Options Windows Help

```
import pygame
import sys
from pygame.locals import *
pygame.init()

awindow = pygame.display.set_mode((400, 300))   ❸
pygame.display.set_caption('Hello Pygame')   ❹

while True:
    for event in pygame.event.get():
        if event.type == QUIT:   ❺
            pygame.quit()
            quit()
```

6 输入指向图片文件路径的代码。

注意： 如果你不指定路径，Python 会默认从你的家目录中进行查找。

7 输入用于从文件进行图片加载的相关代码。

注意： `.convert()` 方法会将图片自动转化为适当的格式。

8 输入相关代码将图片 blit 到游戏的背景表面中。

注意： 更改 (0,0) 中的值可以改变图片在窗口中的定位信息。

9 输入用于更新画面显示的代码。

10 按下 F5 运行脚本，并将脚本文件保存为 game_image.py。

A Python 会完成图片文件的加载，并将其显示在游戏主窗口中。

注意： 在本例中，我们使用了一张黑白灰度图来作为游戏的背景，你可以使用自己喜欢的任何图片。

注意： 如果图片的尺寸大小与窗口大小不符合，Pygame 则会自动地对其进行剪裁。

```
import sys
from pygame.locals import *
pygame.init()

awindow = pygame.display.set_mode((400, 300))
pygame.display.set_caption('Hello Pygame')

background_file = 'test.png'  ←6
background_image = pygame.image.load(background_file).convert()  ←7

while True:
    for event in pygame.event.get():
        if event.type == QUIT:
            pygame.quit()
            quit()

    awindow.blit(background_image, (0,0))  ←8
    pygame.display.update()  ←9
```

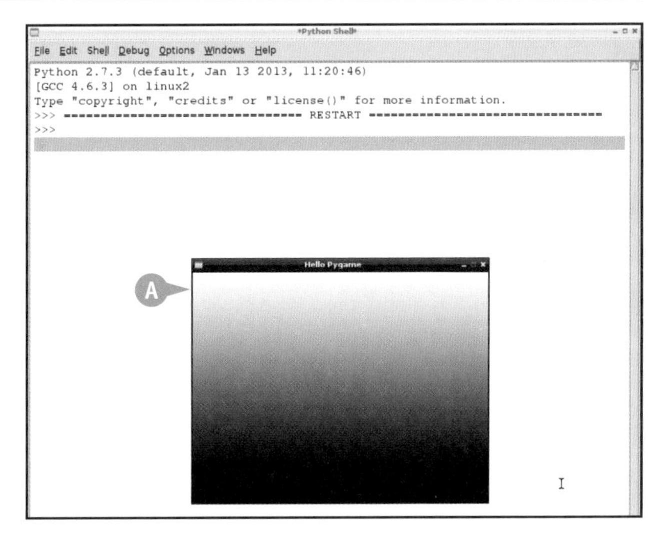

建议

图片和字符串之间可以相互转换？

在 Pygame 中，你可以将图片数据转换为字符串，反之亦然。你可以像往常一样来编辑图片或字符串的内容。这种转换比较缓慢并且低效，但却为你提供了向字体添加各种效果的可能，同时将图片转换为字符串有时候也会为数据的分析和处理提供便利。

我可以保存图片数据吗？

是的，你可以使用 `pygame.image.save()` 方法，将一个表面的数据保存为 BMP、TGA、PNG 以及 JPEG 格式的文件。BMP 格式和 TGA 格式是无压缩且无损的，PNG 格式是经过压缩但无损的，而 JPEG 格式是经过压缩并且是有损的。

创建精灵类

你可以使用自己的精灵类来创建定制化的精灵对象。该类必须包含一个名为 __init__ 的方法，用于精灵对象的初始化。你必须在代码中为精灵定义一个表面对象，如果希望精灵在游戏画面中是可见的，则还必须为其加载对应的图片资源。

精灵经常会被按照分组进行管理。使用 pygame.sprite.Group.add() 方法可以将精灵加入一个分组中，你可以通过 pygame.sprite.Group.draw() 方法，来一次性地对整组精灵进行绘制渲染。通常，大多数游戏中会包含一个用于画面重绘的“all sprites”（全部精灵）分组，以及用于响应特定游戏事件和碰撞检测的多个子分组。

创建精灵类

1. 登录桌面环境，并打开 IDLE 程序。
2. 输入用于加载 Pygame 模块的相应代码，创建一个窗口并取得其表面对象，然后创建游戏的主循环。
3. 输入相关代码，加载 randint 模块，用于生成随机整数。
4. 输入相关代码，创建名为 Block（方块）的类，为其添加用于初始化的 __init__ 方法，并接受颜色、长、宽值作为参数。
5. 为 __init__ 方法添加用于实际创建对象的相关逻辑代码。
6. 输入相关代码，为精灵创建用于绑定图片资源的表面对象。
7. 输入相关代码，为图片填充颜色，并为精灵设置长宽值，使其适应该图片的尺寸。

注 意： image.lock() 和 image.unlock() 方法用于提升填充的效率。

8. 输入相关代码，创建两个精灵分组，一组用于 Block 对象，一组用于全部精灵对象。

```
import pygame
import sys
from pygame.locals import *
from random import randint
pygame.init()

class Block(pygame.sprite.Sprite):
    def __init__(self, color, width, height):


awindow = pygame.display.set_mode((400, 300))
surface = pygame.display.get_surface()
surface.fill((255, 255, 255))
pygame.display.set_caption('Sprites')

clock = pygame.time.Clock()

while True:
    clock.tick(30)
    for event in pygame.event.get():
        if event.type == QUIT:
            pygame.quit()
            quit()
    pygame.display.update()
```

```
*game_sprite.py - /home/pi/game_sprite.py*
File Edit Format Run Options Windows Help

from random import randint
pygame.init()

class Block(pygame.sprite.Sprite):
    def __init__(self, color, width, height):
        pygame.sprite.Sprite.__init__(self)
        self.image = pygame.Surface([width, height])
        self.image.lock()
        self.image.fill(color)
        self.image.unlock()
        self.rect = self.image.get_rect()

awindow = pygame.display.set_mode((400, 300))
surface = pygame.display.get_surface()
surface.fill((255, 255, 255))
pygame.display.set_caption('Sprites')

blockSprites = pygame.sprite.Group()
allSprites = pygame.sprite.Group()
```

9 添加一个 for 循环，使用随机的颜色、长宽和位置值来创建 10 个 Block 对象。

10 输入用于将所有 Block 对象加入分组的代码。

11 输入相关代码，用于在游戏主循环中，对 allSprites（全部精灵）分组内的精灵进行绘制。

注意：使用 allSprites 分组的意义，是让你可以在游戏主循环中，通过一行代码来完成对所有精灵的重新绘制。

12 按下 F5 运行脚本，并将脚本文件保存为 game_sprites.py。

A 脚本会在游戏界面上绘制 10 个颜色、尺寸、位置都随机的方块。

注意：我们的代码中没有包括进行位置更新的逻辑，所以这些方块并不会发生移动。

注意：你可以在本书的网站 www.wiley.com/ go/tyvraspberrypi 上找到本节示例所使用的全部代码。

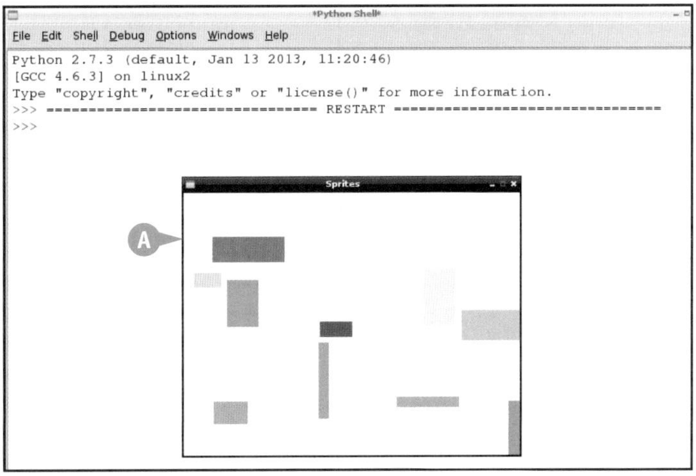

```
clock = pygame.time.Clock()

for block in range(0,10):
        thisWidth = randint(10, 100)
        thisHeight = randint(10, 100)
        thisColor = pygame.Color(randint(0, 255),
                                 randint(0, 255),
                                 randint(0, 255))
        block = Block(thisColor, thisWidth, thisHeight)
        block.rect.x = randint(0, 400)
        block.rect.y = randint(0, 300)
        allSprites.add(block)
        blockSprites.add(block)

while True:
    clock.tick(30)
    for event in pygame.event.get():
        if event.type == QUIT:
            pygame.quit()
            quit()
    allSprites.draw(surface)
    pygame.display.update()
```

```
*Python Shell*
File Edit Shell Debug Options Windows Help
Python 2.7.3 (default, Jan 13 2013, 11:20:46)
[GCC 4.6.3] on linux2
Type "copyright", "credits" or "license()" for more information.
>>> ================================ RESTART ================================
>>>
```

Sprites

建议

什么是“脏”的精灵？

Pygame 包含了 pygame.sprite.DirtySprite 类，比常规的精灵类具有更多的特性。你可以通过 dirty（脏的）标签，来控制精灵是否需要在下次游戏循环中被更新，而 visible（可见的）标签则可以用于控制精灵是否可见（值为 0 时不可见，为 1 时可见）。另外，你还可以使用 blendmode，在 blit 时使精灵与目标表面的图片相融合。

精灵的“层”是什么概念呢？

大多数比较复杂的游戏，都会将精灵放在画面的多个层上，从而使画面更加真实、生动。例如，制作背景图片的相对位移，从而增加了游戏的景深。pygame.sprite.LayeredUpdates() 方法可以用于层的刷新，关于其使用方面的细节，可以参考 www.pygame.org/docs/ref/sprite.html。

精灵的碰撞检测

通过 pygame.sprite.collide() 方法可以检测两个精灵之间是否发生了接触。碰撞检测在很多游戏中都是非常重要的功能。Pygame 模块可以满足绝大多数的此类需求，通过仅仅几行代码，我们就可以完成对整组精灵的碰撞检测。

本节的示例使用简单的 spritecollide() 方法，来检查一个移动的乒乓球精灵是否与一些随机的方块精灵发生碰撞。该方法会在碰撞时返回一个精灵的列表，并将每一个发生碰撞精灵的位置信息打印出来。

精灵的碰撞检测

1 登录桌面环境，并打开 IDLE 程序。

2 找到并加载我们之前所编写过的 game_sprites.py 脚本文件。

3 在代码起始处，将游戏主窗口的背景填充为白色。

注意： 该行代码的作用，是保证窗口上不会有上次更新时残留的画面内容。

4 输入相关代码，创建一个长宽为 10 像素、颜色为灰色的 Block 精灵对象，也就是我们的乒乓球。

5 输入相关代码，将乒乓球加入 allSprites 分组中，从而控制它与其他精灵的重新绘制。

6 输入用于设置乒乓球初始位置及运动速度的相关代码。

7 在游戏主循环中，加入用于更新乒乓球位置的相关代码，从而使其发生运动。

```
        thisHeight = randint(10, 100)
        thisColor = pygame.Color(randint(0, 255),
                                 randint(0, 255),
                                 randint(0, 255))
        block = Block(thisColor, thisWidth, thisHeight)
        block.rect.x = randint(0, 400)
        block.rect.y = randint(0, 300)
        blockSprites.add(block)
        allSprites.add(block)

while True:
    clock.tick(30)
    for event in pygame.event.get():
        if event.type == QUIT:
            pygame.quit()
            quit()

    surface.fill((255, 255, 255))  ❸
    allSprites.draw(surface)
    pygame.display.update()
```

```
ball = Block(pygame.Color(25, 25, 25), 10, 10)  ❹
allSprites.add(ball)  ❺

ball.rect.x = 0
ball.rect.y = 0
ball_dx = 1
ball_dy = 1       ❻

while True:
    clock.tick(30)
    for event in pygame.event.get():
        if event.type == QUIT:
            pygame.quit()
            quit()

    ball.rect.x += ball_dx
    ball.rect.y += ball_dy  ❼

    surface.fill((255, 255, 255))
```

❽ 输入相关代码，用于在每次游戏主循环中，获取与乒乓球发生碰撞的全部方块精灵的列表。

注意： 如果你将参数 False 改为 True，则相应精灵会在发生碰撞的同时被删除。

❾ 输入用于判断碰撞列表是否为空的代码。

❿ 输入用于遍历非空碰撞列表中每个精灵的代码。

⓫ 输入用于打印输出每个精灵 x、y 坐标信息的代码。

⓬ 按下 F5 来运行脚本，并将脚本文件保存为 sprite_collisions.py。

Ⓐ 脚本会让我们的乒乓球精灵在一系列的随机方块精灵之间穿梭碰撞。

Ⓑ 脚本会在每次游戏循环中，将与乒乓球发生了碰撞的方块位置信息打印出来。

注意： 你可以在本书的网站 www.wiley.com/go/ tyvraspberrypi 上找到本节示例所用到的全部代码。

```
ball = Block(pygame.Color(25, 25, 25), 10, 10)
allSprites.add(ball)

ball.rect.x = 0
ball.rect.y = 0
ball_dx = 1
ball_dy = 1

while True:
    clock.tick(30)
    for event in pygame.event.get():
        if event.type == QUIT:
            pygame.quit()
            quit()

    ball.rect.x += ball_dx
    ball.rect.y += ball_dy

    collisionList = pygame.sprite.spritecollide(ball, blockSprites, False)   ⟵ 8
    if (collisionList):                                                       ⟵ 9
        for sprite in collisionList:                                          ⟵ 10
            print "Collided with sprite at: ", sprite.rect.x, sprite.rect.y   ⟵ 11

    surface.fill((255, 255, 255))
    allSprites.draw(surface)
    pygame.display.update()
```

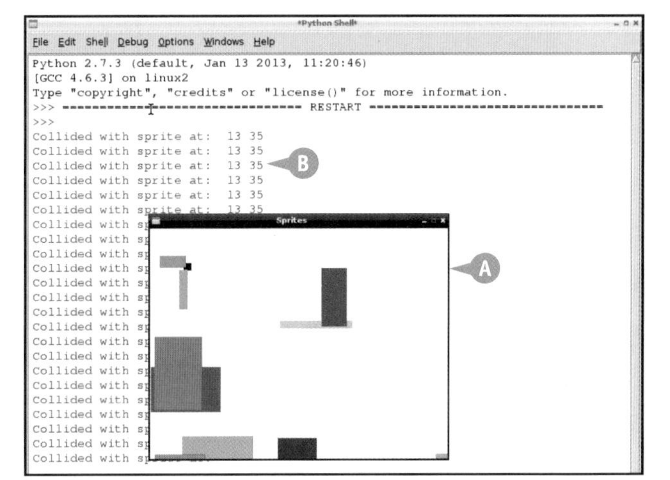

建议

collide_mask()方法是用来做什么的呢?

默认的碰撞检测方法会使用精灵的中线作为判断基准，通过 collide_mask() 方法可以改变这一默认行为，从而让你能设置更精确的碰撞检测位置。这对很多游戏的特殊需求有很大的帮助，例如你可以令精灵在不同方向上，拥有不同的碰撞行为（例如赛车游戏）。collide_mask() 会为精灵增加一个遮罩，遮罩通常是矩形的，但你也可以自己为其定义更加复杂的形状。

我可以对精灵进行其他形状的碰撞检测吗?

是的，通过设置碰撞遮罩，你可以将精灵的碰撞面积设置为任何形状。另外，使用 collide_circle() 方法，可以让精灵按照圆形区域进行碰撞检测，而非默认的矩形区域。

制作一个Breakout 游戏

我们可以综合利用上一章以及本章所学到知识，来真枪实弹地制作一个游戏。在这个游戏中我们要通过弹板和小球来清除所有的砖块。没错，就是经典的 Breakout 游戏（敲砖块游戏）。

本节只会完成一个精简版本的 Breakout 游戏，你可以在之后自行对其进行扩展、优化。我们会使用之前章节的代码来完成精灵的构建，这也会让你对一切感到更加熟悉。

制作一个Breakout游戏

注意：你可以在本书的网站 www.wiley.com/go/tyvraspberrypi 上找到本节示例所使用的全部代码。

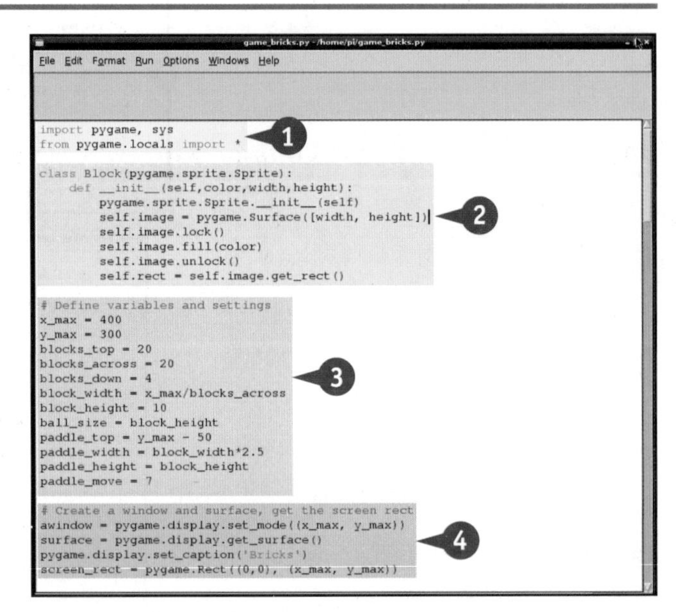

1 登录桌面环境，并打开 IDLE 程序，新建一个脚本文件，在其中输入用于加载 Pygame 模块的相关代码。

2 输入用于创建精灵类的相关代码。

3 输入相关代码，用于定义窗口的大小、砖块的数量、小球的大小、弹板的长度以及速度的值。

4 使用上面定义的变量值来创建游戏的主窗口及其表面对象。

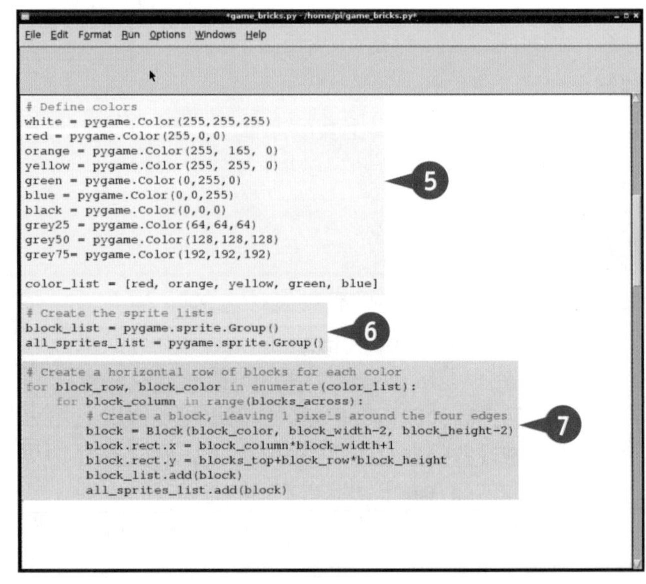

5 输入相关代码，用于创建游戏中砖块所用到的全部颜色值，并将它们保存至名为 block_colors 的列表中。

注意：关于颜色的定义，可以查看前面的章节内容。

6 创建两个精灵分组，一个用于整个画面的重绘，另一个用于保存全部的砖块。

7 使用两个嵌套的 for 循环来创建多行砖块，其中位于同一行的砖块具有相同的颜色值。

注意：在砖块的尺寸计算代码中，我们为其加入了一定的间隔值，免得相邻的砖块紧挨在一起，从而无法分辨。

8 输入代码来创建一个小球精灵，并将其加入到全部精灵分组中。

9 输入代码来设置小球的速度值。

注意：调大这些变量的值将使小球运动得更快。为了使反弹的计算逻辑更加简单，我们对小球的垂直速度和水平速度设置了各自的变量。

10 输入代码来创建一个挡板精灵。

注意：`rect.x` 设置了挡板的宽度。

11 加入两个状态变量（值为 True 或 False），用来代表小球的当前状态。

12 输入用于创建游戏主循环的相关代码。

13 输入将窗口背景填充为灰色的相关代码。

注意：你也可以使用其他合适的颜色。

14 输入监听游戏退出行为的相关代码。

15 输入相关代码，从而通过键盘来控制挡板的运动。

注意：本段代码用于监听→或←键是否被按下，然后更新挡板的移动方向和位置。

```
# Create a ball sprite
ball = Block(grey75, ball_size, ball_size)
ball.rect.x = (x_max - ball_size)/2
ball.rect.y = paddle_top - ball_size
all_sprites_list.add(ball)

# Set the initial ball speed
ball_dx = 3
ball_dy = 5

# Create a paddle sprite
paddle = Block(black, paddle_width, paddle_height)
paddle.rect.x = (x_max - paddle_width)/2
paddle.rect.y = paddle_top
all_sprites_list.add(paddle)

# A couple of 'flags' (Boolean values)
ball_in_play = True
just_bounced = False
```

```
clock = pygame.time.Clock()
while True:
    # Game loop...
    clock.tick(30)

    # Fill the window with grey
    surface.fill(grey25)

    # Check for QUIT
    for event in pygame.event.get():
        if event.type == QUIT:
            pygame.quit()
            quit()

    # Check for left and right arrow keys
    # Move the paddle left or right while they're down
    pressed_keys = pygame.key.get_pressed()
    for this_key, pressed in enumerate(pressed_keys):
        if pressed:
            key_name = pygame.key.name(this_key)
            if (key_name == "left"):
                paddle.rect.x -= paddle_move
            if (key_name == "right"):
                paddle.rect.x += paddle_move
            #Stop the paddle moving past the screen edges
            paddle.rect.clamp_ip(screen_rect)
```

建议

上面的例子中包含了计分功能吗？

没有。本例只完成了非常简单的代码实现，因此还没有加入计分以及判断游戏是否结束（挡板没有接住小球）的代码。当你对 Pygame 掌握得足够好时，可以试着自己来添加这些高阶功能，使游戏更加完善。

如何能让画面变得更加生动有趣呢？

本例使用了复古的 8-bit 画面风格，因此砖块全部都是单色的。如果你想采用其他画风，可以考虑使用专门的图片来代表砖块，通过 for 循环可以一次性地为全部砖块完成图片资源的加载。其他部分的代码应该都不需要进行调整。

制作一个Breakout游戏（后续）

在完成游戏的画面部分之后，我们可以继续添加用于控制小球碰撞、反弹行为的代码。由于按照规则你只能用弹板来控制小球，所以除了弹板以外，你无需处理小球碰撞游戏窗口底边的情况。

我们会使用前面章节中完成的代码，来完成游戏中小球与砖块之间的碰撞检测以及反弹控制行为。并且我们还加入额外的代码，用来控制小球和弹板间的交互行为。

完成Breakout游戏

注意：你会注意到以“#”开头的行被IDLE标记为红色，它们是程序的注释，并不会被Python所执行。

16 输入用于更新小球位置信息的代码。

17 输入用于控制小球与弹板之间碰撞行为的代码。

18 输入用于控制小球与窗口边框之间反弹行为的代码。

注意：为了简单地处理小球与窗口边框之间的反弹，你可以在窗口边缘设置一圈透明的精灵，并利用它们的碰撞检测方法来达成目的。

19 输入用于控制小球从弹板上发生反弹行为的代码。

20 输入用于在反弹时改变小球垂直方向速度的相关代码。

21 输入相关代码，用于在弹板没能接住小球时，判定游戏结束。

```
if ball_in_play:

    # Move the ball
    ball.rect.x += ball_dx      ⑯
    ball.rect.y += ball_dy

    # Check if it collided with the paddle
    if ball.rect.y < paddle_top:      ⑰
        just_bounced = False

    # Bounce off the screen edges
    if (ball.rect.x <= 0):
        ball.rect.x = 0
        ball_dx = -ball_dx

    if (ball.rect.y <= 0):      ⑱
        ball.rect.y = 0
        ball_dy = -ball_dy

    if (ball.rect.x > x_max - ball_size):
        ball.rect.x = x_max - ball_size
        ball_dx = -ball_dx
```

```
    if (ball.rect.y <= 0):
        ball.rect.y = 0
        ball_dy = -ball_dy

    if (ball.rect.x > x_max - ball_size):
        ball.rect.x = x_max - ball_size
        ball_dx = -ball_dx

    # No need to check for bounces at the screen bottom

    # Check if the ball bounced off the paddle
    if (pygame.sprite.collide_rect(ball, paddle) and not just_bounced):      ⑲
        ball_dy = -ball_dy      ⑳
        just_bounced = True
        # While ball and paddle are in contact, don't bounce again

    # Ball didn't - game over
    elif (ball.rect.y > paddle_top+ball_size/2):      ㉑
        ball_in_play = False
        all_sprites_list.remove(ball)
```

22 输入用于检测小球是否与砖块发生碰撞的代码。

注意： `True` 值意味着砖块会在碰撞发生后被系统自动删除。

23 输入相关代码，用于发生碰撞后改变小球的垂直运动方向。

24 输入相关代码，用于重新绘制全部精灵，并更新整个游戏的画面。

```
            ball_dx = -ball_dx

        # No need to check for bounces at the screen bottom

        # Check if the ball bounced off the paddle
        if (pygame.sprite.collide_rect(ball, paddle) and not just_bounced):
            ball_dy = -ball_dy
            just_bounced = True
            # While ball and paddle are in contact, don't bounce again

        # Ball didn't - game over
        elif (ball.rect.y > paddle_top+ball_size/2):
            ball_in_play = False
            all_sprites_list.remove(ball)

        # Check if the ball bounced off a block
        blocks_hit_list = pygame.sprite.spritecollide(ball, block_list, True)  ← 22
        if blocks_hit_list:
            ball_dy = -ball_dy  ← 23
        # Change ball direction after a block bounce

    # Draw everything
    all_sprites_list.draw(surface)  ← 24
    pygame.display.update()
```

25 按下 F5 运行脚本，并将脚本文件保存为 game_bricks.py。

A 你会看到我们的 Breakout 游戏已经呈现在屏幕上了。

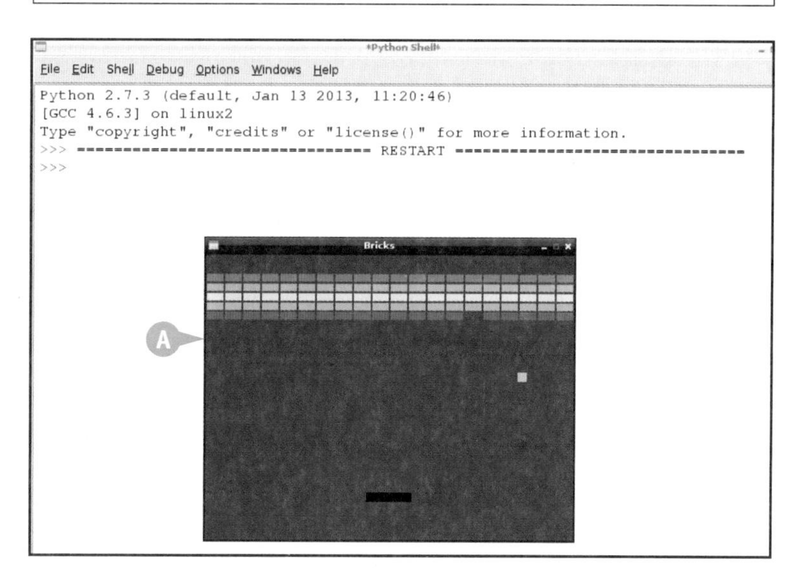

建议

为什么需要加入额外的代码来控制弹板与小球间的碰撞？

如果没有这些额外的代码，小球的行为将会变得很诡异，因为在两者接触的一段时间内（当然实际上很短），弹板都可以对小球造成影响，从而出现小球好像被弹板短暂粘住一样的奇怪现象。

为什么我们的Breakout似乎难度很低？

在标准版的 Breakout 游戏中，设计者加入了更多的代码，例如让弹板与小球发生碰撞的位置，以及小球当时的速度等因素，都计入到反弹行为的计算中去，从而制造了更高的不确定性，也大大增加了游戏的趣味性。而我们这里只展示了一个非常简单的 Breakout 版本，因此存在这些方面的不足。

分享你的游戏

通过树莓派的官方应用商店，你可以分享自己设计、制作的游戏，也可以下载、试玩别人已经完成的作品。应用商店使用了名为 pistore 的程序来进行操作（已经预装在 Raspbian 中），在使用之前请先对其进行更新，以确保你使用的是其最新的版本。

为了分享自己的游戏作品，你必须首先完成 indle City 的注册，这是树莓派应用商店的官方合作伙伴。注册可以在网络上完成，本节会为你介绍大致的流程步骤。

分享你的游戏

1. 在命令行终端或 LXTerminal 终端中，输入 sudoapt-get update && sudo apt-get install pistore 并按下 Enter。

   系统会检查是否存在更新版本的 pistore。如果有的话，则会自动下载并安装它。

注意： 如果没有新版本的话，则什么也不会做。

2. 在 LXTerminal 终端中输入 pistore 并按下 Enter。

   树莓派应用商店会打开自己所属的窗口。

3. 如果你还没有进行过注册，那么单击 Register 并按照下面的步骤来进行。

4. 如果你之前已经注册过了，那么请填写注册的邮箱和密码，并按下 Log In 来进行登录。

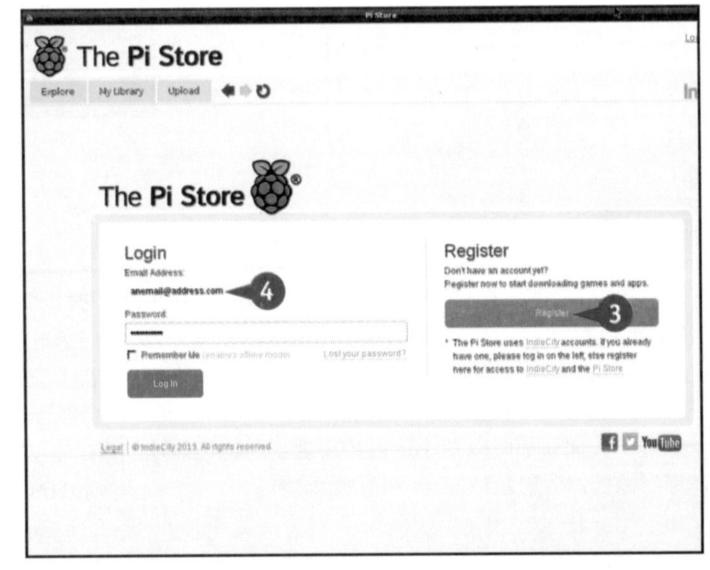

❺ 单击 Upload。

❻ 单击How to upload content to the Pi- Store。

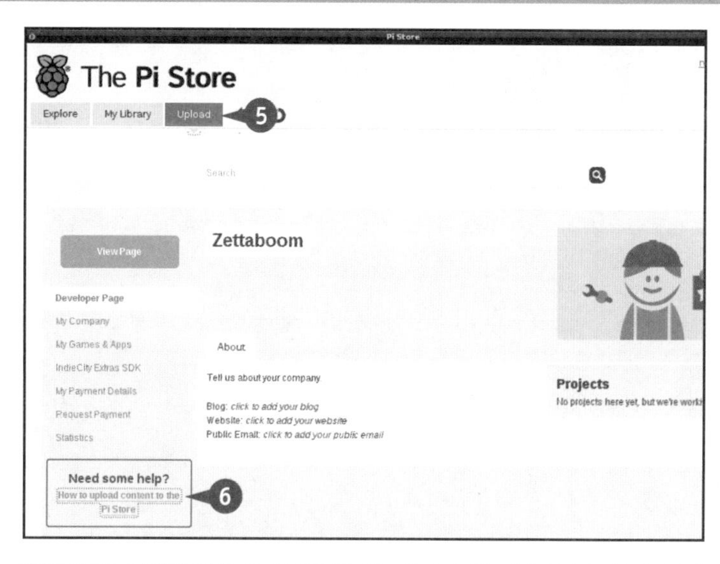

系统会显示更详细的信息。

❼ 遵照系统的提示，来完成开发者账户的设置。

注意：如果你的游戏需要使用 sudo apt-get install 来进行安装，那么请从网上搜索“Debian 打包”关键词来获取更详细的信息。

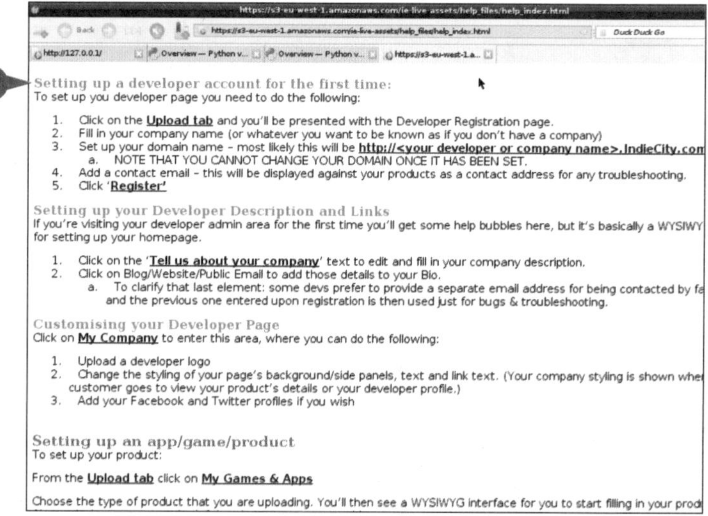

建议

怎么从应用商店中下载、安装程序呢?

pistore让下载安装游戏或其他软件变得更加简单。如果要安装一个免费软件，单击 **Explore** 标签页并找到那些标记为 Free 的软件，然后单击 **Free Download** 来进行下载和安装。下载程序会在 shell 中执行用于下载功能的脚本，并在完成后对软件进行解压、安装。之后选择 **My Library**，并单击软件图标上的 **Launch** 就可以启动它了。对于收费游戏或软件来说，安装的过程基本相同，只不过增加了进行付费的步骤。

有什么更简单的方法可以用来分享游戏吗?

Python 是解释型的编程语言，所以你可以通过邮件附件或其他方式，将脚本代码发给朋友。另外，你也可以在自己的网站上直接直接公开源代码。

第14章

硬件项目

在本章中，我们会综合使用前面学到的知识，并结合一些真正的电子元器件以及Linux和Python编程的帮助，来用树莓派制作一台真正的硬件Web服务器。

关于电子学

为了将树莓派与其他的电子元器件结合使用，你需要首先具备一定的电子学基础知识。专业的电路设计是非常复杂困难的任务，但仅仅是掌握一些基本的知识和技巧，就让我们有能力去完成很多有趣的硬件项目。

关于伏特（V）和安培（A）

这是我们和电路打交道时，碰到最多的两个单位。伏特（简称伏或 V）用来衡量电压，一节干电池只能提供有限的低电压，而家用 / 工业电网中则具有高得多的电压值。安培（简称安或 A）则用来衡量电流，汽车蓄电池可以提供几十安的电流输出，而相应地，干电池的电流输出则连 1 安都达不到。当你将两个电路或元器件进行连接时，一定要保证前者可以为后者提供适当的电压和电流输出才行，否则两者将无法配合工作，甚至造成设备的损坏。

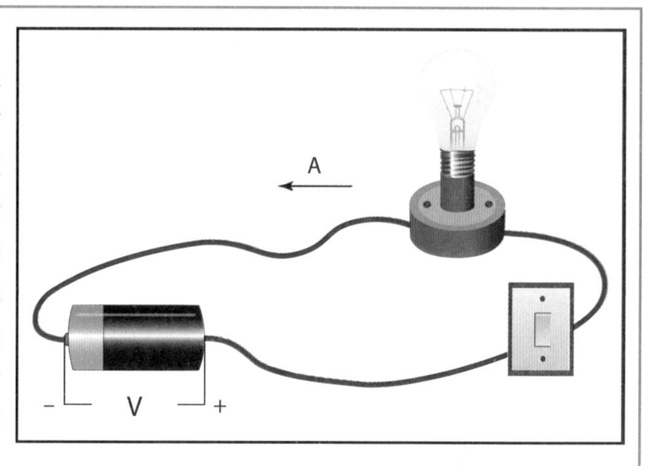

关于十进制计数

电子元器件经常使用一些十进制单位来进行标注，你应该对其有一些初步的认识。例如：m（milli，毫）代表 1/1000，μ（micro，微）代表百万分之一，而 n（nano，纳）则代表十亿分之一，所以 500mV 也就是 0.5V。另外，K 或 k（kilo，千）代表一千，而 M（mega，兆）则代表一百万，后面的 0 经常会被省略掉，所以 4k7 在数值上也就等价于 4700，依此类推。

M	1,000,000
K	1,000
R	1
m	0.001
u	0.000001
n	0.000000001

关于电子元器件

所有的电路都是由几种基本的电子元器件组合而成的，每种元器件会对电流或电压产生不同的作用。电阻用于限制电流大小，电容器可以在一定程度上存储电能，二极管只允许电流按照一个方向来流动，LED（发光二极管）顾名思义是可以发光的特殊二极管，晶体管工作起来像是电路的开关或阀门。通过合理的电路设计来组合这些元器件，我们就可以通过树莓派来对很种复杂电路或电器设备进行各种控制操作了。除此之外，集成电路是通过精细工艺将上述基础元器件的功能集中到一块体积非常小的芯片中，从而用于完成很多专门的复杂任务。

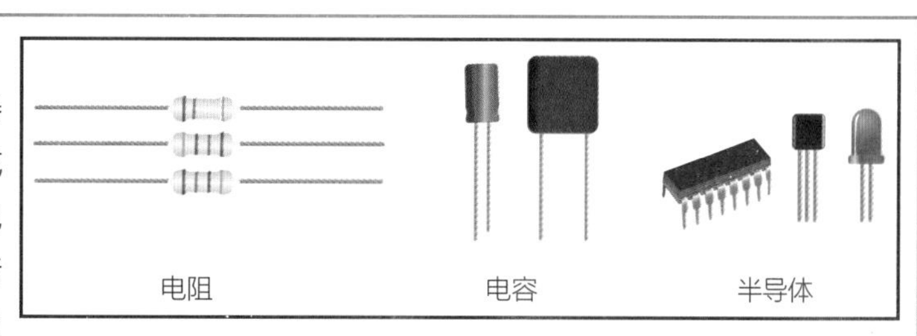

关于数字逻辑

电子电路包括两种类型：模拟电路中的电压数值可以是一定范围内的任何值；而对于数字电路来说，则只存在高低两种电压值，用于代表 0/ 关闭 / 否定的状态和代表 1/ 打开 / 肯定的状态。然而，该电压值往往并不是 1V 这样的简单整数值，在实际应用中 0V/3V 和 0V/5V 是比较常见的情况。树莓派本身工作在 0V/3V 方案下，但很多常见电路却被设计为工作在 0V/5V 下，所以有时你需要使用专门的升 / 降压电路模块来完成两者之间的转换。

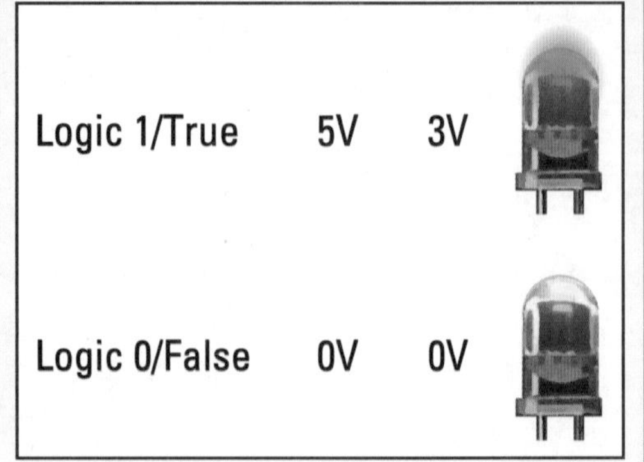

关于面包板

面包板看起来是一块布满小孔的塑料板（就像掰开的面包内部一样），在其内部，小孔之间按照一定的位置关系被金属导线相连。面包板非常适合用来构建电路的原型，因为无需麻烦地用到电烙铁和焊锡。你可以用跳线来将面包板与树莓派相连，跳线的两端可以是公头或母头。公头是一个插针，可以插进面包板小孔之类的地方；母头是一个插槽，可以插在如树莓派的 GPIO（General Purpose Input Output，通用输入输出）针脚之类的地方。

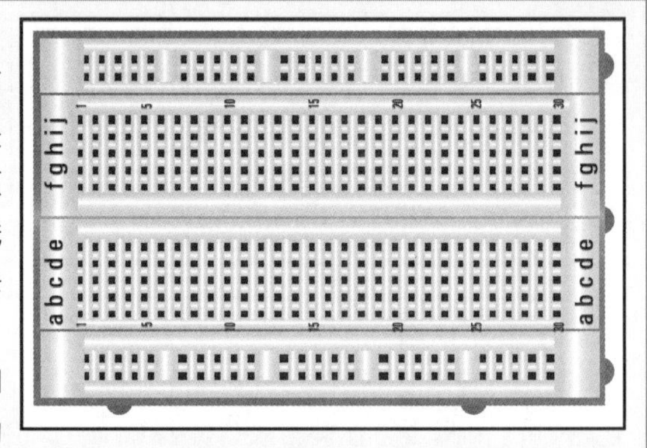

关于树莓派的扩展针脚

树莓派的主板上继承了用于连接外部电路的扩展针脚，被称为 GPIO（General Purpose Input Output，通用输入输出），这些针脚工作在 0V/3V 的电压上，你可以通过它们来读取或输出数字信号。为了对 GPIO 进行控制，最简单的方法是使用 Python 模块 RPI.GPIO。你可以从网上免费地获取它。

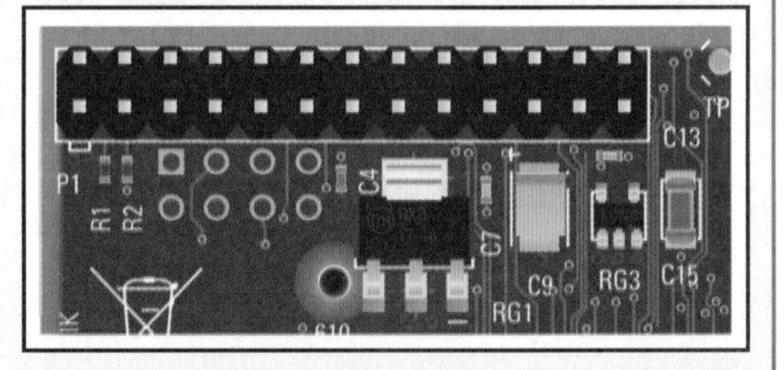

关于工具和套件

你可以从类似 Adafruit（www.adafruit.com ）之类的供应商处，购买到很多用于树莓派的电子元器件和扩展套件（对于国内读者来说，在淘宝上往往能找到功能相同但更加廉价的选择——译者注）。使用套件可以为你节省很多挑选的时间和精力，但注意大多数套件中并不包括树莓派主板本身。另外，你还需要自己准备一个数字万用表，用来对电路中各处的电气数值进行测量。如果希望自己焊接相对复杂的电路，那么还需要准备电烙铁和焊锡以及用于取代面包板的洞洞板。

使用数字万用表

你可以通过数字万用表对电路和元器件的各种电气数值进行测量，从而获知电路当前的状态信息。当然，在测量到实际数值之后，你可能还需要参考电子元器件的手册或在线文档，才能确定其当前所处的实际工作状态。

万用表可以用来对电压（伏特，V）、电流（安培，A）和电阻（欧姆，Ω）进行测量，这些不同模式可以通过面板上的旋钮来进行切换。廉价一些的万用表需要你在测量前自己猜测大概的取值范围，而一些高级的万用表型号则可以自动完成这一过程。

使用数字万用表

注意：根据你的万用表型号，有些细节可能与本节教程中存在差异。

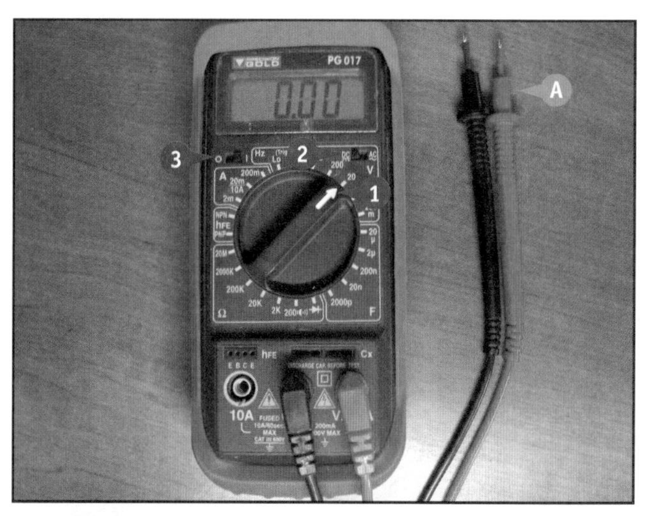

Ⓐ 大多数万用表都具有红色、黑色两支表笔，分别连接在面板上的红、黑两色插孔里。

注意：如果你的万用表面板上具有一个 10A 插孔，请无视它。

❶ 为了测量一个小的电压值，请将旋钮转向 20V 的选项处。

注意：在有些万用表上可能是 10V 或 5V，请根据实际情况来选择。

❷ 如果面板上有 DC/AC 开关，将其拨至 DC 处。

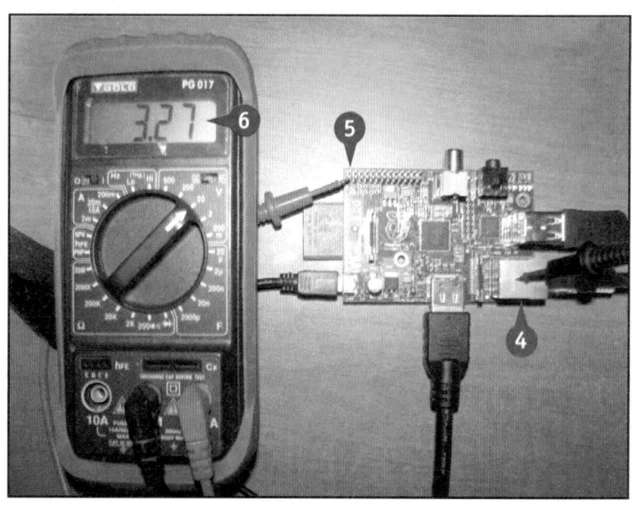

❸ 打开万用表的电源开关。

❹ 用黑色表笔接触树莓派上的任何一个金属部分，例如本图中的 USB 插槽。

❺ 用红色表笔接触任意一个 GPIO 针脚。

❻ 读取屏幕上的数值。

注意：一定要非常小心！不要让红色表笔同时接触到两个 GPIO 针脚，否则短路可能会造成树莓派的重启甚至是损坏。

❼ 如果希望测量一个电阻器的话，请将旋钮调制欧姆（Ω）挡处。

注意： 20k 是一个很好的起始值。

❽ 用两个表笔分别接触电阻器两端的导线。

❾ 读取屏幕上的读数，你可能还需要根据情况来改变万用表旋钮的电阻量程。

注意： 如果数值过大，显示 OL 或 INF 之类的值，那么请调大量程；如果数值过小，显示 0.00 的话，则改为使用更小一挡的量程。

❿ 如果你的万用表具有扬声器功能，你还可以通过它来确定电路的连通性。

⓫ 将红、黑两支表笔的前端相互接触。

只要它们还在接触，扬声器就会持续发出蜂鸣声，提示你当前两支表笔间的电路处于连通状态。

注意： 你可以通过这个方法来检查电路中是否存在断路，例如确认导线在绝缘层下是否没有发生断线。

注意： 并非所有万用表型号都有这个功能。

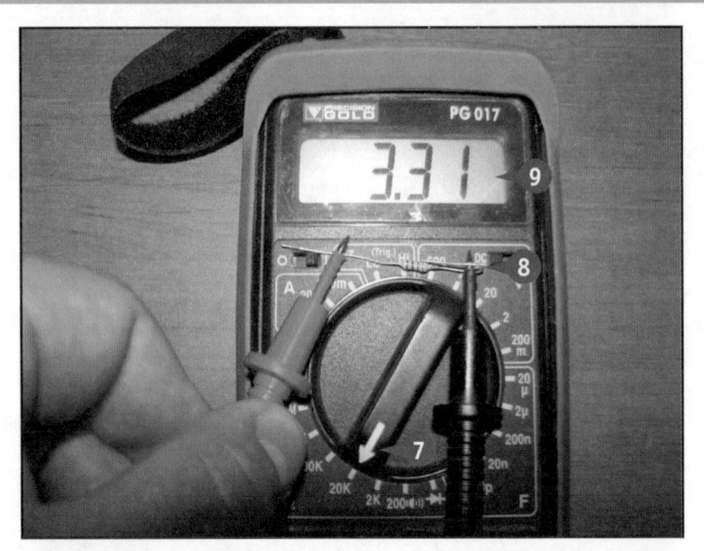

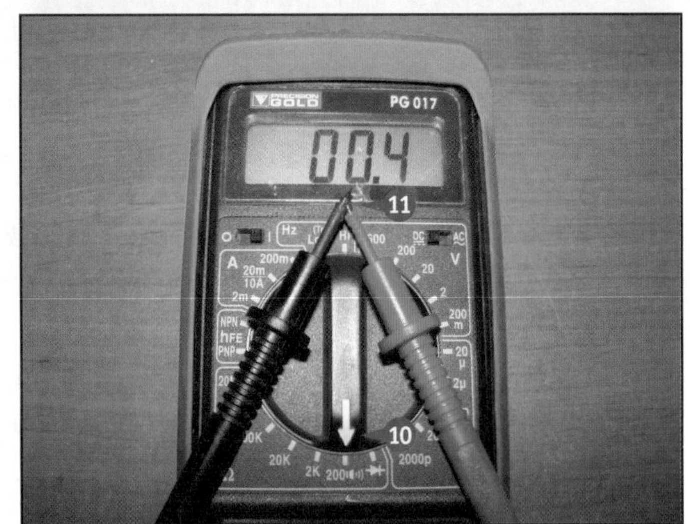

建议

电阻器上各种颜色的圆环代表什么呢？

电阻器通过一套标准的颜色编码来进行标记，这些圆环的数量和颜色代表了该电阻器的电阻值，这样你就可以不通过测量直接使用它们了。当然，前提是你可以识别这些色环的意义，网络上有非常详细的相关文档，甚至你还可以找到许多在线或手机端的工具帮你完成查询。

我该如何测量电流呢？

万用表具有专门用于测量电路中电流值的挡位，不过在实际工作中，你很少需要这么做，绝大多数情况下，你只需要进行电压的测量就可以达到目的了。

配置GPIO控制软件

你可以使用 RPi.GPIO 这个免费的 Python 模块来对 GPIO 针脚进行控制。RPi.GPIO 是一个非官方项目，因此并没有预装在 Raspbian 中，你也无法通过 apt-get 来直接安装它。为了使用 RPi.GPIO，你需要从其网站上进行下载，并手动完成安装、配置。

如果你知道对应的魔法代码，那么通过命令行来进行安装是很容易的。不过有个问题是该软件目前还处于活跃开发期之内，更新的频率会比较高（当然，这实际上是好事），所以在安装前请先去其官网确认最新的版本号，然后在命令行中使用该版本号来进行安装。

配置GPIO控制软件

1. 登录桌面环境，并打开 Midori 浏览器。
2. 在浏览器地址栏中输入 **https://pypi.python. org/ pypi/RPi.GPIO**。
3. 记下当前最新的版本号。
4. 单击 **Download** 进行下载。

   系统会显示下载窗口。
5. 单击 **Save As**（另存为）。

   系统会需要你选择保存路径。
6. 选择你树莓派上的家目录。
7. 单击 **Save** 来进行保存。

   Midori 会为你完成文件的下载与保存。

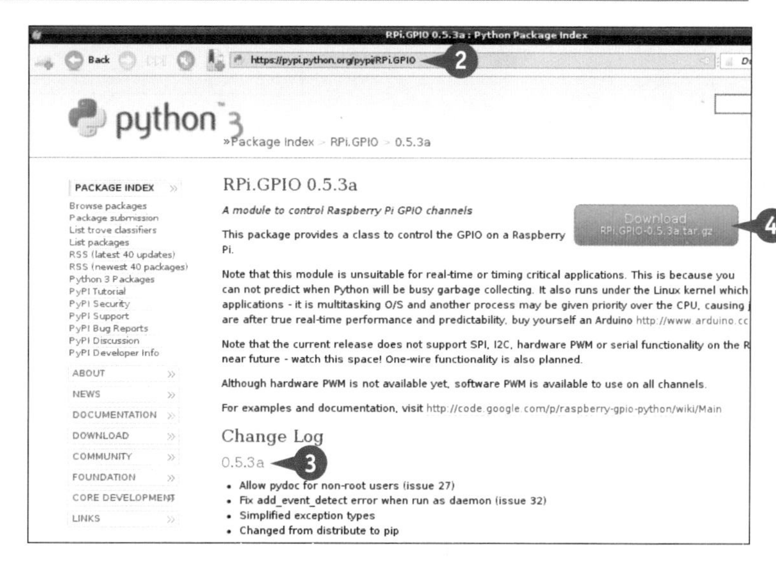

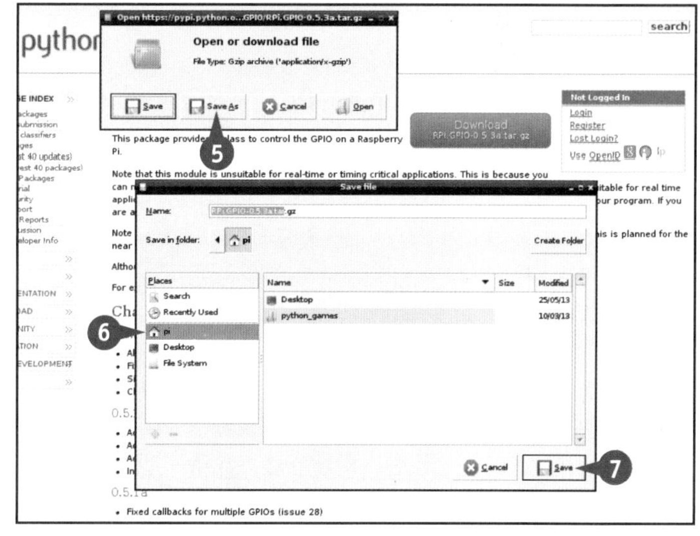

注意： 如果 Midori 无法完成工作，请打开终端，输入 `wget http:// pypi.python.org/ packages/source/R/RPi. GPIO/RPi.GPIO-`*[最新的版本号]*`.tar.gz`，并按下 Enter。

8 在终端中输入 sudo apt-get install python-dev 并按下 Enter 。

9 输入 Y 并按下 Enter 以进行确认安装。

系统会完成 Python 开发工具的下载、安装。

注意：在使用 RPi.GPIO 模块之前，您需要先保证这些依赖项已经被正确安装。

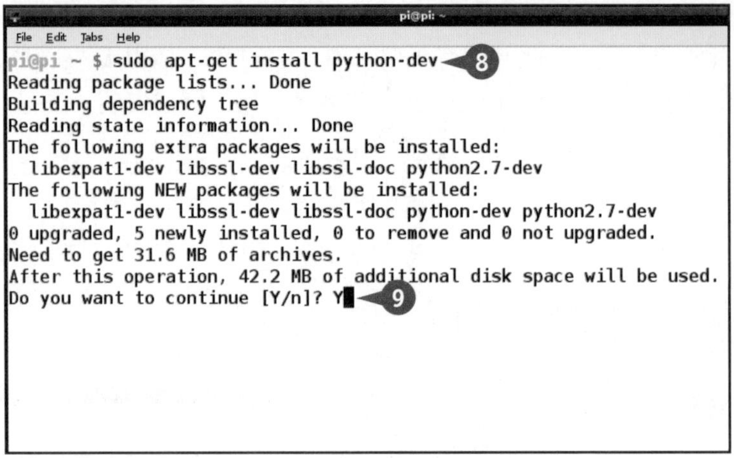

10 输入 tar zxf *[刚刚下载得到的 RPi.GPIO 文件名]*，并按下 Enter 。

注意：tar 是 Linux 特有的文件解压工具，它可以将压缩包文件解压到你的目标目录中。

11 输入 cd *[刚刚解压得到的 RPi.GPIO 文件路径名]*，并按下 Enter 。

12 输入 sudo python setup.py 进行安装，并按下 Enter 。

系统会自动对 RPi.GPIO 进行构建和安装配置。现在我们就可以在自己的 Python 项目中使用它了。

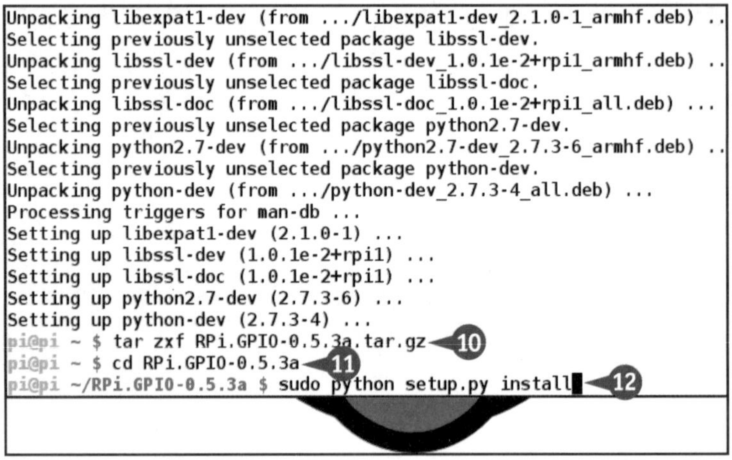

```
pi@pi: ~
File Edit Tabs Help
pi@pi ~ $ sudo apt-get install python-dev   ⑧
Reading package lists... Done
Building dependency tree
Reading state information... Done
The following extra packages will be installed:
  libexpat1-dev libssl-dev libssl-doc python2.7-dev
The following NEW packages will be installed:
  libexpat1-dev libssl-dev libssl-doc python-dev python2.7-dev
0 upgraded, 5 newly installed, 0 to remove and 0 not upgraded.
Need to get 31.6 MB of archives.
After this operation, 42.2 MB of additional disk space will be used.
Do you want to continue [Y/n]? Y   ⑨
```

```
Unpacking libexpat1-dev (from .../libexpat1-dev_2.1.0-1_armhf.deb) ..
Selecting previously unselected package libssl-dev.
Unpacking libssl-dev (from .../libssl-dev_1.0.1e-2+rpi1_armhf.deb) ..
Selecting previously unselected package libssl-doc.
Unpacking libssl-doc (from .../libssl-doc_1.0.1e-2+rpi1_all.deb) ...
Selecting previously unselected package python2.7-dev.
Unpacking python2.7-dev (from .../python2.7-dev_2.7.3-6_armhf.deb) ..
Selecting previously unselected package python-dev.
Unpacking python-dev (from .../python-dev_2.7.3-4_all.deb) ...
Processing triggers for man-db ...
Setting up libexpat1-dev (2.1.0-1) ...
Setting up libssl-dev (1.0.1e-2+rpi1) ...
Setting up libssl-doc (1.0.1e-2+rpi1) ...
Setting up python2.7-dev (2.7.3-6) ...
Setting up python-dev (2.7.3-4) ...
pi@pi ~ $ tar zxf RPi.GPIO-0.5.3a.tar.gz   ⑩
pi@pi ~ $ cd RPi.GPIO-0.5.3a   ⑪
pi@pi ~/RPi.GPIO-0.5.3a $ sudo python setup.py install   ⑫
```

建议

“构建”的意思是什么？

你可以通过两种方法来安装软件。商业软件经常以二进制形式提供，你可以下载并使用它们，但无法读取其源代码内容。因此有些开发者也会提供需要“构建”的软件，这意味着你需要使用一系列工具，将软件从源代码构建为二进制格式。构建需要多花费一些时间，但好处是让你有机会去修改构建配置甚至直接修改源代码，从而让软件具有更高的可定制性。

通过按钮控制LED

CHAPTER 14 硬件项目

我们可以在面包板上构建基于树莓派的硬件项目，例如使用一个按钮来控制 LED 的发光行为等。你需要使用树莓派的 GPIO 针脚来提供数字信号的控制。

为了使用按钮开关，你必须使用一个“上拉”电阻器来将电压提升至 3.3V，代表着“打开”的状态。该电阻器的电阻值大概在 4.7 ~ 10kΩ。

通过按钮控制LED

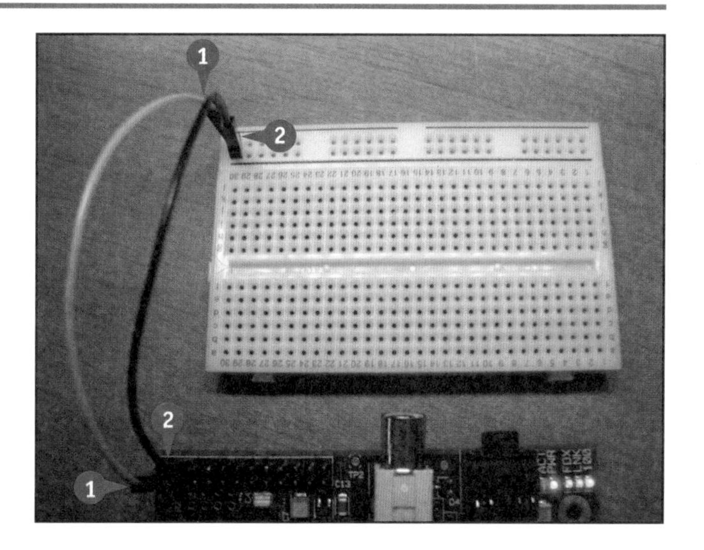

注意：你可以在本书的网站 www. wiley.com/go/tyvraspberrypi 上找到本节示例所使用的全部代码。

注意：本节示例需要你准备一块面包板以及若干公头对母头的跳线。

注意：在面包板上，插孔之间是横向连接的，但边上（有的是两边）的供电插孔则是纵向连接的。

1. 将树莓派的 1 号针脚（3V3，供电针脚，提供 3.3V 的电压输出）插入面包板的一个供电插孔中。

2. 将树莓派的 6 号针脚（GND，地线针脚），插入面包板另一列的一个供电插孔中。

注意：更详细的参考信息，可以查看 www.modmypi.com/blog/raspberry-pi-gpio-cheat-sheet。

3. 将树莓派的 11 号针脚，插入面包板上的插孔中。

4. 将 LED 较长的那根引脚，插入 11 号针脚的同一行插孔中。

5. 将 LED 较短的引脚，插入另一行的插孔中。

6. 通过一个 330R 电阻器与 GND 线相连。

7 将开关插入面包板中。我们实际上只用到了其上面的两个引脚。

8 将树莓派的 13 号针脚，插入按钮上方的插孔中。

9 将 13 号针脚通过一个 4.7kΩ 电阻器与 3.3V 的供电线相连。

注意：此处你可以选择使用任何电阻值在 4.7 ~ 10kΩ 的电阻器。

10 将开关的另一端直接与 0V 相连（GND，地线）。

注意：此处需要使用公对公的跳线。如果实在没有的话，你可以剪下电阻器的引脚来使用。

11 登录桌面环境并打开 IDLE 程序。

12 输入右图中的代码，并将脚本文件保存为 LED.py。

13 打开终端，输入 `sudo python LED.py`，并按下 Enter 。

LED 应该会在你按下按钮的时候被正确点亮。

注意：为了调用 GPIO，你必须使用 root 身份（sudo），所以不能直接在 IDLE 中运行脚本。

注意：按下 Ctrl ，输入 `C exit()` 并按下 Enter 可以退出 Python。

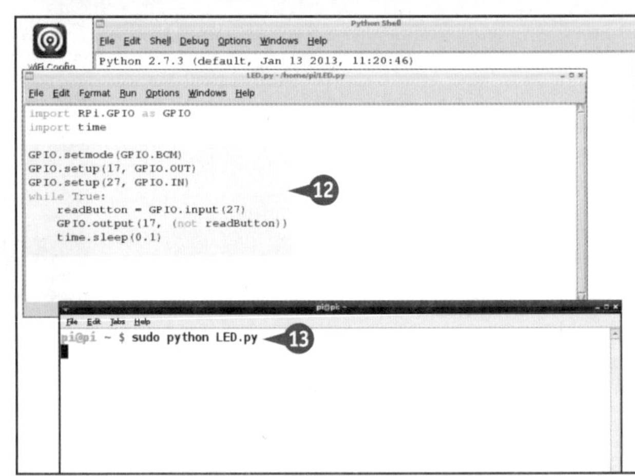

建议

我可以使用任意的LED吗？

即使不考虑颜色因素，LED 也有成百上千种型号，不同型号间的差异主要存在于颜色和亮度。如果你使用了亮度更高的 LED，请配合使用电阻值更低一些的电阻器。不过，最好保证其值不要低于 220R，以免烧毁 LED 或树莓派。

我的电路似乎无法工作，哪里出了问题呢？

最常见的原因就是连接了错误的 GPIO 引脚。请仔细检查你的引脚连接情况，是否和上面教程中的完全一致。然后可以检查一下 LED 的引脚方向有没有插错。最后，检查一下是否正确地为 LED 连接了 GND 针脚。

连接温度传感器

我们可以通过 Dallas D18B20 温度传感器模块，来让树莓派对外界环境温度进行读取。请注意选购 D18B20，而不是 D18S20 模块。你可以在亚马逊或 eBay 等网站上买到它（这里的内容可能并不适用于国内的读者，不过在淘宝上往往可以提供更加丰富的选择，一般可以直接向店家咨询，所选的模块是否适用于你的树莓派项目——译者注）。

该传感器模块非常小巧，但功能却依然足够强大。它采用了 1-wire 标准的总线技术，只需简单地与树莓派的 GPIO 相连，然后使用免费的软件对其进行设置和读取就可以了。读数会以文件的形式保存在树莓派的存储卡中。

连接温度传感器

1. 将传感器模块的三个引脚按照图中所示插入面包板，保证平的一面朝向自己。

注意：如果没有正确连接，传感器将无法正确工作。

2. 用跳线将传感器的左引脚与树莓派 GPIO 的 GND 针脚相连（第一排左数第三个）。

注意：更详细的参考信息，可以查看 www. modmypi.com/blog/raspberry-pi-gpio-cheat-sheet 。

3. 用跳线将传感器的右引脚与树莓派 GPIO 的 3.3V 针脚相连（第二排左数第一个）。

4. 用跳线将传感器中间的引脚与树莓派的 4 号 GPIO 针脚相连（第二排左数第四个）。

5. 在传感器中间的引脚和右引脚之间增加一个 4.7kΩ 的电阻器（如图所示）。

注意：由于空间比较狭小，你需要弯曲电阻器的引脚才可以。注意，安装完成之后，不要让两个引脚之间有任何的接触。

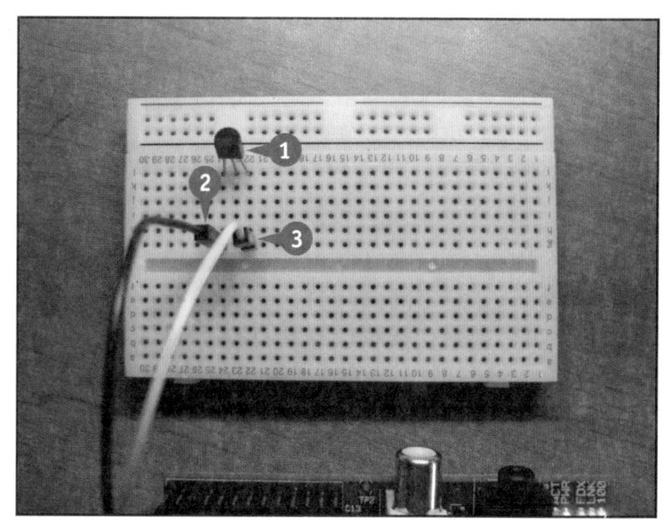

6 打开 LXTerminal 或命令行终端中，输入 sudo modprobe w1-gpio 并按下 Enter。

7 输入 sudo modprobew1-therm，并按下 Enter。

注意：第 6 步到第 7 步加载了传感器的驱动程序模块。

8 输入 cd /sys/bus/w1/devices 并按下 Enter。

9 输入 ls 并按下 Enter。

A 你会看到类似 28-xxxxxxxxxxxx 这样的路径名称，这里的 x 代表传感器模块自身的序列号。

10 输入 cd 加上该传感器数据目录名称，并按下 Enter。

11 输入 cat w1_slave 并按下 Enter。

B 程序会输出温度的读数，将其除以 1000 就可以得到相应的摄氏温度值了。

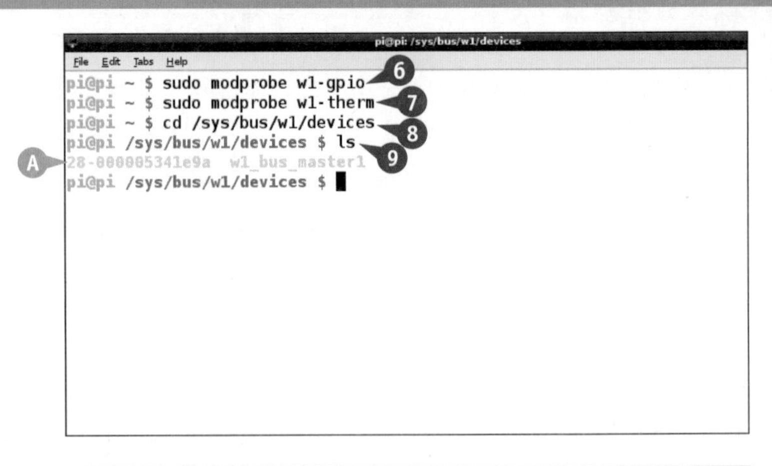

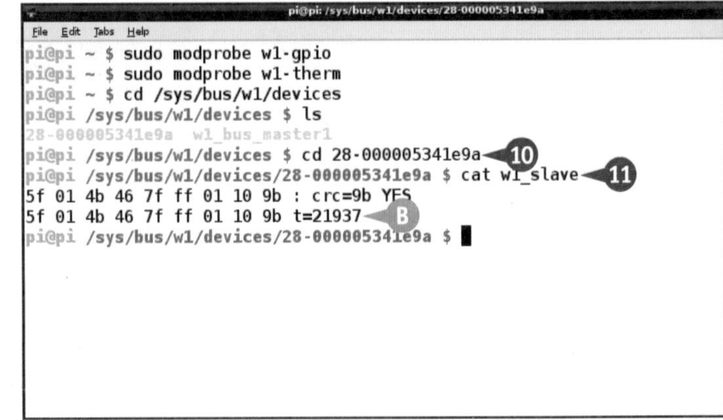

建议

为什么我的电路似乎无法工作呢？

如果你没有对传感器进行正确的连线，那么将无法看到 28-xxxxxxxxxxxxxxx 目录。如果能看到该目录，就证明传感器已经被正确设置了。另外，有时候传感器的读数会不太稳定，假如在第 11 步的输出中看到了“NO”，那么请重新执行第 11 步，来让其尝试再次进行数据读取。

I2C是什么？

和本例中 D18B20 采用的 1-wire 不同，I2C 是另一种总线技术，对比前者要更加复杂，但是许多传感器型号都采用了它，具体的技术细节在这里就不做讨论了。你所需要知道的是，如果希望使用它们，你需要使用不同的 Python 模块来进行识别、驱动。这需要你对项目中的代码进行一些修改，为了获得更多的有关技术细节，可以参考文档 www.instructables.com/id/Raspberry-Pi-I2C-Python//?ALLSTEPS。

用文件记录传感器读数

通过结合使用 Python 编程和 crontab 命令，你可以将传感器的读数作为日志写入文件中。本例中会使用前面一节所用的代码，并将日志写入到 /var/www 目录下的文件中，所以可以在你的 Web 页面中对它们进行显示，我们会在下一节中具体讨论这些内容。

由于传感器有时候会读取出错，我们的代码会首先去检查数据是否为合法值。如果发现错误的话，则会命令传感器再次进行读数。需要注意的是，如果传感器本身存在问题的话，那么代码就会“卡在”这个无限循环中了，所以我们加入了相关判断。如果进行 10 次尝试后还是无法得到读数的话，那么就强制退出程序并在日志文件中输出一条错误信息。

用文件记录传感器读数

1. 打开命令行终端或 LXTerminal 终端，输入 nano .bashrc，并按下 Enter。

Ⓐ 系统会打开 .bashrc 配置文件。

2. 向下滚动来到该文件的结尾。
3. 输入 sudo modprobe w1-gpio 并按下 Enter，输入 sudo modprobe w1-therm 并按下 Enter。
4. 按下 Ctrl + O 以及 Enter，并按下 Ctrl + X 来保存文件并退出。

注意：这会让系统在登录后自动加载 1-wire 对应的驱动程序。

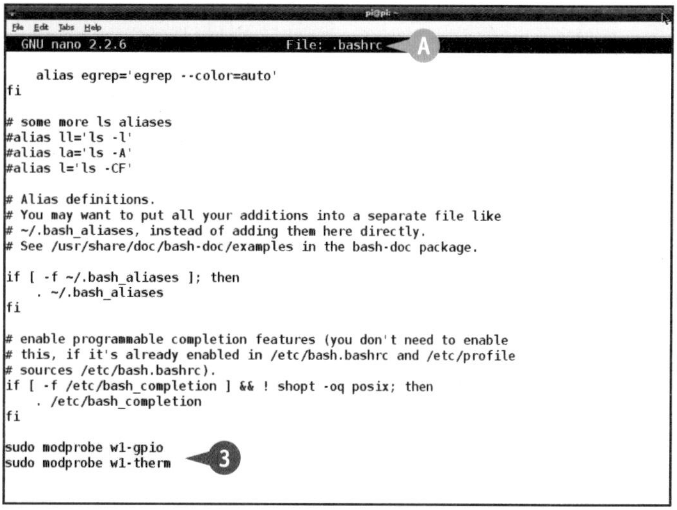

5. 登录桌面环境，并打开 IDLE 程序。
6. 单击 File。
7. 单击 New Window。
8. 输入相关代码，用于读取时间，并返回一条经过格式化的时间信息，用于日志记录。
9. 输入相关代码，从连接传感器的针脚读取温度的读数信息。

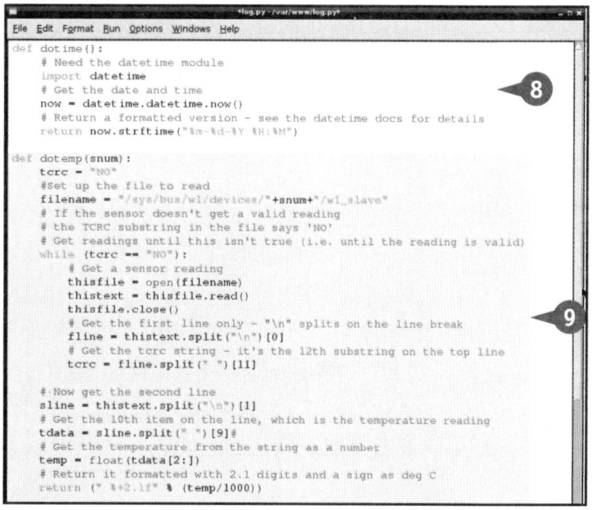

```
GNU nano 2.2.6                    File: .bashrc

    alias egrep='egrep --color=auto'
fi

# some more ls aliases
#alias ll='ls -l'
#alias la='ls -A'
#alias l='ls -CF'

# Alias definitions.
# You may want to put all your additions into a separate file like
# ~/.bash_aliases, instead of adding them here directly.
# See /usr/share/doc/bash-doc/examples in the bash-doc package.

if [ -f ~/.bash_aliases ]; then
    . ~/.bash_aliases
fi

# enable programmable completion features (you don't need to enable
# this, if it's already enabled in /etc/bash.bashrc and /etc/profile
# sources /etc/bash.bashrc).
if [ -f /etc/bash_completion ] && ! shopt -oq posix; then
    . /etc/bash_completion
fi

sudo modprobe w1-gpio
sudo modprobe w1-therm
```

```
def dotime():
    # Need the datetime module
    import datetime
    # Get the date and time
    now = datetime.datetime.now()
    # Return a formatted version - see the datetime docs for details
    return now.strftime("%m-%d-%Y %H:%M")

def dotemp(snum):
    tcrc = "NO"
    #Set up the file to read
    filename = "/sys/bus/w1/devices/"+snum+"/w1_slave"
    # If the sensor doesn't get a valid reading
    # the TCRC substring in the file says 'NO'
    # Get readings until this isn't true (i.e. until the reading is valid)
    while (tcrc == "NO"):
        # Get a sensor reading
        thisfile = open(filename)
        thistext = thisfile.read()
        thisfile.close()
        # Get the first line only - "\n" splits on the line break
        fline = thistext.split("\n")[0]
        # Get the tcrc string - it's the 12th substring on the top line
        tcrc = fline.split(" ")[11]

    # Now get the second line
    sline = thistext.split("\n")[1]
    # Get the 10th item on the line, which is the temperature reading
    tdata = sline.split(" ")[9]#
    # Get the temperature from the string as a number
    temp = float(tdata[2:])
    # Return it formatted with 2.1 digits and a sign as deg C
    return (" %+2.1f" % (temp/1000))
```

10 输入相关代码，用来定义传感器的序列号作为唯一识别 ID。

注意：这个值可以从上一节的内容中获知。

11 输入相关代码，将时间和温度读数组合成一条日志，并追加写入到 temps.txt 日志文件中。

12 将文件保存到 /var/www 目录中。

13 打开 LXTerminal。

14 输入 crontab -e 并按下 Enter。

15 在第一行中输入 */1 * * * * sudo python /var/www/log.py。

16 按下 Ctrl + O 以及 Enter 并按下 Ctrl + X，来保存文件并退出。

现在你的树莓派会在该文件中，每隔 1min 写入一次温度值。

注意：你可以通过 sudo cat /var/www/temps.txt 命令来查看该文件的内容。

注意：你可以在本书的网站 www.wiley.com/go/tyvraspberrypi 上找到本节示例所用到的全部代码。

```
    # Now get the second line
    sline = thistext.split("\n")[1]
    # Get the 10th item on the line, which is the temperature rea
    tdata = sline.split(" ")[9]#
    # Get the temperature from the string as a number
    temp = float(tdata[2:])
    # Return it formatted with 2.1 digits and a sign as deg C
    return (" %+2.1f" % (temp/1000))


# Change this to match your sensor's serial number
sensor = "28-000005341e9a"   ⑩

# Open the file in the web server directory
tfile = open("/var/www/temps.txt", "a+")
# Write the time, temperature, and a newline
tfile.write(dotime())
tfile.write(dotemp(sensor))        ⑪
tfile.write("\n")
# Close the file to finish appending the reading
tfile.close()
```

```
pi@pi: /sys/bus/w1/devices
File  Edit  Tabs  Help
 GNU nano 2.2.6              File: /tmp/crontab.44NVSj/crontab

*/1 * * * * sudo python /var/www/log.py   ⑮

# Edit this file to introduce tasks to be run by cron.
#
# Each task to run has to be defined through a single line
# indicating with different fields when the task will be run
# and what command to run for the task
#
# To define the time you can provide concrete values for
# minute (m), hour (h), day of month (dom), month (mon),
# and day of week (dow) or use '*' in these fields (for 'any').#
# Notice that tasks will be started based on the cron's system
# daemon's notion of time and timezones.
#
# Output of the crontab jobs (including errors) is sent through
# email to the user the crontab file belongs to (unless redirected)
```

建议

我可以使用多于一个传感器吗？

你可以在同一个 GPIO 针脚上连接至少 10 个 D18B20 传感器，而且不需要添加额外的电阻器。驱动程序会分别为它们创建名为 28-xxxxxxxxxxxxxxx 的目录（使用各自的序列号）。你可以很方便地扩展之前的代码，让其可以获取多个传感器的读数，并写入到日志文件中。

我可以使用多长的导线呢？

1-wire 接口并不是非常稳定，一般来说，使用普通导线的话，其能保证的最大传输距离大概是 100m。不过尽管如此，对于大多数的小型硬件项目来说，这个传输距离已经完全可以满足要求了。

在网页中显示图表

通过免费软件 GNUPLOT，你可以读取传感器的读数日志文件，并将其转换为图表进行展现。你还可以将这些图表嵌入到自己的网页中，这样就可以通过浏览器来对其进行查看，既方便又生动。GNUPLOT 包含非常多的配置选项，但其中的大多数我们暂时还用不到。

为了使用 GNUPLOT，你需要首先通过 apt-get install 来正确安装它，并为其创建 PLT 配置文件。本节的示例会使用一个 PHP Web 服务器，来将温度传感器最近的 300 条读数制作为图表，并将其显示在网页中。

在网页中显示图表

注意：你可以在本书的网站 www.wiley.com/go/tyvraspberrypi 上找到本节示例所使用的全部代码。

1. 在命令行终端或 LXTerminal 中，输入 sudo apt-get install gnuplot 并按下 Enter。
2. 输入 Y 并按下 Enter 来确认安装。

注意：网络上的有些教程使用了 gnuplot-x11。这是一个不同的软件包，并不能用于本例中的代码。

```
pi@pi ~ $ sudo apt-get install gnuplot
Reading package lists... Done
Building dependency tree
Reading state information... Done
The following extra packages will be installed:
  fonts-liberation gnuplot-nox groff imagemagick imagemagick-common
  libdjvulibre-text libdjvulibre21 libexiv2-12 libilmbase6 liblensfun-data
  liblensfun0 liblqr-1-0 liblua5.1-0 libmagickcore5 libmagickcore5-extra
  libmagickwand5 libnetpbm10 libopenexr6 libwmf0.2-7 netpbm psutils
  ufraw-batch
Suggested packages:
  gnuplot-doc imagemagick-doc autotrace enscript ffmpeg gimp grads hp2xx
  html2ps libwmf-bin mplayer povray radiance sane-utils texlive-base-bin
  transfig exiv2 ufraw
The following NEW packages will be installed:
  fonts-liberation gnuplot gnuplot-nox groff imagemagick imagemagick-common
  libdjvulibre-text libdjvulibre21 libexiv2-12 libilmbase6 liblensfun-data
  liblensfun0 liblqr-1-0 liblua5.1-0 libmagickcore5 libmagickcore5-extra
  libmagickwand5 libnetpbm10 libopenexr6 libwmf0.2-7 netpbm psutils
  ufraw-batch
0 upgraded, 23 newly installed, 0 to remove and 0 not upgraded.
Need to get 13.0 MB of archives.
After this operation, 31.2 MB of additional disk space will be used.
Do you want to continue [Y/n]? Y
```

3. 输入 sudo nano /var/www/index.php 并按下 Enter。
4. 输入 <?php 并按下 Enter。
5. 输入相关代码，将 temps.txt 中最近的 300 条日志复制到名为 300.txt 的文件中，然后使用 300.plt 文件中的配置来运行 GNUPLOT。
6. 输入 ?> 按下 Enter，这代表 PHP 代码的结束。

注意：PHP 中的 exec 可以用于运行单行的 Linux 命令。

7. 在 HTML 中加入一行，用于显示名为 300.png 的图片。

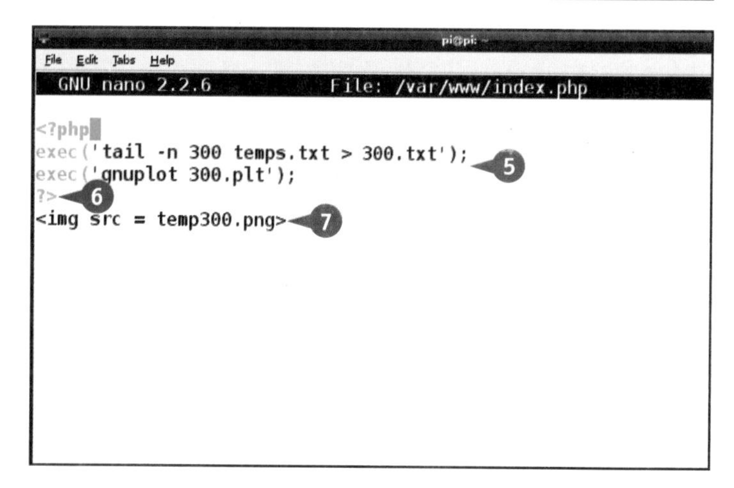

8 按下 Ctrl + O 并按下 Enter，以及 Ctrl + X 来保存文件并退出。

9 输入 sudo nano /var/ www/300.plt 并按下 Enter 来为 GNUPLOT 创建一个配置文件。

10 在其中输入右图所示的代码。

注意： 关于本例中各种魔法代码的解释，可以参考 GNUPLOT 官方文档 www.gnuplot.info/documentation. html。

11 双击 **Midori** 浏览器的图标来打开它。

12 清空地址栏中的任何内容。

13 在地址栏中输入 **http://127.0.0.1** 并按下 Enter。

A 你会在网页上看到使用传感器最近 300 条读数所绘制的图表。

注意： 如果 temp.txt 中的读数不足 300 条，那么这里会使用其全部读数来进行图表绘制展示。

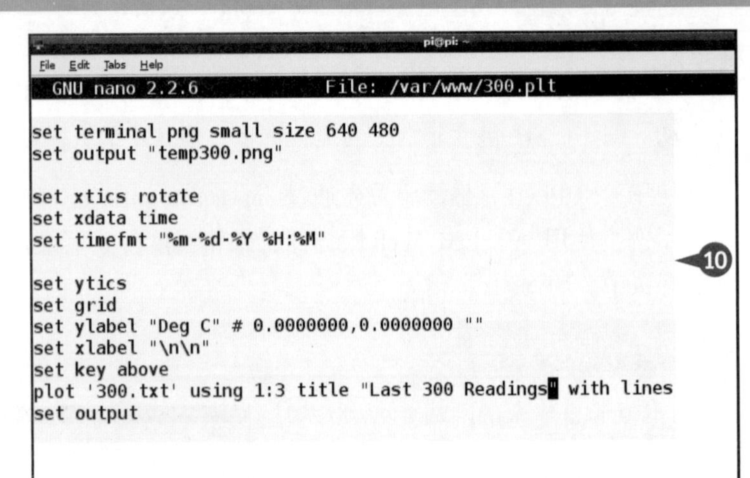

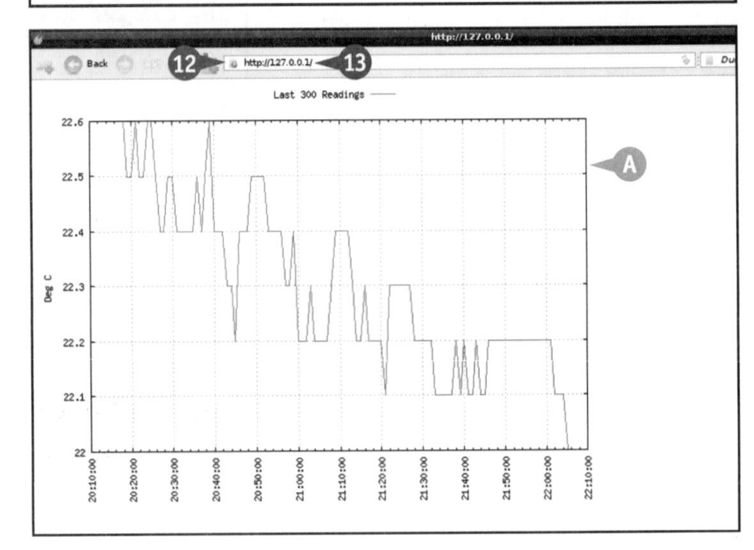

建议

我只能使用GNUPLOT来绘制图表吗？

不，除了 GNUPLOT，你也可以使用 jpGraph 或 phpgraph 等软件来实现目的。尽管 GNUPLOT 不是功能最丰富的选择，但其优势是可以很好地工作在 Linux Web 服务器上，因为你可以通过 exec 来直接执行系统命令。而且，对于初学者来说，GNUPLOT 的上手难度也是相对最低的，尽管性能不算出色，但对于我们的简单图表绘制来说已经绰绰有余了。另外，为了改善性能，你可以通过 craotab 来对图表进行定期绘制，而不是每次访问网页时都对其进行绘制。

GNUPLOT图表的坐标轴是如何工作的呢？

GNUPLOT 会自动地根据数据来调整坐标轴的显示，在大数情况下它工作得很好。

连接时钟模块

你可以为树莓派连接一个专门的时钟模块，它会在树莓派启动并且连接到互联网时，使用网络上的标准时间来对系统的硬件时间进行校准。当然，如果模块本身的电池没电或者无法连接到互联网的话，那么该模块也就无法正常地发挥作用了。

在本节的示例中，我们会使用由 Hobbytronics (www.hobbytronics.co.uk) 提供的 DS1302 时钟芯片模块，你可以从其他供应商处获得功能类似的时钟模块。

连接时钟模块

注意： 你可以在本书的网站 www.wiley.com/go/tyvraspberrypi 上找到本节示例所使用的全部代码。

注意： 本例会使用一块面包板和若干公对母跳线。如果你手头有母对母跳线的话，那么就不需要面包板了。

1. 将五根跳线的母头插入时钟模块的插孔中。
2. 将它们的公头并排插入面包板的插孔中。
3. 在面包板平行的行中插入另外五根跳线的公头。
4. 将这五根跳线的母头依次插入树莓派 GPIO 的针脚 3V3、GND、GPIO 27、GPIO 18 以及 GPIO 17 中。

注意： 对于不同版本树莓派 GPIO 针脚的异同，可以参考在线文档 www.hobbytronics.co.uk/ tutorials-code/raspberry-pi-tutorials/raspberry-pi-real-time-clock。

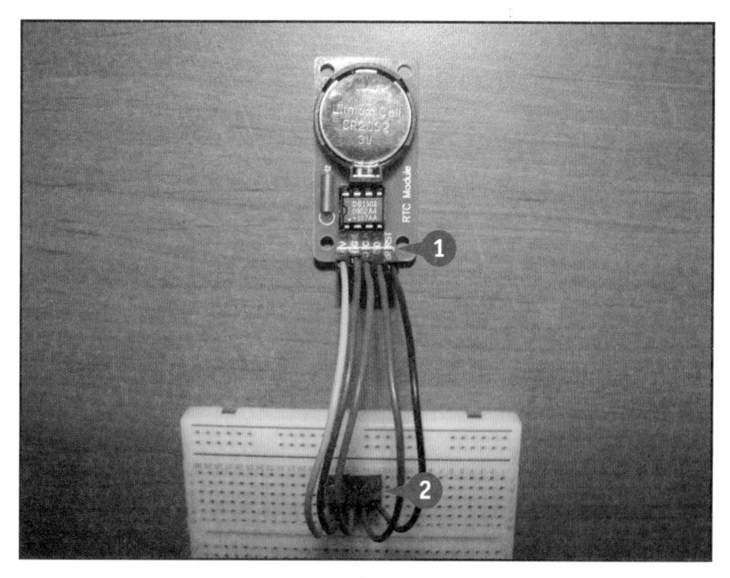

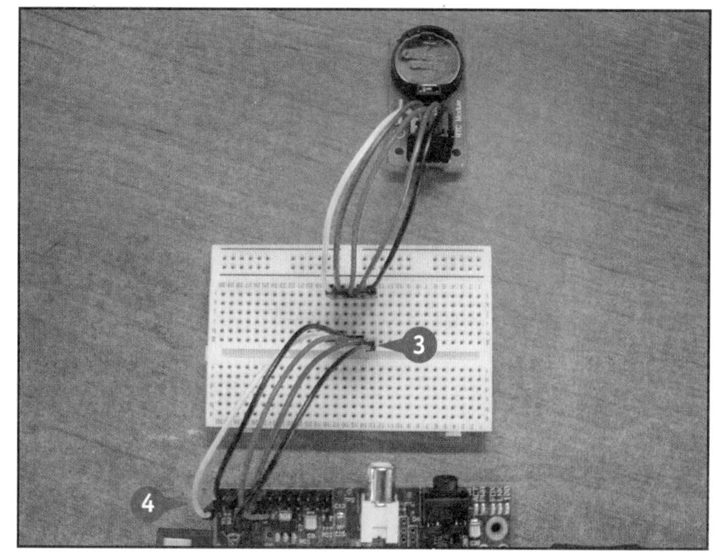

5 使用 Midori 或 wget 从本书的网站上下载驱动程序代码，并将其保存在 rtc 目录中。

6 输入 cd rtc 并按下 Enter 进入 rtc 目录。

7 输入 cc rtc.c - o rtc 并按下 Enter 来得到其二进制文件。

从源码构建得到的二进制程序，让你能在命令行中直接执行它。

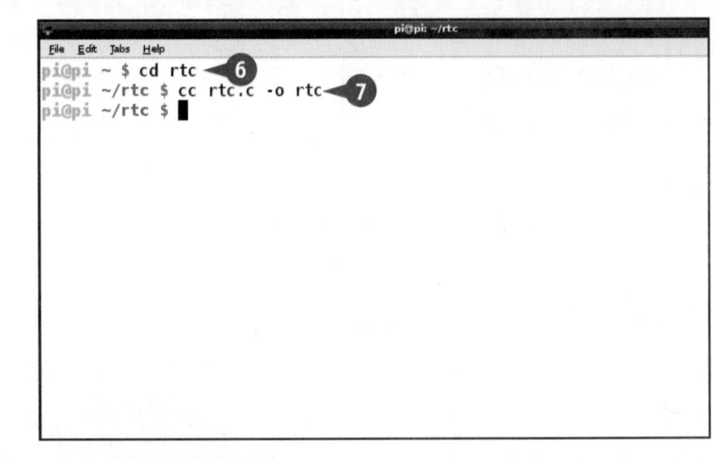

注意：源代码是使用 C 语言编写的，你可以通过 cat 命令来阅读，或者使用 nano 来对其进行编辑。

8 输 入 sudo sh -c "date +%Y%m%d%H%M%S| xargs -0 ./rtc" 并按下 Enter。

注意：这一大串魔法代码的意义，是对时间信息进行格式化，并通过管道输出给时钟驱动程序，从而对其进行设置（需要使用 root 身份）。

9 输入 sudo ./rtc 并按下 Enter。

A 程序会将时间值打印出来。

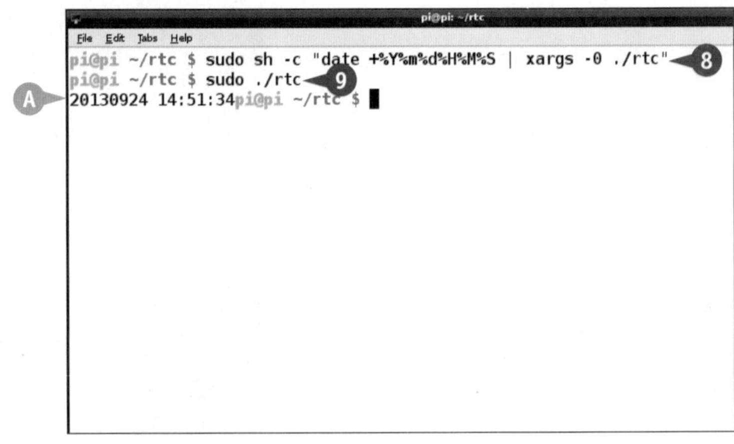

建议

如何保存并自动重置时间呢？

你可以输入 sudo ./rtc YYYYMMDDhhmmss 来手动设置时钟，其中 Y、M、D、h、m 和 s 分别代表年、月、日、小时、分钟和秒的数值。为了设置 Linux 的系统时间，请在终端中输入 date -set “YYYYMMDD hh:mm:ss”，不要漏掉引号。为了读取时钟模块能够识别的格式，输入 date +%Y%m%d%H%M%S，你可以在 .bashrc 或者 .bash_logout 配置文件中，加入用于保存 / 重置时钟的相关代码，从而完成对系统的自动时间校正。

为什么选择DS1302时钟模块？

DS1302 模块的设置比较容易，而且使用起来也比较简单。其他时钟模块型号有些需要更加复杂的软件配置，有些需要比较特殊的连接方式。

使用Python控制摄像头

你可以为树莓派连接一个标准的 USB 摄像头。目前市面上大多数型号比较新的摄像头都可以很好地被树莓派所兼容，不过这可能需要你首先尝试一下。

Raspbian 本身并没有自带摄像头控制软件，你可以使用 Pygame 模块中的相机功能来驱动摄像头（虽然只能捕捉静态画面）。通过将 Pygame 脚本嵌入到网页中，并添加一行配合使用的 HTML 代码，我们还可以实现其图像的自动刷新功能。

升使用Python控制摄像头

注意： 你可以在本书的网站 www.wiley.com/go/tyvraspberrypi 上找到本节示例所使用的全部代码。

1. 将摄像头与树莓派的 USB 插槽相连，并进行重启。
2. 登录桌面环境，并打开 IDLE。
3. 输入 `#!/usr/bin/python` 并按下 Enter。

注意： 在创建 Python 脚本时，请在开头输入本行代码。

4. 输入相关代码，加载 pygame、sys、pygame camera 以及 Python 的 time 模块。
5. 对 Pygame 和 Pygame camera 模块进行初始化操作。
6. 输入相关代码，设置图片的长宽尺寸，并令其从 /dev/video0 中读取图片文件。
7. 输入相关代码，用于打开摄像头、截取图片、关闭摄像头并将图片保存为文件。
8. 将脚本命名为 webcam.py，并保存到 /var/www 目录中。

注意： 对于这项复制操作，需要你具有 root 权限才能完成。

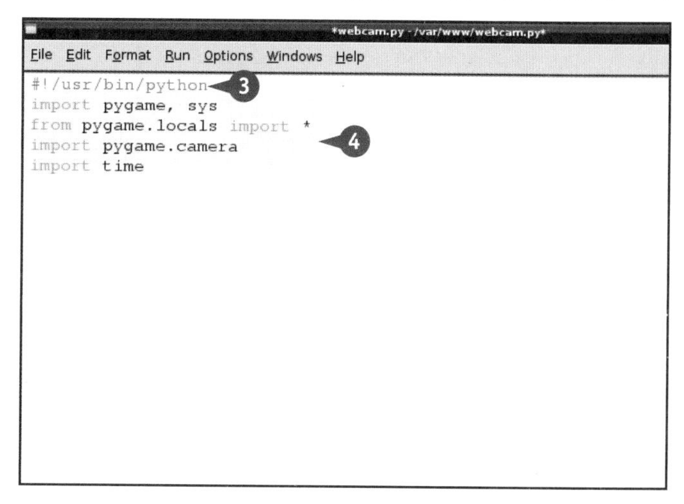

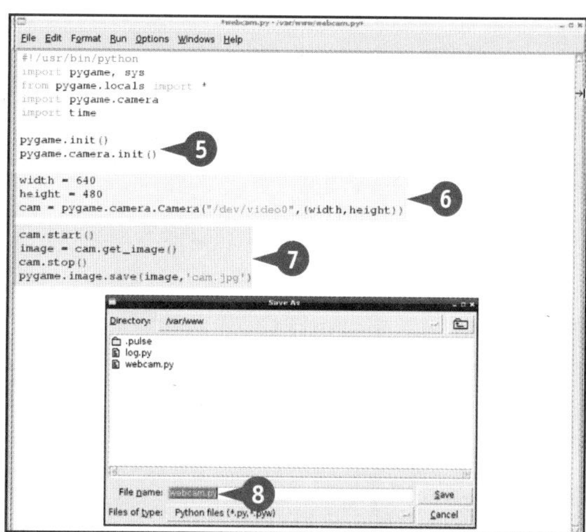

9 打开 LXTerminal 终端。

10 输 入 sudo chmod +x /var/ www/ webcam.py 并按下 Enter 。

注意： 第 10 步为的是保证 Web 服务器可以获得运行该脚本的权限。

11 输入 sudo nano /var/www/ cam.php 并按下 Enter 来创建一个新的 PHP 文件。

12 输 入 <META HTTP.EQUIV=Refresh CONTENT="3"> 并按下 Enter 。

注意： 本行代码会让网页每隔 3s 就自动刷新一次。

13 通过 PHP 的 exec 命令，来执行我们的摄像头控制脚本。

14 加载并显示由该脚本得到的图片输出。

15 按下 Ctrl + O 以及 Enter 并按下 Ctrl + X 保存文件并退出。

打 开 Midori 浏 览 器， 并 访 问 http://127.0.0.1/ cam.php。

注意： 或者在另一台计算机上，输入 *[树莓派的静态 IP 地址]* /cam.php。

摄像头会在网页上每隔 3s 就为我们截取并显示一张图片。

建议

我可以使用树莓派官方的摄像头模块吗？

可以，树莓派基金会推出过一款可选的树莓派摄像头模块，它使用了主板上专门的摄像头接口，可以提供很好的图像质量，你可以使用它来取代 USB 摄像头。为了用它来获取图片，你需要使用 raspistill 命令来取代我们之前编写的 Python 脚本。

我可以使用摄像头来获取实时视频吗？

不太容易，摄像头的驱动比较复杂，而使用实时的视频流则更加复杂。你可以使用一些第三方的工具来在树莓派上进行尝试，但大多数都无法提供很可靠的使用体验。你可以在网络上查找一下有关工具库 motion、mjpg-streamer、ffmped/fftsream 详细信息。

控制继电器

为了对更大功率的电路进行开关控制，你可以将树莓派与一个继电器模块相连接，并利用后者来达到上述目的。在本节示例中，我们使用两个继电器来进行5V电压的开关控制。

因为树莓派本身是基于3V电压的控制逻辑，本节示例中使用了一块扩展板（由Hobbytronics提供）来完成5V与3V电压之间的转换，在接线的时候注意选择正确方向和连接处，同时还要保证跳线插头与转接板小孔边缘的金属能够良好接触。

控制继电器

1. 使用跳线，来连接继电器扩展板的Vcc、GND与control（控制）接口。
2. 将连接Vcc（5V）的跳线另一端与面包板的供电线相连。
3. 将连接GND的跳线另一端与面包板相连。
4. 将电压转换扩展板放置在面包板上，令其0V插孔与GND跳线处于同一排。

注意： 你可以参照www.modmypi.com/blog/raspberry-pi-gpio-cheat-sheet来完成第5步到第9步的安装。

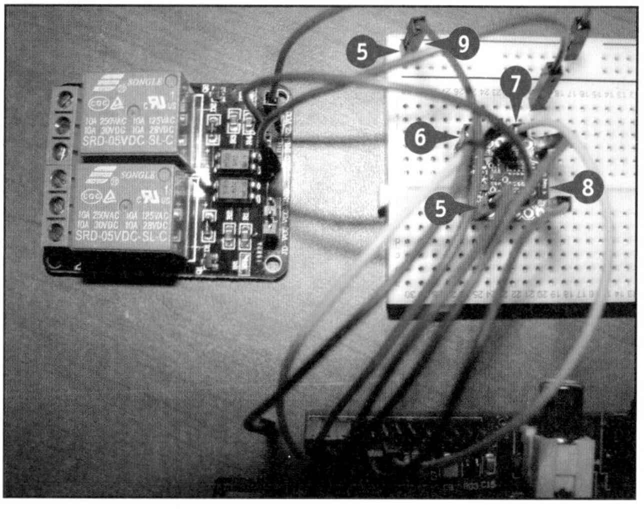

5. 将树莓派的5V供电GPIO针脚分别连接到面包板的供电线和电压转换扩展板上。
6. 将树莓派的3V3供电GPIO针脚与电压转换扩展板相连。
7. 将GPIO的17号针脚与电压转换扩展板3V3 B-边的插孔相连。
8. 将第1步中连接继电器control接口的跳线与扩展板5V A-边插孔相连。
9. 用一根单独的跳线横跨电压转换扩展板两端，从而对其他跳线施加一定压力，让它们能以一定角度与电压转换扩展板的小孔边缘保持接触。

10 启动树莓派，输入 startx 并按下 Enter 登录桌面环境，然后打开 IDLE。

11 输入相关代码，加载 GPIO 和 time 模块，并将 17 号 GPIO 针脚设置为输出。

12 输入相关代码来打开 17 号 GPIO 引脚，等待 4s，然后关闭它。

注意：其他继电器扩展板可能会采用和此处相反的控制逻辑，1 代表打开，而 0 代表关闭。

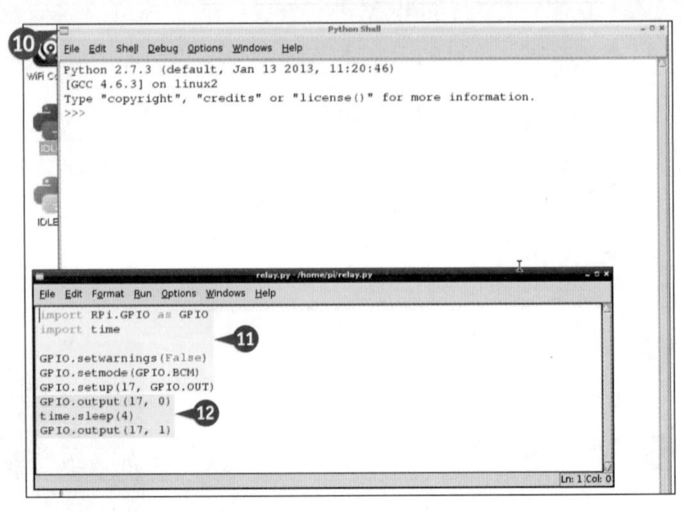

13 将脚本文件保存为 relay.py。

14 在 LXTerminal 终端或命令行终端中输入 type sudo python relay.py 并按下 Enter。

你的树莓派会打开继电器，等待 4s，然后关闭它。你可以通过上面的 LED 来判断继电器的当前工作状态。

注意：你可能需要多尝试几次第 14 步，以确认电路是否工作正常。

注意：现在你可以尝试通过使用其他型号继电器，来对更大功率的电器设备进行控制了（代码可能需要进行一些调整）。

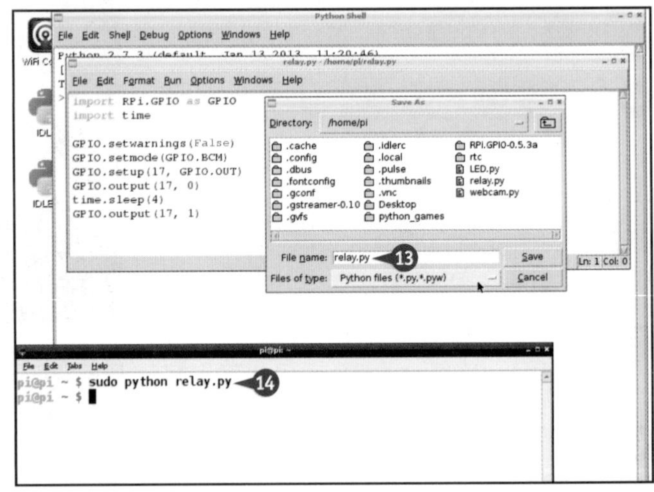

建议

为什么我需要使用继电器呢？

继电器的作用是将供电电路与控制电路（例如树莓派）相隔离。你可以通过它来对 12V 的照明电路进行控制，甚至你还可以控制家中的主供电线路，不过需要注意的是，在这么做之前，你需要确保自己具有足够的资质认证和实践经验。对主供电线路的不当操作可能造成人员伤亡以及火灾风险，所以一定要小心谨慎。

为什么电压转换扩展板上没有针脚呢？

很多这类扩展板模块都没有直接安装针脚，这实际上给了你更大的自由，可以用电烙铁对其进行焊接。如果希望配合跳线使用，你可以自己购买单独的排针，然后将其焊接在扩展板的小孔中。记得选择和扩展板孔距相匹配的排针。

学习焊接

相比使用面包板和跳线来说，焊接显然能够提供更稳定的电路结构。事实上很多用于树莓派的扩展元器件，都需要你自行完成一些焊接工作。通常你会将元器件焊接在洞洞板上，或者对已有的电路板进行各种磨机改造（这个相对要更加高阶一些）。我们会在下一节介绍这方面内容。

首先你需要保证工作区域的充足照明，还需要一支完成过上锡的 15W 或 25W 电烙铁（关于上锡的步骤之后会有介绍），这可以在五金店或者网上很方便地买到。再你需要在电烙铁通电后等待其预热完毕，再将焊点加热到让焊锡能够融化的温度，并保持焊点固定直到焊锡重新冷却、凝固，从而完成焊接过程。

学习焊接

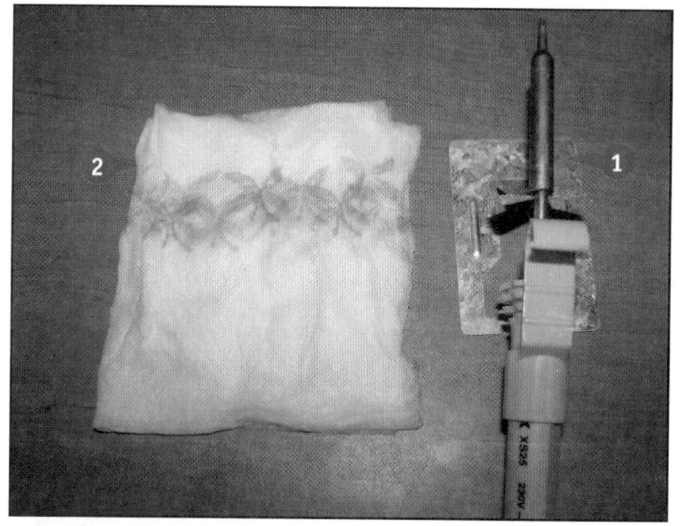

1. 你需要使用一个牢固可靠的烙铁支架，通常在购买电烙铁时候都会赠送，你也可以自己动手制作。

2. 你还需要一块高温海绵或擦锡布用于清洁烙铁头。

注意： 你也可以用湿的纸巾来代替。不要使用化纤织物，否则其融化物可能会对烙铁头造成伤害。

3. 连接电烙铁的电源，等待烙铁头完成预热。

注意： 这可能会花费几分钟。

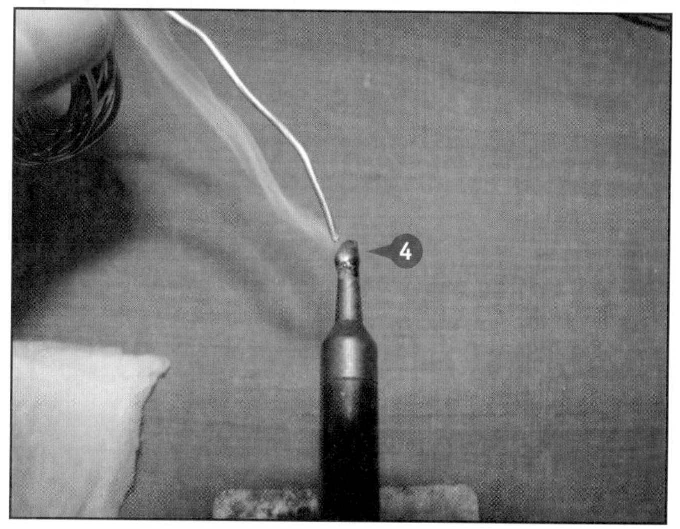

4. 将一段焊锡丝与烙铁头相接触。

   如果烙铁头已经达到符合的温度，焊锡会融化并将其包裹。

注意： 对于新烙铁来说，第一次这么做称为上锡，完成后你需要让其冷却下来，并砂纸对烙铁头进行打磨，这会让其更好用，并延长使用寿命。

注意： 请保证有足够的焊锡包裹烙铁头，但不要多到往下流的程度。

5 为将元器件焊接在洞洞板上，首先将元器件的引脚插入孔中，使其与空洞边缘的金属相接触。

6 将焊锡丝靠近元器件的引脚。

7 将烙铁头靠近，使得引脚的温度足以融化焊锡。

8 焊锡融化之后再多等待一两秒，然后移开电烙铁。

注意：本例的图片中为了示范得更清楚，使用了过多的焊锡，实际工作中应该使用尽量少的焊锡来完成焊接。

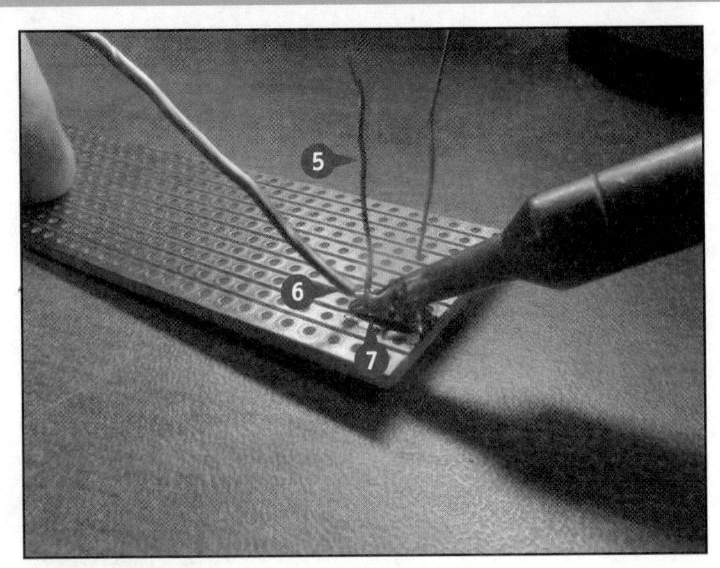

9 不要移动焊点，并保持几秒钟，直到焊锡完全冷却、凝固。

注意：元器件在焊接后依然会保持几秒钟的高温，这时候不要用手去触摸它！

A 一个完美的焊点应该像个外表光滑的小巧椎体，并且保证元器件不会松动。

B 如果焊接时间过长，造成焊点上焊锡过多，你可以考虑使用吸锡器或镊子对其进行修整。

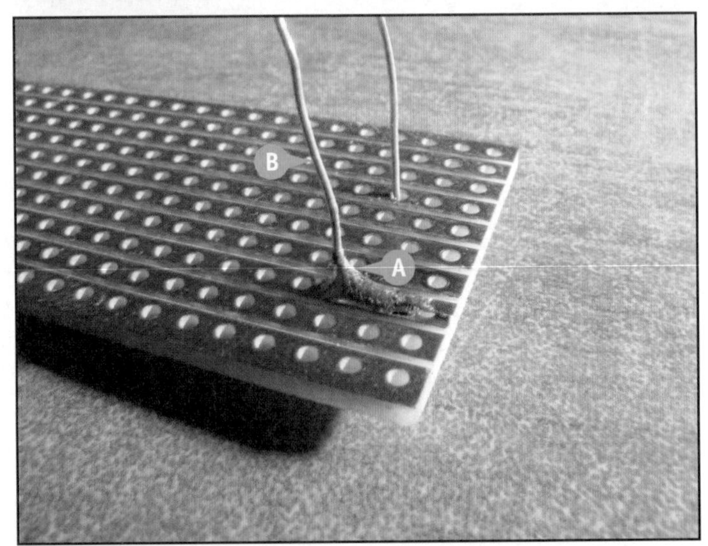

建议

我怎么知道将哪些元器件焊接在哪里呢？

入门套件通常包括了详细的说明或网上文档，对元器件的类别及焊接位置进行全面的介绍。一些高阶的套件则会选择将这些信息直接印刷到电路板上，包括元件的类型、参数及焊接方向等。当然，要看懂这些说明还是需要一定的知识和经验，你也可以查阅相关的手册或在线文档，从而获得更详细的信息。

我可以从哪里学习更多有关电路的知识呢？

你可以从网上找到大量的教程和文档，例如搜索“基础电子学”，这会涉及大概 15 ~ 20 种基本的电子元器件类型。你并不需要全面掌握电路设计，就可以读懂电路的相关信息。注意有些元器件类型对安装的方向是有严格要求的，如果你没有正确地安装它们，则可能造成整个电路都无法正常工作，甚至发生损坏。

在洞洞板上创建电路

你可以使用洞洞板来制作小型的定制化电路，洞洞板是一块密布小孔的塑料板，小孔内通过金属导体互相连接。为了使用洞洞板，你需要将元器件的引脚插入孔洞中，然后用电烙铁将其焊接并固定，并且你可能还需要剪掉多余的引脚部分。

如果你已经完成了一个面包板电路，那么可以直接借鉴其电路布局，并移植应用到洞洞板上。事实上，你可以将面包板作为整个项目设计的草稿，当一切测试通过并且工作稳定之后，再在洞洞板上动手进行最终成品的制作。

在洞洞板上创建电路

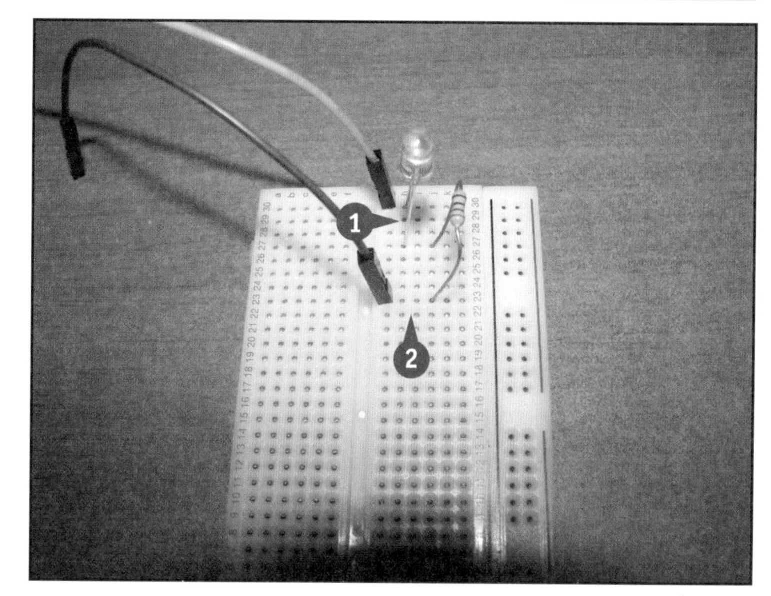

1. 首先在面包板上完成电路的原型设计和测试。

注意：这里使用了之前我们制作的简单 LED 电路。

2. 观察电路的布局，主要关注供电线的接入点以及各个元件的安装位置。

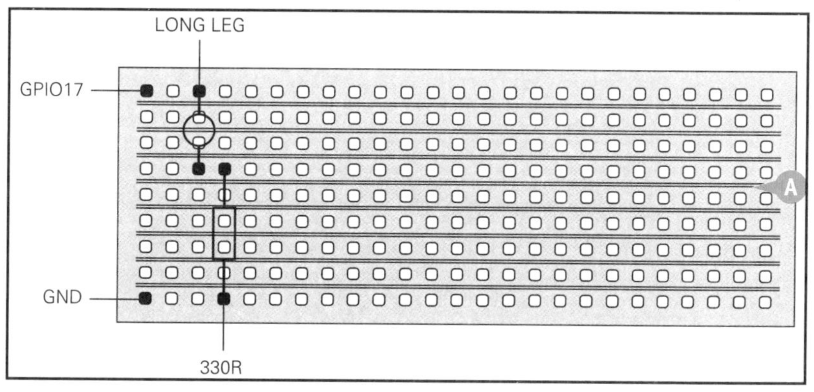

A 你需要选择一款合适的洞洞板，保证其大小尺寸足以安装你的所有元器件，然后还要安排怎样将元器件安装在哪些小孔中。

注意：你可以从网上找到洞洞板的参考图，或者也可以先用纸和笔进行一些模拟，以保证之后步骤的成功概率。

3 将全部元器件都按照设计焊接到洞洞板上。

注意：你可以先从那些外形比较突出的元器件开始焊接，因为将它们插入小孔后，将洞洞板翻转，板子的自重可以和元器件的引脚形成支撑（如右图所示），从而比较利于焊接操作。

注意：良好的焊点上会保留尽可能少的焊锡。

4 焊接完成后，剪掉引脚过长的部分。

5 如果对面积有要求的话，你还可以在焊接完成后剪掉洞洞板多余的部分。

6 连接并测试你的电路是否能够正常工作。

注意：如果不能正常工作，请按照线路图逐步进行排查，检查元器件的位置、方向是否正确，焊点是否牢靠等。

注意：第一步可以先检查电路是否正确连通，你可以借助数字万用表的帮助来完成这项工作。

建议

如何剪裁洞洞板？

一般来说，通过手头现有的工具就可以完成这项工作，你可以使用比较结实的剪刀，但实际上最方便的工具可能是常见的美工刀，按照需要剪裁的方向，用美工刀多划几次，然后施加一些压力就可以弄断洞洞板了。

洞洞板是防水的吗？

洞洞板本身是防水的，实际上很多电子元器件也都是，水不会直接对它们造成伤害，但问题在于水是一种导体，所以在电路工作时你还是需要保持其干燥，否则会发生短路。如果希望让电路工作在潮湿环境中，你还需要采用防水外壳之类的手段。需要注意的是它们的 IP（防护等级，Ingress Protection），IP67 代表日常防雨，IP68 则可以浸入水中较长的一段时间。

关于更进一步的选项

你可以使用从本书学到的知识，加上自己动手积累的实践经验，在之后尝试一些更复杂的硬件项目。这可能包含了更复杂的传感器、视频和音频功能、更强大的 Web 服务器甚至是机器人项目等。事实上，树莓派只是一个典型的代表，你还可以尝试很多更复杂的开源硬件设备。

关于扩展模块

你可以为自己的树莓派添加很多种扩展模块，例如带有触摸功能的小屏幕、可以显示数字和字母的液晶屏幕、按键 / 摇杆模块、组合传感器、舵机控制以及音频解码模块等，借助它们，你可以完成很多有趣的硬件项目。

使用扩展模块

```
GPIO.setmode(GPIO.BCM)
GPIO.setup(17, GPIO.OUT)
GPIO.setup(27, GPIO.IN)
while True:
    readButton = GPIO.input(27)
    GPIO.output(17, (not readButton))
    time.sleep(0.1)
```

尽管扩展模块之间存在着种种区别差异，但大多数都会用到你在本书中所学到的知识。你需要正确将它们与树莓派的 GPIO 相连，下载并安装正确的驱动程序（通常会使用别人提供的魔法代码），编写相应的控制代码等。事实上，你并不需要具备非常全面的电路设计知识和技能，而是会更多依赖于对 Python 和 Linux 系统的掌握。

关于扩展板

对于单独的扩展模块，你可以通过面包板或洞洞板的方案来使它们与树莓派相连接。但实际上，更方便的选择是直接使用扩展电路板，它们往往集成了更加丰富和强大的功能。例如，包含原型搭建区域，即自带了一块集成面包板或洞洞板；或者带来更多的数字输入 / 输出针脚和额外的接口，让你的树莓派可以驱动更多的硬件外设；而有些扩展板则提供了电路保护之类的功能，让相对脆弱的树莓派得以应付各类苛刻的实验需求。

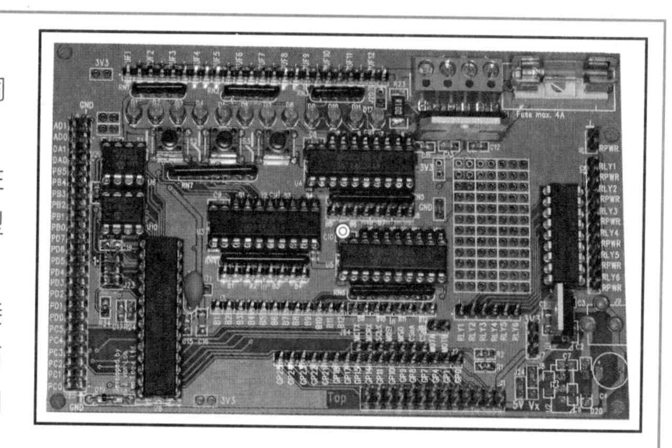

关于Arduino

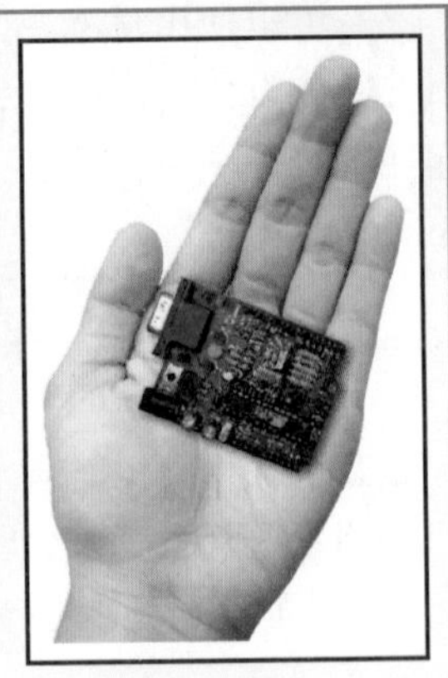

Arduino 的内部型号异常丰富，很多都可以作为树莓派的补充来看待，因为对很多硬件项目来说，性能方面的要求并不高（没错，有时候连树莓派这样的运算性能都显得很奢侈）。这时候 Arduino 的优势便显示出来，虽然运算性能很低，但其具有更加小巧、节能的先天优势，并且依托背后强大的技术社区（这同样也是树莓派相对其他单板计算机的重要领先优势），你可以轻易地获得丰富的参考方案以及不计其数的专用扩展硬件。以上这些都能帮助你大大降低完成电子硬件项目的门槛。另外，你也可以尝试将树莓派与 Arduino 组合在一起来使用（当然还可以结合其他硬件设备），从而针对不同的任务来发挥它们各自的优势，相信这一定会为你带来更加强大的能力。

关于C语言

```
//In c...
 main()
  {
      printf("Hello, world\n");
  }
```

在 Arduino 上你一般会使用 C 语言来进行编程，而你也可以在树莓派上免费地使用它。对于 C 语言的详细介绍足够单独写好几本书，但你需要知道是，C 语言和 Python 的最大不同在于，当你编写完源代码，需要借助叫作编译器的程序将其转化为二进制格式供机器来执行。由于有些项目会涉及非常多且相互关系复杂的源代码文件，你可以使用 make 工具来管理整个项目的构建过程。

寻找扩展硬件

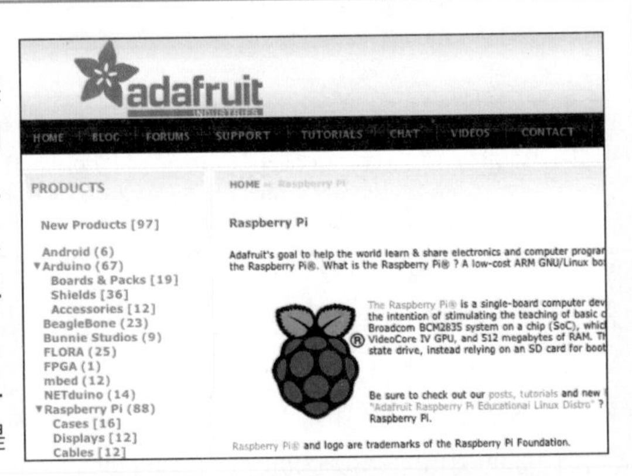

Adafruit（www.adafruit.com）是最丰富的开源硬件供应商之一，尽管主要面向美国市场，但你还是可以在网络上找到相应的购买渠道。而与此同时，Sparkfun（www.sparkfun.com）一直以提供各种有趣的硬件实验元器件、设备而著名。对于英国用户来说，可以关注 Ciseco（www.ciseco.co.uk）、SK Pang（www.skpang.co.uk）以 及 Cool Components（www.coolcomponents.co.uk）等供应商（对于国内用户来说，淘宝甚至可以提供更加丰富的选择——译者注）。